U0119187

自然珍藏系列

鯨與海豚圖鑑

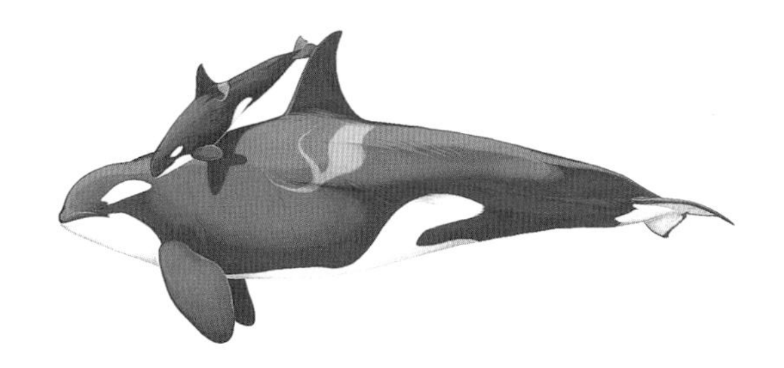

貓頭鷹出版

自然珍藏系列

鯨與海豚圖鑑

馬克・卡沃達　著
馬丁・卡姆　繪圖

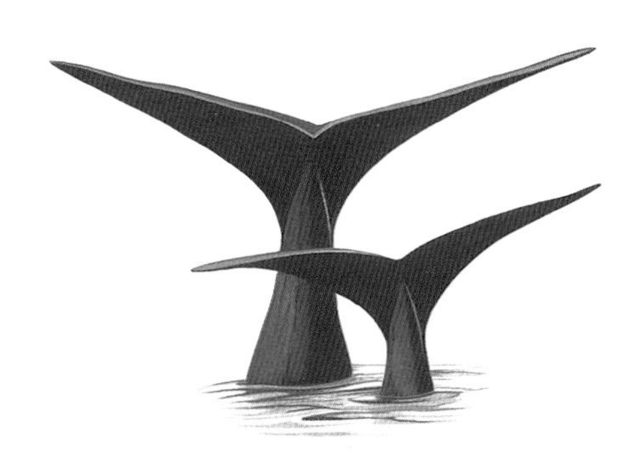

編輯顧問
Dr. Peter Evans
(Sea Watch Foundation, University of Oxford, UK)
Mason Weinrich
(Cetacean Research Unit, Massachusetts, USA)

貓頭鷹出版

最突出、最完美的圖鑑

在個人這麼多年來所閱讀或審定過的許多自然觀察圖鑑中，這本由英國DK公司所出版的《鯨與海豚圖鑑》算得上是最突出、最完美的一本。它介紹了全世界79種鯨豚，不但內容豐富翔實、兼具通俗與權威性，而且附有900張插圖或照片，張張精美生動，令人閱後如獲至寶、愛不釋手。為了便於賞鯨者能快速、正確地鑑別物種，全書扼要地一一介紹鯨豚類的一般解剖、行為、研究方法、保育、擱淺急救等常識，還特別著重於鯨豚的主要特徵，如體型大小、體色、鰭或嘴喙的形狀，以及相近種之間在噴氣、下潛、跳躍及群游方式等的區別。然後再利用圖形檢索標識，配合簡潔的文字，把每一種鯨豚的形態、生態及分布予以詳細的介紹。即便是初學者亦保證能夠得心應手、無師自通。正由於它的可讀性適合各個年齡層，書的大小適中、易於攜帶，版面編排活潑、有系統，而且價廉物美、物超所值，所以這本書雖然才剛剛出版短短幾年，卻已成為目前全球鯨豚圖鑑中最暢銷的一本，不論是研究所課堂裡的教授，或是賞鯨船上負責解說的導遊，都可以看到人手一本最受歡迎的教材——《鯨與海豚圖鑑》。

很高興看到這本書的中譯本終於問世，不但正好趕上最近在台灣推動的「賞鯨」和鯨豚保育的活動，讓國人可以很容易地去了解鯨豚、揭開牠們的神祕面紗。同時透過這本書的翻譯與流傳，也有助於鯨豚類中文名稱，或相關生態及專有名詞之中譯名的統一工作。總之，這是一本把過去人類對鯨豚研究與觀察所得的片段知識蒐集、整理得最好的一本書，相信這一、二十年間亦將無出其右者。希望藉著這本書的出版，使國人都能更容易地去了解和認識鯨豚這種可愛的海洋哺乳動物，進而去關心和愛護牠們。

邵廣昭

(中央研究院動物所所長)1997年仲夏

發現鯨靈

自從1990年(民國79年)春天澎湖漁民公開屠殺販售海豚，被國際媒體披露，引起軒然大波，長久以來國內對鯨豚動物的漠視終於有了轉機。此外，筆者與研究助理、學生們在過去七年不遺餘力地推動相關研究及保育觀念的宣導，似乎功不唐捐。因此，近年來可以明顯地看到國內大眾對鯨豚的好奇與認知已快速提升，令人感到欣慰。不過，遺憾的是，有關鯨豚的中文參考工具書仍然屈指可數。這本圖鑑雖然袖珍，但內容豐富，尤其透過特別的編排設計來突顯各種鯨豚的特色，更是方便查閱，確是一本難得的參考書。

鯨豚的研究受限於可及性——也就是機會、環境、經費及人力的配合，進行相當不易，故知識的累積相較於一般陸域動物來得緩慢，有許多分類定名至今仍有爭議。其次，英文俗名及中文譯名相當分歧。英文俗名最近數年在國際上逐漸已有共識，然而中文譯名之統一則仍有待努力。筆者於1994年(民國83年)出版《台灣鯨類圖鑑》之時，曾就各種鯨種中文譯名之可能源由及是否妥當，請教中、日學者整理出第一份修訂中文名錄，之後，本人又與大陸學者周開亞反覆討論，並參酌三年來的使用心得，盡可能顧全學術分類規則、傳統慣用法及動物特徵，在本書中譯版即將發行之際，推出最新修訂世界鯨豚中文譯名名錄。

誠如海洋永遠是那樣的神祕，雖然我們已掀去了她許多層的面紗，我們對鯨豚的了解仍然像隔層紗，還有更多的真相等待我們去探尋。這本書匯聚了許多探討者的心得，反映了現階段的研究水平，具有極高的參考價值。但也請讀者了解，書中的記載並非定論，隨著海洋的面紗一層層被揭開後，許多不夠詳盡的地方將來也會有得到補充、更新與修訂的機會。

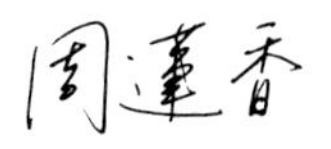

序於台大鯨豚研究室1997年6月

鯨與海豚圖鑑

"A Dorling Kindersley Book"
www.dk.com
Original title : EYEWITNESS HANDBOOK : Whales, Dolphins and Porpoises

出版　貓頭鷹出版社
發行人　蘇拾平
發行　城邦文化事業股份有限公司
聯絡地址　(104)台北市民生東路141號2樓
讀者服務專線　(02) 2500-7397／傳真　(02) 2500-1990
郵撥帳號　18966004　城邦文化事業股份有限公司
香港發行所　城邦(香港)出版集團
電話：852-25086231　傳真：852-25789337
馬新發行所　城邦(馬新)出版集團
電話：603-90563833　傳真：603-90562833
印刷　僑興彩色印刷股份有限公司
初版　1997年9月／初版24刷　2004年4月
定價　新台幣550元

ISBN 957-9684-15-4(精裝)

———

審定　邵廣昭(中央研究院動物研究所所長)
周蓮香(國立台灣大學動物系教授)
審校　郭重興 鄭景元／翻譯　陳順發
執行主編　謝宜英／編輯　江嘉瑩／校對　黃尹姿
編輯協力　張恭啓 陳以音 王原賢 吳春諭 葉萬音
電腦排版　李曉青
行銷企畫　夏瑩芳 林筑琳 彭幼玫

———

(英文版工作人員)
Project Editor Polly Boyd
Designer Sharon Moore
Assisting Editor Lucinda Hawksley
Series Editor Jonathan Metcalf
Series Art Editor Peter Cross
Production Controller Meryl Silbert

目錄

作者序

觀賞野外的鯨、海豚與鼠海豚或許算得上最令人難忘的經驗。一旦目睹過30噸重的大翅鯨躍身擊浪、藍鯨龐大的身軀，抑或真海豚成群船首乘浪游行，誰還能無動於衷？賞鯨活動是目前全球成長極快的觀光活動；有四十個以上的國家參與其中，每年所吸引的人數更遠超過四百萬。

鯨、海豚與鼠海豚是極難捉摸的生物，終其一生大都生活在水中或遠洋，因此很難研究。由於新資料不斷出現，所以我們對於其分布的區域、行為，乃至生活形態等方面的看法也一直在修訂。我們甚至還不知道鯨豚類到底有多少種：因為新品種不斷發現，而某些已知的品種是否應再分成二種或多種的討論也層出不窮。

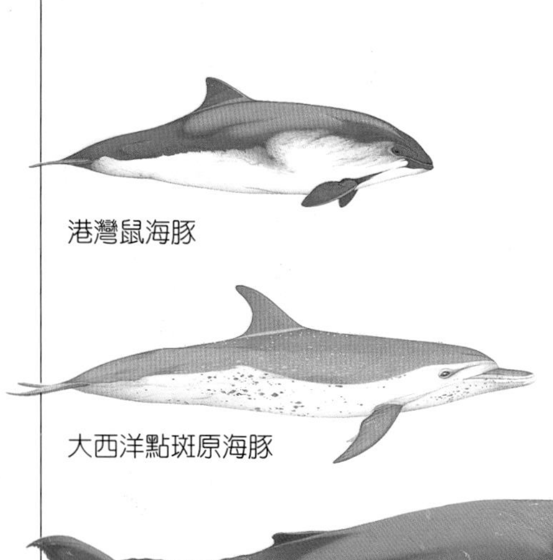

港灣鼠海豚

大西洋點斑原海豚

大翅鯨

為了編撰本書，我們認識了79種鯨豚類動物。插畫家馬丁·卡姆和我還算相當幸運，累積30年的賞鯨經驗中，我們看到相當多的種類，但還未能盡收眼底；事實上其中也有從未經人目睹活體的品種。為了製作本書，我們借重了許多不同的資料來源：不僅是自身實地觀察的記錄而已，還包括大量的相片、錄影帶、書籍、科學論文與報章雜誌刊載的文章；當然還有與資深同好、友人的討論所得。

本書雖也涵括不少博物學的資料，但因這些不難在許多其他的書籍中找到，所以我們的優先考量是製作一本更為實用的野外觀察圖鑑。話雖如此，因為同種間的個體也有極大的差異，所以取材仍有相當的限制。我們致力於解說、描繪最常遇到的個體——因此當你見到的

主要的差別

鯨、海豚與鼠海豚的主要差別在於體型的大小，雖然其間亦多有重疊，但仍有其他更精確的區分方式，舉例來說：鼠海豚獨具鏟狀齒；而多數大型鯨類有鯨鬚，卻沒有牙齒。

鯨豚類之長相及行為，若與書中描繪未盡相符時，請不必太驚訝。此外我們選擇以三度空間表現立體的形象，並加上精采鏡頭及動態特寫，力求呈現鯨豚類動物在野外的實況。

分布地圖是任何野外圖鑑不可或缺的要素，但因有許多品種仍鮮為人知，加上大片汪洋尚待探索，所以本書的許多地圖是根據有限的資料繪製而成，因此應視其為所述品種大約分布的概略呈現。若是在地圖繪就後，又有新的資料出現，我們都儘可能地將之納入圖片說明中。

我們期待這本《鯨與海豚圖鑑》能鼓舞你去尋找、辨識、觀察、欣賞，並尊重野生世界的鯨、海豚以及鼠海豚。

實地接觸
與灰鯨的不期而遇令人百感交集：雖然經過人類數百年的追捕，但鯨、海豚與鼠海豚仍當我們是朋友，尤其是灰鯨，既友善又好奇，以致有時真不知究竟誰在觀賞誰。

▽與大翅鯨共遊
這是種足以改變人類生命的經驗。利用獨木舟是賞鯨的絕佳方式：儘管要安靜駛近而不致驚嚇牠們不易辦到。此舉雖有風險，但鯨豚類本身似乎也明白自己的龐大與威力，所以只要尊重牠們，通常不會發生任何意外。

如何使用本書

在〈序論〉與〈鑑別索引〉之後，本書的重頭戲是根據鯨豚類動物的主要科別來編排：每一科都先概略介紹特色(詳右頁)；科之下再進一步細分品種，品種的條目內包括主要特徵、行為及分布區域等詳細資料。牙齒或鯨鬚均以插圖呈現，有些條目中還描繪出該品種獨具的下潛程序，以及其他有趣的特色或個體變異。以下為本書主要部分的典型呈現方式。

品種條目
所屬科別的俗稱
該品種的學名
其他俗名
該品種平常的生活環境
該品種現況之推測(非正式記錄)
該科學名
該品種的通用俗名
主文描述該品種的鑑別特徵，以及其他耐人玩味的特色
附圖說明強調具關鍵性的鑑別特徵
主圖呈現該品種的典型形象(以完全成熟的個體為例)
鯨鬚或牙齒的插圖
鯨鬚或牙齒的數目(若是齒鯨，則標示上下顎的牙齒數量)
主要行為特徵的描述
值得注意的額外特徵或變異，有的會附上插圖
典型的族群大小，括弧內是較少見的族群大小；有時還附上追加資料
若有背鰭，則描述其在軀體上的大概位置
出生時的體重範圍(已知者)
40 • 露脊鯨
科：露脊鯨科
種：Balaena mysticetus
棲所：(　)
現況：稀少
弓頭鯨(BOWHEAD WHALE)
弓頭鯨的名稱得自巨大而獨特的弓狀頭顱。其軀體非常沉重，雖然至今還未曾整個或局部地被稱過，一般相信就其體長來看，應該比其他的鯨都重。經常與一角鯨、白鯨結伴，是生活在北極的唯一大型鯨豚類動物。鯨脂厚達70公分，有助其禦寒；能穿破厚達30公分的冰層，為自己開鑿呼吸孔。19世紀中葉，弓頭鯨的數目曾從至少5萬隻被捕獵到幾乎滅絕。有顯著的白色下巴，身上沒有皮繭，也沒有背鰭，這些特徵應足以用來辨認。
• 別名：(舊稱：北極鯨)、巨極地鯨、北極露脊鯨、格陵蘭露脊鯨、格陵蘭鯨
頭部約占體長的三分之一
背部渾圓
沒有背鰭隆突或脊
噴氣孔後方凹陷顯著
唇線長而呈彎弓狀
皮膚光滑，沒有長皮繭或肉瘤
胸鰭寬大，呈槳狀
黑斑點排列如項鍊(有個體差異)
下巴上有不規則的白色斑塊(有個體差異)
鯨鬚
每側230-360
行為
偶爾會躍身擊浪、鯨尾擊浪、胸鰭拍水以及浮窺(通常單獨進行)；仔鯨會戲弄水中的物體。在海面、海面下或者沿著海床攝食。可能會張著大嘴緩慢地在海面移動；有時會合作獵食。弓頭鯨游泳速度緩慢，一般而言，在海面浮游1至3分鐘，噴氣4至6次。可能潛行至水深超過200公尺處；平均的潛水時間約在4至20分鐘，但也有人觀察到時間更長的潛水。通常會在同一個地點浮回海面。
兩個噴氣孔分得很開
下巴呈白色
頭部(鳥瞰圖)
喙形上顎狹窄
北極與亞北極的寒冷
族群大小：1-6 (1-14)，疏鬆的族群可達60隻(罕見)
背鰭位置：無背鰭
初生重量：不詳

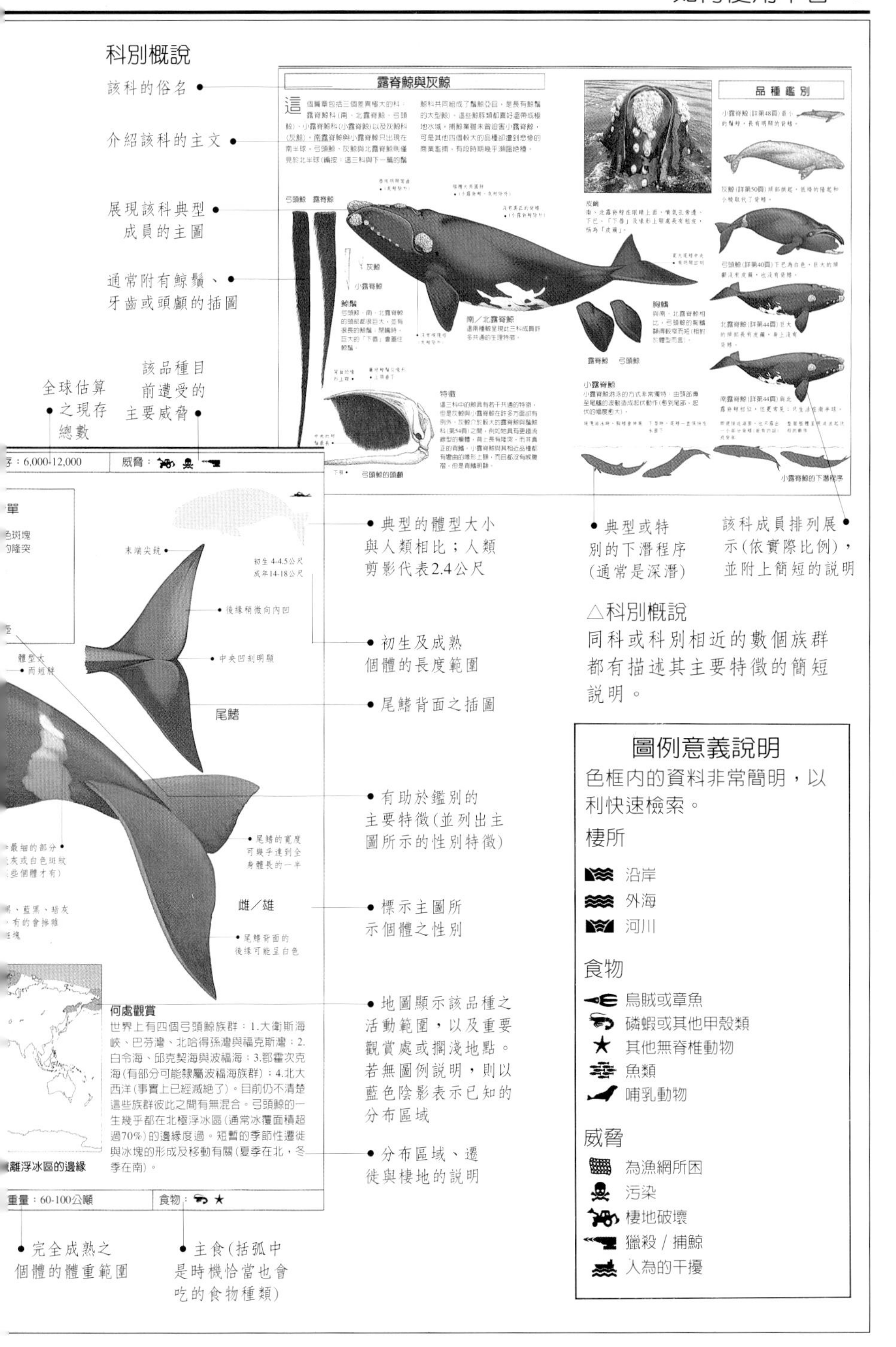
科別概說
該科的俗名
介紹該科的主文
展現該科典型成員的主圖
通常附有鯨鬚、牙齒或頭顱的插圖
全球估算之現存總數
該品種目前遭受的主要威脅
露脊鯨與灰鯨
品種鑑別
典型的體型大小與人類相比；人類剪影代表2.4公尺
初生及成熟個體的長度範圍
尾鰭背面之插圖
有助於鑑別的主要特徵(並列出主圖所示的性別特徵)
標示主圖所示個體之性別
地圖顯示該品種之活動範圍，以及重要觀賞處或擱淺地點。若無圖例說明，則以藍色陰影表示已知的分布區域
分布區域、遷徙與棲地的說明
完全成熟之個體的體重範圍
主食(括弧中是時機恰當也會吃的食物種類)
典型或特別的下潛程序(通常是深潛)
該科成員排列展示(依實際比例)，並附上簡短的說明
末端尖銳
初生 4-4.5公尺
成年14-18公尺
後緣稍微向內凹
中央凹刻明顯
尾鰭
雌／雄
尾鰭的寬度可幾乎達到全身體長的一半
尾鰭背面的後緣可能呈白色
威脅：
重量：60-100公噸
食物：
何處觀賞
世界上有四個弓頭鯨族群：1.大衛斯海峽、巴芬灣、北哈得孫灣與福克斯灣；2.白令海、邱克契海與波福海；3.鄂霍次克海(有部分可能隸屬波福海族群)；4.北大西洋(事實上已經滅絕了)。目前仍不清楚這些族群彼此之間有無混合。弓頭鯨的一生幾乎都在北極浮冰區(通常冰覆面積超過70%)的邊緣度過。短暫的季節性遷徙與冰塊的形成及移動有關(夏季在北，冬季在南)。

△科別概說
同科或科別相近的數個族群都有描述其主要特徵的簡短說明。

圖例意義說明

色框內的資料非常簡明，以利快速檢索。

棲所

- 沿岸
- 外海
- 河川

食物

- 烏賊或章魚
- 磷蝦或其他甲殼類
- 其他無脊椎動物
- 魚類
- 哺乳動物

威脅

- 為漁網所困
- 污染
- 棲地破壞
- 獵殺／捕鯨
- 人為的干擾

鯨豚類的定義

鯨、海豚和鼠海豚統稱為鯨豚類動物(cetaceans)，這個字源自拉丁文的「大型海洋動物」(*cetus*)，與希臘文的「海怪」(*ketos*)。目前已辨識出79種，未來極可能發現更多新的品種。這些動物的形狀、大小不一，有僅超過1公尺的小海豚，也有一般體長就有25公尺、也是世上最大的動物——藍鯨。有些鯨豚類體型修長，有些顯得短胖；有些具有巨大的背鰭，有些根本沒有；有些體色明亮而顯眼，有些灰暗得難以看清。牠們生活在各大海洋，以及許多重要河流內，從熱帶的溫暖水域到極地的寒冷水域均可見到。

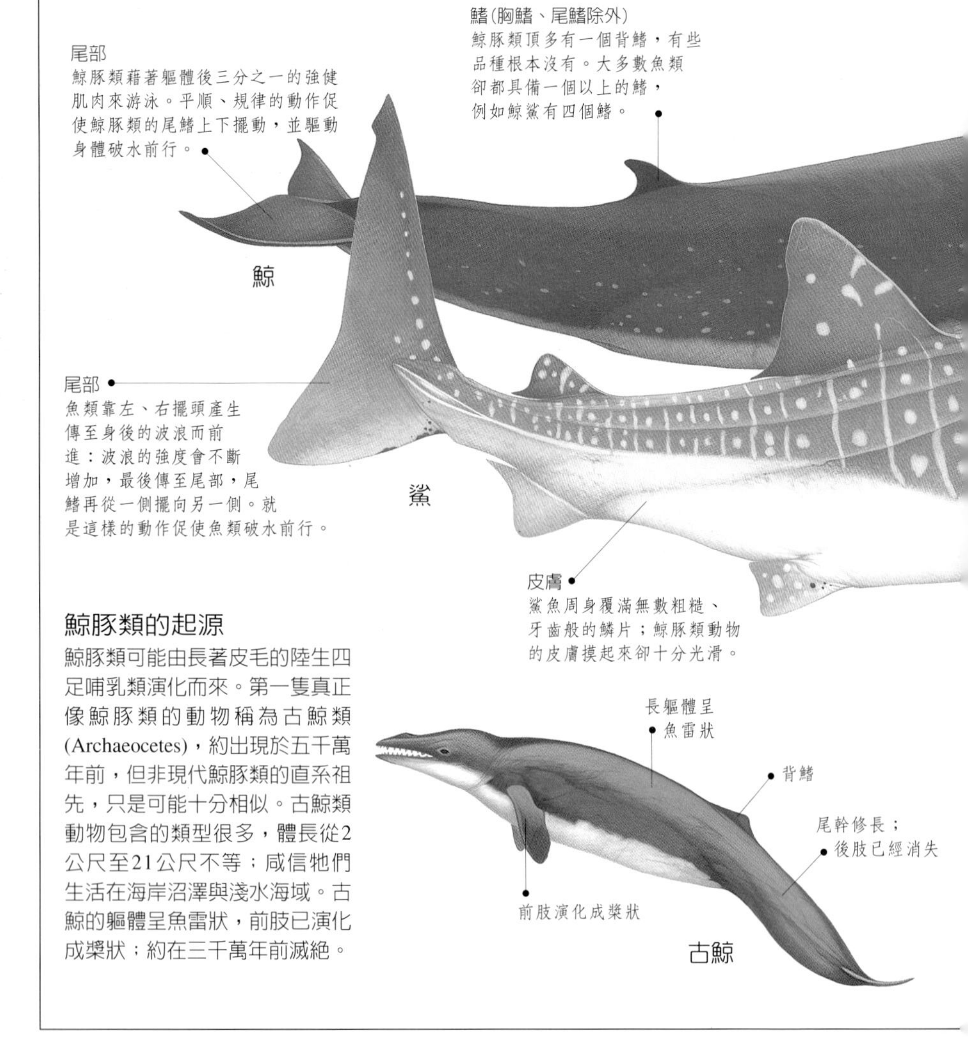
鰭(胸鰭、尾鰭除外)
鯨豚類頂多有一個背鰭，有些品種根本沒有。大多數魚類卻都具備一個以上的鰭，例如鯨鯊有四個鰭。
尾部
鯨豚類藉著軀體後三分之一的強健肌肉來游泳。平順、規律的動作促使鯨豚類的尾鰭上下擺動，並驅動身體破水前行。
鯨
尾部
魚類靠左、右擺頭產生傳至身後的波浪而前進：波浪的強度會不斷增加，最後傳至尾部，尾鰭再從一側擺向另一側。就是這樣的動作促使魚類破水前行。
鯊
皮膚
鯊魚周身覆滿無數粗糙、牙齒般的鱗片；鯨豚類動物的皮膚摸起來卻十分光滑。
長軀體呈魚雷狀
背鰭
尾幹修長；後肢已經消失
前肢演化成槳狀
古鯨

鯨豚類的起源

鯨豚類可能由長著皮毛的陸生四足哺乳類演化而來。第一隻真正像鯨豚類的動物稱為古鯨類(Archaeocetes)，約出現於五千萬年前，但非現代鯨豚類的直系祖先，只是可能十分相似。古鯨類動物包含的類型很多，體長從2公尺至21公尺不等；咸信牠們生活在海岸沼澤與淺水海域。古鯨的軀體呈魚雷狀，前肢已演化成槳狀；約在三千萬年前滅絕。

鯨豚類的飲食

鯨豚類的食物種類繁多。牠們對食物的選擇取決於體型的大小、是否長有牙齒，以及其他不同的理由。大多數的巨型鯨類都以大群的魚類，或磷蝦等小型蝦類為食；而海豚與鼠海豚則傾向於捕食單一種類的魚或烏賊。鯨豚類偶爾也捕獵的食物還有章魚、軟體動物、多毛類、螃蟹、海龜，甚至包括鯨豚類在內的海洋哺乳類。

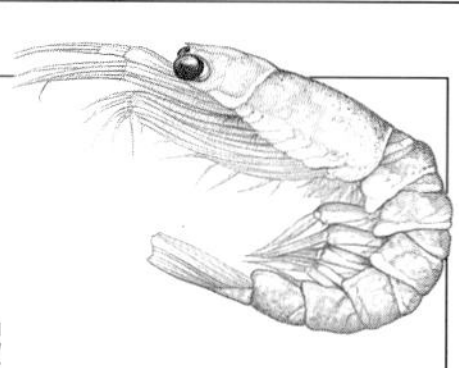

磷蝦

磷蝦雖小，卻富含蛋白質。磷蝦群集的習性使得大型鯨類能夠輕易地捕食。

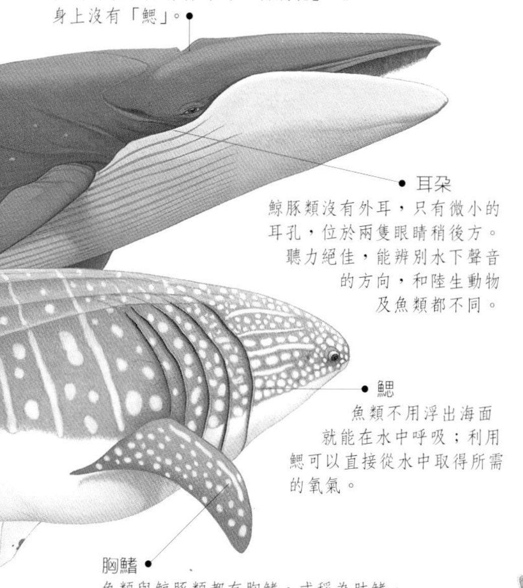

噴氣孔

鯨豚類動物不能吸取水中的氧氣，所以每隔一段時間就得浮出水面呼吸空氣。牠們的頭頂具有特殊的「噴氣孔」，但身上沒有「鰓」。

耳朵

鯨豚類沒有外耳，只有微小的耳孔，位於兩隻眼睛稍後方。聽力絕佳，能辨別水下聲音的方向，和陸生動物及魚類都不同。

鰓

魚類不用浮出海面就能在水中呼吸；利用鰓可以直接從水中取得所需的氧氣。

胸鰭

魚類與鯨豚類都有胸鰭，或稱為肢鰭。形狀像槳的這些特化前肢，主要用來扭動與轉動。胸鰭的大小、形狀與顏色隨種類而有所不同；在某些情況下，個體之間也會有差異。

是魚，還是鯨？

乍看之下，鯨、海豚與鼠海豚頗似魚類，尤其像鯊魚。例如此處所展示的長須鯨與鯨鯊，體型十分相似，而且都具有背鰭、胸鰭與巨大的尾鰭。因為兩者實在太相似了，以致有許多年，鯨豚類動物被視為「會噴水的魚類」。其實鯨豚類屬於哺乳動物，與人類的親緣關係比魚類更加密切：鯨豚類是恆溫動物，必須呼吸空氣，並且生育幼仔。瞬間區別鯨豚類與魚類的最佳方法是觀察尾鰭：鯨豚類的尾鰭呈水平，以上下的方式擺動；魚類的尾鰭呈垂直，以左右的方式擺動。

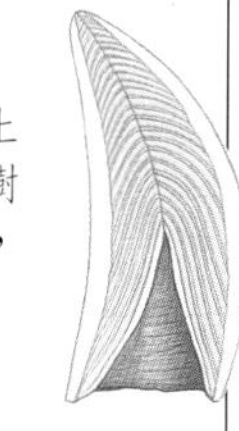

生長輪

我們可從某些鯨豚類牙齒上的層次估算出年齡，如同樹木的年輪一般。概括地說，完整的一層就代表一年的成長。

生產

和大多數哺乳類一樣，鯨、海豚與鼠海豚都是胎生的。通常一次僅懷一胎；在接近水面的水中生產，通常尾部先生出來。剛出生的仔鯨有些笨拙，母鯨或其他的「助產鯨」可能必須將之頂向海面，好讓其呼吸第一口空氣。野外觀察到的鯨豚類生產案例非常少。

母與子

母親將幼兒頂向海面

鯨豚類的身體構造

鯨豚類動物主要分成兩種：長有牙齒的齒鯨亞目(Odontocetes)，以及沒有牙齒的鬚鯨亞目(Mysticetes)。齒鯨包括一角鯨、白鯨、所有的海豚與鼠海豚、抹香鯨以及喙鯨；齒鯨大都以魚類、烏賊為食，偶爾也會捕食哺乳動物，但通常一次只捕捉一隻。鬚鯨包括大多數的巨型鯨類，例如：鬚鯨、露脊鯨以及灰鯨等；鬚鯨長有鯨鬚，而沒有牙齒，巨大的顎部使鬚鯨能夠一次就捕獲大量的類蝦甲殼動物或小魚。

可活動的脊骨從尾幹中央延伸至尾鰭的基部

尾鰭沒有骨質的支撐構造

瓶鼻海豚的骨架

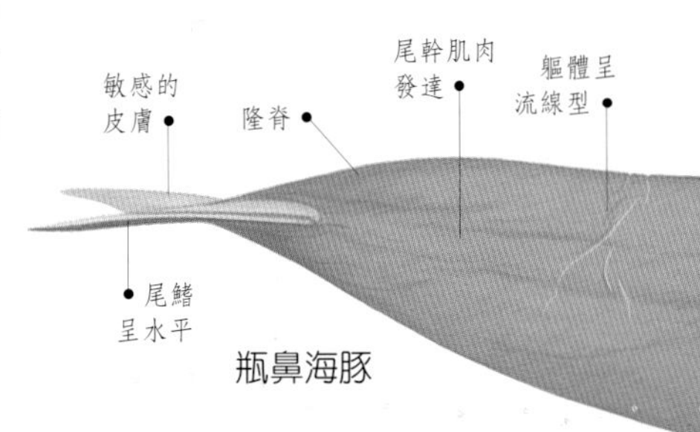
敏感的皮膚
隆脊
尾幹肌肉發達
軀體呈流線型
尾鰭呈水平
瓶鼻海豚

體色差異

大多數鯨豚類具有獨特的體色與斑紋，同種間也可能有個體差異。有時兩性的外型也不盡相同；隨著年齡增長，個體的顏色也可能改變；另外還有許多地域性的變異。甚至年齡、性別及族群都相同的個體，彼此之間的長相也可能有所差異。右示瓶鼻海豚體色個體差異的一些例證。

瓶鼻海豚的體色差異

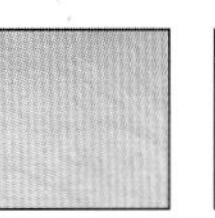

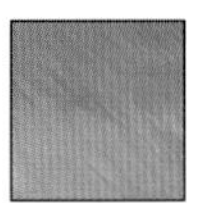

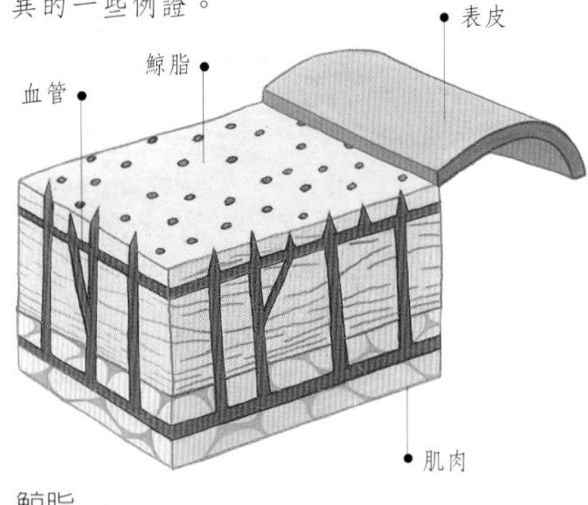
表皮
鯨脂
血管
肌肉

鯨脂

鯨、海豚與鼠海豚和其他的哺乳類不同，並沒有厚重的毛髮可以保暖。取而代之的是一層絕緣的脂肪，稱作鯨脂；有些品種的鯨脂甚至厚達50公分。

噴氣孔

噴氣孔是鯨豚類鼻道的外部開口，相當於我們的鼻孔。鬚鯨有兩個並列的噴氣孔，齒鯨只有一個。噴氣孔位於頭頂或附近，確切形狀與位置因品種而異。在鯨豚類潛水前，強韌的肌肉會關閉噴氣孔。鯨豚類無法用口呼吸，因為牠們的氣管與食道是完全分開的。

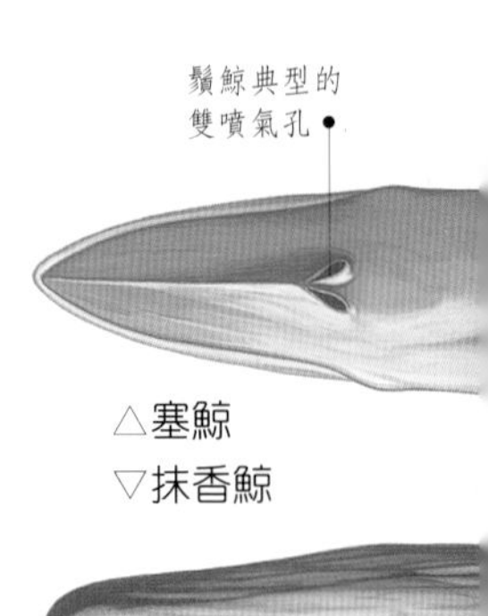
鬚鯨典型的雙噴氣孔
齒鯨典型的單噴氣孔
△塞鯨
▽抹香鯨

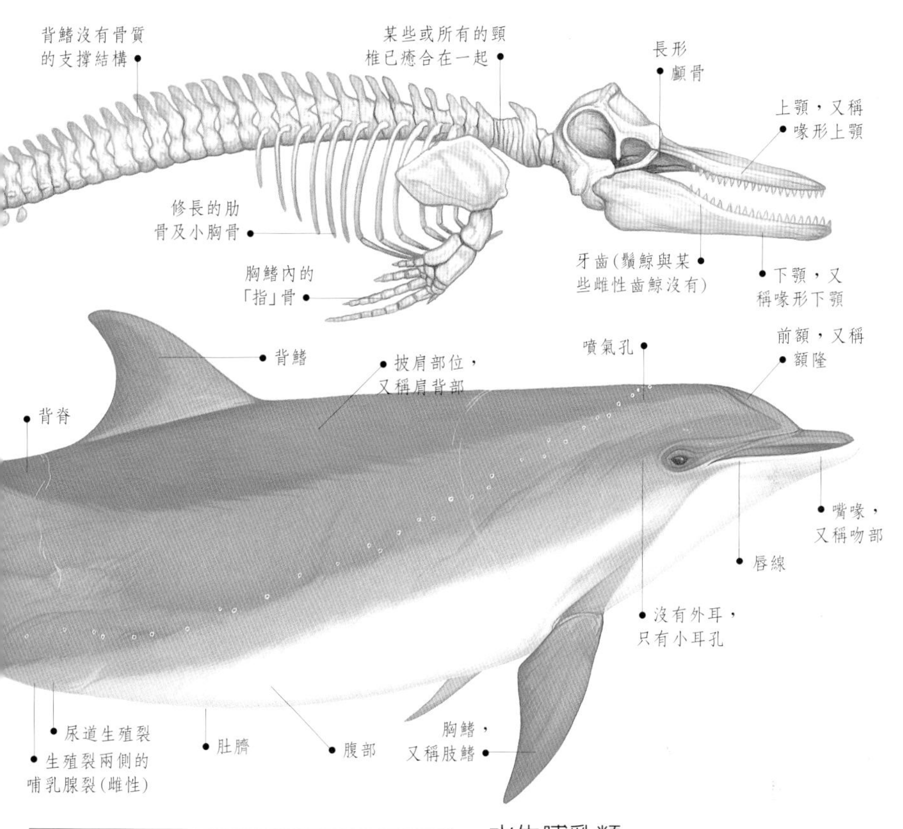
背鰭沒有骨質
的支撐結構
某些或所有的頸
椎已癒合在一起
長形
顱骨
上顎，又稱
喙形上顎
修長的肋
骨及小胸骨
胸鰭內的
「指」骨
牙齒(鬚鯨與某
些雌性齒鯨沒有)
下顎，又
稱喙形下顎
背鰭
披肩部位，
又稱肩背部
噴氣孔
前額，又稱
額隆
背脊
嘴喙，
又稱吻部
唇線
沒有外耳，
只有小耳孔
尿道生殖裂
生殖裂兩側的
哺乳腺裂(雌性)
肚臍
腹部
胸鰭，
又稱肢鰭

鯨鬚

鬚鯨類動物擁有成百上千條梳子般的鯨鬚。鯨鬚又稱鯨鬚板或「鯨骨」，從鬚鯨類的上顎垂懸而下。鯨鬚在鬚鯨類的口腔內層層相疊，上面長著堅硬的剛毛，能夠過濾海水，留下水中的食物。

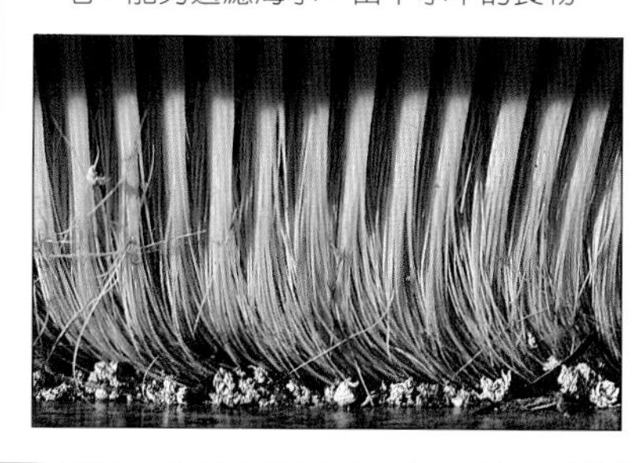

水生哺乳類

鯨豚類的外型與其陸生祖先(詳第10頁)大不相同，而且已經完全適應水中的生活：體型變成流線型，體毛則完全褪除，如此可增進流體動力的效率；脖子短而僵硬，有利於高速游泳；前肢演化成胸鰭，後肢則已消失；肌肉發達的尾部可提供強勁的推進力；鼻孔移生至頭頂，以便從水面從容地呼吸空氣。

另外還有其他較不明顯的適應結構，例如鯨豚類擁有絕佳的聽力，可以補償不良，甚至完全消失的嗅覺，以及水中變化不一的能見度。牠們對二氧化碳具有高度的耐受性，因此得以長時間潛游；鯨豚類利用吸入空氣中的氧氣之效率約是一般陸生哺乳類的二至三倍。其胸廓在深潛時會塌陷；同時還具備數層有絕緣的鯨脂能夠保持體溫。

鯨豚類的行為

經年累月研究沖刷上岸或遭捕鯨人殘殺的死亡個體後，我們對鯨豚類的身體構造與生理機能已有相當的認識，但對於其行為之了解卻少得可憐。大部分時間都隱於水中且長年遠離陸地的生物是十分難以研究的；不過近來科技發達，使得研究野生鯨豚類的成果日增，目前我們已開始揭露出一些鮮為人知的秘密。

大翅鯨的胸鰭揚升至空中

躍身擊浪

鯨、海豚與某些鼠海豚有時會舉頭離水、投身空中，然後再落回水中，激起一片水花。這就是所謂的「躍身擊浪」，無疑地是最壯觀的海面活動。賞鯨人往往只有在此時才看得見鯨豚類動物的整個軀體。

大部分品種的鯨豚類多少會被觀察到「躍身擊浪」。較小的鯨豚類能跳得非常高，而且通常在重新入水之前，會完成空翻、扭體、轉體等動作。較大的鯨豚類一般而言至少會將軀體的三分之二推至半空中，然後再以腹擊、側翻或轉體作為躍身擊浪的終結。有些還會表演類似躍身擊浪的「頭部拍水」動作，也就是只將頭部與身體前端升出海面。

大翅鯨的胸鰭拍擊海面

△胸鰭拍水

鯨與海豚有時會在水面翻滾，以胸鰭拍打水面，激起水花——偶爾會一連持續數次同樣的行為，如上面兩幀照片所示。這種動作稱為「胸鰭拍水」、「胸鰭擊水」或「肢鰭拍水」。大翅鯨偶爾會先仰游，讓兩隻胸鰭在空中擺動，然後再同時以之拍擊海面。

鯨尾揚升

某些鯨與海豚在進行深潛時，會將尾鰭揚升至空中，好讓軀體以更陡的角度往下潛至較深的海裡。這種動作稱為「鯨尾揚升」，基本上可以分成兩種：一種稱為「尾鰭上翻潛水」，即尾鰭高舉至空中，所以可以看見尾鰭的腹面，如附圖中抹香鯨所呈

許多品種會進行一連串的躍身擊浪，而且一旦有一隻帶頭，其他的就可能跟著群起效尤。

已知大翅鯨有一連躍身擊浪200多次的記錄，而且都發生在繁殖、攝食區內。試想一隻大翅鯨的平均體重約等於400個人加在一起，所以上述行為實在稱得上是非常驚人的壯舉。

關於躍身擊浪的動機雖已有許多可能的解釋，但仍未脫其神秘的色彩。可能是種示愛的表現、某種傳訊的方式、趕集魚群，或者驅離寄生生物的方法？也許是展示力量或挑戰，甚或純粹只是好玩而已。當然也可能同時兼具上述的各種功能。

◁躍身擊浪
躍身擊浪的表現從軀體完全躍離海面，到只是悠閒地浮升半身都有。布氏鯨的躍身擊浪(見下圖)難得一見；但灰鯨、大翅鯨、抹香鯨、露脊鯨以及其他多種海豚卻以躍身擊浪著稱。

◁鯨尾擊浪
「鯨尾擊浪」描述當鯨豚類大部分軀體剛剛好浮在水面之下時，以其尾部猛力拍水的動作，又稱「擊尾動作」；鯨尾擊浪可能一連重覆許多次。表面上相似的行為還有「拍動尾柄」，又稱「尾部躍身擊浪」，係將軀體的後段拋離水面，再側身擊打水面或別隻鯨豚類的頭部。尾部躍身擊浪與一般的躍身擊浪相似，只是尾部會先離水，而非頭部；咸信某些品種視此為攻擊行為。

現者。另一種稱為「尾鰭下伏潛水」，即尾鰭出水時仍保持向下，所以看不到尾鰭的腹面。賞鯨時，注意深潛前的準備動作，有無將尾鰭高舉空中，如果有，再注意尾鰭的形狀；這兩項特徵對品種的鑑定極有幫助。

◁鑑別噴氣
即使距離遙遠，經驗豐富的賞鯨人只要觀看噴氣的形狀，再加上匆匆一瞥該鯨的背部，就可以分辨出鯨豚類的品種。例如露脊鯨的噴氣是由兩股分開的水蒸氣柱所組成，而藍鯨、長須鯨的噴氣則融合成一道氣柱。左圖低矮的樹叢狀噴氣是由大翅鯨噴出的，因風吹而稍微向後傾。

噴氣

在廣闊的海面上尋找大型鯨豚類的好方法就是透過牠們的呼吸。即所謂的「噴氣」或「噴水」，也就是鯨豚類在吸氣之前的爆炸性呼氣，以及當氣呼出後，在牠們頭上所形成的霧狀水氣。

各種鯨豚類噴氣的高度、形狀與可見度都有所不同，尤其是在風平浪靜的日子裡，可能會相當顯著；若是碰上颱風或下雨的日子，水滴消散得較快，噴氣的樣式就可能會有所改變。

何以噴氣如此明顯易見，至今仍不得而知。噴出的氣可能包括遇冷空氣而凝結的水蒸氣、積在噴氣孔內的少量海水，可能也有來自鯨豚類肺部細微的黏液噴沫。小型鯨豚類的噴氣低矮而短促，即便肉眼可見，也少有足供鑑別的獨特樣式。

△底岩磨蹭
鯨、海豚與鼠海豚都是有觸覺的動物。除了賞鯨人喜歡觸摸，鯨豚類本身似乎也樂在其中，不只讓人抓搔鼻子，也會自行摩擦停滯船隻的船體。上圖中的虎鯨就正在用身體摩擦近岸淺水海底的卵圓石。

▽浮窺
許多鯨豚類偶爾會將頭部揚升出水，可能目的在於環顧四周。例如，灰鯨會緩慢、垂直地浮升，直至眼睛剛好露出海面，接著可能轉個小圈，然後溜回水平面之下。

船尾乘浪 ▷
隨著船尾激起的浪花游行似乎是許多海豚，以及某些鯨與鼠海豚所喜愛的消遣活動。牠們乘浪而行，在浪花上扭體、轉身或仰游；例如右圖的瓶鼻海豚就經常表演這些特技。

嬉戲

觀察鯨與海豚的某些行為模式，除了解釋成興高采烈的嬉戲外，很難想像還有什麼其他的意義。牠們彼此追逐、在空中跳躍、突然發動去向不定的游法，以及在水中扭體、翻身等。假如發覺有船隻經過，牠們會主動讓開，然後進行船尾乘浪或船首乘浪。許多鯨豚類似乎樂於與人類、海豹、海龜或其他的物種為伴；牠們甚至會戲耍海草、卵石以及海中的其他物體，拿來頂在嘴邊或平放在胸鰭之間。這些活動當然有合理的解釋，不過嬉戲顯然在牠們的生命中扮演著重要的角色。例如，對年幼的鯨豚類而言，嬉戲是學習過程的一部分；對成年的個體而言，則可能有助於強化社會關係。

△船首乘浪
許多鯨豚類，尤其是海豚，經常會乘著船首的波浪前進。牠們會爭取最佳的位置，也就是最能受用波浪力量、向前推進的地方。有些小型的鯨豚類甚至以相同的方式在大型鯨豚類的前方乘浪游行。

△浮漂
一群鯨豚類動物，如上圖的短肢領航鯨，可能動也不動地浮在海面上，而且全都朝著同一個方向。這就是所謂的「浮漂」，是種休息的方式。

回音定位

大多數的鯨、海豚與鼠海豚能借助聲音建構出周遭環境的「圖像」，這就是所謂的「回音定位」。牠們發出的聲音碰到周遭的物體後會彈回，同時也可用來警告其他水中動物自己的存在。蝙蝠在黑暗中也是用同樣的方式來辨認飛行的方向。

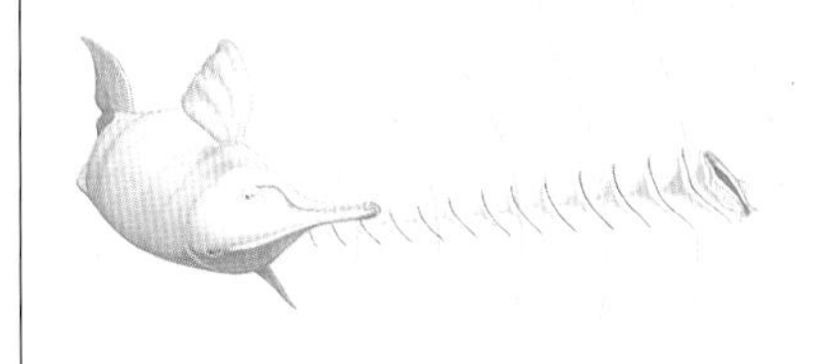

鯨豚類的研究

野生的鯨、海豚與鼠海豚是相當難研究的動物。許多品種生活在遠離陸地的外海，而且大部分的時間都待在海面下，往往只有在牠們浮至海面呼吸時才看得見小部分軀體。某些鯨豚類還十分害羞且善於躲藏，會刻意避開船隻，所以幾乎不可能與之進行面對面的接觸。某些大型鯨豚類將其一生分配在互相隔絕的攝食區與繁殖區，兩區之間往往相距數百甚或數千公里之遙。因此毫不意外地，多年來我們能夠獲得的鯨豚類資料全都來自沖刷上岸，或遭捕鯨人、捕魚業者屠殺的鯨豚類屍體。然而目前我們正運用許多科技來研究生活在天然棲息地的鯨豚類動物，而且相信隨時都可能有令人興奮的新發現。

近觀
對鯨豚類動物愈了解，我們愈發體認需要學習的愈多，即便是樂於讓我們接近的瓶鼻海豚也不例外。

▽大翅鯨的分布
這幅地圖呈現大翅鯨的主要攝食區和繁殖區，以及春、秋兩季可能遷徙的路線。這是集合全球數十位科學家歷經一個多世紀的研究成果，而且新資料一出現就會再調整。

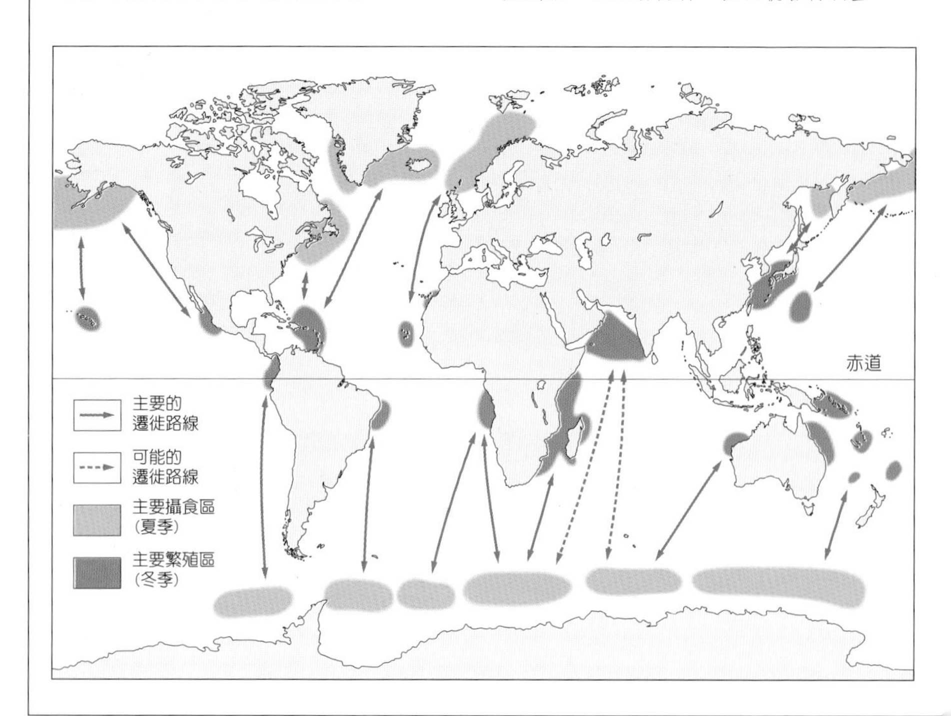
赤道
主要的
遷徙路線
可能的
遷徙路線
主要攝食區
(夏季)
主要繁殖區
(冬季)

鯨豚類的個別鑑定

許多鯨豚類的研究計畫端賴科學家能夠鑑別、追蹤個體的日常活動才有辦法進行。有時可以根據各種背鰭的形狀，或者疤痕、斑紋等獨特的天生記號來辨識。在無法直接面對面觀察的地區，也可以選擇合適的設備，例如深度記錄儀、衛星發射器等，以便進行更深入的研究。

短肢領航鯨▷

短肢領航鯨皆有獨特的背鰭：每隻鯨的個別生活史就以疤痕、抓痕以及割痕的形式「刻畫」在身上。這些記號加上背鰭的外形(可能呈三角狀、鐮刀狀或頂端彎曲)，使得每個個體都相當容易區別。

獨特的刻痕

背鰭末端彎曲

「鹽巴」

「逗點」

「海豹」

「鷹嘴」

◁大翅鯨

由大翅鯨尾鰭腹面的獨特黑白斑紋就可以分辨出不同的個體。顏色從純白到墨黑都有，也包括居間的各種變異。每隻大翅鯨尾鰭腹面的斑紋都不相同，就像每個人獨一無二的指紋一樣；這也意謂著科學家可以日復一日、年復一年地追蹤某隻特定大翅鯨的活動。目前根據這種方法已辨認出數千隻大翅鯨，並加以研究。左圖中的大翅鯨是在美國新英格蘭的外海拍攝到的，該地區的生物學家與這些大翅鯨非常熟稔，還幫牠們取了名字。

人工標識▷

許多鯨豚類讓人很難在海上貼近觀察，再加上某些品種幾乎無法從其天然斑紋來分辨個體。在這種情況下，科學家有時會採用人工裝置來做標籤，如此便可以從相當遠的距離，甚至視線之外的地方鑑別出種類。例如右圖侏儒抹香鯨背上的衛星發射器，就是技術最先進的標籤，能將訊號傳至繞行地球的衛星，然後再將之送回地面上的強力接收站。

衛星發射器

保育

數世紀以前，海中的鯨豚類可能比目前多。但是捕鯨業以及他種形式的獵殺、漁網的意外纏身，或者與漁民競逐食物、人類的干擾，以及棲息地被毀、海洋污染等，都為鯨豚類敲起了喪鐘。近年來雖沒有任何鯨豚類絕種，但有些品種已經面臨嚴重的威脅，有些則已差不多從原先出沒的諸多地方消失了蹤跡。

捕鯨業

商業性捕鯨業開始於數百年前，但在近代發生了兩件事，因而使得全球性的捕鯨活動突然激增。1864年開發出一種新式魚叉，可從大砲發射出去，然後在鯨豚類體內爆炸。之後在1920年代初，採用了能在海上完成整個魚鮮處理過程的浮動工廠船。大型鯨豚類於是一隻隻被獵殺，以至瀕臨絕種。經過保育團體不屈不撓的抗爭後，到1986年才達成全球性的禁捕協議；然而每年仍有數百隻鯨豚類被殺。雖然目前仍有一些公然藐視禁令的商業捕鯨活動，但是大部分的獵殺其實肇因於一條嚴重的法律漏洞——即各國有權自行核准以科學研究為名義的捕鯨行為：因此仍有管道可以合法地處理鯨豚類屍體以取得鯨肉和鯨油。

捕獵小型鯨豚類

小型鯨豚類也遭到捕獵，尤其在日本及南美洲，當地人使用漁網、來福槍與漁叉來進行捕殺。鯨豚類不只能為人類提供肉食，同時也能為捕蟹業者提供誘餌。某些地區由於濫捕而造成魚資源耗

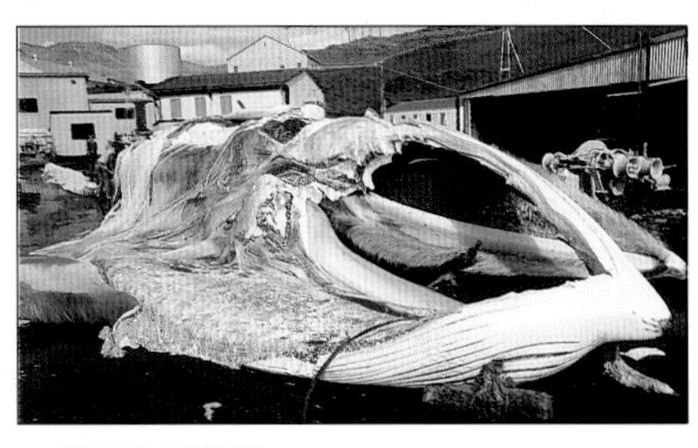

△現代的捕鯨業
每年有數百隻巨型鯨被屠殺，而且以相當不人道的方式進行；沒有人知道嚴重減少的鯨豚類族群是否禁得起這種持續不斷的捕殺壓力。

◁傳統的捕鯨業
海邊的居民乘搭小船，手持魚叉獵捕鯨豚類已經有數百年的歷史。在某些地區，少數鯨豚類動物遭到持有特殊執照者以傳統方式捕殺。

海洋污染
雖然每天都有許多未經處理的污水、有毒的化學物質、工業廢料、農業排放水，以及其他繁多的人造污染物流入海洋；但是一些突發性的意外事件為害尤烈，例如1989年，「埃克森·巴爾德斯號」油輪在阿拉斯加外海翻覆，原油蔓延了15,445平方公里。這張相片所示則為1993年在蘇格蘭謝特蘭的「伯瑞爾號」海難事件。

為網所困 ▷
每年都有成千上萬隻鯨豚類動物被漁網纏住而溺斃，全因為人類使用破壞性愈來愈強的捕魚方法以謀最大收益的結果。

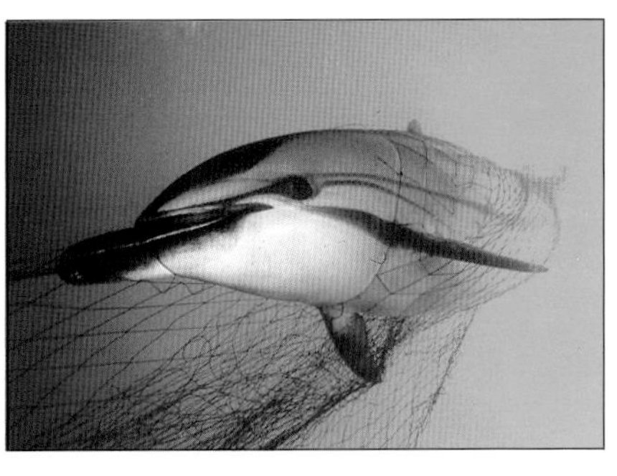

竭，而鯨豚類就成了代罪羔羊，漁民聲稱必須將牠們「剔出」，以便「保護」所剩的魚資源。保育人士只好再次請命，發動連續數年呼籲停止捕獵鯨豚類的運動。

捕魚

在全世界的許多地方，每年發生鯨豚類被漁網纏身而溺斃的事件愈來愈多。這個問題會因漁具種類、地方習俗、品種以及捕魚季節而有差異。在某些案例中，其實只要簡單地修改漁網或管理系統，就能大幅減少這類意外的捕殺；而在其他的案例中，可能只有明令禁止漁獵一途了。大多數的捕魚業者並不會刻意捕殺海豚，但是捕捉鮪魚卻是一個特例。許多捕魚業者知道海豚經常會與鮪魚同游，所以故意將漁網撒在海豚周遭，因為這是捕捉鮪魚最經濟、最快速的方式。

人工飼養

瓶鼻海豚、偽虎鯨、虎鯨、白鯨以及伊河海豚只是常被捕捉、豢養在全球海洋公園與動物園內的一部分鯨豚類。在人工飼養的環境中，動物往往不能得享天年。

擱淺

每年都會有數千隻或生或死的鯨、海豚與鼠海豚擱淺在世界各地的海灘上。牠們可能形單影隻，也可能集體前來；雖然其中有些是年老或罹病的，但也有不少既年輕又健康。這是種自然現象，而且古已有之，卻仍是動物界一個未解之謎。

可能的原因

某些擱淺很容易理解：就是鯨豚類在海裡死亡後，屍體被潮水和海流沖刷上岸罷了！但是活鯨擱淺就比較神秘了，目前已有許多理論企圖解釋可能的原因。有一派認為：由於地球磁場改變(詳右圖)，使得鯨豚類失去了方向感。別的說法還有地震或風暴致使牠們驚慌失措；腦部感染使其不辨東西南北；聲納系統失效，或者就只是迷了路；也可能感覺疲累、想要休息。集體擱淺有可能因為整個群體的成員都出了問題，或者是帶路的那隻生病或迷失了方向！

尋找擱淺的鯨豚類

在多數狀況下，擱淺的鯨豚類很難獨力返回海中。假如你發現擱淺的動物，先檢查一下牠是生？是死？聽聽看還會不會呼吸(某些品種的呼吸間隔可能長達10至15分鐘)？看看眼睛會不會動？假如已經死了，不要碰觸屍體，趕快通知當地的警察單位。假如還活著，通知警方後，試著讓牠舒服些。下頁列有處理擱淺鯨豚類的基本準則，當然如果可能的話，最好還是留給專家處理比較妥當。

磁場
鯨豚類具有稱為「生物磁感」的特殊感官，能夠感知地球磁場的變化；牠們可能利用地球磁場來導航，一如使用地圖般。由於磁場一直在變化，因緣際會下，牠們就迷迷糊糊地游上岸了。

常見的受害者
有些鯨豚類，例如領航鯨，似乎特別容易擱淺；再加上同一族群間的情感極為濃厚，絕不會棄同伴於不顧，所以往往一大群集體擱淺。

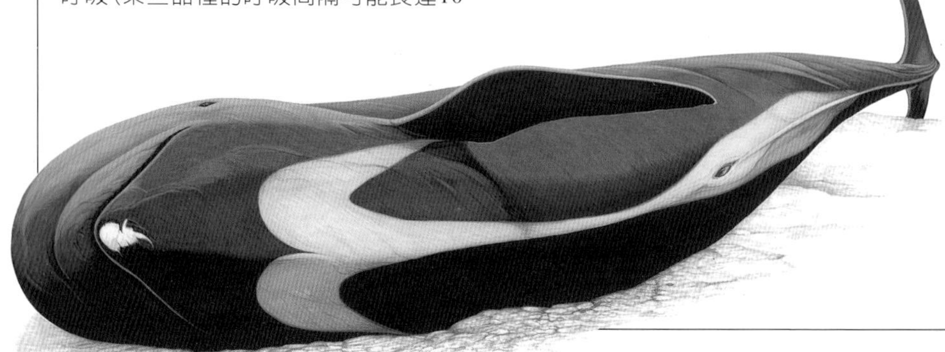

如何處理活生生的擱淺鯨豚類？

※在臺灣發現擱淺鯨豚類時，請打 (02) 3661331

首要措施

- 儘快尋求專家的協助（透過當地警方）。
- 使其皮膚保持濕潤。
- 架起遮陽棚，避免曝曬。
- 保持胸鰭與尾鰭涼爽。
- 與之保持距離。
- 儘可能保持安靜。
- 試著使其背部朝上（俯臥）。

千萬注意

- 不要太靠近牠們的頭部或尾部。
- 不要拉、扯胸鰭、尾鰭或頭部。
- 不要蓋住噴氣孔。
- 不要讓水或沙子進入噴氣孔。
- 不要使用防曬乳液塗抹牠們的皮膚。
- 不要沒事亂碰牠們的身體。

集體擱淺
即使天氣寒冷，擱淺的鯨豚類也很容易曬傷或過熱，所以應該用濕毛巾或水使其保持濕潤、涼爽，就像圖中澳洲處理擱淺的偽虎鯨一般。儘快取得專家協助是十分重要的；在某些國家，為鯨豚類施行未經許可的急救是違法的。

擱淺透露的資訊

多年來有關鯨豚類的一些實用資料，點滴都是得自捕鯨人與漁夫所屠殺，或者擱淺的屍體。就算到了今天，在海上研究健康鯨豚類的工作日漸增加，卻仍有某些鯨豚類未曾活生生地被人觀察到，同時還有許多品種幾乎難以在海上進行鑑別。檢查死亡的標本是確認品種的必要步驟，就算屍體已經嚴重腐爛，仍有辦法準確地鑑定出來。

△體色變化
許多鯨豚類在死亡後體色會改變，有時在數小時內就有所不同，因而使人對其體色有錯誤的印象。一般而言，體色會逐漸變暗。上面的例子是柯氏喙鯨在死亡24小時內體色變化的情形。

檢查牙齒
擱淺提供我們檢查鯨豚類牙齒的機會；因為在海中大部分品種的牙齒都看不到。各種鯨豚類牙齒的大小、形狀、數目以及位置都有所不同，因此有助於鑑定品種。右圖是弗氏海豚的牙齒。

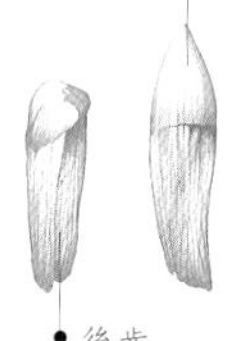
前齒
後齒

罕見的鯨▽
朗氏中喙鯨存在的證據僅是兩具風化了的顱骨，一在澳洲，一在索馬利亞的海灘發現。除此之外，一無所獲，這也是世上最罕為人知的鯨。

賞鯨何處去

只要一點運氣，幾乎可在任何地方看到鯨、海豚或鼠海豚。沿著海岸漫步、短暫的渡輪航行，甚或在港灣內漫遊都可能獲得絕佳的目擊機會。但是有不少種鯨豚類只見於某些特定的水域，甚至只在每年的某段時間內出現而已。所以若非事先規劃，極可能在茫茫大海待上數小時，眼前仍只有大海茫茫。多數的賞鯨觀光行程有極高的成功率，主要因為絕大多數都集中在眾所皆知的鯨豚類聚集區，當然也會安排在適當的季節出發。下面的地圖顯示世界各地的許多賞鯨地點，在這些地方，你與各式各樣鯨、海豚或鼠海豚親密邂逅的機會比較多。

北極海
洛佛坦群島
(挪威)
第斯科灣
(格陵蘭)
荷夫恩
(冰島)
冰河灣
(阿拉斯加)
邱吉爾
(加拿大)
內赫布里群島
(蘇格蘭)
紐芬蘭
(加拿大)
溫哥華島
(加拿大)
愛爾蘭
西海岸
太平洋
北美洲
聖羅倫斯灣
(加拿大)
亞速群島(葡萄牙)
直布羅陀
(英國)
南加州
(美國)
新英格蘭
(美國)
加納利群島
巴哈馬
加利
福尼亞
半島
(墨西哥)
夏威夷
(美國)
非洲
南美洲
大西洋
瓦迪茲半島
(阿根廷)
南極半島

美國新英格蘭
的大翅鯨

墨西哥
加利福尼亞半島
的灰鯨

水溫

能夠指出鯨豚類生活的海域總是有助於說明如何尋找牠們。由於鯨豚類的分布區域往往與海水表層的溫度有關，所以像右圖一樣區別溫度帶的地圖經常派得上用場。儘管各區的水溫還是會隨著季節而有所變化，這些仍能提供我們相當有價值的參考資料。

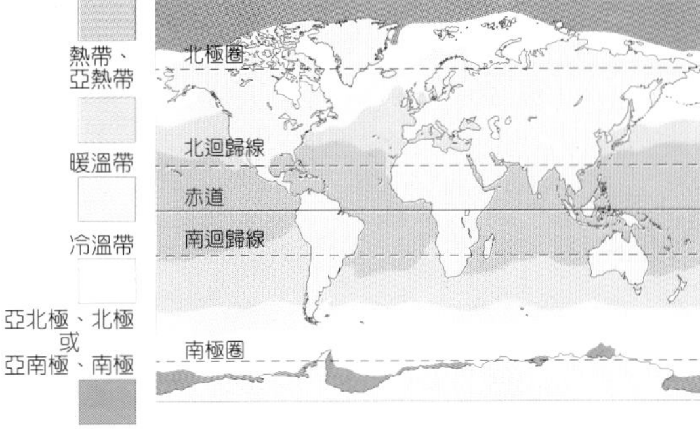
熱帶、亞熱帶
暖溫帶
冷溫帶
亞北極、北極或亞南極、南極
恆冰
北極圈
北迴歸線
赤道
南迴歸線
南極圈
溫度帶

歐洲
亞洲
太平洋
四國島(日本)
小笠原群島
亭可馬里(斯里蘭卡)
印度洋
澳洲
猴灘(澳洲)
赫維灣(澳洲)
赫曼納斯(南非)
洛根海灘(澳洲)
凱庫拉(紐西蘭)
WHALEWATCH KAIKOURA LTD.

日本四國島的布氏鯨

紐西蘭凱庫拉的暗色斑紋海豚

澳洲猴灘的瓶鼻海豚

如何賞鯨

觀賞世界各地鯨豚類動物的方式有許多種：從空中、岸邊、水中，或是藉由搭乘如遊艇、機動遊艇、橡膠充氣艇、研究船、獨木舟，甚至大郵輪等各式船隻來進行。最佳的觀光賞鯨行程設有隨船的資深博物學家，他們善於尋找鯨豚類，並可提供有趣且富教育性的解說；而船長也熟知賞鯨成規，知道如何駕駛比較妥當。想要達成圓滿的賞鯨活動只要遵守兩條金科玉律：第一，也是最重要的就是儘可能將干擾的程度減至最低；第二就是要有耐心。

凡事以鯨豚類動物為優先

賞鯨應該是全程「只動眼、不動手」的活動。只要一不留意，推進器就可能造成嚴重的傷害；而船隻的移動與噪音也可能對鯨豚類產生不必要的壓力。遵守一些簡單的規則將可減低干擾的程度：絕對避免正面接近！船隻移動要緩慢，不可貼近到30公尺以內的距離；不要驅散成群的鯨豚類動物；避免突然改變行船速度或方向；不要逗留超過15分鐘；避免大聲喧嘩。在離開時，應以緩慢、不掀起浪花的速度移動，直至離開鯨群300公尺為止。假如鯨、海豚與鼠海豚接近船隻(當然，除非牠正在船首乘浪)，在熄火之前，要讓引擎空轉一分鐘左右。為了安全起見，應與特別活躍的鯨豚類保持適當的距離。

保持距離

這是不正確的賞鯨方式。鯨需要足夠的空間，不應該讓牠們覺得受困。太多船隻靠得太近會使鯨豚類過度緊張，而且推進器常有造成嚴重傷害的危險。

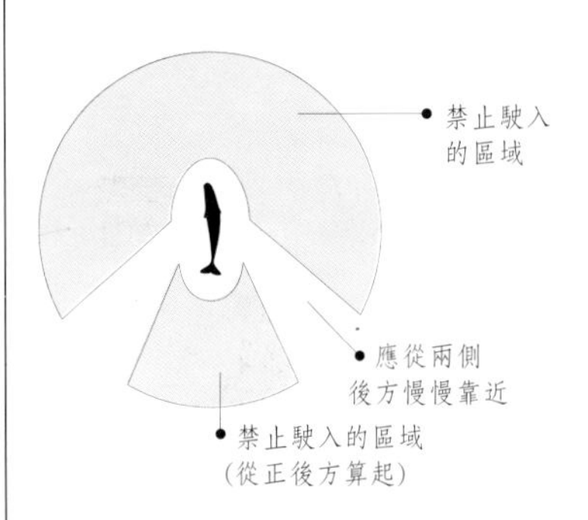
禁止駛入
的區域
應從兩側
後方慢慢靠近
禁止駛入的區域
(從正後方算起)

如何接近鯨豚類

應從側後方緩緩地駛向牠們；當愈來愈靠近時，則應沿著與其平行的航線前進。

400

使用測距儀

許多國家設有規則或法律防止鯨豚類遭受傷害；這些規則因地點與鯨豚類品種而有所差異。夏威夷訂立了一些最嚴格的規定：為了避免靠得太近，許多船長會使用測距儀來測量與鯨豚類之間的距離。

裝備

有數種裝備對賞鯨活動頗有用處。雙筒望遠鏡(10倍率以下)是研究鯨豚類行為與鑑別品種不可或缺的工具。配備馬達驅動與80-200公釐鏡頭(或類似的變焦鏡頭)的照相機，將有助於記錄賞鯨結果。筆記本、筆與碼錶可加強細部的研究記錄。水中聽音器能利用聲音來尋找鯨豚類，並可提供一種完全不同的體驗。

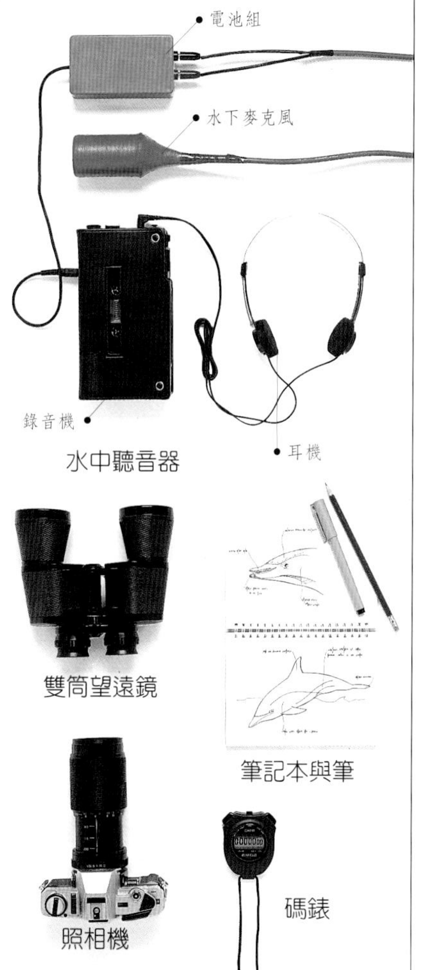
電池組
水下麥克風
錄音機
水中聽音器
耳機
雙筒望遠鏡
筆記本與筆
碼錶
照相機

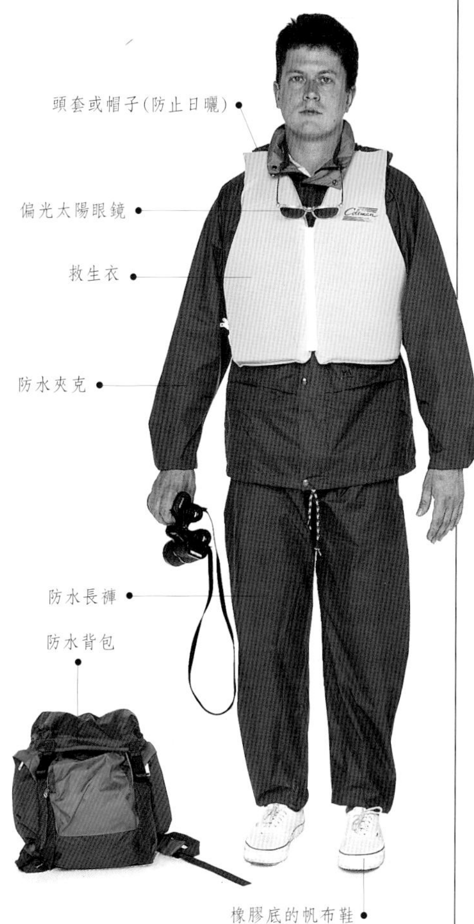
頭套或帽子(防止日曬)
偏光太陽眼鏡
救生衣
防水夾克
防水長褲
防水背包
橡膠底的帆布鞋

賞鯨該穿什麼

賞鯨時經常會弄得一身濕，所以要穿上防水衣物、橡膠底鞋，若甲板潮濕，防水背包則可以保護裝備。

另外還要攜帶防曬乳液、暈船藥，以及能減輕太陽眩光，並有助於看穿海水的偏光太陽眼鏡。團體的賞鯨行程在必要時還備有救生衣。

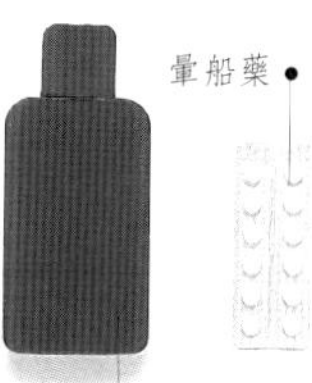
暈船藥
防曬乳液

鑑別鯨豚類動物

在海洋中鑑別鯨、海豚與鼠海豚是一件極富挑戰的工作。許多品種的外貌十分相似，而且個體之間均有差異，加上牠們長時間在水面下活動，而且其中許多品種只會將身體的一小部分露出海面。海況惡劣時，如狂風、傾盆大雨，或者陽光強烈照射下都會增加鑑別的難度。就算是世界級的專家也無法辨認出所遇到的每一隻鯨豚類動物；因此有許多目擊事件都記錄為「未確認」。但是只要增加一些背景知識以及少許的訓練，每個人都可以輕易地辨識出一些較為常見或獨特的品種；到最後，甚至可以輕易鑑別出許多較為罕見者。

鑑別清單

成功鑑別的關鍵在於運用簡單的篩除過程。這需要先了解牠們的主要特徵，以便鑑別海上所遇到的每隻鯨、海豚與鼠海豚。單一的特徵常不足以確認某個品種；所以鑑別的金科玉律就是：在下結論之前，儘可能蒐集有關各品種相關特徵的資料。以下列出12個鑑別重點：

1. 體型大小
2. 罕見的特徵(例如一角鯨的長牙)
3. 背鰭的位置、形狀與顏色
4. 體型與頭型
5. 體色與斑紋
6. 噴氣的特徵(僅見於大型的種類)
7. 尾鰭的形狀與斑紋
8. 海面巡游行為與下潛程序
9. 躍身擊浪與其他活動
10. 觀察到的族群數量
11. 主要棲所(海岸或河川等)
12. 地理位置

以下兩頁將更進一步說明上列清單中所述及的諸多項目。

族群有多大？
試著估算族群的大小，因為某些種類會比其他種類更具群集性。一如上圖所示，無論何時，水中的海豚數目可能是海面上的兩倍。

尾鰭

在鯨豚類下潛之前，觀察其尾鰭是否揚升出水。若可能的話，記下尾鰭的形狀，任何特殊的斑紋，以及後緣中間是否有凹刻。

背鰭

注意該動物是否具有背鰭或背部隆突。假如有的話，仔細觀察其形狀：看看背鰭的基部是寬的還是窄的？是彎曲的還是直立的？末端是尖的或圓的？同時觀察背鰭或隆突相較於體型的大小比例，背鰭在背上的位置、顏色；並留意背鰭上有無任何特殊的斑紋。

虎鯨

賀氏矮海豚

南／北露脊鯨

一角鯨

梭氏中喙鯨

整體外觀

試著估算體長，並觀察外型：判斷其體型是短胖的、還是流線型？是否具有特殊的嘴喙？留意主要的體色，以及任何獨特的斑紋，諸如身上的條紋或眼睛周遭的斑塊。切記這些動物在海面的體色會隨著海水清澈度與光線的情況而改變。假如你面向太陽，則所有鯨豚類的體色看起來都會比較深。

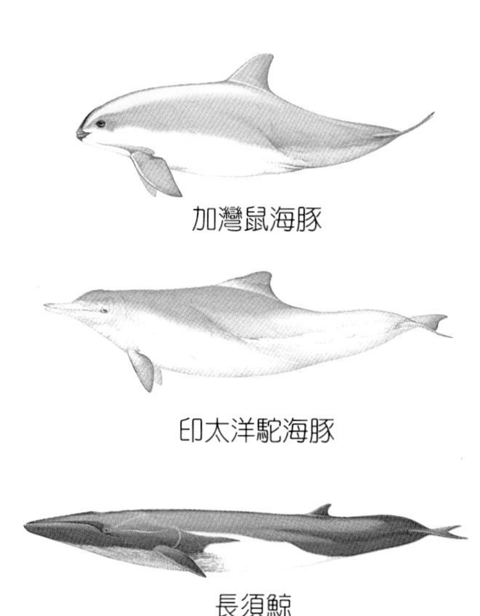

加灣鼠海豚

印太洋駝海豚

長須鯨

胸鰭

胸鰭未必隨時都看得見，但是胸鰭對於辨認某些鯨豚類特別有幫助。記錄胸鰭在軀體上的位置以及長度、顏色與形狀。有的胸鰭形狀既小且窄，也有的像個大鏟子。

大翅鯨　長肢領航鯨　拉河豚

鑑別索引

以下數頁(第30-37頁)的鑑別索引是為了能在海上迅速檢索而設計的。首先依據體型大小編列，然後再依據嘴喙明顯與否安排。每個品種條目中都列有俗名、學名、體長、可能出沒的地理位置，以及書中詳細描述該品種的頁碼。

體型大小

除非能夠直接與船隻或其他水上物體的長度相較，否則很難在海上精確估算出鯨豚類的大小。為了方便起見，鑑別索引根據品種的典型體長分成三類：3公尺以下、3-10公尺，以及10公尺以上。

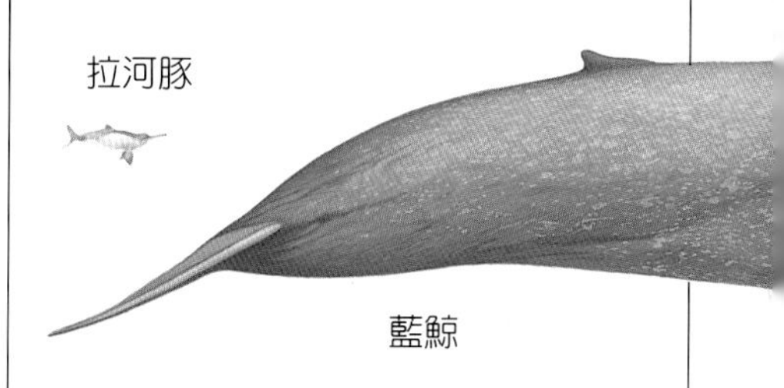

拉河豚

藍鯨

嘴喙

嘴喙明顯與否應是非常有用的鑑別特徵，尤其是用來辨認齒鯨時。概略來說，江豚、喙鯨與半數左右的海豚都有明顯的嘴喙，但是鼠海豚、白鯨、一角鯨、黑鯨類與抹香鯨以及另外半數的海豚則沒有。各種鯨豚類的嘴喙長短不一；但在鑑別索引中，只分成嘴喙明顯或不明顯兩類。

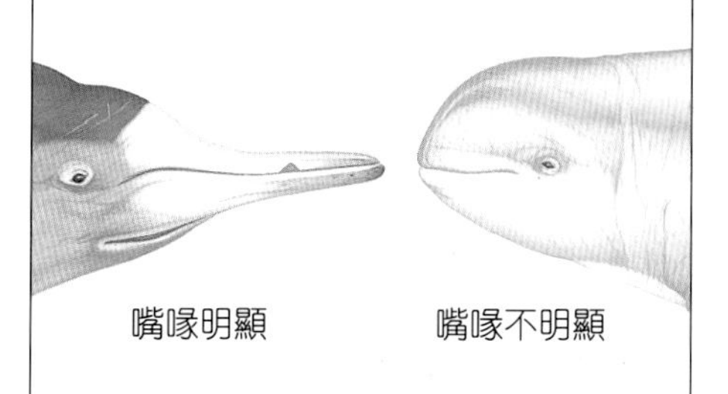

嘴喙明顯　嘴喙不明顯

鑑別索引

使用本鑑別索引時，切記嘴喙明顯與否的判斷純粹只是用來幫助鑑別，而且大都很主觀；同時為了將相似的品種歸在一起時會有例外的安排。假如同種的兩性外觀並不相同，多半只繪出外型較特殊者(通常會是雄性)。

典型體長短於3公尺，嘴喙明顯者

拉河豚
Pontoporia blainvillei
南半球
1.3-1.7公尺，詳第234頁

土庫海豚
Sotalia fluviatilis
南、北半球
1.3-1.8公尺，詳第172頁

短吻飛旋原海豚
Stenella clymene
北半球
1.7-2公尺，詳第180頁

真海豚
Delphinus delphis
南、北半球
1.7-2.4公尺，詳第164頁

大西洋點斑原海豚
Stenella frontalis
南、北半球
1.7-2.3公尺，詳第186頁

熱帶點斑原海豚
Stenella attenuata
南、北半球
1.7-2.4公尺，詳第184頁

長吻飛旋原海豚
Stenella longirostris
南、北半球
1.3-2.1公尺，詳第182頁

印河豚／恆河豚
Platanista minor/
Platanistagangetica
北半球
1.5-2.5公尺，詳第230頁

亞河豚
Inia geoffrensis
南、北半球
1.8-2.5公尺，詳第226頁

白鱀豚
Lipotes vexillifer
北半球
1.4-2.5公尺，詳第228頁

南露脊海豚
Lissodelphis peronii
南半球
1.8-2.9公尺，詳第170頁

條紋原海豚
Stenella coeruleoalba
南、北半球
1.8-2.5公尺，詳第178頁

糙齒海豚
Steno bredanensis
南、北半球
2.1-2.6公尺，詳第190頁

大西洋駝海豚
Sousa teuszii
南、北半球
2-2.5公尺，詳第176頁

印太洋駝海豚
Sousa chinensis
南、北半球
2-2.8公尺，詳第174頁

北露脊海豚
Lissodelphis borealis
北半球
2-3公尺，詳第168頁

瓶鼻海豚
Tursiops truncatus
南、北半球
1.9-3.9公尺，詳第192頁

0 1公尺 10公尺

典型體長不及3公尺，嘴喙不明顯者

康氏矮海豚
Cephalorhynchus commersonii
南半球
1.3-1.7公尺，詳第198頁

賀氏矮海豚
Cephalorhynchus hectori
南半球
1.2-1.5公尺，詳第204頁

海氏矮海豚
Cephalorhynchus heavisidii
南半球
1.6-1.7公尺，詳第202頁

加灣鼠海豚
Phocoena sinus
北半球
1.2-1.5公尺，詳第244頁

新鼠海豚
Neophocaena phocaenoides
南、北半球
1.2-1.9公尺，詳第238頁

黑矮海豚
Cephalorhynchus eutropia
南半球
1.2-1.7公尺，詳第200頁

港灣鼠海豚
Phocoena phocoena
北半球
1.4-1.9公尺，詳第242頁

棘鰭鼠海豚
Phocoena spinipinnis
南半球
1.4-2公尺，詳第246頁

沙漏斑紋海豚
Lagenorhynchus cruciger
南半球
約1.6-1.8公尺，詳第216頁

暗色斑紋海豚
Lagenorhynchus obscurus
南半球
1.6-2.1公尺，詳第220頁

黑眶鼠海豚
Australophocaena dioptrica
南半球
1.3-2.2公尺，詳第240頁

太平洋斑紋海豚
Lagenorhynchus obliquidens
北半球
1.7-2.4公尺，詳第218頁

皮氏斑紋海豚
Lagenorhynchus australis
南半球
約2-2.2公尺，詳第214頁

白腰鼠海豚
Phocoenoides dalli
北半球
1.7-2.2公尺，詳第248頁

大西洋斑紋海豚
Lagenorhynchus acutus
北半球
1.9-2.5公尺，詳第210頁

弗氏海豚
Lagenodelphis hosei
南、北半球
2-2.6公尺，詳第208頁

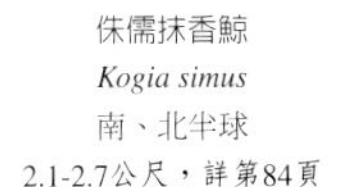

侏儒抹香鯨
Kogia simus
南、北半球
2.1-2.7公尺，詳第84頁

伊河海豚
Orcaella brevirostris
南、北半球
2.1-2.6公尺，詳第222頁

瓜頭鯨
Peponocephala electra
南、北半球
2.1-2.7公尺，詳第156頁

小虎鯨
Feresa attenuata
南、北半球
2.1-2.6公尺，詳第146頁

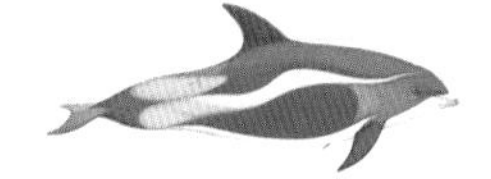

白喙斑紋海豚
Lagenorhynchus albirostris
北半球
2.5-2.8公尺，詳第212頁

瑞氏海豚
Grampus griseus
南、北半球
2.6-3.8公尺，詳第206頁

小抹香鯨
Kogia breviceps
南、北半球
2.7-3.4公尺，詳第82頁

20公尺 30公尺

典型體長3-10公尺，嘴喙明顯者

秘魯中喙鯨
Mesoplodon peruvianus
南、北半球
約3.4-3.7公尺，詳第136頁

賀氏中喙鯨
Mesoplodon hectori
南、北半球
4-4.5公尺，詳第128頁

安氏中喙鯨
Mesoplodon bowdoini
南半球
約4-4.7公尺，詳第116頁

柏氏中喙鯨
Mesoplodon densirostris
南、北半球
4.5-6公尺，詳第120頁

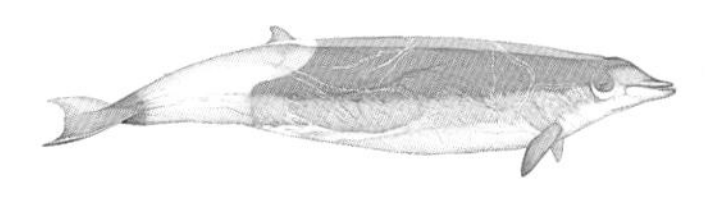

初氏中喙鯨
Mesoplodon mirus
南、北半球
4.9-5.3公尺，詳第132頁

梭氏中喙鯨
Mesoplodon bidens
北半球
4-5公尺，詳第114頁

銀杏齒中喙鯨
Mesoplodon ginkgodens
南、北半球
4.7-5.2公尺，詳第124頁

史氏中喙鯨
Mesoplodon stejnegeri
北半球
5-5.3公尺，詳第138頁

傑氏中喙鯨
Mesoplodon europaeus
南、北半球
4.5-5.2公尺，詳第122頁

胡氏中喙鯨
Mesoplodon carlhubbsi
北半球
5-5.3公尺，詳第118頁

尚未定名的中喙鯨
Mesoplodon sp.'A'
(根據目擊印象繪成)
南、北半球
約5-5.5公尺，詳第112頁

0　1公尺　10公尺

典型體長3-10公尺，嘴喙明顯者（續上頁）

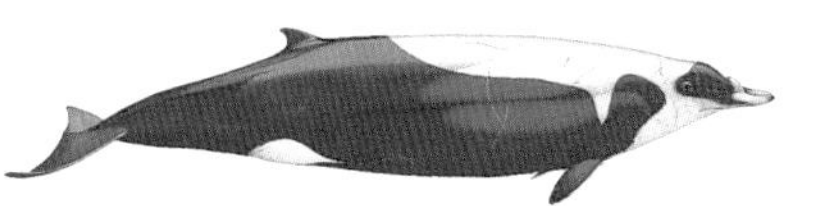

長齒中喙鯨
Mesoplodon layardii
南半球
5-6.2公尺，詳第130頁

哥氏中喙鯨
Mesoplodon grayi
南半球
4.5-5.6公尺，詳第126頁

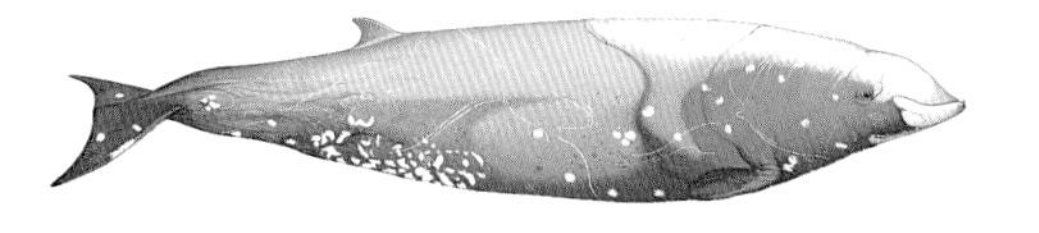

◁ 柯氏喙鯨
Ziphius cavirostris
南、北半球
5.5-7公尺，詳第142頁

謝氏塔喙鯨 ▷
Tasmacetus shepherdi
南半球
6-7公尺，詳第140頁

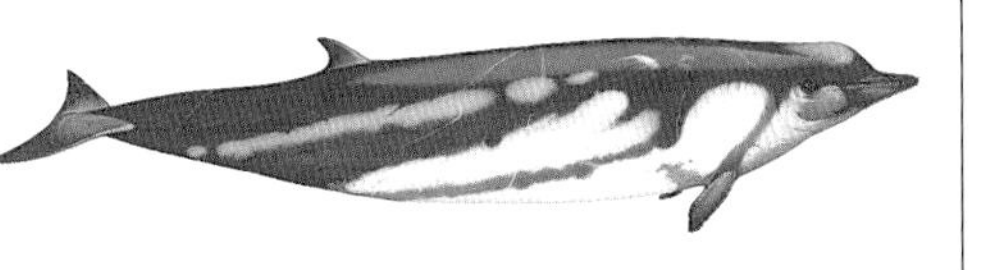

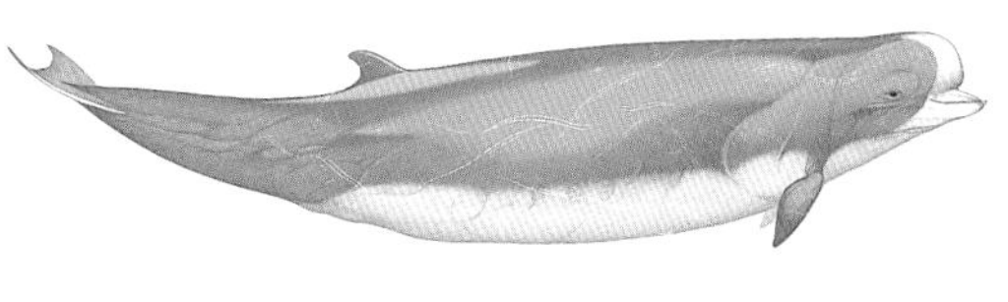

◁ 南瓶鼻鯨
Hyperoodon planifrons
南半球
6-7.5公尺，詳第110頁

朗氏中喙鯨 ▷
Mesoplodon pacificus
（根據目擊印象繪成）
南、北半球
約7-7.5公尺，詳第134頁

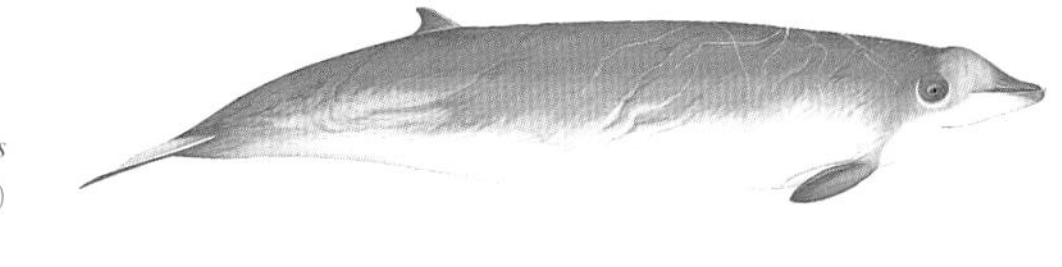

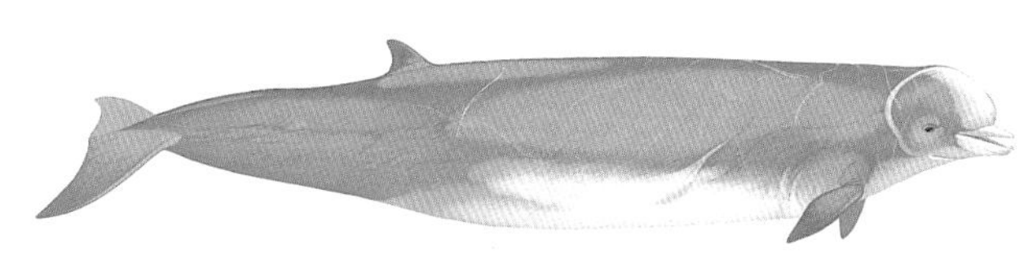

◁ 北瓶鼻鯨
Hyperoodon ampullatus
北半球
7-9公尺，詳第108頁

阿氏貝喙鯨 ▷
Berardius arnuxii
南半球
7.8-9.7公尺，詳第104頁

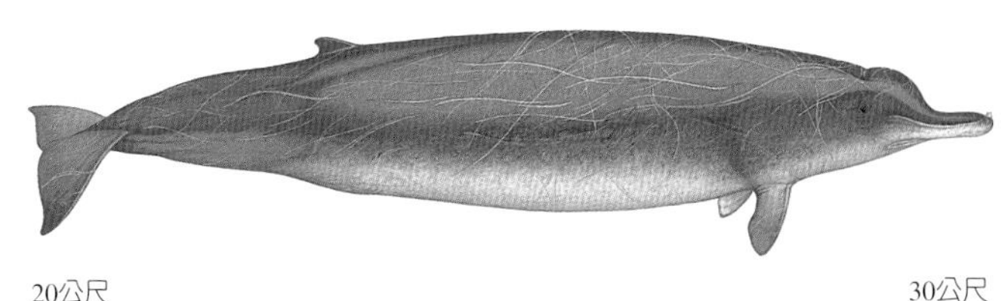

20公尺　　　　30公尺

典型體長3-10公尺，喙嘴不明顯者

白鯨
Delphinapterus leucas
北半球
約3-5公尺，詳第92頁

一角鯨
Monodon monoceros
北半球
3.8-5公尺，詳第96頁

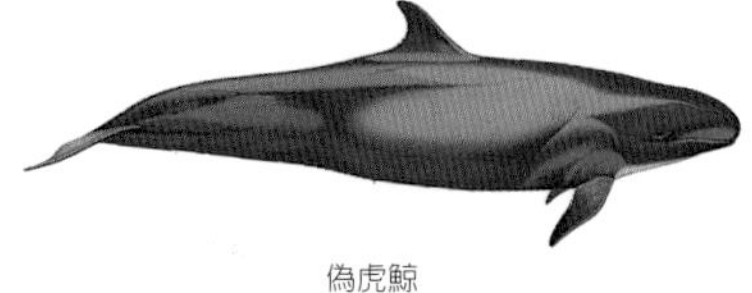

偽虎鯨
Pseudorca crassidens
南、北半球
4.3-6公尺，詳第158頁

長肢領航鯨
Globicephala melas
南、北半球
3.8-6公尺，詳第150頁

◁ 短肢領航鯨
Globicephala macrorhynchus
南、北半球
3.6-6.5公尺，詳第148頁

小露脊鯨 ▷
Caperea marginata
南半球
5.5-6.5公尺，詳第48頁

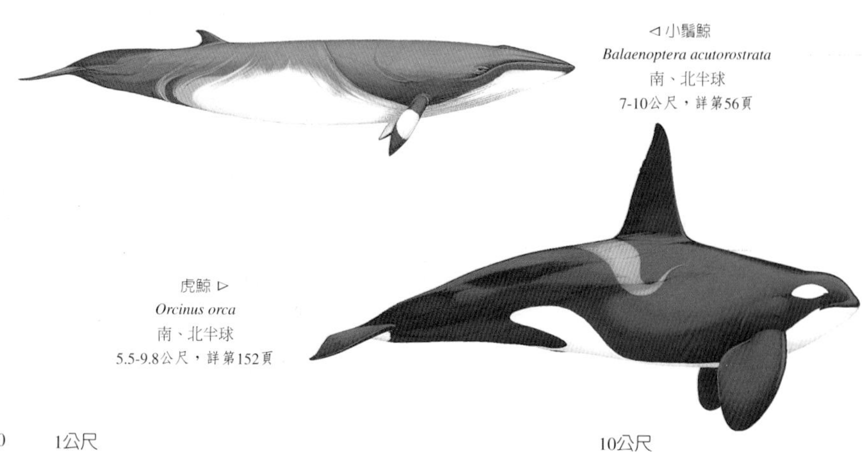
0
1公尺
10公尺

◁ 小鬚鯨
Balaenoptera acutorostrata
南、北半球
7-10公尺，詳第56頁

虎鯨 ▷
Orcinus orca
南、北半球
5.5-9.8公尺，詳第152頁

典型體長超過10公尺，嘴喙明顯者

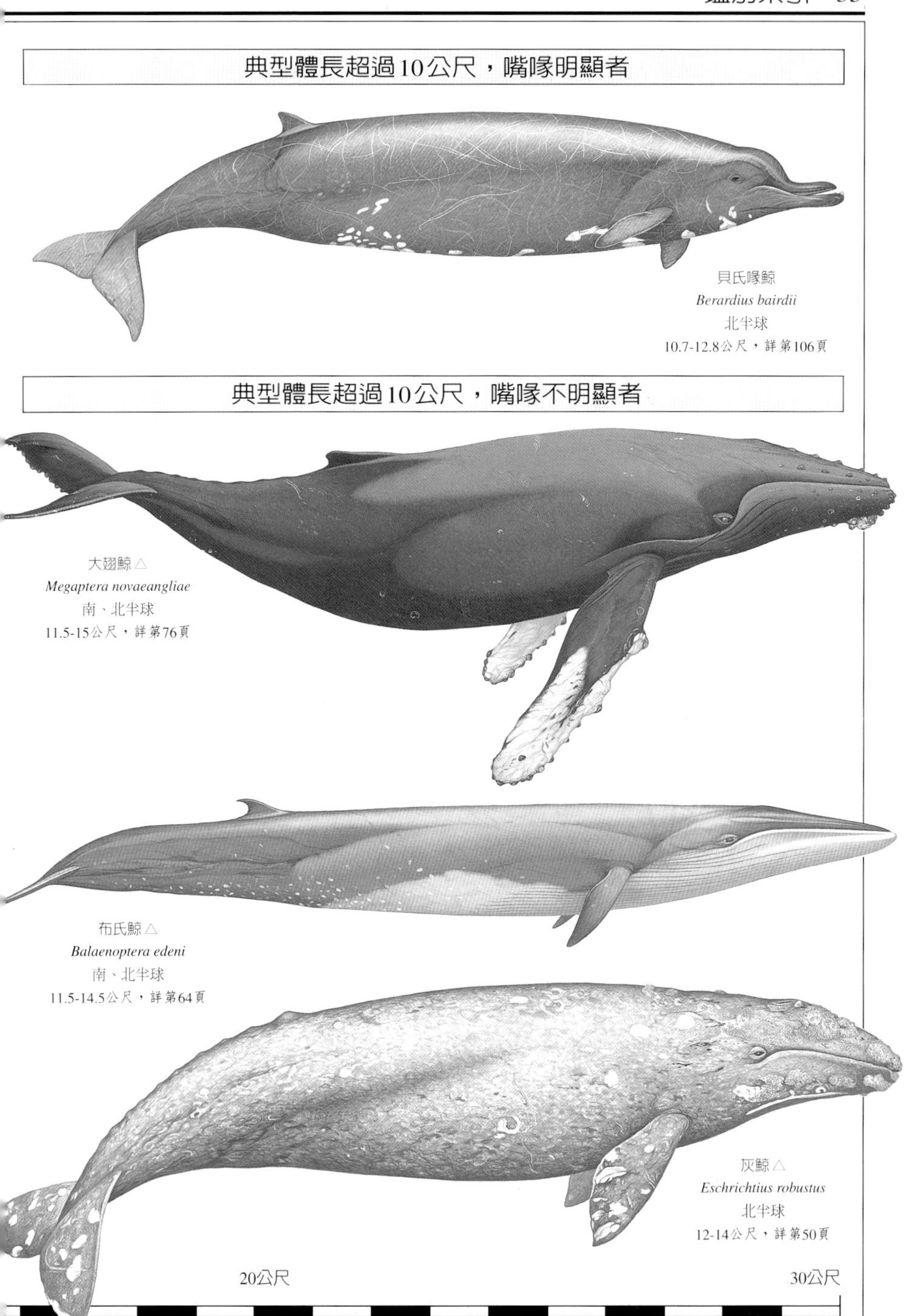
20公尺
30公尺

貝氏喙鯨
Berardius bairdii
北半球
10.7-12.8公尺，詳第106頁

典型體長超過10公尺，嘴喙不明顯者

大翅鯨△
Megaptera novaeangliae
南、北半球
11.5-15公尺，詳第76頁

布氏鯨△
Balaenoptera edeni
南、北半球
11.5-14.5公尺，詳第64頁

灰鯨△
Eschrichtius robustus
北半球
12-14公尺，詳第50頁

典型體長超過10公尺，嘴喙不明顯者

△抹香鯨
Physeter macrocephalus
南、北半球
11-18公尺，詳第86頁

△塞鯨
Balaenoptera borealis
南、北半球
12-16公尺，詳第60頁

藍鯨 ▷
Balaenoptera musculus
南、北半球
21-27公尺，詳第68頁

0
1公尺

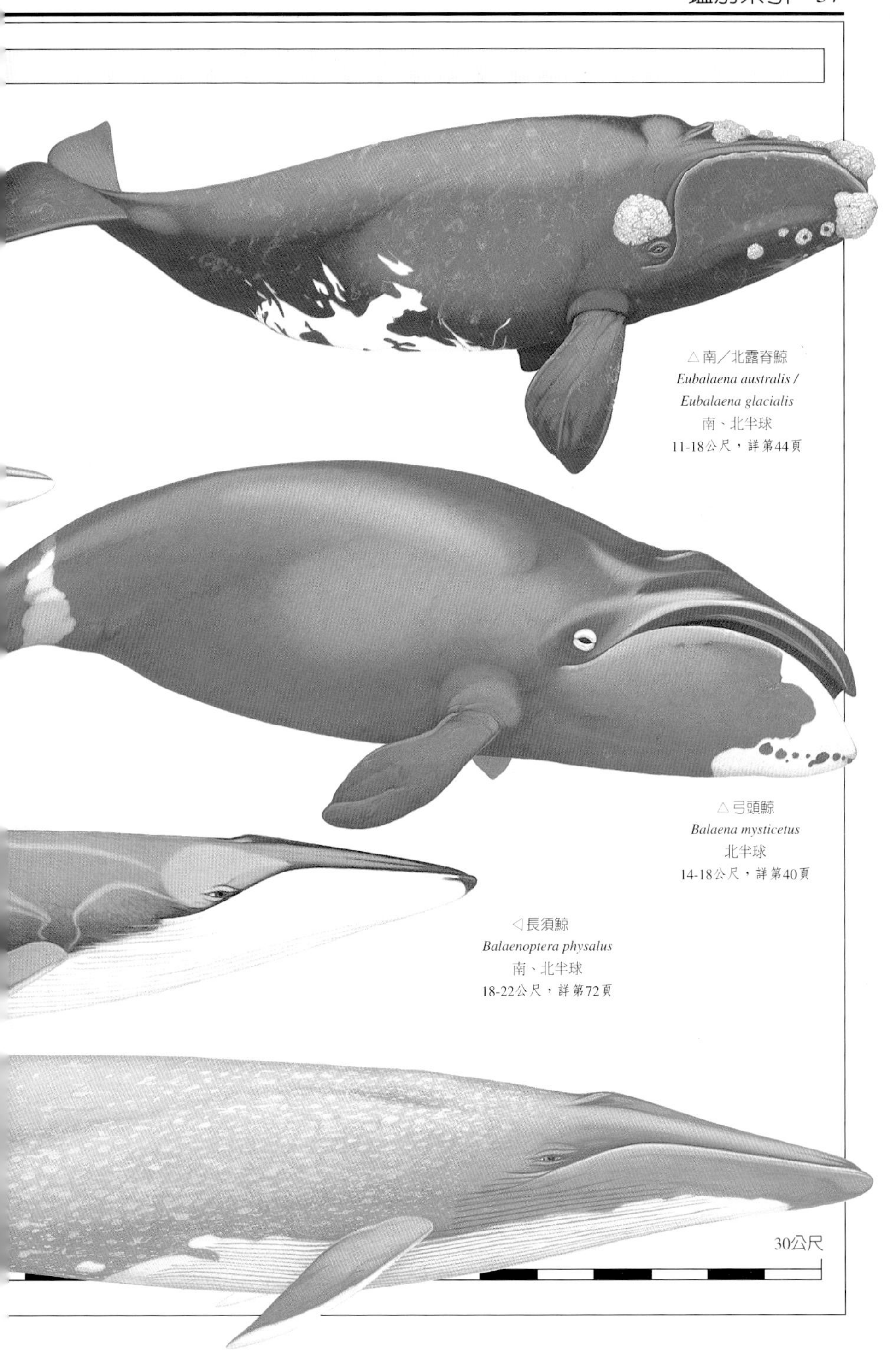
30公尺

△南／北露脊鯨
Eubalaena australis / Eubalaena glacialis
南、北半球
11-18公尺，詳第44頁

△弓頭鯨
Balaena mysticetus
北半球
14-18公尺，詳第40頁

◁長須鯨
Balaenoptera physalus
南、北半球
18-22公尺，詳第72頁

露脊鯨與灰鯨

這個篇章包括三個差異極大的科：露脊鯨科(南、北露脊鯨、弓頭鯨)、小露脊鯨科(小露脊鯨)以及灰鯨科(灰鯨)。南露脊鯨與小露脊鯨只出現在南半球，弓頭鯨、灰鯨與北露脊鯨則僅見於北半球(編按：這三科與下一篇的鬚鯨科共同組成了鬚鯨亞目，是長有鯨鬚的大型鯨)。這些鯨豚類都喜好溫帶或極地水域。捕鯨業雖未曾迫害小露脊鯨，可是其他四個較大的品種卻遭到悲慘的商業濫捕，有段時期幾乎瀕臨絕種。

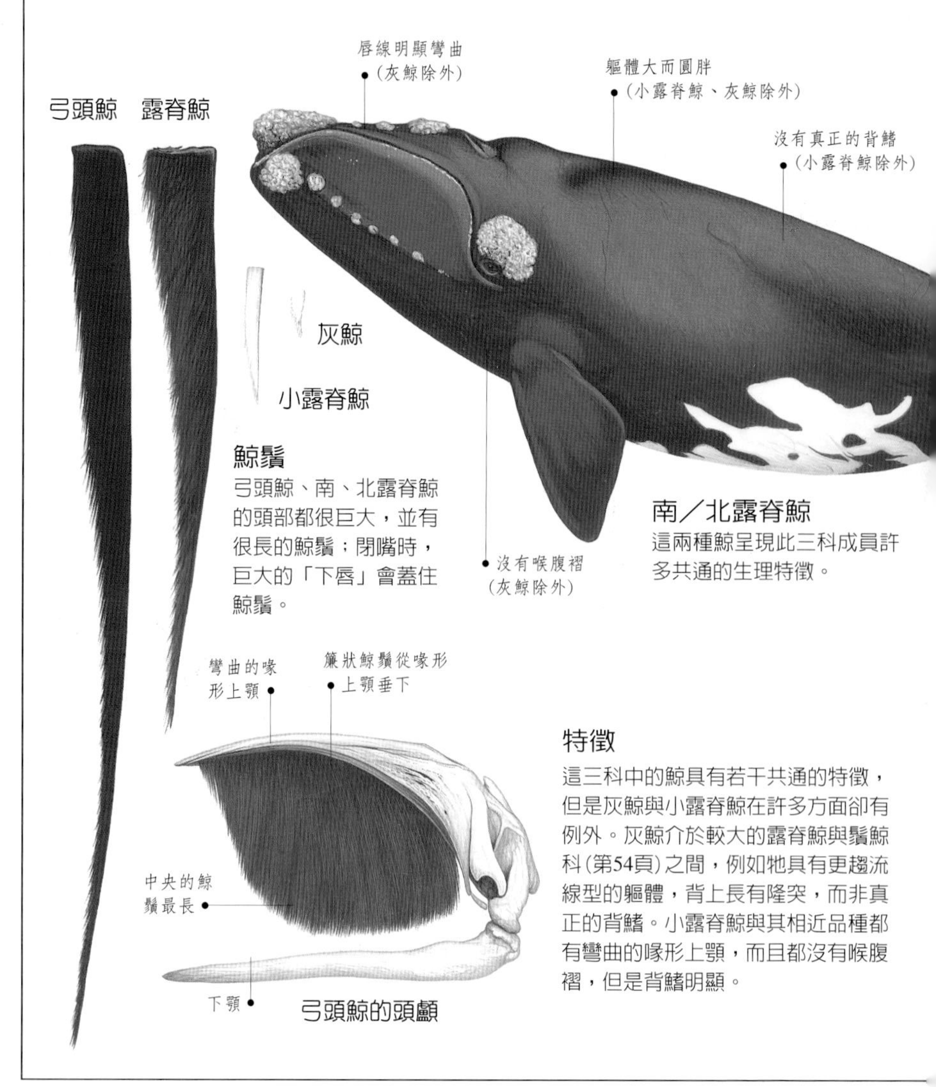
唇線明顯彎曲
(灰鯨除外)
軀體大而圓胖
(小露脊鯨、灰鯨除外)
沒有真正的背鰭
(小露脊鯨除外)
弓頭鯨
露脊鯨
灰鯨
小露脊鯨
沒有喉腹褶
(灰鯨除外)
彎曲的喙形上顎
簾狀鯨鬚從喙形上顎垂下
中央的鯨鬚最長
下顎
弓頭鯨的頭顱

鯨鬚

弓頭鯨、南、北露脊鯨的頭部都很巨大，並有很長的鯨鬚；閉嘴時，巨大的「下唇」會蓋住鯨鬚。

南／北露脊鯨

這兩種鯨呈現此三科成員許多共通的生理特徵。

特徵

這三科中的鯨具有若干共通的特徵，但是灰鯨與小露脊鯨在許多方面卻有例外。灰鯨介於較大的露脊鯨與鬚鯨科(第54頁)之間，例如牠具有更趨流線型的軀體，背上長有隆突，而非真正的背鰭。小露脊鯨與其相近品種都有彎曲的喙形上顎，而且都沒有喉腹褶，但是背鰭明顯。

皮繭

南、北露脊鯨在眼睛上面、噴氣孔旁邊、下巴、「下唇」及喙形上顎處長有粗皮，稱為「皮繭」。

寬大尾鰭中央有明顯凹刻

胸鰭

與南、北露脊鯨相比，弓頭鯨的胸鰭顯得較窄而短(相對於體型而言)。

露脊鯨　弓頭鯨

品種鑑別

小露脊鯨(詳第48頁)最小的鬚鯨，長有明顯的背鰭。

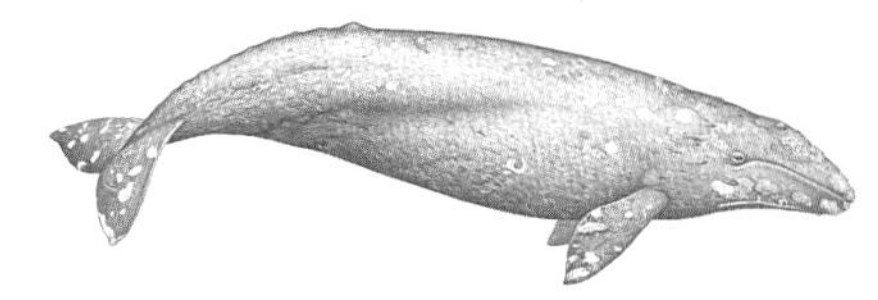

灰鯨(詳第50頁)頭部拱起，低矮的隆起和小稜取代了背鰭。

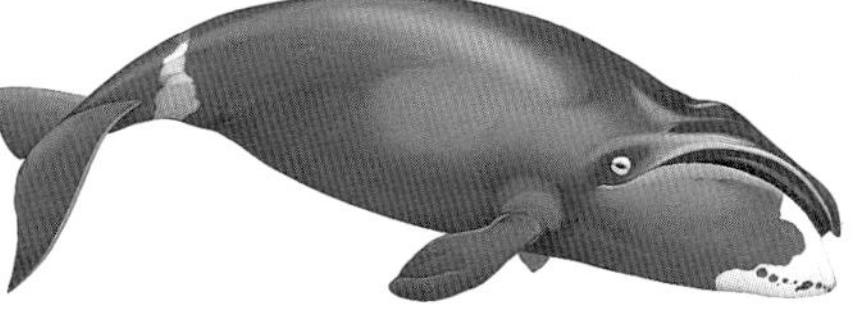

弓頭鯨(詳第40頁)下巴為白色，巨大的頭顱沒有皮繭，也沒有背鰭。

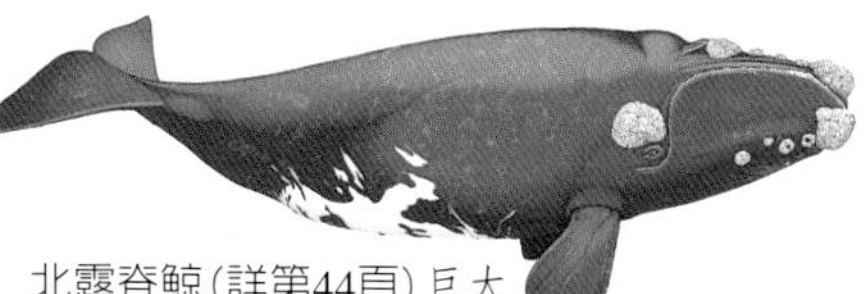

北露脊鯨(詳第44頁)巨大的頭部長有皮繭，身上沒有背鰭。

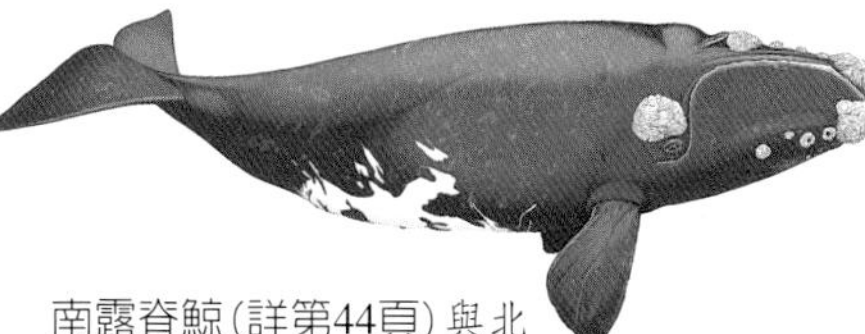

南露脊鯨(詳第44頁)與北露脊鯨相似，但更常見；只生活在南半球。

小露脊鯨

小露脊鯨游泳的方式非常獨特：由頭部傳至尾鰭的波動造成起伏動作(愈到尾部，起伏的幅度愈大)。

緩慢游泳時，胸鰭會伸展

下潛時，尾鰭一直保持在水面下

即便接近海面，也只露出一小部分背鰭(若有的話)或背部

整個軀體呈現波浪起伏般的動作

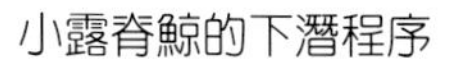

小露脊鯨的下潛程序

科：露脊鯨科	種：*Balaena mysticetus*	棲所：(　)

弓頭鯨(BOWHEAD WHALE)

弓頭鯨的名稱得自巨大而獨特的弓狀頭顱。其軀體非常沈重，雖然至今還未曾整個或局部地被稱過，一般相信就其體長來看，應該比其他的鯨都重。經常與一角鯨、白鯨結伴，是生活在北極的唯一大型鯨豚類動物。鯨脂厚達70公分，有助其禦寒；能穿破厚達30公分的冰層，為自己開鑿呼吸孔。19世紀中葉，弓頭鯨的數目曾從至少5萬隻被捕獵到幾乎滅絕。有顯著的白色下巴，身上沒有皮繭，也沒有背鰭，這些特徵應足以用來辨認。

• **別名**：(舊稱：北極鯨)、巨極地鯨、北極露脊鯨、格陵蘭露脊鯨、格陵蘭鯨

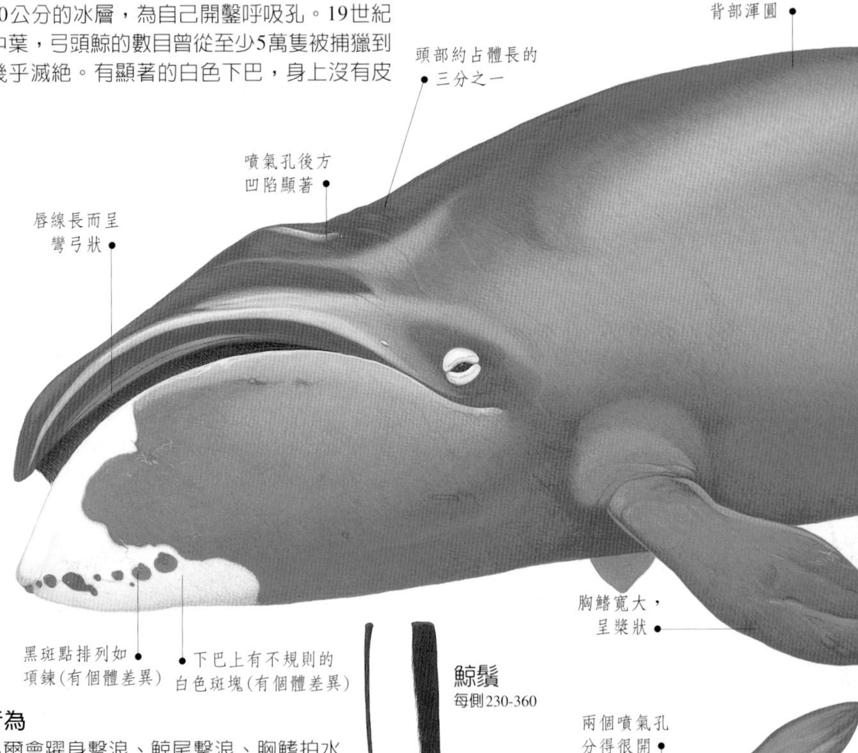
背部渾圓
頭部約占體長的三分之一
噴氣孔後方凹陷顯著
唇線長而呈彎弓狀
胸鰭寬大，呈槳狀
黑斑點排列如項鍊(有個體差異)
下巴上有不規則的白色斑塊(有個體差異)

鯨鬚
每側230-360

兩個噴氣孔分得很開
下巴呈白色
喙形上顎狹窄

頭部
(鳥瞰圖)

行為

偶爾會躍身擊浪、鯨尾擊浪、胸鰭拍水以及浮窺(通常單獨進行)；仔鯨會戲弄水中的物體。在海面、海面下或者沿著海床攝食。可能會張著大嘴緩慢地在海面移動；有時會合作獵食。弓頭鯨游泳速度緩慢，一般而言，在海面浮游1至3分鐘，噴氣4至6次。可能潛行至水深超過200公尺處；平均的潛水時間約在4至20分鐘，但也有人觀察到時間更長的潛水。通常會在同一個地點浮回海面。

族群大小：1-6 (1-14)，疏鬆的族群可達60隻(罕見)	背鰭位置：無背鰭

現況：稀少	現存：6,000-12,000	威脅：

鑑別清單

- 沒有背鰭
- 下巴有不規則的白色斑塊
- 側面可見兩個明顯的隆突
- 嘴部彎曲
- 頭部非常碩大
- 噴氣呈V字型
- 體色較暗
- 尾鰭極寬大
- 身上沒有皮繭或藤壺

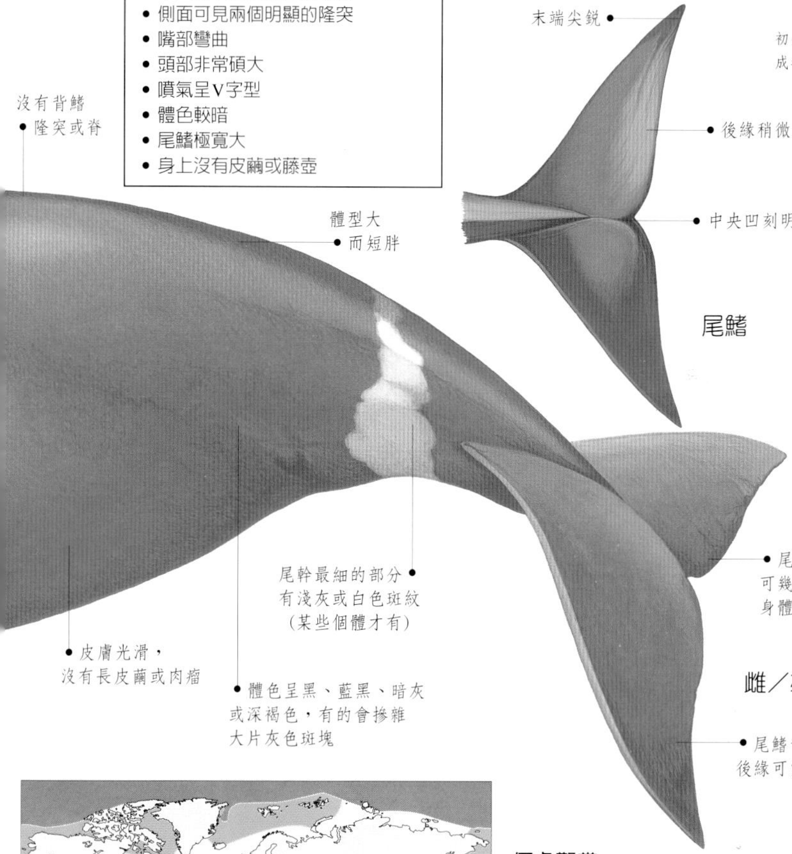

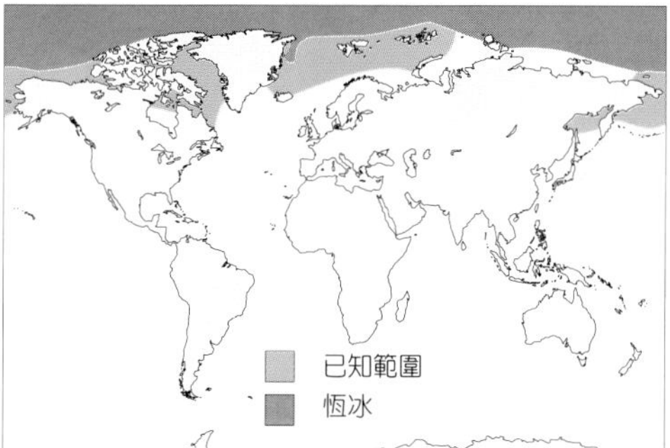

末端尖銳
初生 4-4.5公尺
成年14-18公尺
沒有背鰭
隆突或脊
後緣稍微向內凹
體型大
而短胖
中央凹刻明顯
尾鰭
尾幹最細的部分
有淺灰或白色斑紋
(某些個體才有)
尾鰭的寬度
可幾乎達到全
身體長的一半
皮膚光滑，
沒有長皮繭或肉瘤
體色呈黑、藍黑、暗灰
或深褐色，有的會摻雜
大片灰色斑塊
雌／雄
尾鰭背面的
後緣可能呈白色
已知範圍
恆冰

北極與亞北極的寒冷水域，很少遠離浮冰區的邊緣

何處觀賞

世界上有四個弓頭鯨族群：1.大衛斯海峽、巴芬灣、北哈得孫灣與福克斯灣；2.白令海、邱克契海與波福海；3.鄂霍次克海(有部分可能隸屬波福海族群)；4.北大西洋(事實上已經滅絕了)。目前仍不清楚這些族群彼此之間有無混合。弓頭鯨的一生幾乎都在北極浮冰區(通常冰覆面積超過70%)的邊緣度過。短暫的季節性遷徙與冰塊的形成及移動有關(夏季在北，冬季在南)。

初生重量：不詳	成年重量：60-100公噸	食物： ★

科：露脊鯨科	種：*Balaena mysticetus*	棲所：(　)

垂直出水

可看到二分之一至四分之三的軀體

通常會固定以身體某一側回落水中

側面

背部圓鈍

躍身擊浪

弓頭鯨不常躍身擊浪，但是一旦開始，可能就會連續進行(曾有75分鐘內64次的記錄)。典型的方式是垂直躍出水面，軀體的後半部通常保持在水中，最後再側向一邊入水。大部分的躍身擊浪都在春季遷徙時出現。

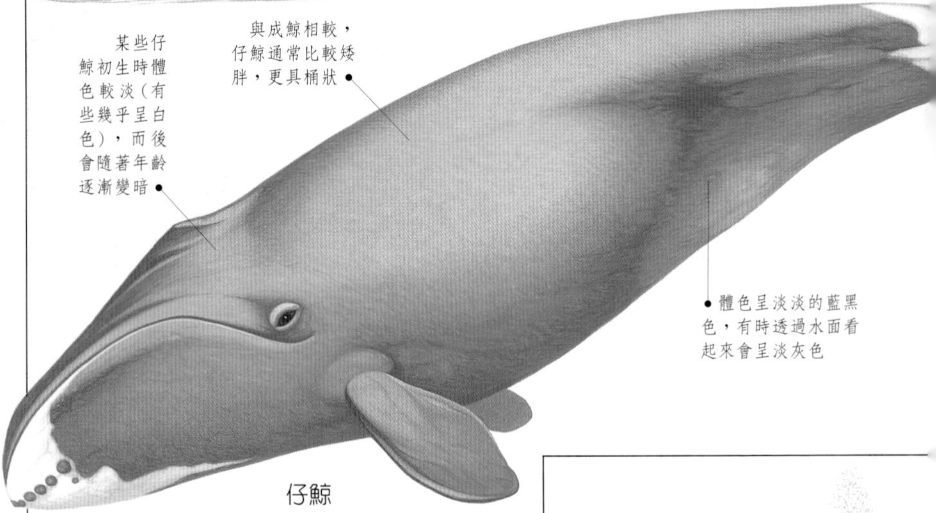

某些仔鯨初生時體色較淡(有些幾乎呈白色)，而後會隨著年齡逐漸變暗

與成鯨相較，仔鯨通常比較矮胖，更具桶狀

體色呈淡淡的藍黑色，有時透過水面看起來會呈淡灰色

仔鯨

仔鯨

弓頭鯨在3月至8月之間出生，5月是生產高峰。仔鯨的大小從略低於平均體長的3.6公尺到5.2公尺不等；在第一年內體長可變成兩倍。雌鯨可能每2至7年生產一次；仔鯨羈絆母鯨的習性非常強。弓頭鯨數量不多，而且棲於遙遠、酷寒的環境中，使得研究難以進行，因此人類對其了解甚少。

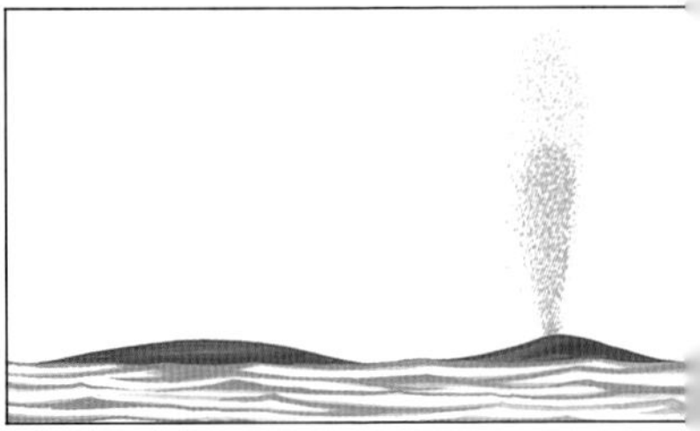

下潛程序

1.浮出水面時，從側面可見到兩個隆起。噴氣孔直接向上噴出兩股氣柱(有風時V字型較不明顯)。

族群大小：1-6 (1-14)，疏鬆的族群可達60隻(罕見)	背鰭位置：無背鰭

現況：稀少	現存：6,000-12,000	威脅：

頭部呈
三角形

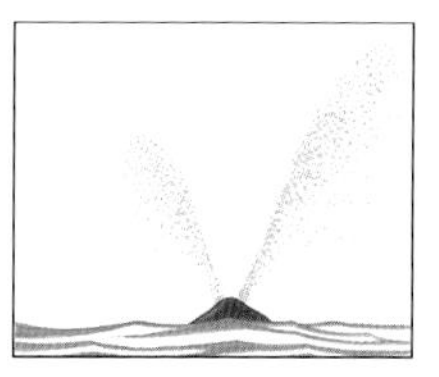

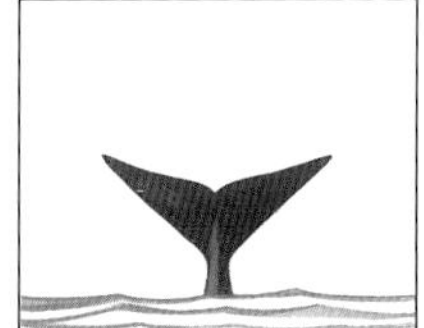

側面觀
從側面看，大多數成鯨在海面上會呈現兩個明顯的隆起，不禁令人聯想起傳說中的尼斯湖水怪。前方的三角形隆起是弓頭鯨的頭部，之後的下凹部分是頸部，後端的圓形隆起則是延伸至尾鰭的背部。注意其光滑的背部並沒有背鰭或脊。年輕的個體從側面看顯得較渾圓，自吻部到尾鰭只呈現一個圓弧。

噴氣
分得很開的兩個噴氣孔會噴出樹叢狀、呈V字型且高達7公尺的兩股氣柱。

鯨尾揚升
在弓頭鯨深潛之前，寬達7公尺的巨大尾鰭通常會揚升出水，舉至空中。

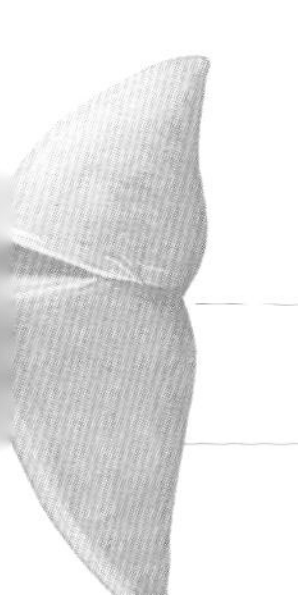
尾鰭呈淡藍色
後緣可能有些突出

鯨鬚大多呈暗灰或黑色(縫毛的顏色淡些)
位於上顎中央的鯨鬚最長

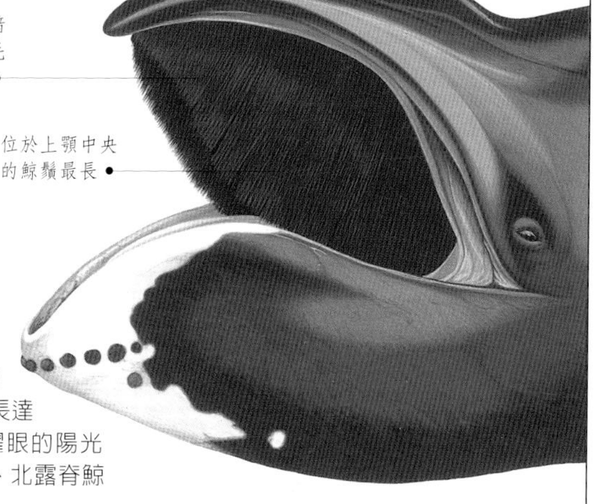

鯨鬚
弓頭鯨的鯨鬚是所有鬚鯨中最長者，曾有超過3公尺長的記錄；有人聲稱見過長達5.8公尺的鯨鬚，但是備受質疑。在耀眼的陽光下，鯨鬚常反射出綠色的螢光。和南、北露脊鯨一樣，弓頭鯨的口腔前方並沒有鯨鬚。

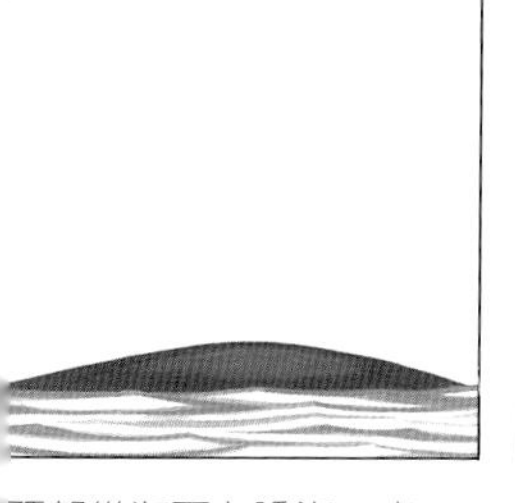

頭部從海面上隱沒，光渾圓的背部拱起，準備行長潛。

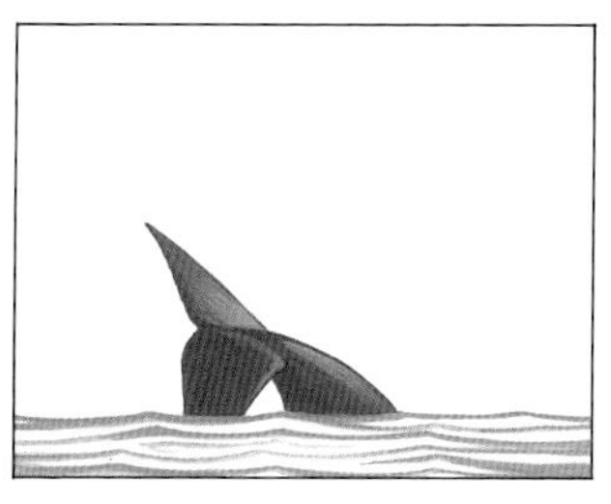

3.寬大的尾鰭通常會高舉至空中。當尾鰭滑入水中時，尾部通常會側向右方。

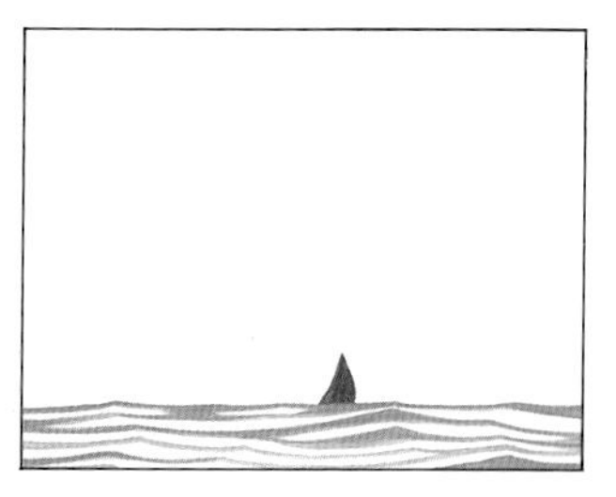

4.尾部潛至海面下時，最後隱沒的通常是左邊的尾鰭尖。下潛深度可能超過200公尺。

初生重量：不詳	成年重量：60-100公噸	食物： ★

科：露脊鯨科	種：*Eubalaena australis*（南露脊鯨）	棲所：≋（≋）

南／北露脊鯨
(Southern and Northern Right Whales)

露脊鯨屬(Eubalaena)中到底有一種、兩種或三種，至今尚無定論。大多數的專家認為有兩種，然而也有人提出生活在北太平洋者應屬第三種(*Eubalaena japnica*)。南、北兩半球的露脊鯨在頭部稍微有些差異；有些專家認為南露脊鯨的下「唇」前端長有較多的皮繭，而其頭頂的皮繭則比較少。南露脊鯨的生物資料編列在這兩頁的邊框中，北露脊鯨則詳見第46-47頁。

• **別名**：黑露脊鯨、露脊鯨（泛指兩種）、比斯卡恩露脊鯨（北露脊鯨）

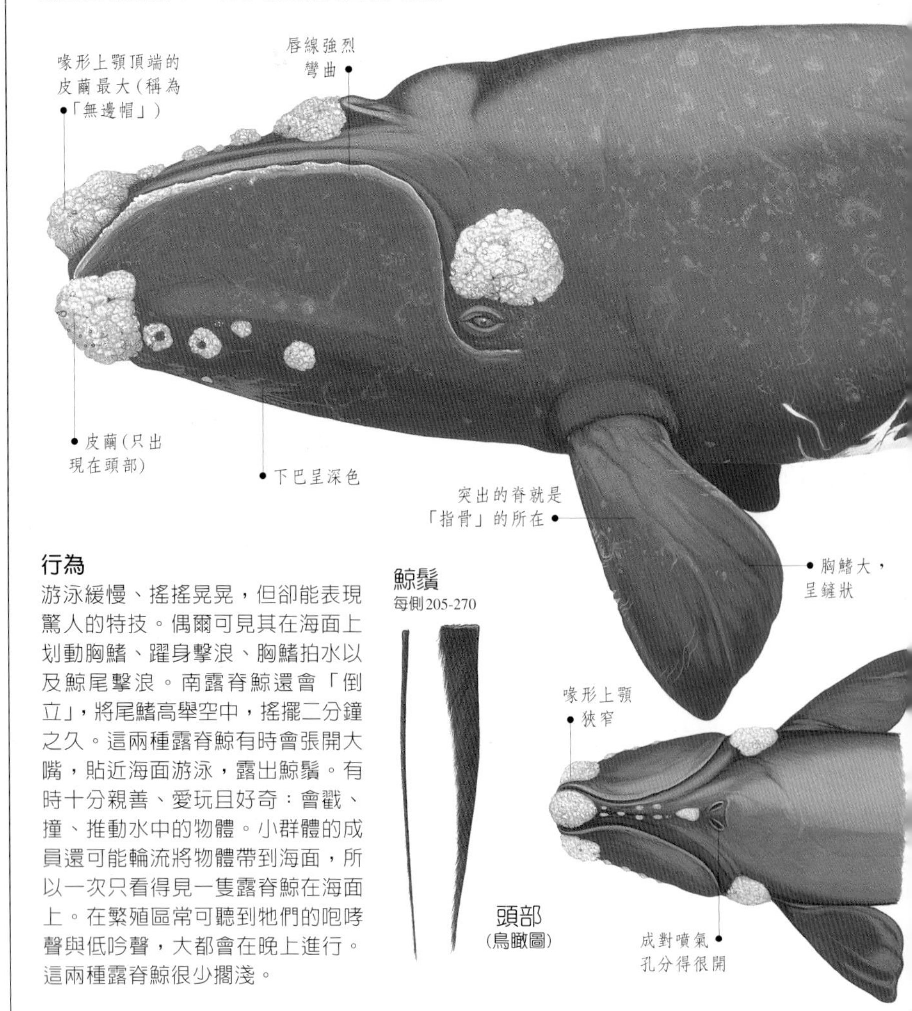

喙形上顎頂端的皮繭最大（稱為「無邊帽」）
唇線強烈彎曲
皮繭（只出現在頭部）
下巴呈深色
突出的脊就是「指骨」的所在
胸鰭大，呈鏟狀
鯨鬚
每側205-270
喙形上顎狹窄
頭部
（鳥瞰圖）
成對噴氣孔分得很開

行為

游泳緩慢、搖搖晃晃，但卻能表現驚人的特技。偶爾可見其在海面上划動胸鰭、躍身擊浪、胸鰭拍水以及鯨尾擊浪。南露脊鯨還會「倒立」，將尾鰭高舉空中，搖擺二分鐘之久。這兩種露脊鯨有時會張開大嘴，貼近海面游泳，露出鯨鬚。有時十分親善、愛玩且好奇：會戳、撞、推動水中的物體。小群體的成員還可能輪流將物體帶到海面，所以一次只看得見一隻露脊鯨在海面上。在繁殖區常可聽到牠們的咆哮聲與低吟聲，大都會在晚上進行。這兩種露脊鯨很少擱淺。

族群大小：2-3(1-12)，攝食區內較多	背鰭位置：沒有背鰭

現況：稀少	現存：3,000-5,000	威脅：

鑑別清單

- 頭部巨大，覆有皮繭
- 背部寬廣，沒有背鰭
- 唇線明顯彎曲
- 軀體色澤深，呈圓筒狀
- 胸鰭大，呈槳狀
- 下巴色澤深
- 游行緩慢
- 擅長特技表演
- 好奇且易親近

初生4.5-6公尺
成年11-18公尺

尾鰭背面和腹面皆呈深色

背部沒有背鰭，也沒有皮繭

雌／雄

尾幹狹窄

全身清一色呈黑色或深褐色，經常摻雜褐色、灰或藍色

腹部有不規則的白色斑塊(有個體差異)

軀體非常圓胖

後緣光滑、向內凹

中央凹刻明顯

尾鰭

寬大尾鰭末端尖銳

60° N
25° N
20° S
55° S
北露脊鯨
南露脊鯨

南、北半球之溫帶及亞極區的冷水海域

何處觀賞

南露脊鯨主要生活在南緯20至55度的南極附近；地圖中呈現的是冬季的繁殖區(夏季時，露脊鯨會遷徙至接近南極、更冷的未知水域)。北大西洋西部有數小群北露脊鯨的蹤跡：攝食區主要分布在鄰近加拿大大馬南島的下樊迪灣，加拿大新斯科細亞南岬外的布朗海岸，以及美國鱈角灣等地。最近發現美國佛羅里達州、喬治亞州的外海也有繁殖區。北大西洋的東部可能有一些；北太平洋則有少數幾隻。

初生重量：1公噸	成年重量：30-80公噸	食物：

科：露脊鯨科	種：*Eubalaena glacialis*（北露脊鯨）	棲所：

瀕危的品種

露脊鯨的英文名稱「Right Whale」(正鯨)是捕鯨人命名的，因為這正是他們捕獵的目標。露脊鯨非常容易接近；生活在沿岸水域，死亡後會浮升至海面，能夠提供大量的鯨油、鯨肉與鯨骨。由於南、北露脊鯨均已瀕臨滅絕，所以自1937年起就被列為受保護的動物；目前只有南露脊鯨呈現出明顯的復育跡象，近年來，其年增率約為百分之七。北露脊鯨或許比其他的大型鯨更接近滅絕，而且可能再也無法復原。北大西洋東部，在亞速爾群島與斯匹茲卑爾根群島之間，原本數量衆多，現在可能已經滅絕。不幸的是這兩種露脊鯨繁殖的速度極緩慢，雌鯨必須長到5至10歲才能懷第一胎，而且每3至4年才生育一次。

仔鯨有少許，甚或沒有皮繭

較年幼的個體沒那麼圓胖，甚至有些修長

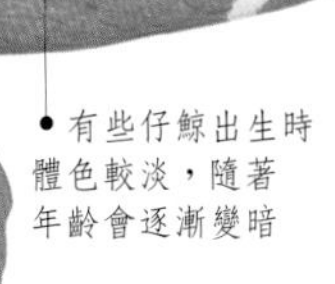
有些仔鯨出生時
體色較淡，隨著
年齡會逐漸變暗

仔鯨

寄生性甲殼類

鯨蝨

皮繭因鯨蝨(寄生性甲殼類)寄生而呈現白、粉紅、黃或橙色。藤壺與寄生蟲也可能寄生在皮繭上。

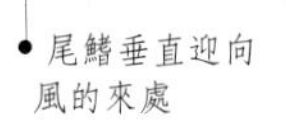
尾鰭垂直迎向
風的來處

御風而行

南露脊鯨有時會垂直浮升尾鰭充作風帆，藉以乘風而行。這可能是種遊戲的形式，因為牠們總是會游回原出發點，然後再次御風而行。

下潛程序

1. 頭部高舉出水，露出皮繭。V字型氣柱的左股會高於右股。

族群大小：1-3(1-12)，攝食區內較多	背鰭位置：沒有背鰭

現況：瀕危	現存：300-600	威脅：

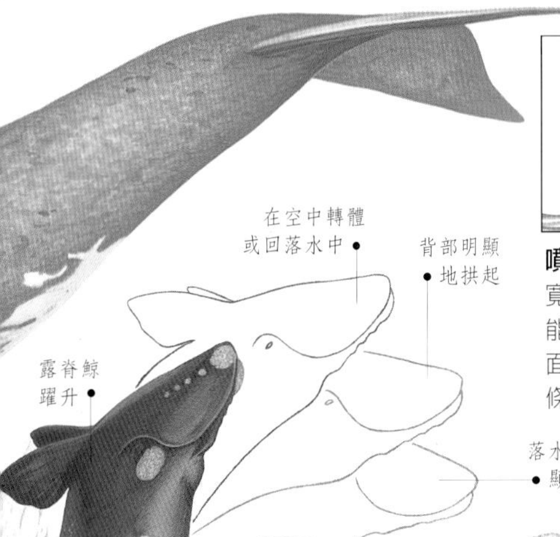
在空中轉體
或回落水中
背部明顯
地拱起
露脊鯨
躍升
落水時，體側會激出
顯著的水霧牆

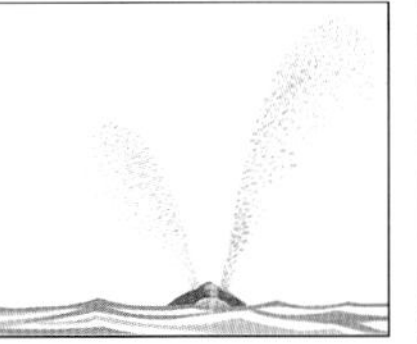

噴氣

寬大的V字型噴氣可能高達5公尺，從側面或在風中看來像一條水柱。

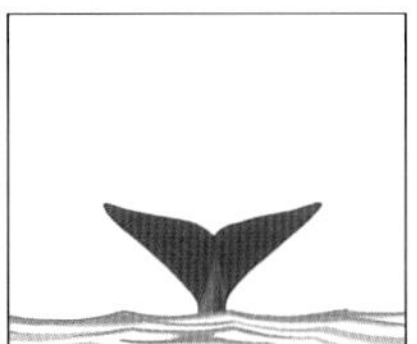

鯨尾揚升

在深潛之前，尾鰭經常會高舉空中。注意其後緣光滑，以及中央的明顯凹刻。

躍身擊浪

露脊鯨經常躍身擊浪，有時可能一連進行十次以上。當露脊鯨躍身擊浪時，兩側會激起龐大的水霧牆；一公里之外還可以聽到水花濺落的聲音。

剛毛稠密
而纖細

鯨鬚
極長而窄

鯨鬚

鯨鬚的顏色從深褐、暗灰至黑色不等，但在水中則顯得有些黃色調；仔鯨的鯨鬚顏色會較淡。長而窄的喙形上顎專為懸垂鯨鬚而設；弓型的下顎則可以合攏嘴部。

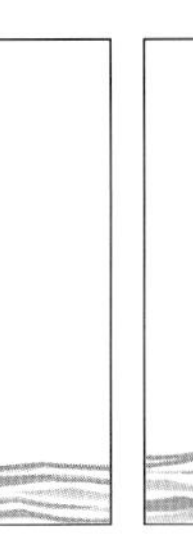

.頭部隱沒在海面下，唯一可見的是光滑、寬闊、無背鰭的背部，十分獨特，而且上面沒有藤壺或皮繭。

3. 潛水時，尾鰭通常會揚起；但是也有可能因失誤而未將之舉出水面。

4. 露脊鯨垂直沉至海面下，潛水可能持續1小時，但是一般而言時間都會短得多。

初生重量：1公噸	成年重量：30-80公噸	食物：

科：小露脊鯨科	種：*Caperea marginata*	棲所：

小露脊鯨(PYGMY RIGHT WHALE)

小露脊鯨是所有鬚鯨中體型最小，也是最鮮為人知者。很少在海面上看到，而且確認的目擊記錄也非常少。容易與小鬚鯨(第56頁)混淆，但是兩者間還是有一些明顯的差異：小露脊鯨的下顎強烈彎曲，小鬚鯨的胸鰭有特別的白色帶。其他體型較大的露脊鯨也有同樣彎曲的嘴型，然而和其他露脊鯨不同的是小露脊鯨有背鰭，而且胸鰭的形狀非常獨特，軀體更趨流線型。與其他大型露脊鯨相較，小露脊鯨的頭身比(頭部占全身體長的比例)顯得較小。由於資料不足，很難估算小露脊鯨的確實數目，實際現存的數量應比稀少的目擊所見多一些。

• **別名**：無

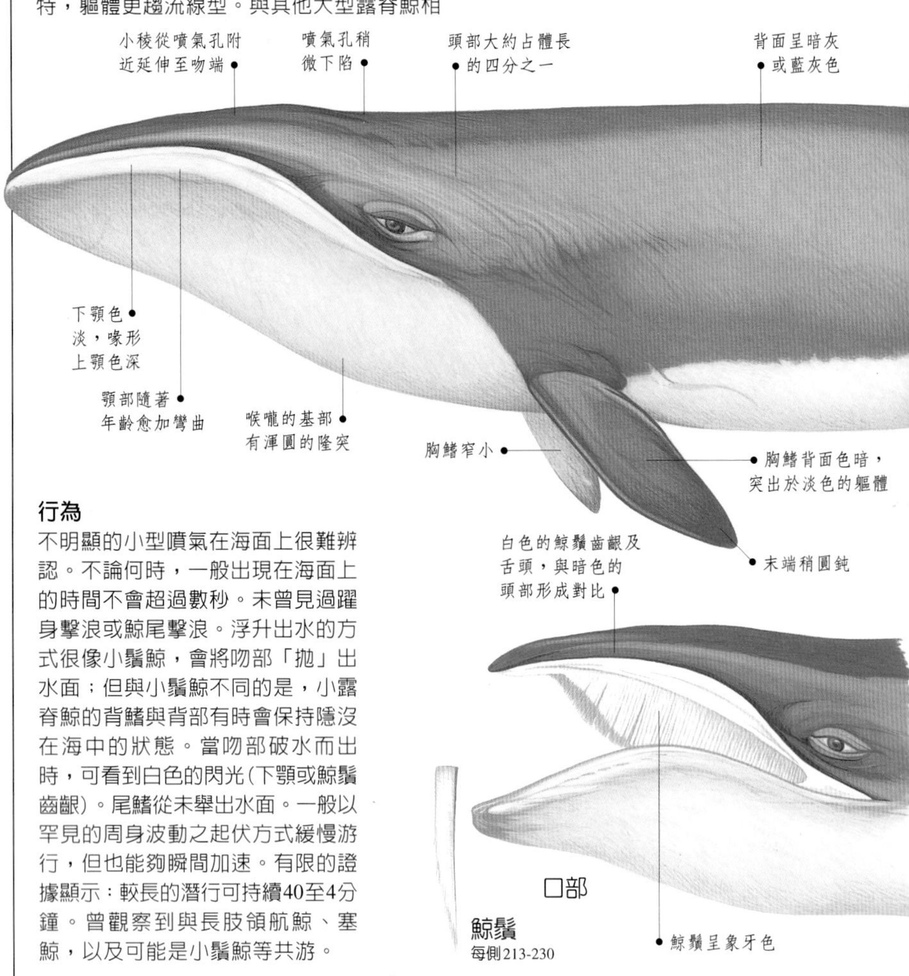
小稜從噴氣孔附近延伸至吻端
噴氣孔稍微下陷
頭部大約占體長的四分之一
背面呈暗灰或藍灰色
下顎色淡，喙形上顎色深
顎部隨著年齡愈加彎曲
喉嚨的基部有渾圓的隆突
胸鰭窄小
胸鰭背面色暗，突出於淡色的軀體
白色的鯨鬚齒齦及舌頭，與暗色的頭部形成對比
末端稍圓鈍
口部
鯨鬚
每側213-230
鯨鬚呈象牙色

行為

不明顯的小型噴氣在海面上很難辨認。不論何時，一般出現在海面上的時間不會超過數秒。未曾見過躍身擊浪或鯨尾擊浪。浮升出水的方式很像小鬚鯨，會將吻部「拋」出水面；但與小鬚鯨不同的是，小露脊鯨的背鰭與背部有時會保持隱沒在海中的狀態。當吻部破水而出時，可看到白色的閃光(下顎或鯨鬚齒齦)。尾鰭從未舉出水面。一般以罕見的周身波動之起伏方式緩慢游行，但也能夠瞬間加速。有限的證據顯示：較長的潛行可持續40至4分鐘。曾觀察到與長肢領航鯨、塞鯨，以及可能是小鬚鯨等共游。

族群大小：1-2 (1-8)	背鰭位置：中央偏體後方

現況：不詳	現存：不詳	威脅：

鑑別清單

- 唇線明顯彎曲
- 背鰭顯著
- 背部呈灰色，腹部顏色較淡
- 鯨鬚齒齦呈白色
- 胸鰭的背面色澤深
- 頭部沒有皮繭
- 體型小
- 行為謹慎
- 游泳速度緩慢

腹面色淡，
邊緣色深

初生1.6-2.2公尺
成年5.5-6.5公尺

背面色暗

中央凹刻明顯

尾鰭
寬大

尾鰭

末端尖銳

背鰭小，
呈鐮刀狀

後緣內凹

軀體呈流線型

雌／雄

淡色的腹面會
隨年齡而變暗

腹面呈淡灰或白色

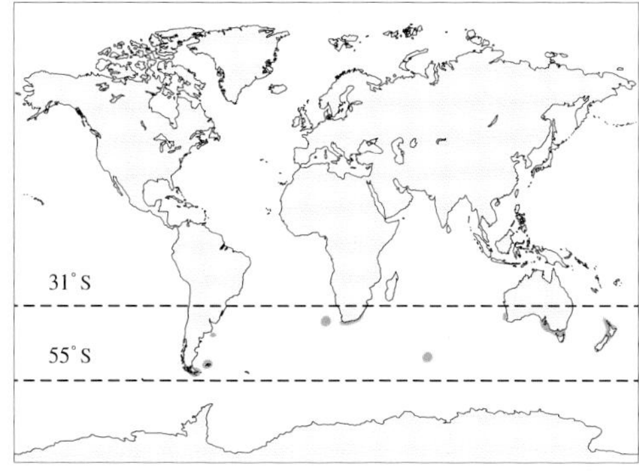

31˚S
55˚S

南半球溫帶水域的沿岸及外海

何處觀賞

大多由分布極廣的擱淺事件中獲得了解，尤其是在紐西蘭、澳洲南部與南非；但資料實在有限。雖然曾在南緯55度之南美洲南方的火地島發現行蹤，但是大多數的記錄都分布於南緯31至52度之間。真正的分布限制似乎是海面水溫：很少出現在攝氏5至20度的水溫範圍外。春、夏期間，仔鯨會遷徙至沿岸水域。但是至少有一些族群是定棲性的，例如棲息於塔斯馬尼亞者。多數觀察到小露脊鯨的地點都是在有屏障的淺水海灣，但也有些個體曾出沒於外海。

初生重量：不詳	成年重量：3-3.5公噸	食物：

| 科：灰鯨科 | 種：*Eschrichtius robustus* | 棲所：
 |
|---|---|---|

灰鯨(Gray Whale)

灰鯨是常被觀察的鯨種；會往來於墨西哥加利福尼亞半島的南方繁殖區，與白令海、楚克奇海與波福海西部的北方攝食區之間；往返行程長達19,500公里，在哺乳類中，這個遷徙距離是數一數二的。捕鯨業已經為灰鯨敲起喪鐘：17、18世紀時，北大西洋的族群已經滅絕；北太平洋西邊的韓國族群恐怕也都消失了，或僅存少數個體；太平洋東邊的加州族群在1900年代早期，就減少到只剩數百或上千頭。自從1946年，宣佈灰鯨為受保護動物(雖然每年也有一些非商業捕獵的配額，供給西伯利亞與阿拉斯加的土著捕食)後，加州的族群數量已有明顯的增加。灰鯨具有許多介於露脊鯨與鬚鯨科之間的特徵(詳第38頁)。

- **別名**：加州灰鯨、魔鬼魚、掘貝者、弱鯨

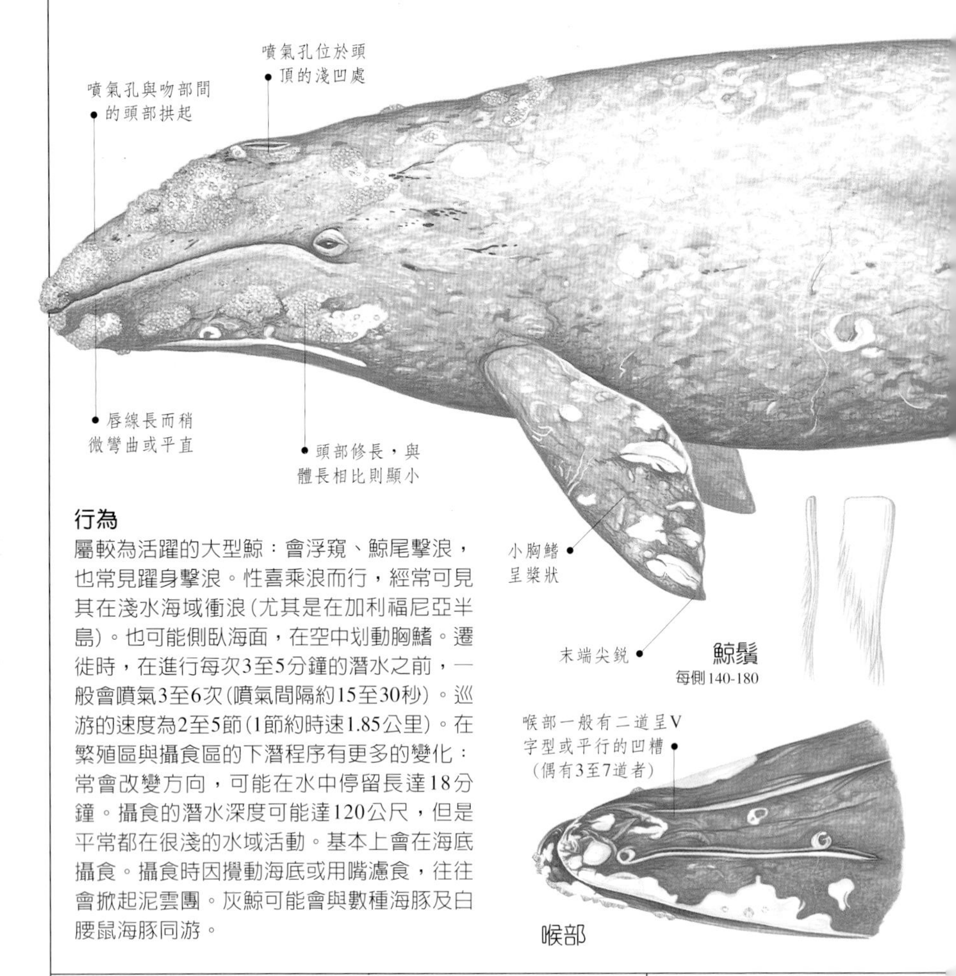
噴氣孔位於頭
頂的淺凹處
噴氣孔與吻部間
的頭部拱起
唇線長而稍
微彎曲或平直
頭部修長，與
體長相比則顯小
小胸鰭
呈槳狀
末端尖銳
鯨鬚
每側140-180
喉部一般有二道呈V
字型或平行的凹槽
(偶有3至7道者)
喉部

行為

屬較為活躍的大型鯨：會浮窺、鯨尾擊浪，也常見躍身擊浪。性喜乘浪而行，經常可見其在淺水海域衝浪(尤其是在加利福尼亞半島)。也可能側臥海面，在空中划動胸鰭。遷徙時，在進行每次3至5分鐘的潛水之前，一般會噴氣3至6次(噴氣間隔約15至30秒)。巡游的速度為2至5節(1節約時速1.85公里)。在繁殖區與攝食區的下潛程序有更多的變化：常會改變方向，可能在水中停留長達18分鐘。攝食的潛水深度可能達120公尺，但是平常都在很淺的水域活動。基本上會在海底攝食。攝食時因攪動海底或用嘴濾食，往往會掀起泥雲團。灰鯨可能會與數種海豚及白腰鼠海豚同游。

族群大小：1-3 (1-18)，某些地區成員較多	隆突位置：中央偏體後方

現況：地區性普遍	現存：約15,000-25,000	威脅：

鑑別清單

- 背部隆突低矮，沒有背鰭
- 背部的後三分之一有一串小稜
- 體色呈斑駁的灰色
- 弓狀頭狹窄
- 噴氣呈現低矮V字型或心型
- 軀體結實
- 大型尾鰭會高舉至空中
- 尾鰭後緣外突
- 可能極易接近

尾鰭長達3公尺，占全身相當大的比例

初生4.5-5公尺
成年12-14公尺

常有斑紋或傷痕

後緣外突，常凹凸不平

中央凹刻明顯

隆突低矮

背部隆突與尾鰭間有6-12個小稜（有個體差異）

尾鰭

末端尖銳

鯨蝨聚集呈點狀或環狀（有個體差異）

有白、黃或橙色的斑塊，個體間的差異頗大

體表有藤壺

斑駁的灰色可能呈現暗藍灰或純白等色澤

常見虎鯨咬傷而留下的疤痕

雌／雄

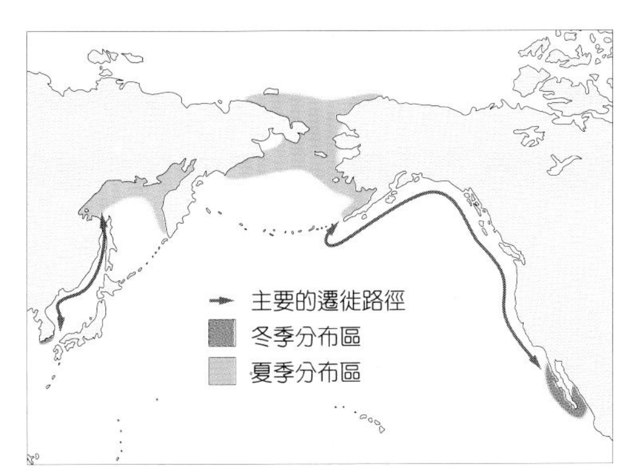
主要的遷徙路徑
冬季分布區
夏季分布區

北太平洋與北極海的沿岸淺水海域

何處觀賞

4月至11月待在北極的攝食區，12月至4月則在墨西哥的繁殖區。10月至2月向南遷徙，2月至7月向北遷徙。墨西哥的主要繁殖潟湖區在聖伊格納休、斯卡蒙貝、馬達雷納灣區（全都在加利福尼亞半島的太平洋沿岸）。少數於夏季會到加拿大的不列顛哥倫比亞省，以及美國的華盛頓州、俄勒岡州與加州北部。

初生重量：約0.5公噸	成年重量：15-35公噸	食物： （）

科：灰鯨科	種：*Eschrichtius robustus*	棲所：

仔鯨

懷孕的母鯨在抵達繁殖潟湖區之前，或到達後不久，就會生出單胎的仔鯨。在墨西哥，多數的生產都發生在1月5日至2月15日之間(1月27日是生育高峰)。母鯨與仔鯨通常留在潟湖的內側，遠離雄鯨與單身的雌鯨。過去美國的捕鯨人稱灰鯨為「魔鬼魚」，因為母鯨護子心切，經常會追逐或攻擊捕鯨人；如今才了解其實牠們對人類是友善的。

仔鯨出生時有皺紋，但不久就會消失

仔鯨

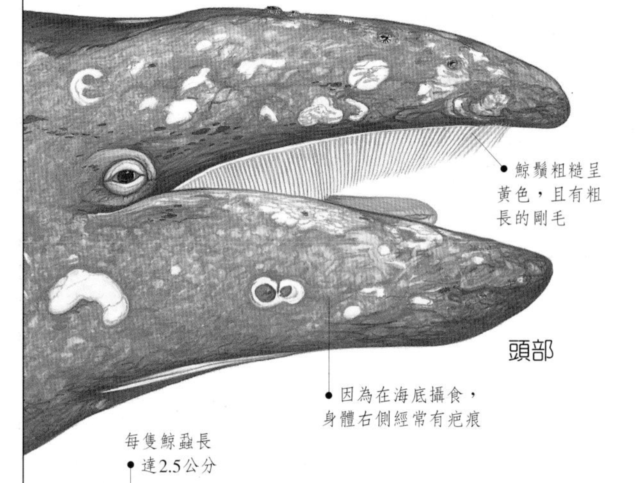

鯨鬚粗糙呈黃色，且有粗長的剛毛

頭部

因為在海底攝食，身體右側經常有疤痕

攝食

會在海底攝食的鯨中，灰鯨顯得相當獨特。牠會滾向右側(雖然也有一些「左撇子」會滾向左側)，從海床吸食含有底棲異腳類甲殼動物的沉澱物；然後藉著舌頭將水與淤泥從鯨鬚間濾出。這也就是為什麼右邊的鯨鬚會比左邊的短，而且磨損得比較厲害。同樣的道理，灰鯨頭部的右側也比較容易刮傷、留下疤痕。

每隻鯨蝨長達2.5公分

寄生生物

灰鯨感染外部寄生生物的情況比其他鯨種嚴重，同時還長有鯨蝨與藤壺。

藤壺群與皮膚皺褶都會感染鯨蝨

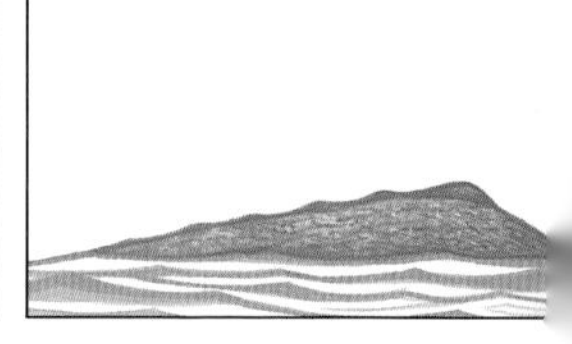

下潛程序

1.當灰鯨噴氣時，頭部從噴氣孔處向下傾斜，造成淺三角形的外觀。

2.進行最後一次噴氣後，灰背部的小稜出現，海面上的體呈現較高的三角形。

族群大小：1-3 (1-18)，某些地區成員較多	隆突位置：中央偏體後方

現況：地區性普遍	現存：約15,000-25,000	威脅：

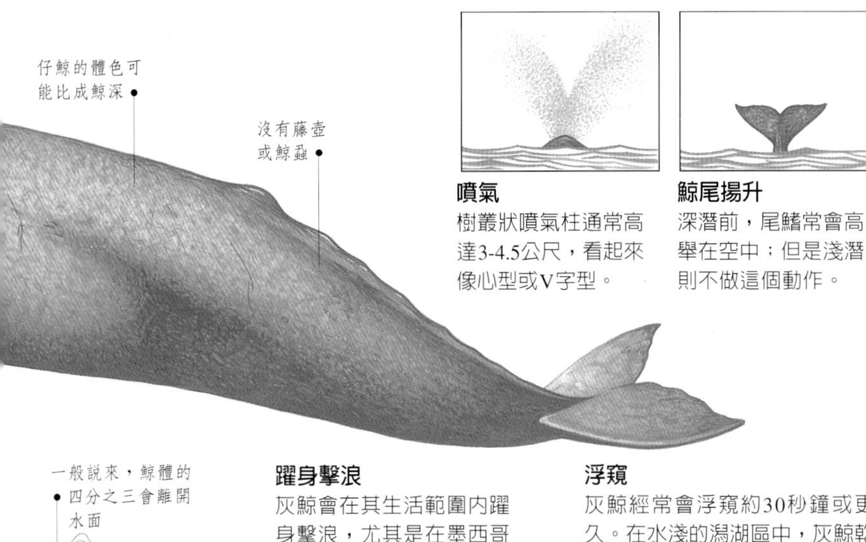

仔鯨的體色可能比成鯨深
沒有藤壺或鯨蝨

噴氣

樹叢狀噴氣柱通常高達3-4.5公尺，看起來像心型或V字型。

鯨尾揚升

深潛前，尾鰭常會高舉在空中；但是淺潛則不做這個動作。

一般說來，鯨體的四分之三會離開水面

開始回落

通常會旋轉至體側或背部

再入水時會激起大片水花

躍身擊浪

灰鯨會在其生活範圍內躍身擊浪，尤其是在墨西哥的繁殖潟湖區。一般會一連躍身擊浪2或3次，幾乎垂直地離開水面，而且常會從口中吐出水來。

浮窺

灰鯨經常會浮窺約30秒鐘或更久。在水淺的潟湖區中，灰鯨乾脆就將尾鰭放在海床上。眼睛可能不會浮出海面。

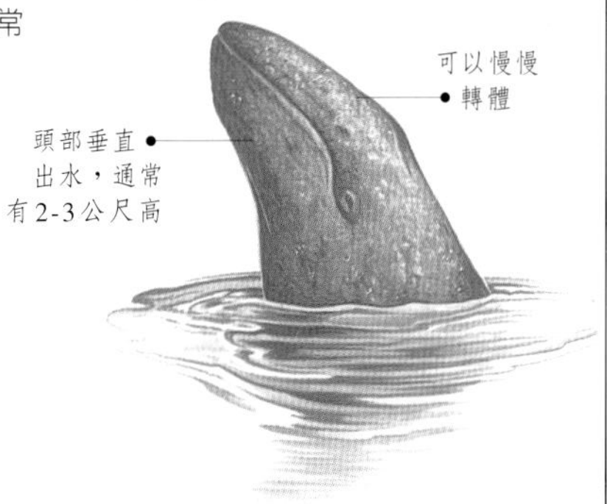

可以慢慢轉體
頭部垂直出水，通常有2-3公尺高

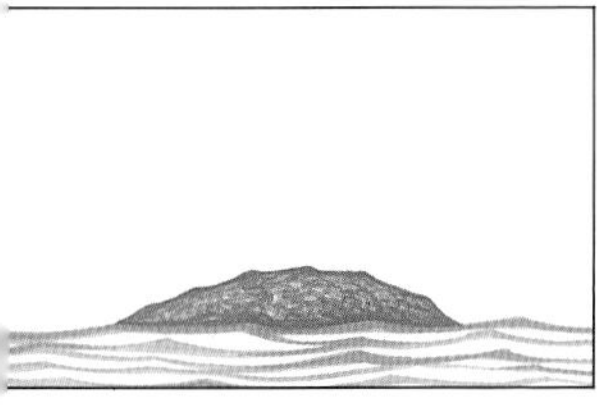

.背部主要的隆突隱沒至水中，背部看起來更渾圓了；海面上仍然可見小稜。

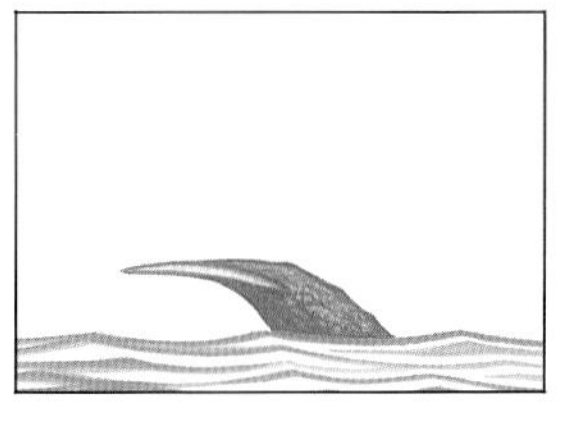

4.尾幹與尾鰭浮升出海面，然後高舉，準備深潛。

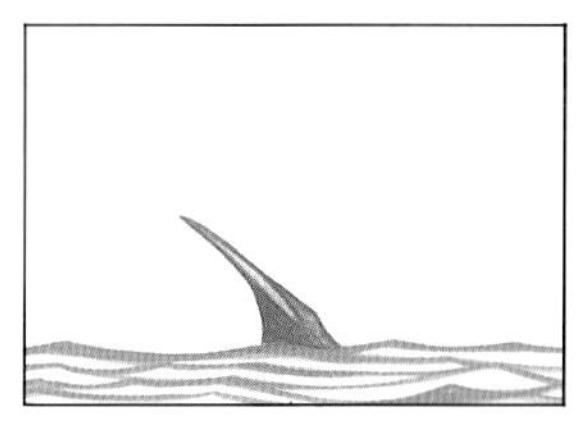

5.尾鰭提升得愈高，灰鯨下潛的角度就愈陡。

初生重量：約0.5公噸	成年重量：15-35公噸	食物：

鬚鯨科

鬚鯨科都是大型的鯨，一般說來，體長最長的藍鯨約可長到25公尺，躋身地球上曾經出現的最大型動物之列；就算最小型的鬚鯨——小鬚鯨也能長到10公尺。本科內六種鬚鯨的雌鯨體型都略大於雄鯨，而生活在南半球的又似乎略大於北半球的同類。除了布氏鯨以外，較大型的鬚鯨科動物一般都會在相隔遙遠的越冬繁殖區與避暑攝食區之間來回遷徙。大翅鯨(座頭鯨)是本科的異數，有比較矮胖厚實的身軀及較長的胸鰭，因此自成一屬。鬚鯨科遭到捕鯨業者的濫捕，許多族群的數量已經嚴重減少，甚至完全滅絕。

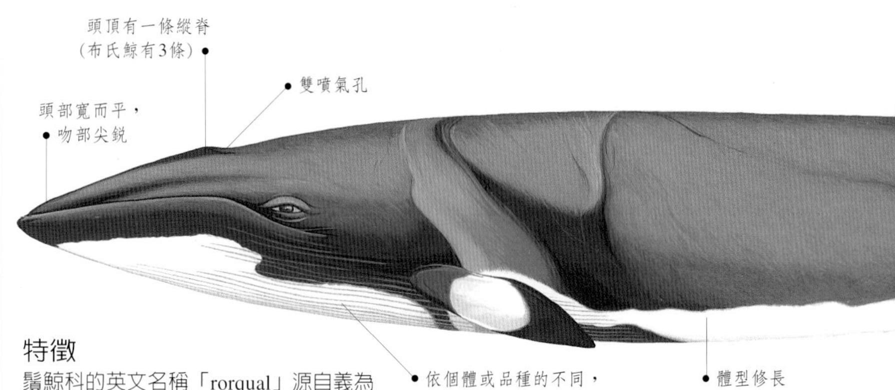
頭頂有一條縱脊
(布氏鯨有3條)
雙噴氣孔
頭部寬而平，
吻部尖銳
依個體或品種的不同，
喉嚨上有12-100道縱向的
凹溝或皺褶
體型修長
(大翅鯨除外)

特徵

鬚鯨科的英文名稱「rorqual」源自義為「皺紋」的挪威字「*rorhval*」，係指其皮膚上的許多皺褶，也就是由下顎下方延伸至胸鰭之後的喉腹褶(所有鬚鯨皆有此特徵)。其他鯨豚類，例如灰鯨也有多達4條的喉腹褶，喙鯨的下巴處也有V字型的凹溝，可是卻都不及鬚鯨科所擁有的那麼多而發達。這些凹溝能讓口腔大幅擴張，但當牠們不攝食時，卻很難見到。

攝食方式

鬚鯨科動物有許多不同的攝食技巧，但全基於相同的原理：張口吸入數公噸的海水，然後再以鯨鬚濾下魚類或磷蝦。鬚鯨科喉部腹面有多達100道的喉腹褶，可以像手風琴般擴張、收縮，足以容納大量富含食物的海水。這種高效率的系統使得這些地球上最大的動物得以仰賴最細微的生物維生。

鬚鯨科動物的攝食過程

1.鬚鯨科動物尋找水中富含魚類或磷蝦的良好餌料生物區。

2.張開大口往前游，吞入大量的海水。

3.喉腹褶拉開時，大量海水湧入喉嚨。

4.閉嘴時，喉腹褶收縮，海水擠出，食物則留在鯨鬚後的口腔內。

布氏鯨
布氏鯨頭上的3條縱脊是該種獨有的特徵，近距離觀看，則是萬無一失的鑑別依據。

背鰭位於背部後方

小鬚鯨
小鬚鯨是鬚鯨科中最小型的鯨，但可藉其說明本科大多數成員共同擁有的諸多特徵。各品種之間最明顯的差別就是體型的大小。

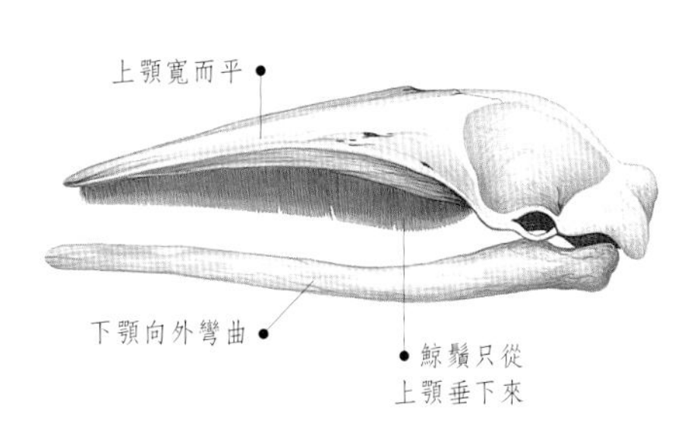
上顎寬而平
下顎向外彎曲
鯨鬚只從上顎垂下來

頭顱
鬚鯨科成員的上顎長有往下垂的鯨鬚，但沒有牙齒。與其他鬚鯨亞目的鯨相比，鬚鯨科成員的鯨鬚顯得較寬且短，因此上顎也就沒有那麼明顯的彎弧。

品種鑑別

小鬚鯨(詳第56頁) 鬚鯨科中最小也最常見者；具有尖銳的吻部，噴氣不明顯，許多個體的胸鰭有白色帶(註：地區差異大，在台灣擱淺者未見有白色帶)。

布氏鯨(詳第64頁) 在近距離內，很容易辨認出頭上三條平行的縱脊；表皮常間雜圓形的疤痕。

大翅鯨(詳第76頁) 頭部有瘤狀突起，且擁有鯨豚類中最大的胸鰭，所以不易誤認。在進行長潛之前，通常會將尾鰭高舉至空中。

塞鯨(詳第60頁) 與布氏鯨相似，但是頭上只有一道縱脊；長有高聳、鐮刀狀的背鰭；所知甚少。

長須鯨(詳第72頁) 流線型軀體非常修長，長有向後傾的背鰭，頭部的顏色不對稱；身上沒有任何斑紋。

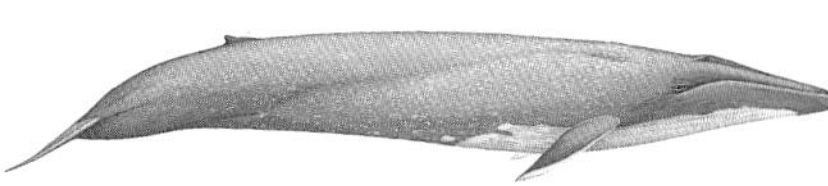

藍鯨(詳第68頁) 極其巨碩，幾乎與波音737客機等長，是所有鯨中最大者。身上色彩藍灰駁雜，背鰭小而鈍。

科：鬚鯨科	種：*Balaenoptera acutorostrata*	棲所：

小鬚鯨(MINKE WHALE)

小鬚鯨是鬚鯨科中最小且數量最多者。外觀上的個體差異極大，有些專家已經辨認出3個，甚至4個亞種。有些個體好奇心很重，可以靠得相當近，但是大多數情況下都很難看得很清楚。在稍遠的地方，可能與塞鯨(第60頁)、布氏鯨(第64頁)、長須鯨(第72頁)或北瓶鼻鯨(第108頁)混淆。但小鬚鯨的下潛程序相當獨特易辨；頭型與相當光滑的皮膚應該足以用來與其他喙鯨(第100頁)區分；而其比較平直的嘴型也能與小露脊鯨(第48頁)區別。北半球的小鬚鯨胸鰭上有一條白色帶，但南半球者大多無此特徵。小鬚鯨是目前唯一獲准進行商業捕獵的鬚鯨亞目。

• **別名**：矛頭鯨、小矛鯨、小脊鰭鯨、小鰭鬚鯨、矛鯨、銳頭鬚鯨、小鰮鯨

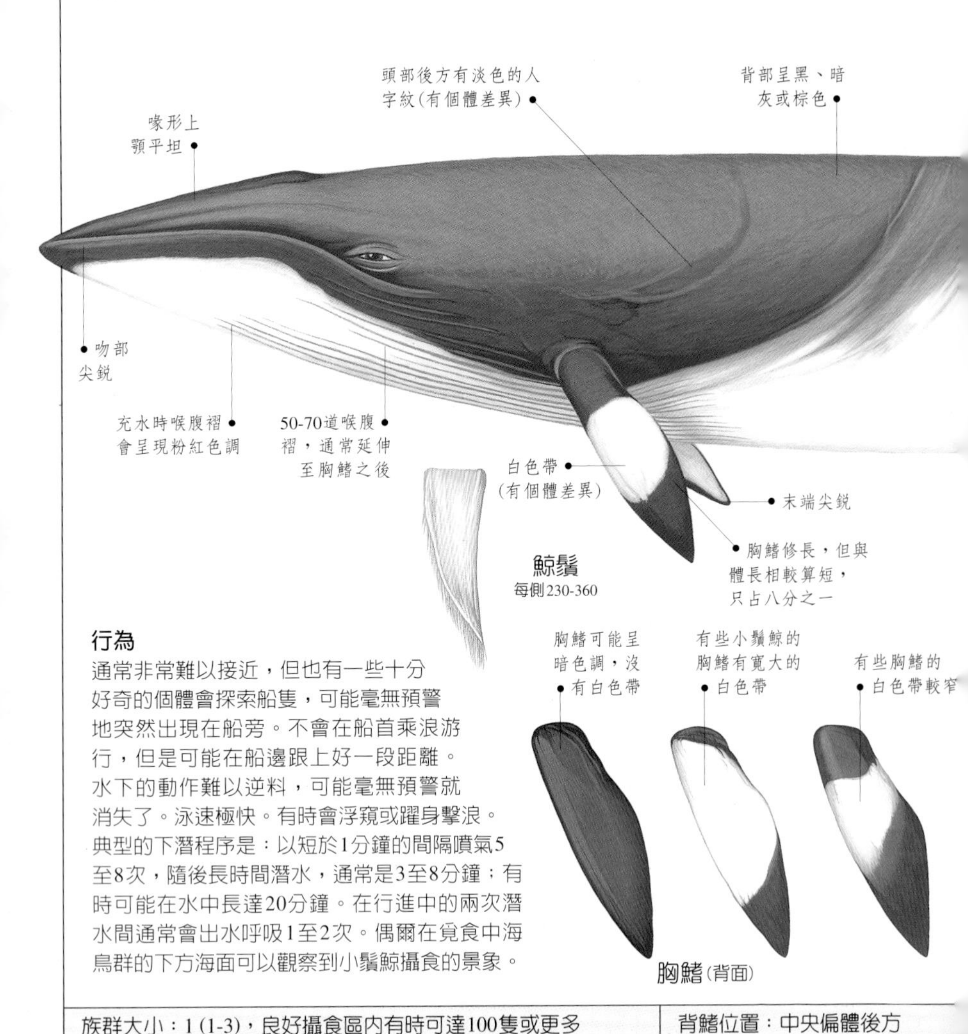

頭部後方有淡色的人字紋(有個體差異)
背部呈黑、暗灰或棕色
喙形上顎平坦
吻部尖銳
充水時喉腹褶會呈現粉紅色調
50-70道喉腹褶，通常延伸至胸鰭之後
白色帶(有個體差異)
末端尖銳
胸鰭修長，但與體長相較算短，只占八分之一
鯨鬚
每側230-360
胸鰭可能呈暗色調，沒有白色帶
有些小鬚鯨的胸鰭有寬大的白色帶
有些胸鰭的白色帶較窄
胸鰭(背面)

行為

通常非常難以接近，但也有一些十分好奇的個體會探索船隻，可能毫無預警地突然出現在船旁。不會在船首乘浪游行，但是可能在船邊跟上好一段距離。水下的動作難以逆料，可能毫無預警就消失了。泳速極快。有時會浮窺或躍身擊浪。典型的下潛程序是：以短於1分鐘的間隔噴氣5至8次，隨後長時間潛水，通常是3至8分鐘；有時可能在水中長達20分鐘。在行進中的兩次潛水間通常會出水呼吸1至2次。偶爾在覓食中海鳥群的下方海面可以觀察到小鬚鯨攝食的景象。

族群大小：1 (1-3)，良好攝食區內有時可達100隻或更多	背鰭位置：中央偏體後方

現況：普遍	現存：約500,000-1,000,000	威脅：

鑑別清單

- 嘴喙尖銳
- 嘴喙會先破水而出
- 噴氣孔與背鰭會同時浮現
- 背鰭呈鐮刀狀
- 某些族群的胸鰭有白色帶
- 噴氣低矮而不明顯
- 頭上有縱脊

尾鰭腹面呈淡灰、藍灰或白色（通常邊緣呈深色）

初生2.4-2.8公尺
成年7-10公尺

後緣稍微向內凹

中央有小凹刻

尾鰭

末端尖銳

就體型而言，背鰭的高度是所有鬚鯨亞目中最高者

背鰭呈鐮刀狀（個體差異相當大）

雌／雄

軀體相當具流線型

腹部呈白、淡灰或淡棕色

已知範圍
恆冰

幾乎遍布南、北半球的熱帶、溫帶及極地水域

何處觀賞

行蹤幾乎遍布全球，但可能呈不連續分布：熱帶地區的小鬚鯨數目較寒冷水域少。已辨認出三個地理隔離的族群：北太平洋、北大西洋以及南半球。夏季通常在高緯度地區的數目較多，冬季則集中在低緯度地區。但是每年的遷徙狀況各不相同，有些族群顯然是定棲性的。最近的證據顯示某些地區的個體也許擁有封閉的活動範圍。通常會游進河口、海灣及峽灣，夏季時則可能在岬角或小島附近攝食。有時會困在浮冰區的小水域中。

初生重量：約350公斤	成年重量：5-10公噸	食物：

科：鬚鯨科	種：*Balaenoptera acutorostrata*	棲所：

躍身擊浪

雖曾觀察到小鬚鯨在許多時候都會躍身擊浪，但是次數不如同科的某些大型鬚鯨頻繁。通常會背側朝上，以45度仰角離開海面，重新入水時，軀體並不扭動或轉動。剛出水時，大部分的軀體都會離開水面(至少升至尾幹處)，經常可見到整個背鰭。背部可能會在半空中拱起或挺得筆直，如附圖所示。有時會以腹部擊水，激出大片水花；但也可能俐落得像海豚一樣，以頭先觸水的方式再次潛入。牠們還可能倒立出水，而後在空中扭體。儘管也有較長的下潛程序，但是躍身擊浪通常會一連重覆2至3次。

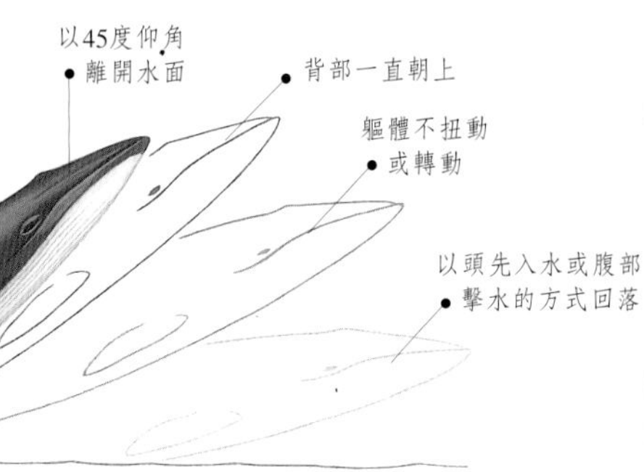
以45度仰角
離開水面
背部一直朝上
軀體不扭動
或轉動
以頭先入水或腹部
擊水的方式回落

2個噴氣孔明顯

從噴氣孔至吻端有一道顯著的縱脊

吻部狹窄而尖銳

頭部呈三角形

頭部
(鳥瞰圖)

頭部

頭部是小鬚鯨最顯著的特徵，藉此相當容易從近距離來鑑別。鳥瞰頭部時，沿著中央可以找到單一的縱脊，而整個頭部大致呈三角形；從側面觀察時，留意其平坦的喙形上顎。不論從側面或上方觀察，小鬚鯨狹窄而尖銳的吻都顯得極其獨特。雙噴氣孔則是所有鬚鯨亞目的典型特徵。

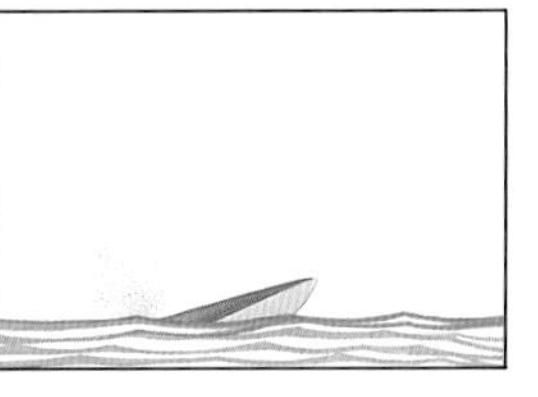

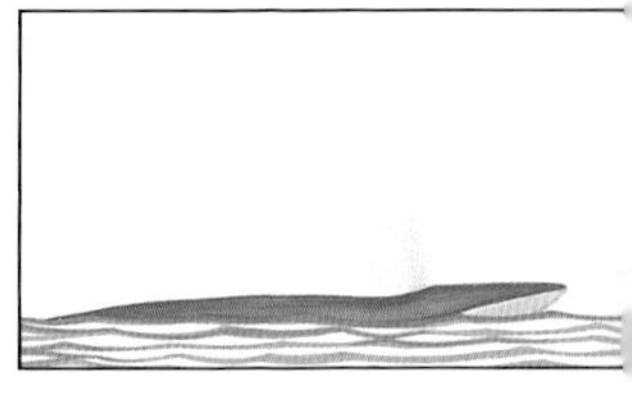

下潛程序

1.尖銳的吻部通常以小斜角先破水而出。

2.當噴氣孔出現時，頭部會降至較平緩的角度(噴氣孔到達海面之前就開始噴氣)。

族群大小：1 (1-3)，良好攝食區內有時可達100隻或更多	背鰭位置：中央偏體後方

現況：普遍	現存：約500,000-1,000,000	威脅：

鯨鬚

與其他鬚鯨科比起來，小鬚鯨的鯨鬚算是較小的，最長只有20-30公分，寬度約為12公分。鯨鬚的顏色則隨分布區域的不同而有差異：北大西洋的大多呈乳白色；北太平洋的呈乳黃色；至於在南半球的，通常前方呈乳白色，後方則呈暗灰色。大多數小鬚鯨的鯨鬚都帶有纖細的白色剛毛；除了區域差異外，個體之間也有相當大的不同；有些淡色的鯨鬚還帶有黑色的條紋。鯨鬚的數目也各不相同，例如大西洋小鬚鯨的鯨鬚通常就比太平洋小鬚鯨的多。

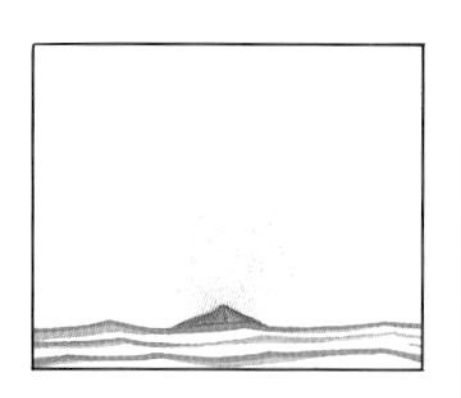

噴氣

噴氣迅速，高達2-3公尺，但難得一見。風平浪靜時，倒是常可聽到噴氣聲。

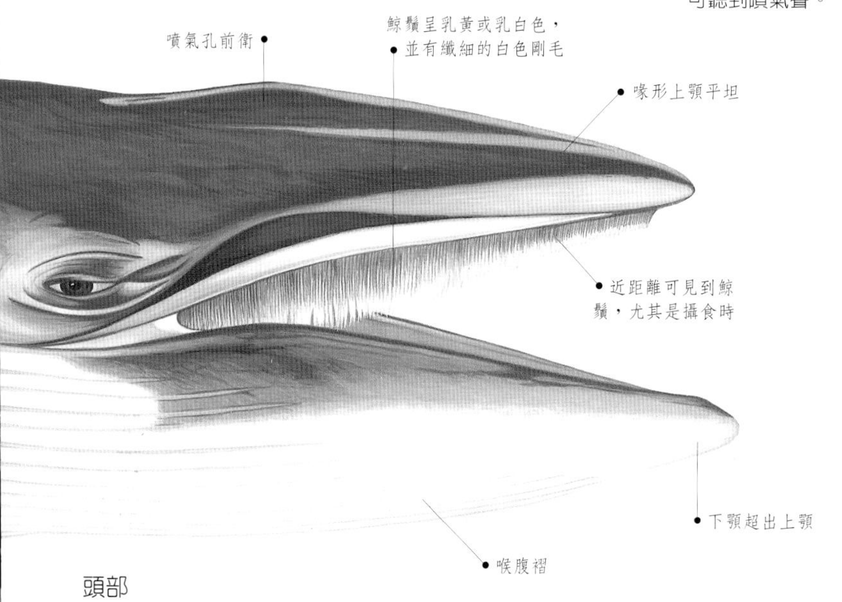
噴氣孔前衛
鯨鬚呈乳黃或乳白色，並有纖細的白色剛毛
喙形上顎平坦
近距離可見到鯨鬚，尤其是攝食時
下顎超出上顎
喉腹褶

頭部

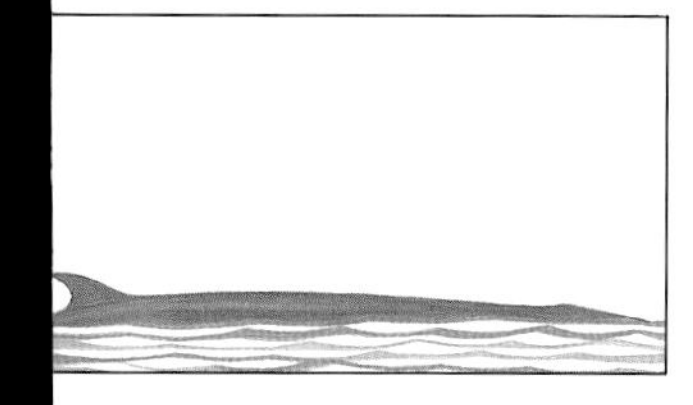

.噴氣孔與背鰭經常同時出現；除了塞鯨外，皆可藉此與其他同科的鬚鯨區別。

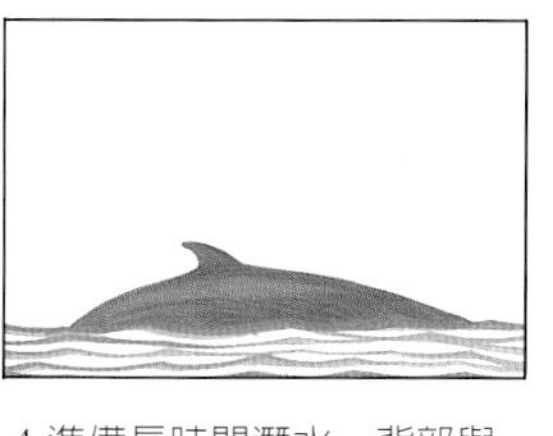

4.準備長時間潛水，背部與尾幹會拱起(幅度比塞鯨明顯得多)。

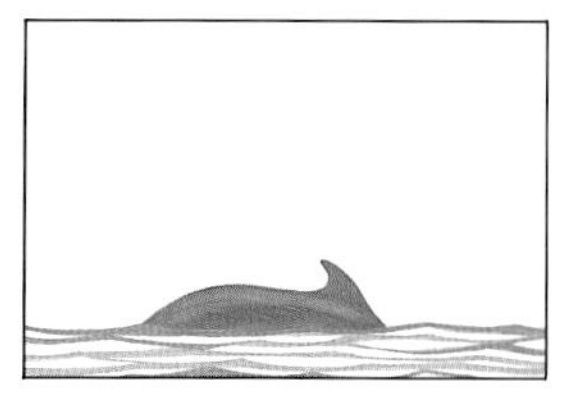

5.當其下潛時，尾幹會明顯地拱起，但是尾鰭不會出現在海面上。

初生重量：約350公斤	成年重量：5-10公噸	食物：

科：鬚鯨科	種：*Balaenoptera borealis*	棲所：

塞鯨(SEI WHALE)

與其他的鬚鯨科成員相較，我們對塞鯨的了解並不多；牠的體型大小和外觀與布氏鯨極為相像(第64頁)。多年來，這兩種鯨經常被混淆。雖然下潛程序、頭脊與分布區域都不同，可用來鑑別，但從遠處觀察，兩者幾乎難以分辨。塞鯨還可能被誤為長須鯨(第72頁)，或者多少也會與小鬚鯨(第56頁)、藍鯨(第68頁)混淆。南、北半球的塞鯨可能分屬不同的亞種：因為喉腹褶與鯨鬚數目稍有不同。南半球的塞鯨略大於北半球，南半球者最大可長至21公尺，北半球最大僅略超過18公尺；然而兩者的平均體長都遠短於上述數值。塞鯨遭捕鯨業者嚴重捕獵，尤其在1960年代至1970年代初期，族群的數量已經嚴重減少。

• **別名**：黑鱈鯨、沙丁鯨、日本鬚鯨、盧氏鬚鯨、鱈鯨

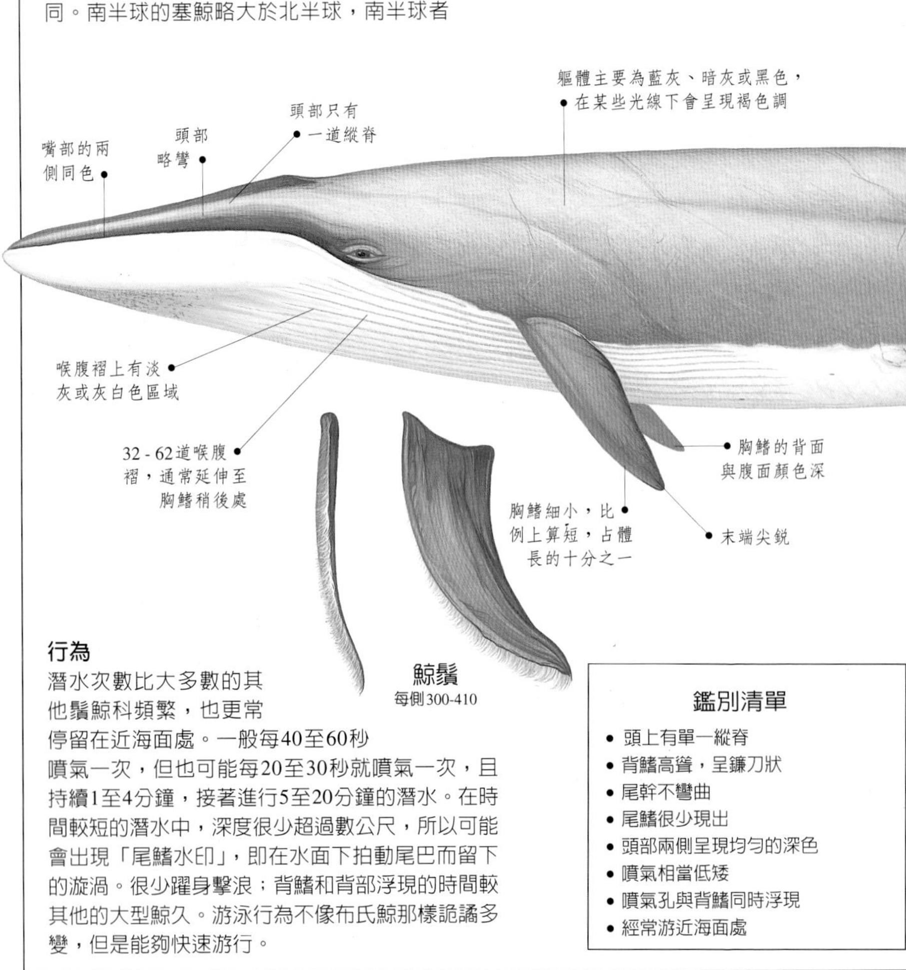
軀體主要為藍灰、暗灰或黑色，在某些光線下會呈現褐色調
頭部只有一道縱脊
頭部略彎
嘴部的兩側同色
喉腹褶上有淡灰或灰白色區域
32 - 62道喉腹褶，通常延伸至胸鰭稍後處
胸鰭的背面與腹面顏色深
胸鰭細小，比例上算短，占體長的十分之一
末端尖銳
鯨鬚
每側300-410

行為

潛水次數比大多數的其他鬚鯨科頻繁，也更常停留在近海面處。一般每40至60秒噴氣一次，但也可能每20至30秒就噴氣一次，且持續1至4分鐘，接著進行5至20分鐘的潛水。在時間較短的潛水中，深度很少超過數公尺，所以可能會出現「尾鰭水印」，即在水面下拍動尾巴而留下的漩渦。很少躍身擊浪；背鰭和背部浮現的時間較其他的大型鯨久。游泳行為不像布氏鯨那樣詭譎多變，但是能夠快速游行。

鑑別清單

- 頭上有單一縱脊
- 背鰭高聳，呈鐮刀狀
- 尾幹不彎曲
- 尾鰭很少現出
- 頭部兩側呈現均勻的深色
- 噴氣相當低矮
- 噴氣孔與背鰭同時浮現
- 經常游近海面處

族群大小：2-5 (1-5)，良好攝食區內可達30隻	背鰭位置：中央偏體後方

現況：地區性普遍	現存：約40,000-60,000	威脅：不詳

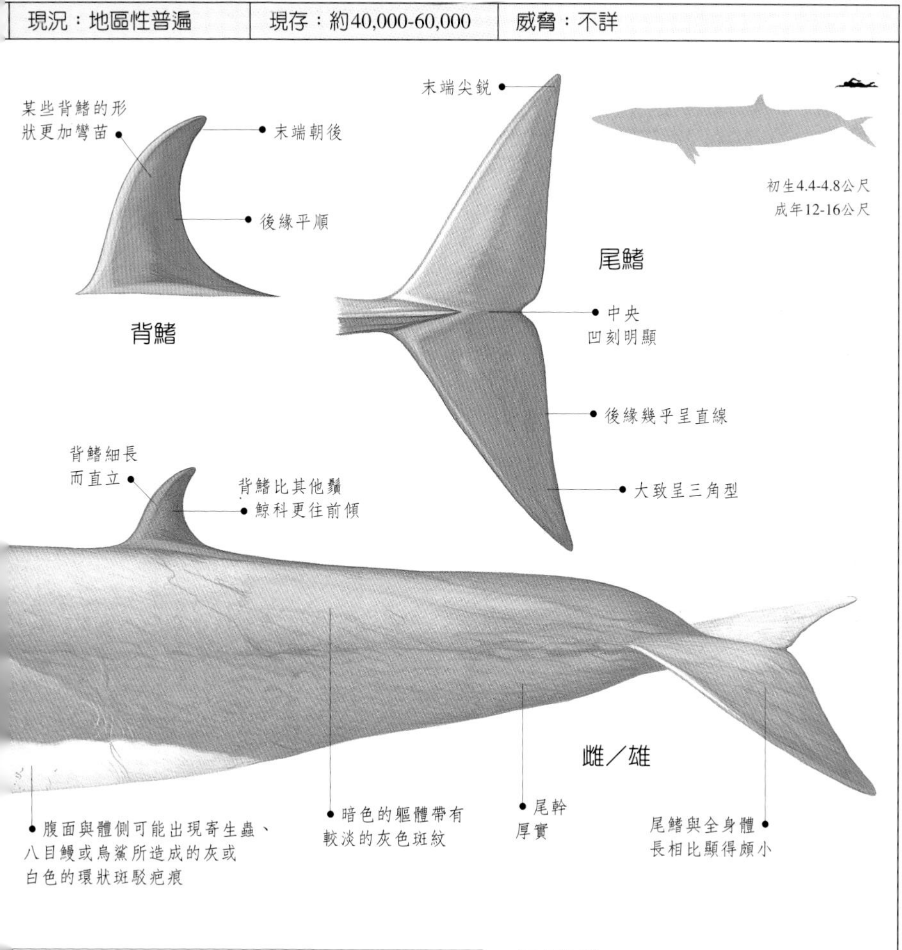
末端尖銳
某些背鰭的形
狀更加彎苗
末端朝後
後緣平順
背鰭
初生4.4-4.8公尺
成年12-16公尺
尾鰭
中央
凹刻明顯
後緣幾乎呈直線
背鰭細長
而直立
背鰭比其他鬚
鯨科更往前傾
大致呈三角型
雌／雄
腹面與體側可能出現寄生蟲、
八目鰻或烏鯊所造成的灰或
白色的環狀斑駁疤痕
暗色的軀體帶有
較淡的灰色斑紋
尾幹
厚實
尾鰭與全身體
長相比顯得頗小

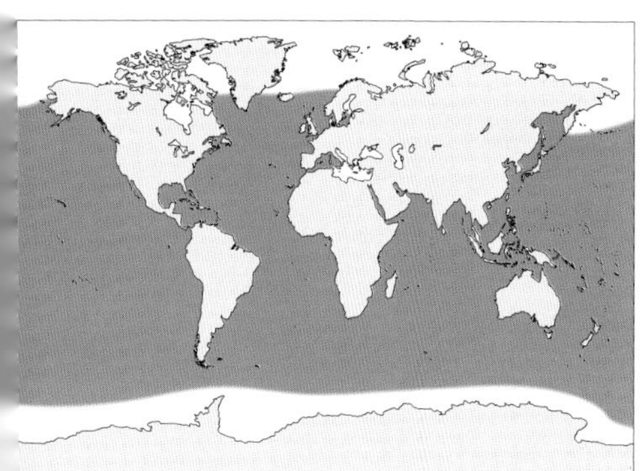

遍布全球，但主要出現於溫帶的深海水域

何處觀賞

雖然某些特定地區每年都有零星的出現，即所謂的「塞鯨年」，但是與其他大多數的鬚鯨科動物相比，還是較難預測其行蹤。亞北極與亞南極地帶是其夏季的攝食區，但通常不會出現在更高緯度的極地水域；咸信牠們會遷往較溫暖的低緯度地區過冬。關於遷徙所知不多，可能相當不規律。南、北半球的塞鯨族群很少或幾乎不混居。塞鯨大多見於南半球；可能在島嶼附近發現，但是很少接近其他的海岸。

初生重量：約725公斤	成年重量：20-30公噸	食物：

科：鬚鯨科	種：*Balaenoptera borealis*	棲所：

躍身擊浪

塞鯨偶爾會躍身擊浪，但是不像其他大多數的鬚鯨科動物那樣頻繁。從相當稀少的文獻得知，牠們會以相當小的角度躍出海面，再以腹部擊水，然後很快地消失。雖然偶爾也可見其進行連續的躍身擊浪，但單次躍身擊浪才是常態。

以小斜角躍出水面

以小角度回落

腹部擊水

頭部

塞鯨頭部修長，形狀恰好介於較圓的藍鯨(第68頁)與稍尖的長須鯨(第72頁)之間。和其他大多數的鬚鯨科動物一樣，沿著喙形上顎的背面有一道縱脊；若從近距離觀察，這個特徵可與具有三條平行頭脊的布氏鯨(第64頁)區別。塞鯨的頭部約占體長的五分之一至四分之一；頭身比會隨著年齡而增大。

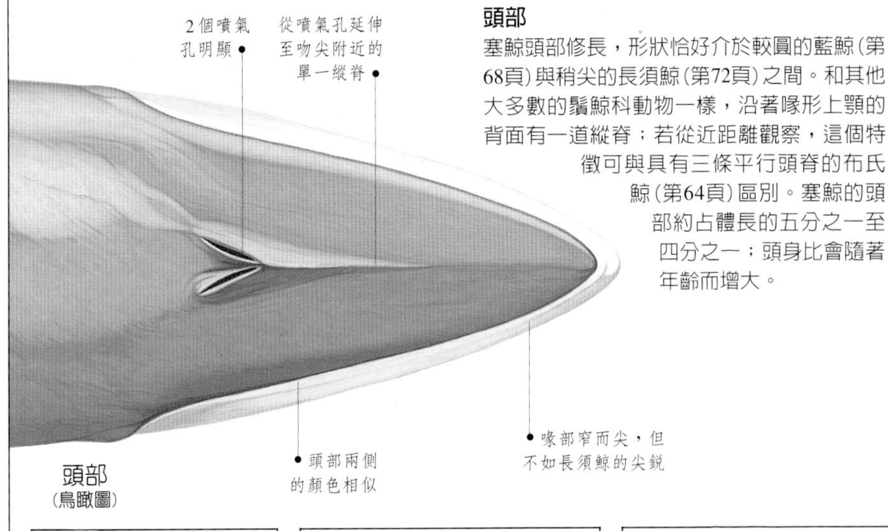

2個噴氣孔明顯
從噴氣孔延伸至吻尖附近的單一縱脊
頭部兩側的顏色相似
喙部窄而尖，但不如長須鯨的尖銳

頭部（鳥瞰圖）

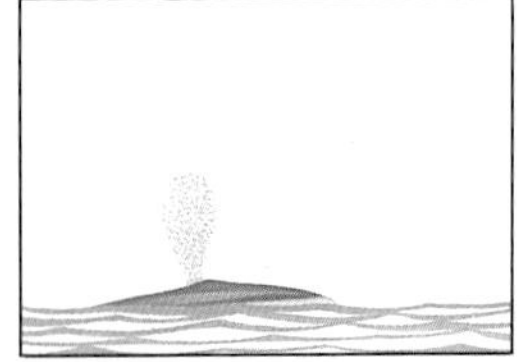

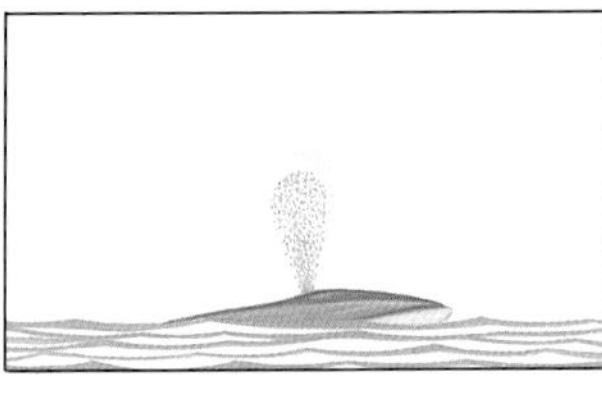

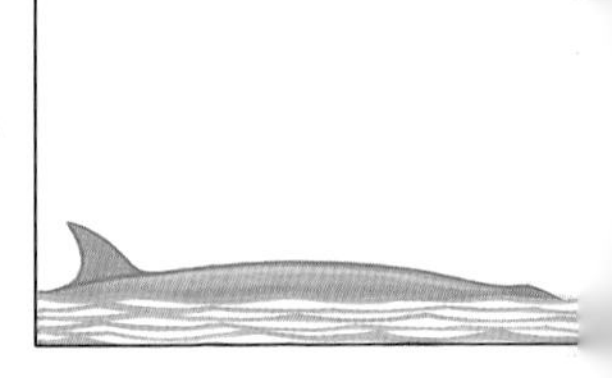

下潛程序

1.頭部通常以小角度揚升，但是被追逐時會揚得較陡。

2.頭和背部的主要部分，偶爾加上背鰭可能同時破水而出。可見到狹窄的噴氣柱。

3.噴氣孔與背鰭同時可見，除小鬚鯨外，塞鯨可藉此與其他鬚鯨科動物區別。

族群大小：2-5 (1-5)，良好攝食區內可達30隻	背鰭位置：中央偏體後方

現況：地區性普遍	現存：約40,000-60,000	威脅：不詳

鯨鬚

北半球的塞鯨上顎每側各有318至340條鯨鬚，而南半球的則有300至410條。長度約為75-80公分。整條鯨鬚通常呈灰黑色(但經常帶有綠色或藍色的金屬光澤)；在某些個體上，會有少數接近嘴喙尖的鯨鬚摻雜白或乳白色，有的則有白色條紋。鯨鬚剛毛有顯著的絲綢般質地(這可能由於塞鯨是以撇取，而非吸入或吞嚥的方式攝取食餌之故)，而且還長有白色的鬣毛。塞鯨的鯨鬚每公分長有35至60根剛毛，所有其他的鬚鯨科動物則每公分都少於35根。

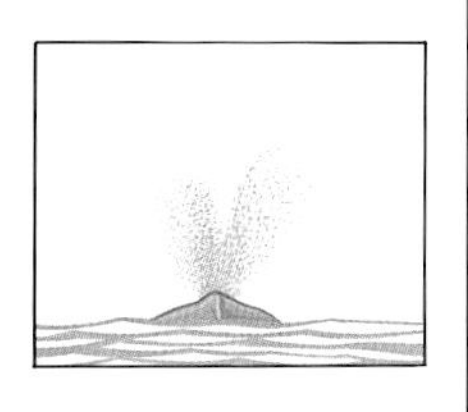

噴氣

外觀似狹長的雲朵，可達3公尺；形似藍鯨和長須鯨的噴氣，但沒那麼高及濃密。

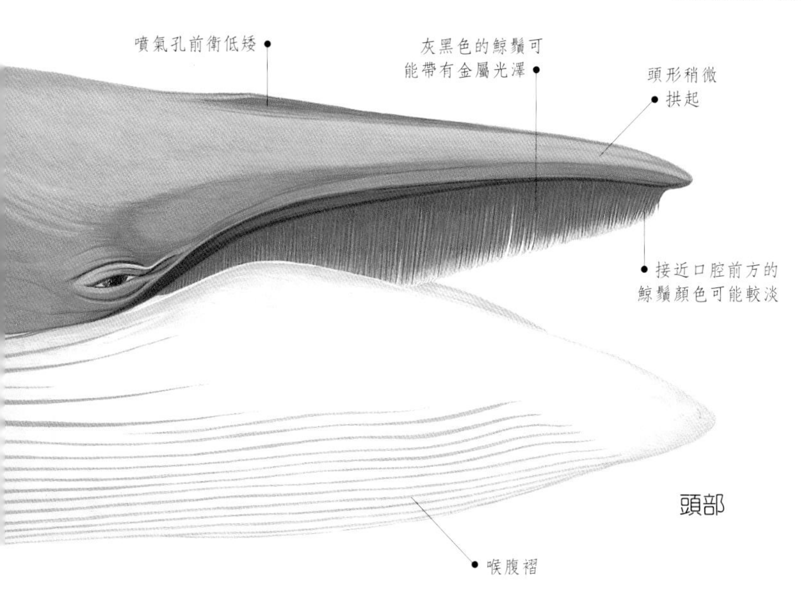

噴氣孔前衛低矮
灰黑色的鯨鬚可能帶有金屬光澤
頭形稍微拱起
接近口腔前方的鯨鬚顏色可能較淡
喉腹褶

頭部

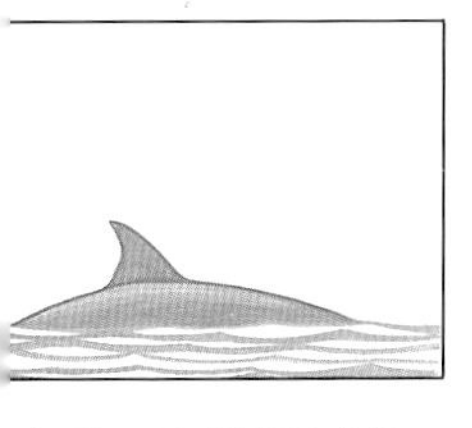

.有時可見背鰭與背部。潛入水中之前，背部可能會略微拱起。

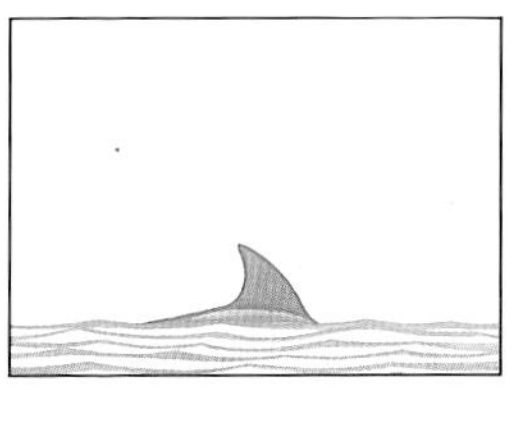

5.沉降至海面下時，尾幹很少甚或不會拱起，這與布氏鯨有別。

6.背鰭終於消失。整個潛水過程中，尾鰭一直保持在水面下。

初生重量：約725公斤	成年重量：20-30公噸	食物：

科：鬚鯨科	種：*Balaenoptera edeni*	棲所：

布氏鯨(BRYDE'S WHALE)

不論體型大小或外觀，布氏鯨都與塞鯨(第60頁)極為相似，因此這兩種鯨讓人很容易混淆。從遠處觀察只能分辨一、二項特徵：布氏鯨較不常浮現與噴氣，不像塞鯨，在下潛之前，通常會拱起尾幹。布氏鯨還可能被誤為小鬚鯨(第56頁)、長須鯨(第72頁)。但是只有布氏鯨的頭上有三條縱脊，其他同科的鯨都只有一條。在某些地區也許至少有兩種不同的類型：一種生活在外海水域，有部分遷徙特性；另一種居住在沿岸水域，可能為定棲性。這兩種類型的繁殖行為略有不同。通常外海的比沿岸的布氏鯨體型大，疤痕較多，鯨鬚也較長、較寬。在太平洋索羅門群島附近，還有一種侏儒布氏鯨。有些族群因為捕鯨業而大量減少。現存90,000隻是非常粗略的估計。

• **別名**：熱帶鯨

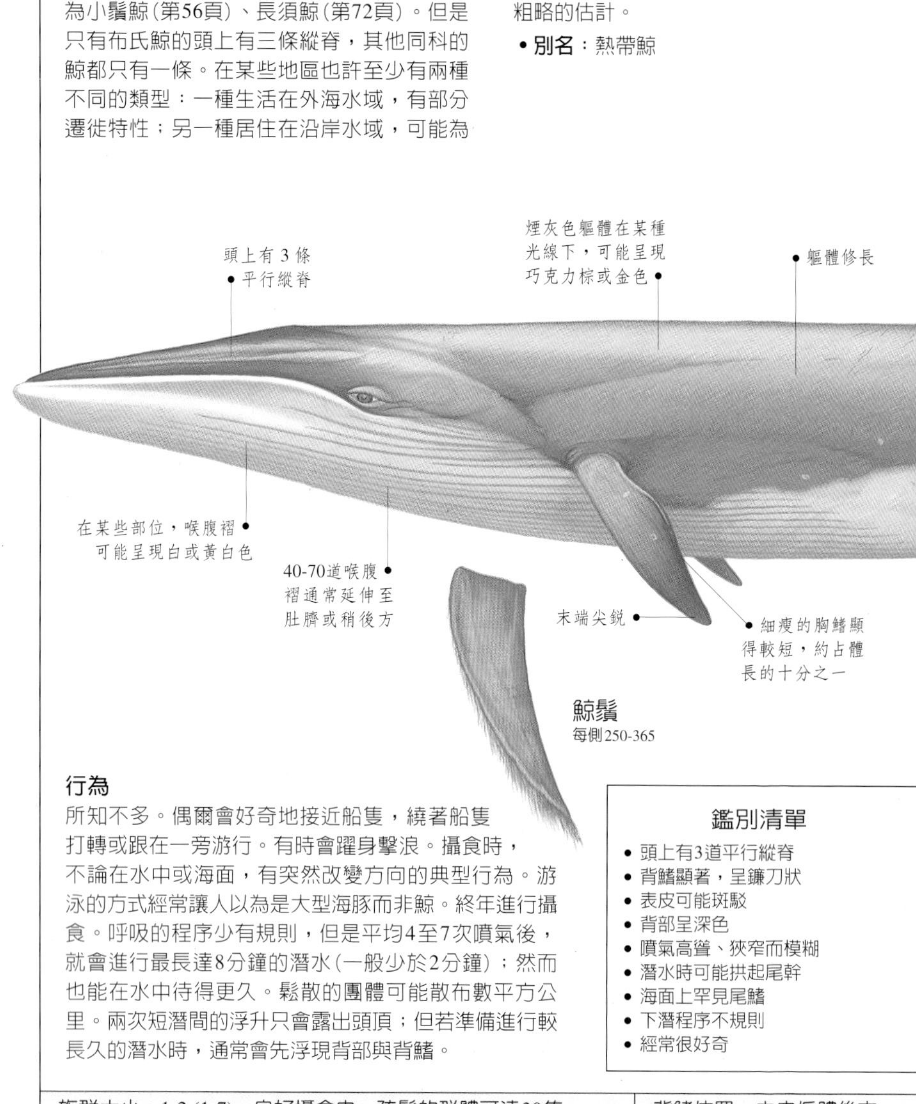
頭上有3條
平行縱脊
煙灰色軀體在某種
光線下，可能呈現
巧克力棕或金色
軀體修長
在某些部位，喉腹褶
可能呈現白或黃白色
40-70道喉腹
褶通常延伸至
肚臍或稍後方
末端尖銳
細瘦的胸鰭顯
得較短，約占體
長的十分之一
鯨鬚
每側250-365

行為

所知不多。偶爾會好奇地接近船隻，繞著船隻打轉或跟在一旁游行。有時會躍身擊浪。攝食時，不論在水中或海面，有突然改變方向的典型行為。游泳的方式經常讓人以為是大型海豚而非鯨。終年進行攝食。呼吸的程序少有規則，但是平均4至7次噴氣後，就會進行最長達8分鐘的潛水(一般少於2分鐘)；然而也能在水中待得更久。鬆散的團體可能散布數平方公里。兩次短潛間的浮升只會露出頭頂；但若準備進行較長久的潛水時，通常會先浮現背部與背鰭。

鑑別清單

- 頭上有3道平行縱脊
- 背鰭顯著，呈鐮刀狀
- 表皮可能斑駁
- 背部呈深色
- 噴氣高聳、狹窄而模糊
- 潛水時可能拱起尾幹
- 海面上罕見尾鰭
- 下潛程序不規則
- 經常很好奇

族群大小：1-2 (1-7)，良好攝食內，疏鬆的群體可達30隻	背鰭位置：中央偏體後方

現況：地區性普遍	現存：約90,000	威脅：不詳

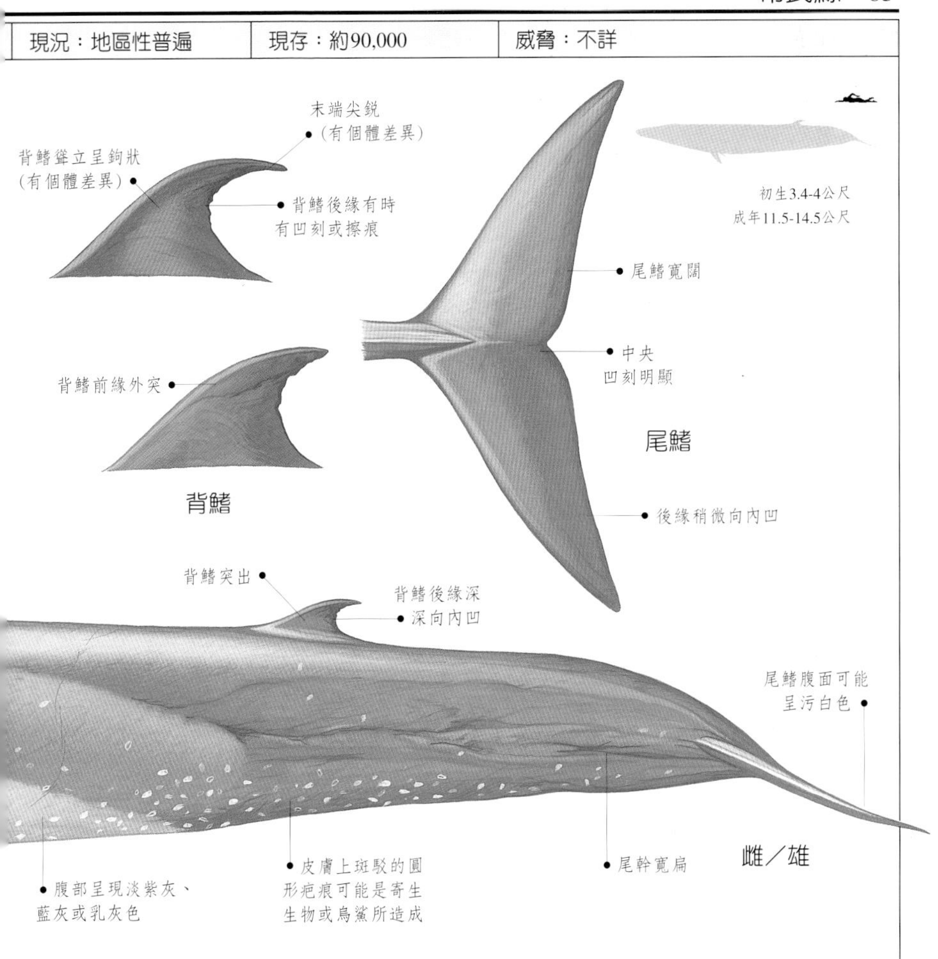
末端尖銳
(有個體差異)
背鰭聳立呈鉤狀
(有個體差異)
背鰭後緣有時
有凹刻或擦痕
背鰭前緣外突
背鰭
初生3.4-4公尺
成年11.5-14.5公尺
尾鰭寬闊
中央
凹刻明顯
尾鰭
後緣稍微向內凹
背鰭突出
背鰭後緣深
深向內凹
尾鰭腹面可能
呈污白色
雌／雄
腹部呈現淡紫灰、
藍灰或乳灰色
皮膚上斑駁的圓
形疤痕可能是寄生
生物或鳥鯊所造成
尾幹寬扁

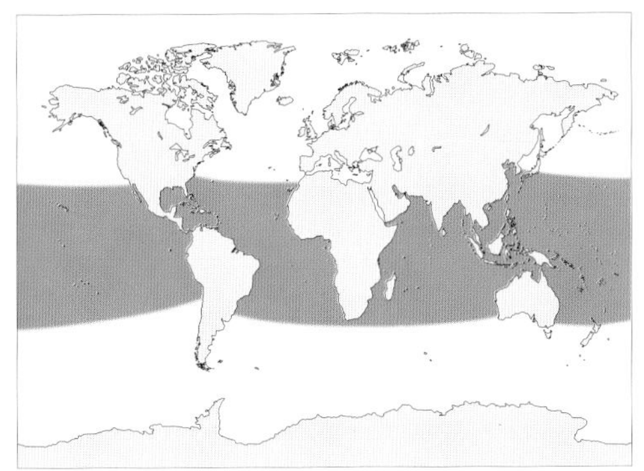

分布在全球的熱帶、亞熱帶，以及部分的溫帶水域

何處觀賞

已知一般出現在南、北緯40度之間，且可能擴展至有暖洋流經過的高緯地區。然而布氏鯨喜好攝氏20度以上的水溫，因此在南、北緯30度間的熱帶與亞熱帶地區最常見。分布並非遍及整個範圍，而是集中在某些特定的地點，例如南非、日本、斯里蘭卡、斐濟與西澳外海。生活在外海區的布氏鯨可能會進行短距離遷徙；但未知是否有長距離遷徙至高緯度地區的情況。早期的分布記錄因將之誤認為塞鯨而有些混淆。

初生重量：900公斤	成年重量：12-20公噸	食物：

科：鬚鯨科	種：*Balaenoptera edeni*	棲所：

躍身擊浪

在某些地區經常可見布氏鯨躍身擊浪，其他地區就很罕見了；通常會在高速游泳等短期的激烈運動之後進行。曾有某些特例：同一隻布氏鯨連續躍身擊浪十數次（日本緒方外海曾觀察到一隻布氏鯨不間斷地躍身擊浪70次）；但是連續躍身擊浪2或3次是比較常見的典型。布氏鯨通常會以幾乎垂直的70至90度角躍離水面，有時在空中拱背，其後或單純地回落海面，或預先扭體。有些鯨會全身躍離海面，但軀體的後四分之一（大約到背鰭處）通常會留在水中。

浮升的身體與水面幾乎呈垂直

在半空中拱起背部

軀體的後四分之一仍留在水中

回落水中

2個噴氣孔明顯

頭部

近距離觀察絕不會誤認布氏鯨，因其頭頂有三道縱脊，而其他鬚鯨科的成員都只有一道。這三道脊一般高約1-2公分，但是外側兩道縱脊的隆起程度則不一；在海中可能看不到某些個體的一道或兩道外側縱脊。外側的兩道縱脊並沒有延伸至吻尖或噴氣孔處，而是從頭頂隱沒，變成長度不等的凹溝。某些個體可能並沒有這些凹溝。中央縱脊則一路連接到底。

中央縱脊兩旁還有兩道平行的隆脊

頭部
（鳥瞰圖）

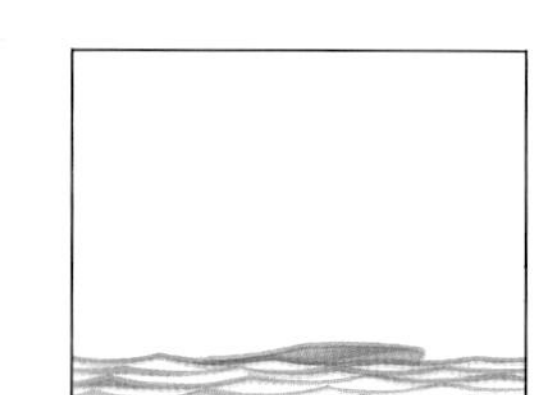

下潛程序

1.吻部以小角度破水而出（深潛時，角度會較陡）。

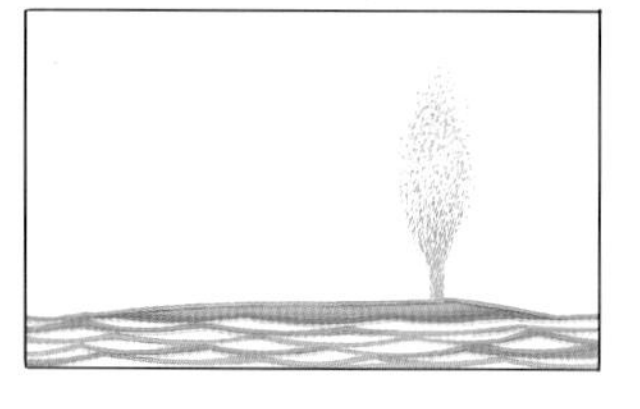

2.布氏鯨噴氣（從遠處可能看不見）並伸展軀體。可能看得見唇線。

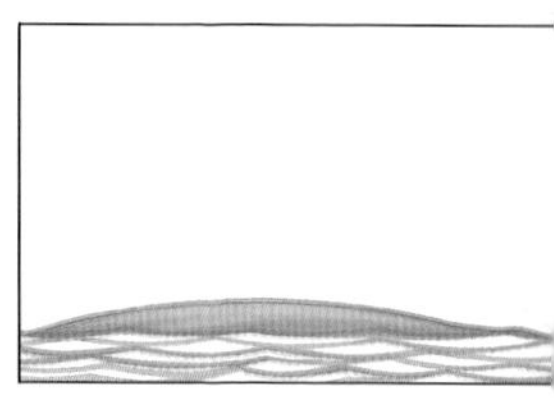

3.通常在背鰭浮現前，噴氣就消失了。長長的背部仍然淺淺地露出水面。

族群大小：1-2 (1-7)，良好攝食區內，疏鬆的族群可達30隻	背鰭位置：中央偏體後方

現況：地區性普遍	現存：約 90,000	威脅：不詳

鯨鬚

布氏鯨的鯨鬚形狀非常獨特，既短且寬，長度最長(不包括剛毛)約達50公分，寬度約為19公分，而且內緣稍微向內凹。完全長成的鯨鬚數目約在250至280條之間，但若再加上許多發育不全的鯨鬚，則總數最多可達365條。在喙形上顎前方的鯨鬚間有一個缺口。鯨鬚的顏色隨著個體而有極大的差異，大多數呈黑色或藍灰色，然而接近喙形上顎頂端的鯨鬚經常全部或局部呈乳白色(有時帶有灰色條紋)。鯨鬚上的剛毛又長又硬，而且不捲曲；顏色一般都是棕色或灰色。

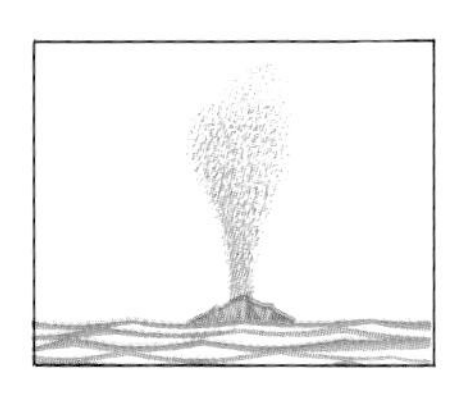

噴氣

高而窄，單一的水霧高達3至4公尺，從遠處經常看不清楚。

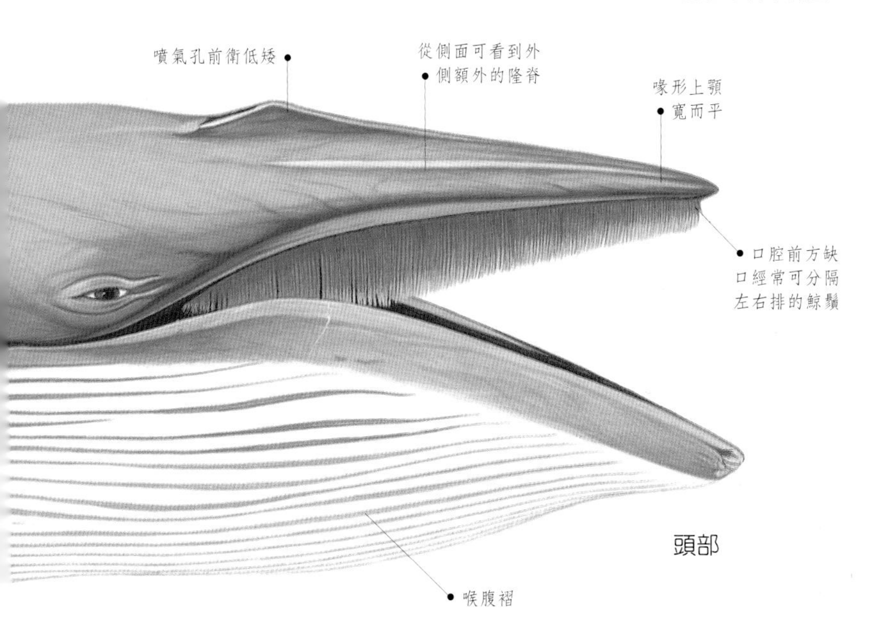
噴氣孔前衛低矮
從側面可看到外側額外的隆脊
喙形上顎寬而平
口腔前方缺口經常可分隔左右排的鯨鬚
喉腹褶

頭部

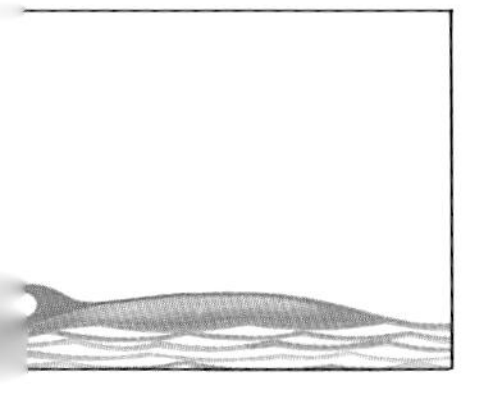

.噴氣孔沒入水面後，
鰭經常就會出現。

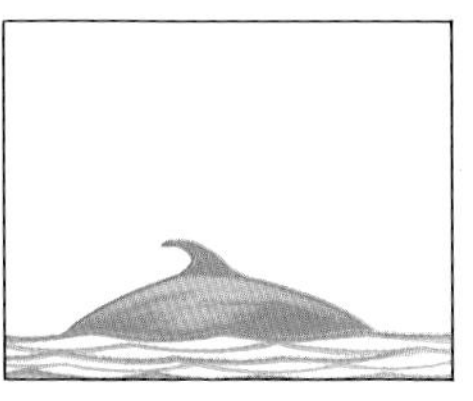

5.突然向前翻滾，背部拱起，準備深潛。

6.在潛水之前，尾幹明顯拱起；此與塞鯨大不相同。

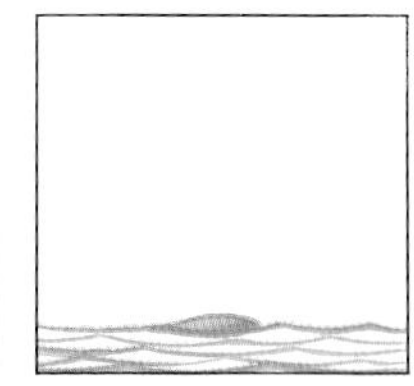

7.當布氏鯨潛行時，尾鰭很少浮出海面。

初生重量：900公斤	成年重量：12-20公噸	食物：

科：鬚鯨科	種：*Balaenoptera musculus*	棲所：≋ (◣≋)

藍鯨(Blue Whale)

藍鯨可說是地球上有史以來最大型的動物。曾有體長超過33公尺，體重在190公噸左右的記錄，但其平均尺寸則遠小於此。咸信有三種不同的亞種：生活在南半球的中間藍鯨(*Balaenoptera musculus*的亞種*intermedia*)、生活在北半球且略小的亞種(*musculus*)，以及更小的、生活在南半球熱帶地區的亞種小藍鯨(*brevicauda*)。儘管小藍鯨具有許多明顯的差異，然而在海中還是難以與其他兩種較大的藍鯨區分。這三種亞種都非常容易與塞鯨(第60頁)或長須鯨(第72頁)混淆，尤其是從遠處觀察時。在捕鯨業的濫捕下，藍鯨已經瀕臨絕種：死亡率非常高，因此某些族群也許永遠無法復育了。

• **別名**：磺底鯨、塞巴氏鬚鯨、巨北方鬚鯨

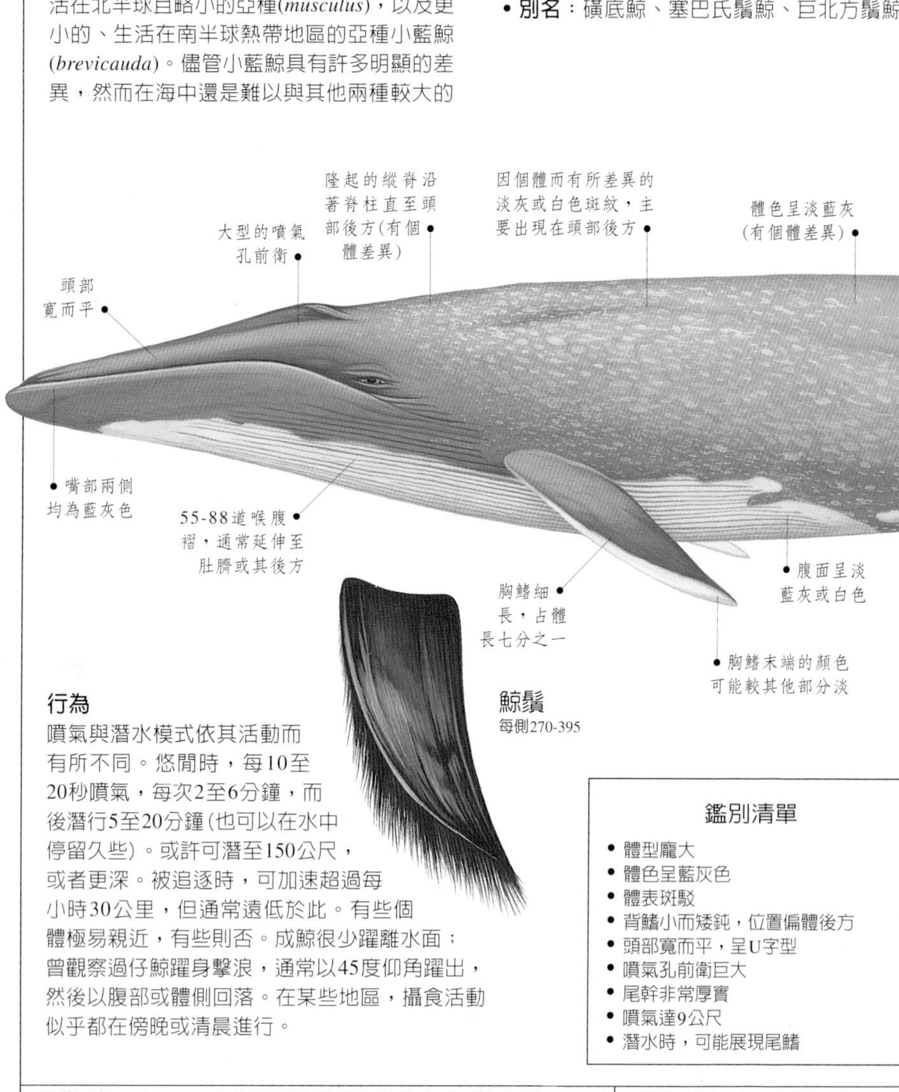
隆起的縱脊沿著脊柱直至頭部後方(有個體差異)
因個體而有所差異的淡灰或白色斑紋，主要出現在頭部後方
體色呈淡藍灰(有個體差異)
大型的噴氣孔前衛
頭部寬而平
嘴部兩側均為藍灰色
55-88道喉腹褶，通常延伸至肚臍或其後方
胸鰭細長，占體長七分之一
腹面呈淡藍灰或白色
胸鰭末端的顏色可能較其他部分淡
鯨鬚
每側270-395

行為

噴氣與潛水模式依其活動而有所不同。悠閒時，每10至20秒噴氣，每次2至6分鐘，而後潛行5至20分鐘(也可以在水中停留久些)。或許可潛至150公尺，或者更深。被追逐時，可加速超過每小時30公里，但通常遠低於此。有些個體極易親近，有些則否。成鯨很少躍離水面；曾觀察過仔鯨躍身擊浪，通常以45度仰角躍出，然後以腹部或體側回落。在某些地區，攝食活動似乎都在傍晚或清晨進行。

鑑別清單

- 體型龐大
- 體色呈藍灰色
- 體表斑駁
- 背鰭小而矮鈍，位置偏體後方
- 頭部寬而平，呈U字型
- 噴氣孔前衛巨大
- 尾幹非常厚實
- 噴氣達9公尺
- 潛水時，可能展現尾鰭

族群大小：1-2 (1-5)，良好攝食區內有時會有較大的族群	背鰭位置：中央偏體後方

現況：瀕危	現存：約6,000-14,000	威脅：不詳

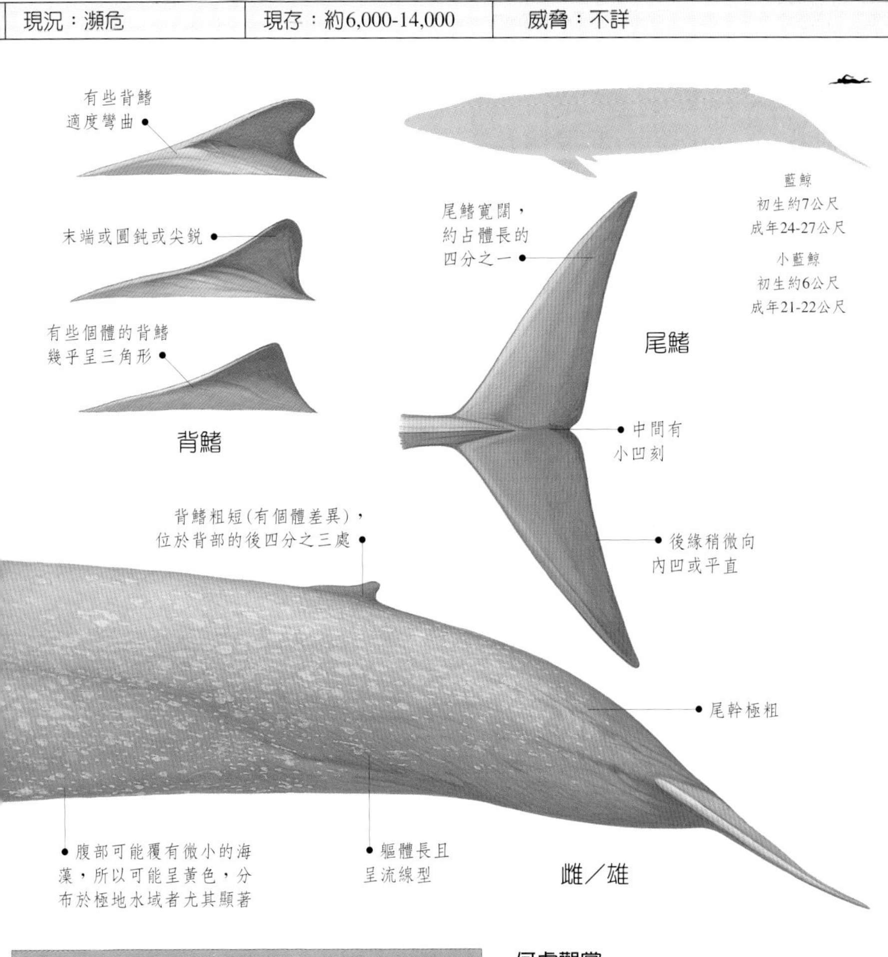
有些背鰭
適度彎曲
末端或圓鈍或尖銳
有些個體的背鰭
幾乎呈三角形
背鰭
藍鯨
初生約7公尺
成年24-27公尺
小藍鯨
初生約6公尺
成年21-22公尺
尾鰭寬闊，
約占體長的
四分之一
尾鰭
中間有
小凹刻
背鰭粗短(有個體差異)，
位於背部的後四分之三處
後緣稍微向
內凹或平直
尾幹極粗
腹部可能覆有微小的海
藻，所以可能呈黃色，分
布於極地水域者尤其顯著
軀體長且
呈流線型
雌／雄

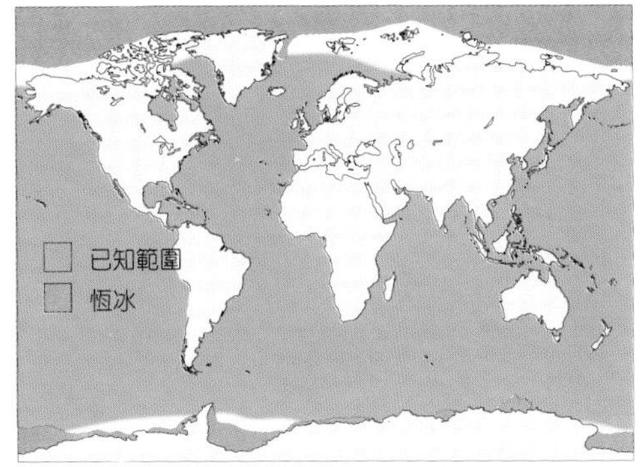
已知範圍
恆冰

塊狀分布於全世界，主要在寒冷水域與大洋中

何處觀賞

已辨認出三個主要族群，分別生活於北大西洋、北太平洋及南半球。分布並不連續，大多數生活在南半球，但在美國加州部分地區、墨西哥的加利福尼亞灣(科提茲海)、加拿大的聖羅倫斯河灣與北印度洋也經常可見其蹤。北大西洋僅剩數百頭。可能會長距離遷徙，往返於低緯度的越冬區與高緯度的避暑區之間。北印度洋的族群為定棲性。主要出沒在大陸棚的邊緣與極地冰區附近。

初生重量：約2.5公噸	成年年量：100-120公噸	食物：

科：鬚鯨科	種：*Balaenoptera musculus*	棲所：≈ (≈)

腹部

藍鯨的腹部可能呈現黃或芥末色(因此藍鯨有時被稱為磺底鯨)。黃色並非其真正的色澤，而是由於微生海藻——矽藻，黏附在軀體上所造成的。生活在兩極冰冷水域的動物經常都有這種現象。

體色差異(背部與體側)

背部與體側

藍鯨的體色依個體而有所差異。基本上都可算是藍灰色，但是真正的體色則從帶有許多斑紋的亮藍色，到全身都是略帶白斑的暗藍灰色不等。儘管小藍鯨也有明顯的個體差異，但是其體色較諸藍鯨可能淡些。

體色差異(腹部)

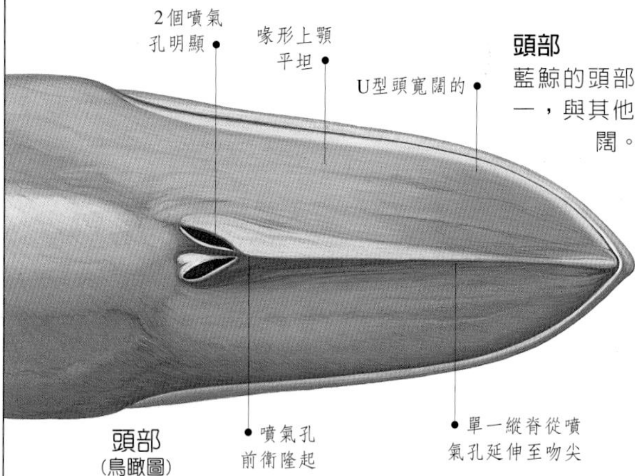
2個噴氣
孔明顯
喙形上顎
平坦
U型頭寬闊的
噴氣孔
前衛隆起
單一縱脊從噴
氣孔延伸至吻尖

頭部
(鳥瞰圖)

頭部

藍鯨的頭部非常獨特，約占體長的四分之一，與其他鬚鯨科動物相較，顯得非常寬闊。從上往下看，基本上呈U字型，也有人將之形容為「哥德式拱門型」。藍鯨也和其他鬚鯨科一樣，沿著喙形上顎頂長有一道縱脊。環在噴氣孔前方和兩側的噴氣孔前衛特別大且多肉，是藍鯨最明顯的特徵。

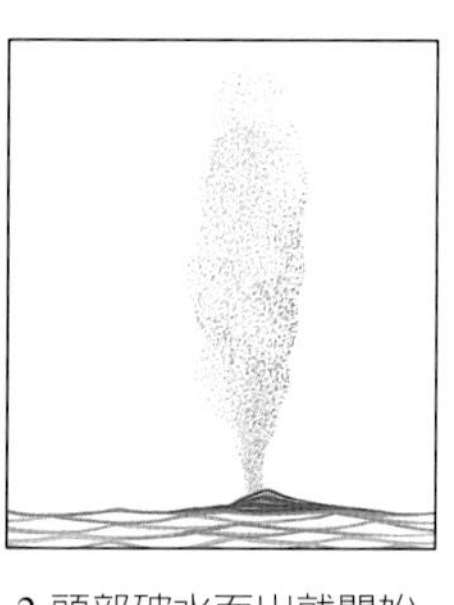
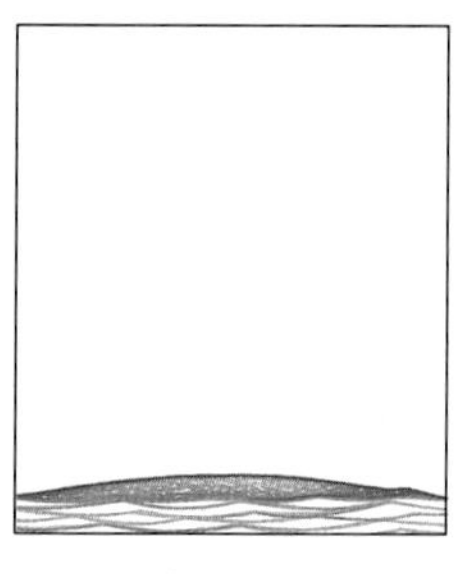
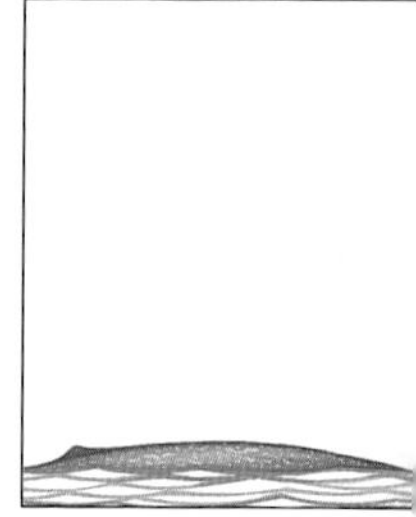

下潛程序

1.緩慢游行時，鯨體以小角度浮升。

2.頭部破水而出就開始噴氣；噴氣既高且直。

3.頭部隱沒至海面下，長而寬闊的背部接著翻滾出水。

4.通常在噴氣消散、頭部已隱沒一段時間後，背鰭才浮現海面。

族群大小：1-2 (1-5)，良好攝食區內有時會有較大的族群	背鰭位置：中央偏體後方

現況：瀕危	現存：約 6,000-14,000	威脅：不詳

鯨鬚
藍鯨的鯨鬚是所有鬚鯨科動物中最長者，而且其寬度與長度相較也頗可觀：寬約50-55公分，長約90公分-1公尺，外形大致呈三角形；小藍鯨的鯨鬚則較小。儘管個體間有相當大的差異，但是堅硬的鯨鬚與口腔上顎通常都一致呈墨黑或藍黑色；某些老鯨的粗糙鯨鬚剛毛會呈灰色。

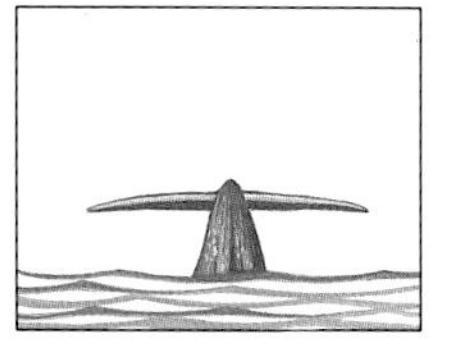

鯨尾揚升
尾鰭只在某些潛水中揚升出水；揚升的角度通常小於45度。

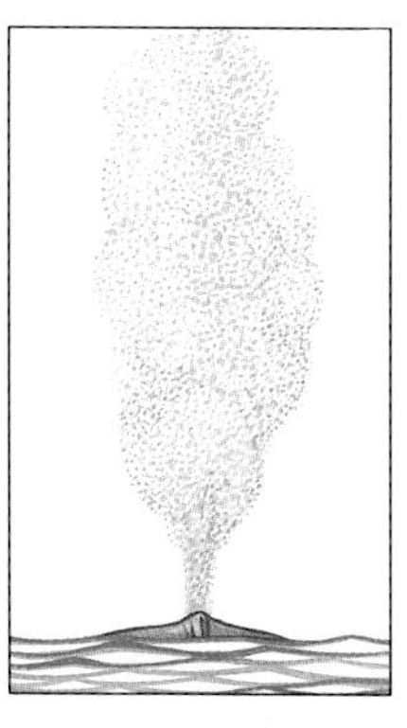

噴氣
噴氣非常壯觀，呈現高達9公尺、筆直的氣柱。氣柱高度從6至12公尺不等。

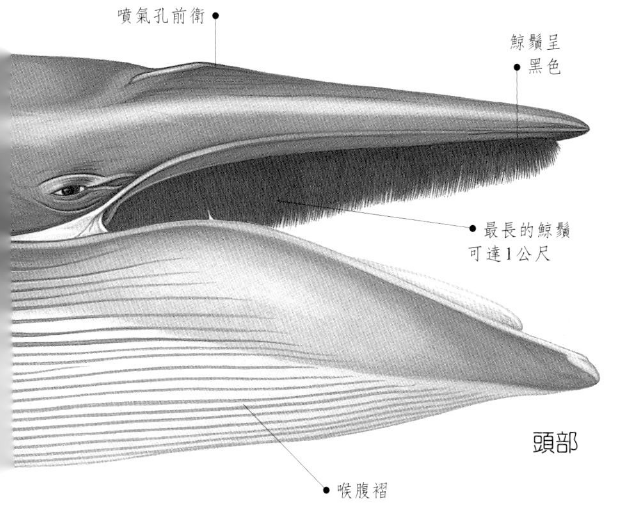
噴氣孔前衛
鯨鬚呈
黑色
最長的鯨鬚
可達1公尺
喉腹褶

頭部

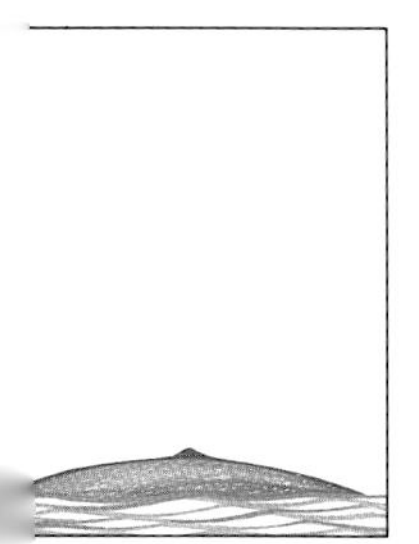

有在藍鯨準備潛水
起背部的短時間
才會看到背鰭。

6.藍鯨或許會拱起尾幹，但通常會直接就潛下水去。

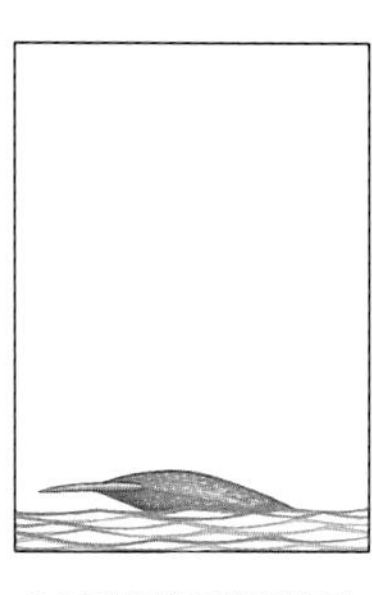

7.下潛前可能看見尾鰭，但有時尾鰭會維持在水面下。

8.揚升鯨尾時，尾部通常會以小角度滑入水中。

初生重量：約2.5公噸	成年重量：100-120公噸	食物：

科：鬚鯨科	種：*Balaenoptera physalus*	棲所：

長須鯨(FIN WHALE)

長須鯨是世界上第二大的動物(僅次於藍鯨)。目前已知的最大成鯨超過26公尺，不過一般長度遠小於此。北半球的長須鯨一般比南半球的小1-1.5公尺；有些專家則將牠們視為不同的亞種。非常容易與塞鯨(第60頁)或藍鯨(第68頁)混淆，在熱帶則會被誤認為布氏鯨(第64頁)。長須鯨頭部的不對稱顏色是近距離鑑別的有利特徵：右側的下唇、口腔，以及鯨鬚的一部分呈白色，而左側則全為灰色。當牠們貼著水面浮游時，白色的「嘴唇」經常清晰可辨，雖然也可能與大翅鯨(第76頁)的白色胸鰭混淆。長須鯨曾經是數量最多的大型鯨，但因遭捕鯨業的濫捕，族群數量已經嚴重減少。(編按：「須」在日文中指「喉腹褶」。)

• **別名**：脊鰭鯨、鰭鯨、真鬚鯨、剃刀鯨、鯡鯨

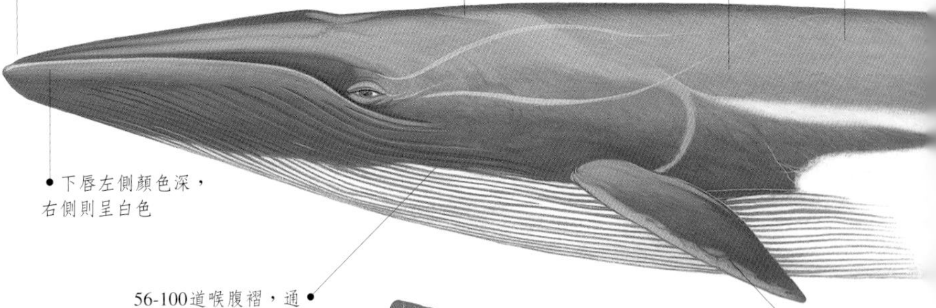

喙形上顎頂端平直(沒有向下彎)

頭部後方的兩側有因個體而異的灰白色人字紋(右側較明顯)

體色呈銀灰、暗灰或棕黑色

修長的軀體呈流線型

下唇左側顏色深，右側則呈白色

56-100道喉腹褶，通常延伸至肚臍或稍後方

胸鰭修長，但比例上算短

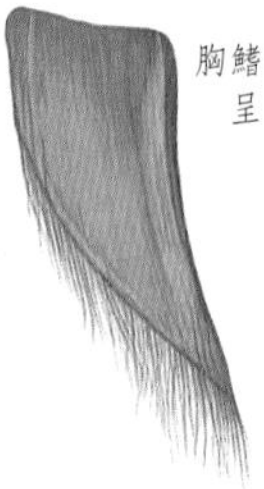

鯨鬚

每側260-480

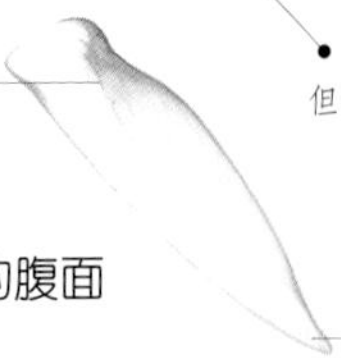

胸鰭的腹面呈白色

胸鰭的腹面

末端尖銳

行為

既不迴避、也不接近船隻。幾乎不可能判斷牠們會在何時，或在多遠處出水：近距離觀察非常困難。浮升動作的差別端視其為悠閒的海面游行，或為剛剛深潛後的行為。在進行5至15分鐘的潛水前(也可能待更久)，一般會噴氣2至5次，中間約隔10至20秒；潛行的深度至少是230公尺。不對稱的體色可能是由於攝食時是以右側游泳所致。有時會躍出海面。游泳速度非常快，時速可達30公里。比其他鬚鯨科更常見到形成小型的族群體。

鑑別清單

- 體型非常龐大
- 頭部顏色不對稱
- 背鰭小，向後傾斜
- 頭上有縱脊
- 噴氣高聳而狹窄
- 噴氣後不久可見到背鰭
- 尾鰭很少展現
- 頭部後方有灰白色的人字紋
- 對船隻反應冷淡

族群大小：3-7 (1-2)，良好攝食區內可達100隻或更多	背鰭位置：中央偏體後方

現況：地區性普遍	現存：約120,000	威脅：☠

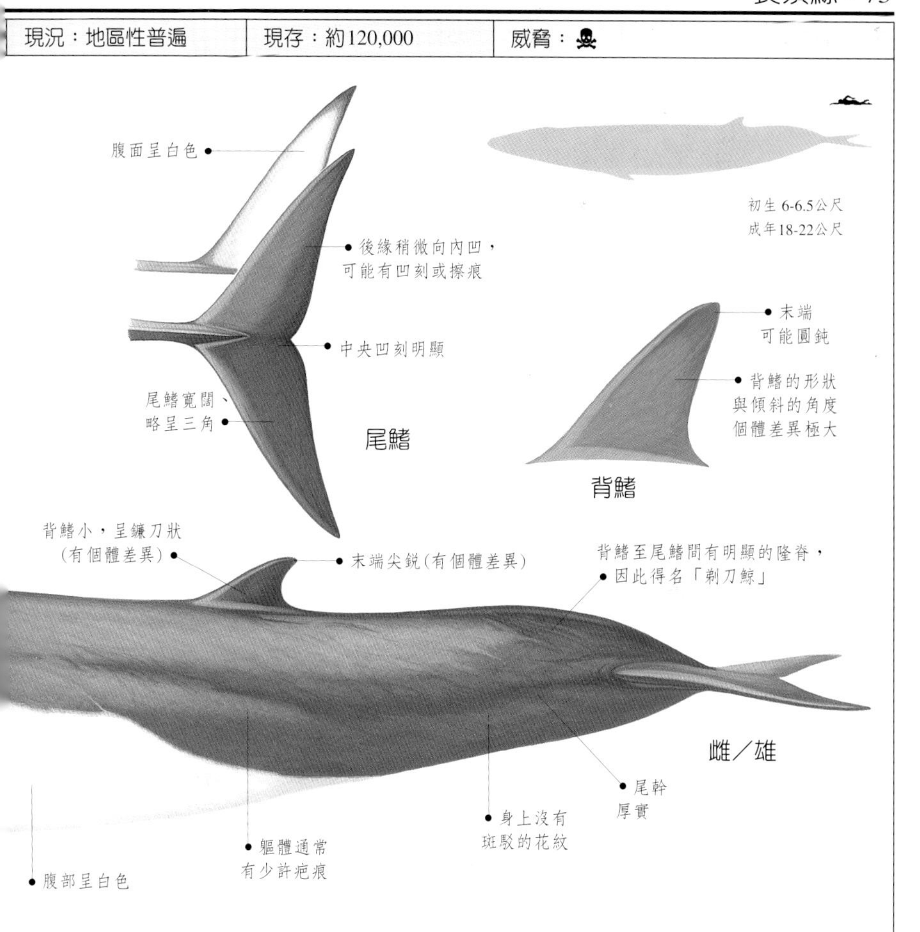
腹面呈白色
後緣稍微向內凹，
可能有凹刻或擦痕
中央凹刻明顯
尾鰭寬闊、
略呈三角
尾鰭
初生 6-6.5公尺
成年18-22公尺
末端
可能圓鈍
背鰭的形狀
與傾斜的角度
個體差異極大
背鰭
背鰭小，呈鐮刀狀
(有個體差異)
末端尖銳(有個體差異)
背鰭至尾鰭間有明顯的隆脊，
因此得名「剃刀鯨」
雌／雄
尾幹
厚實
身上沒有
斑駁的花紋
軀體通常
有少許疤痕
腹部呈白色

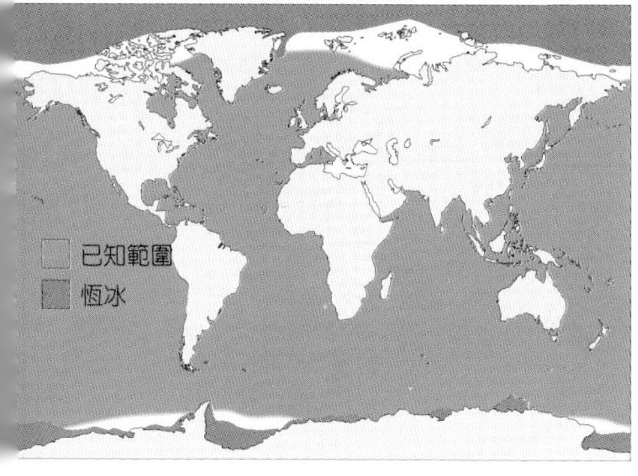
已知範圍
恆冰

分布於全球，但溫帶水域與南半球最普遍

何處觀賞

南半球最普遍，熱帶較少見。會游入極地水域，但不像藍鯨或小鬚鯨那樣頻繁；是唯一常在地中海出沒的鬚鯨科。可能有三種地理隔離的族群：分別分布於北大西洋、北太平洋以及南半球。儘管長須鯨的行動較其他大型鯨難以逆料，但是有些族群可能會往返遷徙於相當溫暖的低緯度越冬區，與較冷的高緯度避暑區之間。分布於墨西哥的加利福尼亞灣(科提茲海)等某些低緯度的族群似乎為定棲性。通常出沒在外海水域，但也曾見其游至沿岸水深夠的區域。

初生重量：約2公噸	成年重量：30-80公噸	食物：(icons)

科：鬚鯨科	種：*Balaenoptera physalus*	棲所：

躍身擊浪

長須鯨有時會躍身擊浪，一般以腹部著水，濺出激烈的水花；也可能在空中扭體，然後再以側身或背部(較罕見)著水。

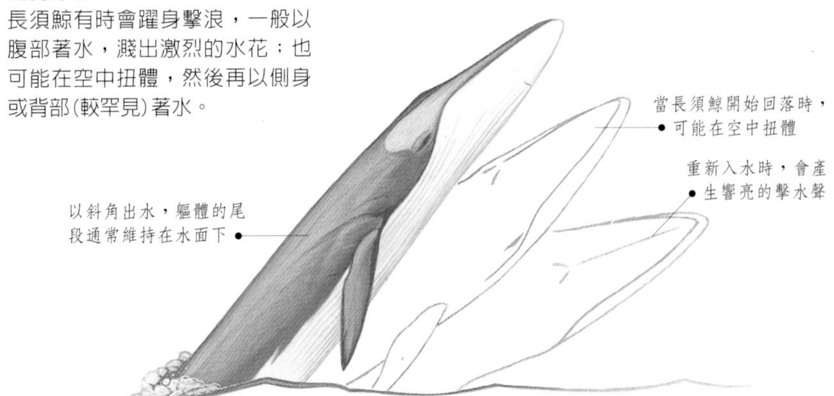
當長須鯨開始回落時，可能在空中扭體
重新入水時，會產生響亮的擊水聲
以斜角出水，軀體的尾段通常維持在水面下

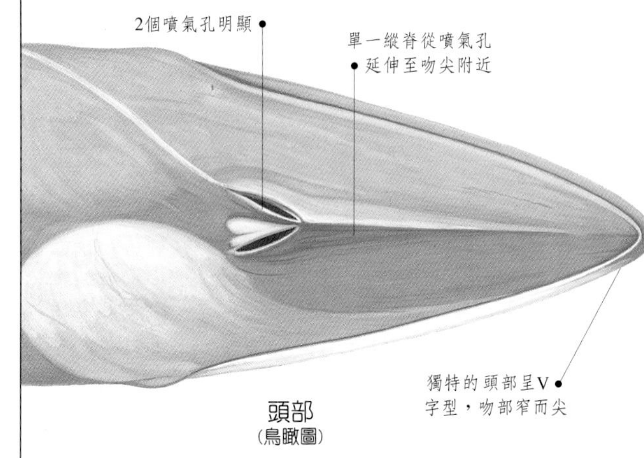
2個噴氣孔明顯
單一縱脊從噴氣孔延伸至吻尖附近
獨特的頭部呈V字型，吻部窄而尖

頭部
(鳥瞰圖)

頭部

長須鯨頭部的不對稱特徵在其族群中可能非常廣泛，某些個體頭部右側的白色部分會延伸至上「唇」，甚至到達頭部側邊。大多數長須鯨沿著喙形上顎都有一道縱脊，少數個體甚至還有兩道額外的隆脊；雖然這些通常都不很明顯，但仍可能會與布氏鯨混淆。長須鯨的頭部約占體長的五分之一至四分之一。

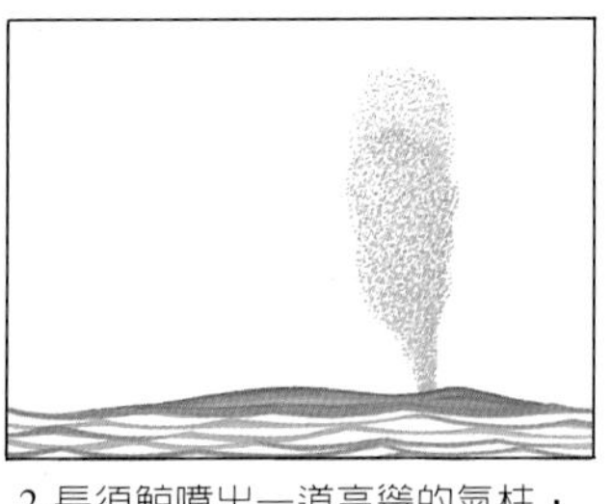

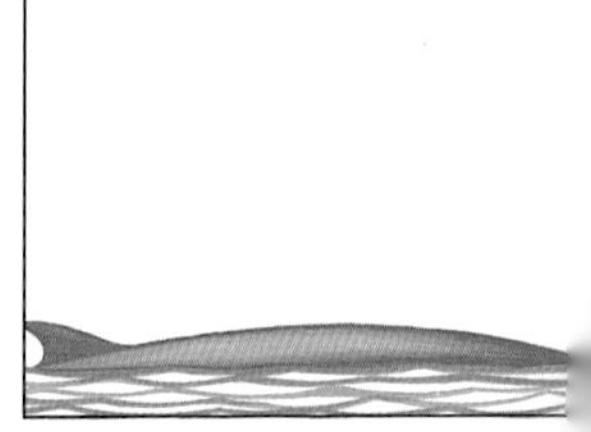

下潛程序

1.平坦的頭頂會浮現，深潛之後會浮升得更陡。

2.長須鯨噴出一道高聳的氣柱，背部維持淺淺地露出水面。此階段可能看得到白色的右側軀體。

3.噴氣後，長而色深的背部會滾出水。背鰭不易見到，只有長潛前的最終噴氣後才看得到

族群大小：3-7 (1-2)，良好攝食區内可達100隻或更多	背鰭位置：中央偏體後方

現況：地區性普遍	現存：約120,000	威脅：

鯨鬚

長須鯨的鯨鬚最長可達70-90公分，寬度可達20-30公分。鯨鬚和頭部一樣，具有罕見的不對稱色調：右側前四分之一至三分之一的鯨鬚呈白、乳白或黃白色，其餘的右側鯨鬚與整個左側則都呈暗灰色(經常間雜著黃白和藍灰色的條紋)。鯨鬚剛毛比藍鯨的軟，呈黃白至灰白色不等。

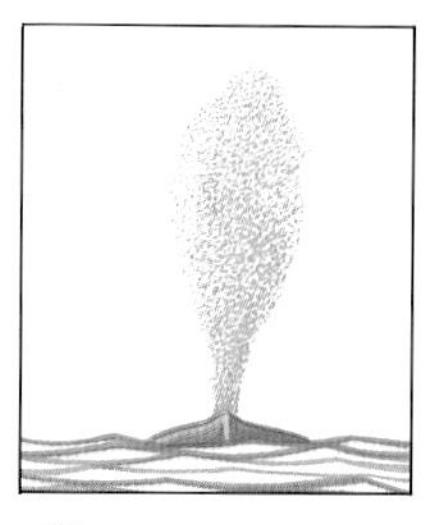

噴氣
噴氣呈現非常高聳、狹窄的氣柱，高度通常在4至6公尺之間，從相當遠的地方就看得見。

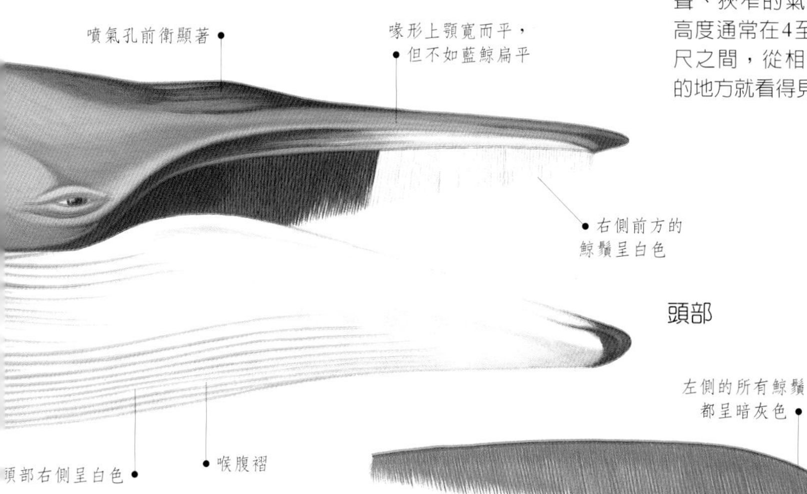
噴氣孔前衛顯著
喙形上顎寬而平，但不如藍鯨扁平
右側前方的鯨鬚呈白色
左側的所有鯨鬚都呈暗灰色
頭部右側呈白色
喉腹褶

頭部

鯨鬚(左側)

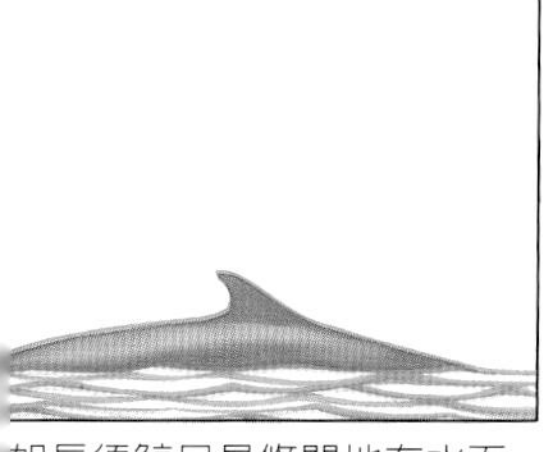

假如長須鯨只是悠閒地在水面，其背部會以長而淺的動作翻滾；深潛之後，背部則會地拱起。

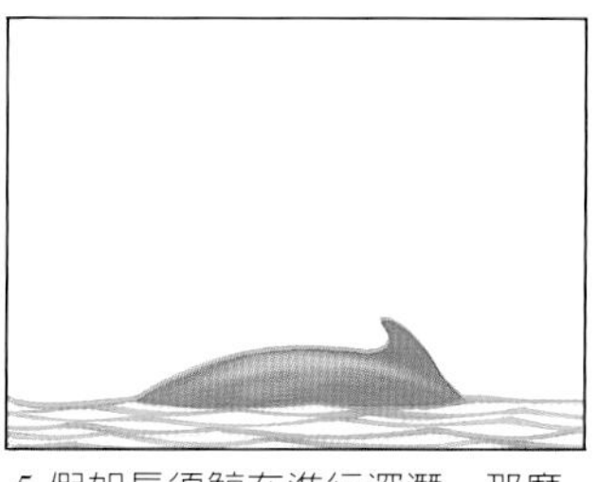

5.假如長須鯨在進行深潛，那麼尾幹會陡峭地拱起，然後再以近乎垂直的角度回落水中。

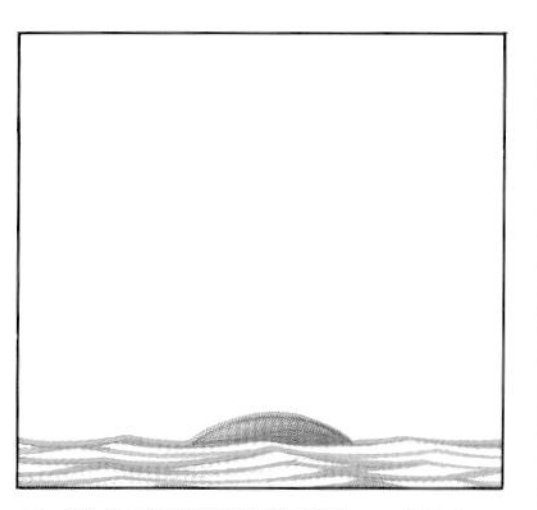

6.當長須鯨潛行時，很少浮現尾鰭；然而尾鰭有時會貼近海面。

初生重量：約2公噸	成年重量：30-80公噸	食物：

科：鬚鯨科	種：*Megaptera novaeangliae*	棲所：

大翅鯨(HUMPBACK WHALE)

大翅鯨又稱「座頭鯨」是非常活躍的大型鯨，素以壯觀的躍身擊浪、鯨尾擊浪與胸鰭拍水而知名；也是極易鑑別的鯨。獨特的尾鰭通常從遠處就可以分辨出來；近距離觀察時，多突瘤的頭部，以及長的胸鰭不致誤認。然而，沒有兩隻大翅鯨是完全相同的：尾鰭腹面的黑、白花色就像人類的指紋一樣獨特；因此專家能夠藉以辨認，並為全球數千頭個體命名。在繁殖區內的雄鯨素以能唱出動物界最長且複雜的歌曲而聞名。捕鯨人已經屠殺超過100,000隻大翅鯨，雖然有些族群似乎正在復育中，但是現存的數量只占原來的一小部分罷了。

- **別名**：座頭鯨(編按：日文「座頭」義為樂器「琵琶」，用來指鯨背的形狀。)
- **台灣俗名**：海崎

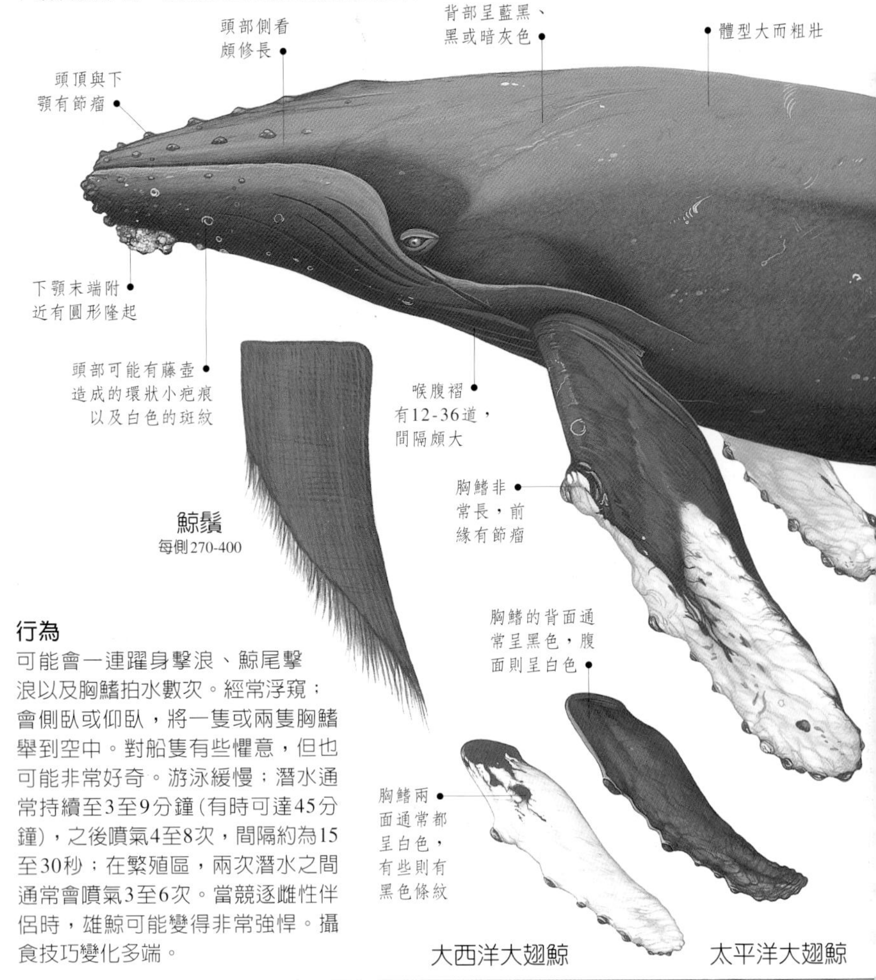

頭部側看頗修長
背部呈藍黑、黑或暗灰色
體型大而粗壯
頭頂與下顎有節瘤
下顎末端附近有圓形隆起
頭部可能有藤壺造成的環狀小疤痕以及白色的斑紋
喉腹褶有12-36道，間隔頗大
胸鰭非常長，前緣有節瘤
鯨鬚
每側270-400
胸鰭的背面通常呈黑色，腹面則呈白色
胸鰭兩面通常都呈白色，有些則有黑色條紋
大西洋大翅鯨
太平洋大翅鯨

行為

可能會一連躍身擊浪、鯨尾擊浪以及胸鰭拍水數次。經常浮窺；會側臥或仰臥，將一隻或兩隻胸鰭舉到空中。對船隻有些懼意，但也可能非常好奇。游泳緩慢；潛水通常持續至3至9分鐘(有時可達45分鐘)，之後噴氣4至8次，間隔約為15至30秒；在繁殖區，兩次潛水之間通常會噴氣3至6次。當競逐雌性伴侶時，雄鯨可能變得非常強悍。攝食技巧變化多端。

族群大小：1-3 (1-15)，良好攝食區及繁殖區內有大型族群	背鰭位置：中央偏體後方

現況：稀少	現存：12,000-15,000	威脅：

鑑別清單

- 背部呈黑或暗灰色
- 背鰭矮鈍，帶有隆突
- 軀體大而結實
- 長胸鰭呈白色或黑色
- 頭上與下顎有節瘤
- 深潛前，尾鰭會揚升
- 尾鰭邊緣呈不規則的鋸齒狀
- 單一噴氣呈樹叢狀
- 可能十分好奇

腹面有黑色和白色的斑塊(有個體差異)

初生4-5公尺
成年11.5-15公尺

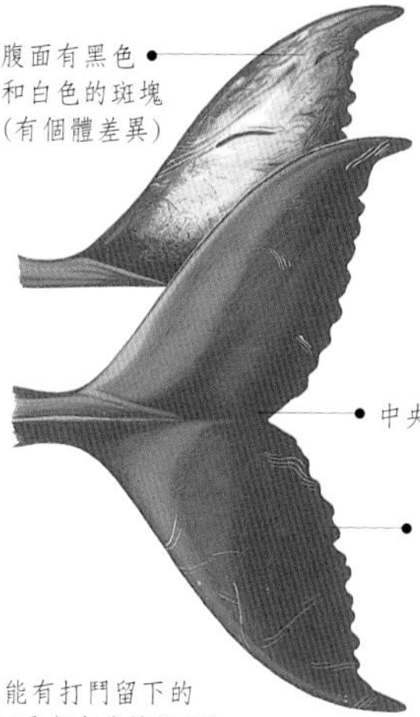

尾鰭

中央凹刻明顯

後緣呈不規則的鋸齒狀

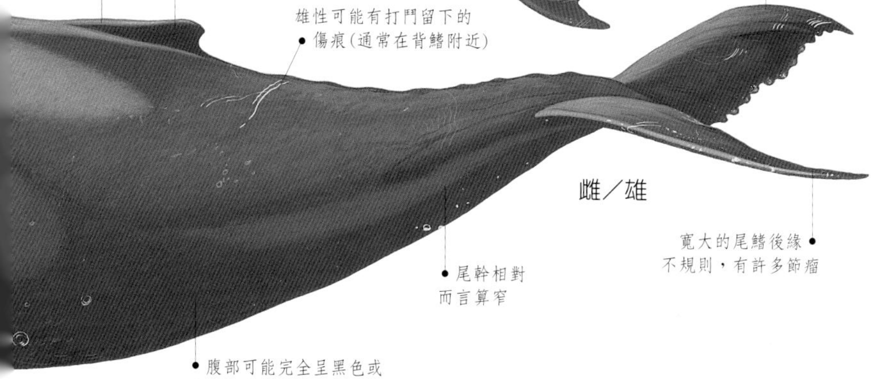

背鰭前方有明顯的隆起

矮鈍的背鰭基部寬大(個體差異明顯)

尾鰭背面呈藍黑或黑色

雄性可能有打鬥留下的傷痕(通常在背鰭附近)

雌／雄

寬大的尾鰭後緣不規則，有許多節瘤

尾幹相對而言算窄

腹部可能完全呈黑色或白色，但通常為局部白色

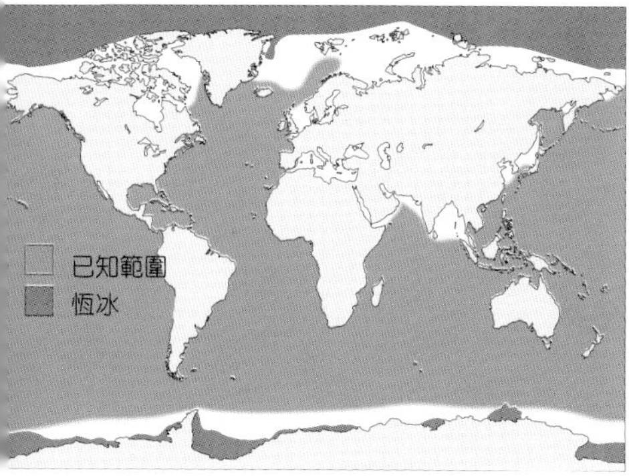

已知範圍
恆冰

廣泛地分布於兩極至熱帶的所有海洋

何處觀賞

分布範圍廣泛，但有明顯的季節變化。冬季棲息在高緯度、冷水海域的攝食區，夏季停留在低緯度、溫水海域的繁殖區；並在兩地數千公里間遷徙(參見第18頁)。似乎至少可以分成十個不同地區的亞族群，但顯然有些混合；不過南、北半球的族群絕不會混合。北印度洋的族群可能為定棲性，也可能往返於南極。大西洋東北的族群僅餘數百頭。一年大部分時間都棲息在大陸沿岸或海島附近，在淺水海岸攝食及繁殖，但會橫渡大洋。

初生重量：1-2公噸	成年重量：25-30公噸	食物：

科：鬚鯨科	種：*Megaptera novaeangliae*	棲所：

五道噴氣水柱

大翅鯨的噴氣非常特殊，但形狀會因個體、風況以及之前潛水的時間長度而有所差異。

躍身擊浪

躍身擊浪的程度從完全躍離海面，到悠閒地浮升不到一半的軀體不等。大翅鯨通常以背部著水，但是偶爾也會浮現背鰭並以腹部擊水，這時通常伴隨著激烈的呼氣。有資料顯示在強風下的繁殖區，以及某些特定地區較常見到躍身擊浪；中午時分則為高峰期。

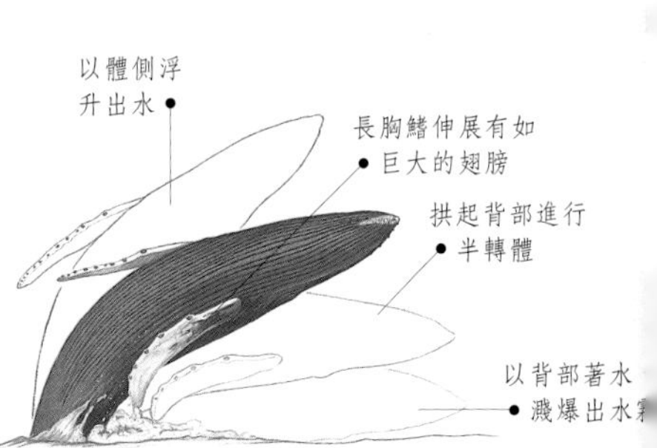
以體側浮升出水
長胸鰭伸展有如巨大的翅膀
拱起背部進行半轉體
以背部著水濺爆出水

2個噴氣孔明顯

不明顯的單一縱脊從噴氣孔延伸至吻尖附近

節瘤從氣孔分布到喙端，除了沿著隆脊外，也見於身體其他部位

頭部
（鳥瞰圖）

頭部

鳥瞰大翅鯨，頭部寬闊且相當渾圓，約占體長的三分之一。最明顯的特徵就是喙形上顎（噴氣孔前方）以及下顎的大部分有一連串節瘤。節瘤的數目與位置因個體而異。高爾夫球大小的節瘤是毛囊，中心長有約1至3公分長的粗糙毛髮，可能具有某種感覺功能。

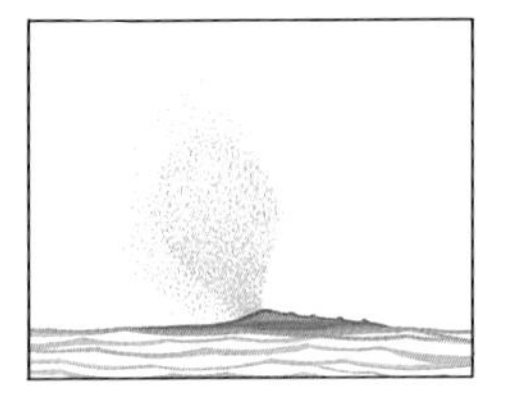

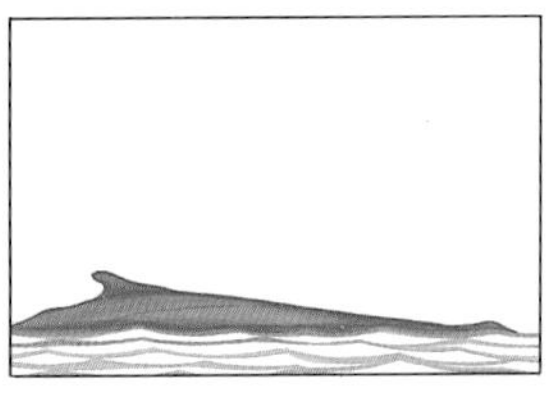

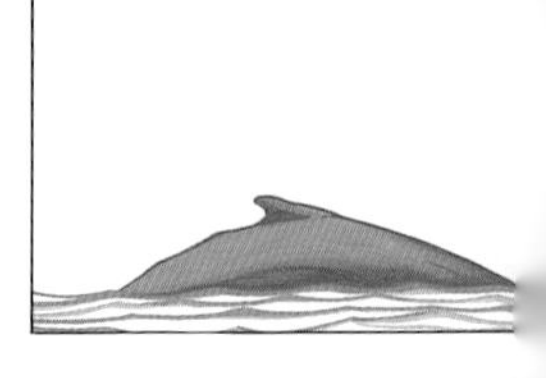

下潛程序

1.噴氣孔前衛與噴氣孔首先浮現海面。

2.當背鰭出現時，獨特的斜背與海平面形成淺淺的三角形。

3.軀體拱起，形成更高的角形，此時背部的隆起特清楚。

族群大小：1-3 (1-15)，良好攝食區及繁殖區內有大型族群	背鰭位置：中央偏體後方

現況：稀少	現存：12,000-15,000	威脅：

攝食

大翅鯨的攝食技巧是所有鬚鯨中最多樣，且最壯觀者。牠們穿越飽含磷蝦或魚群的水團，大口吞食，甚至會拍動胸鰭或尾鰭來震懾食餌。但是令人印象最深刻的攝食技巧莫過於「氣泡捕魚法」：先在魚類或磷蝦群下方繞圈游行，從噴氣孔噴出氣體，使之形成直徑達45公尺、包圍食餌的氣泡網。接著張開大口，從下方穿越其中心游向海面。氣泡網通常會在海面顯現一圈或一道圓弧泡沫。

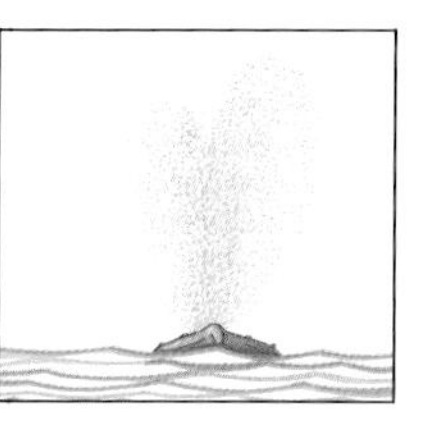

噴氣

噴氣非常清楚且獨特，呈樹叢狀，高度可達2.5-3公尺；與其高度相較，寬度也顯得有些大。

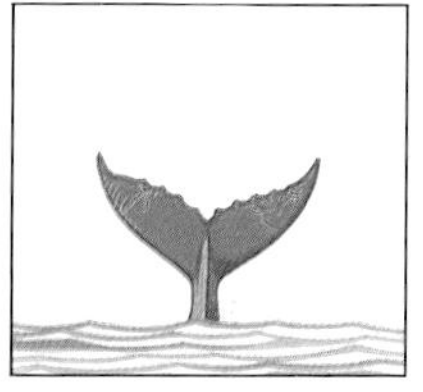

鯨尾揚升

大翅鯨尾鰭的後緣帶有節瘤，且腹面具黑白斑紋，非常獨特。

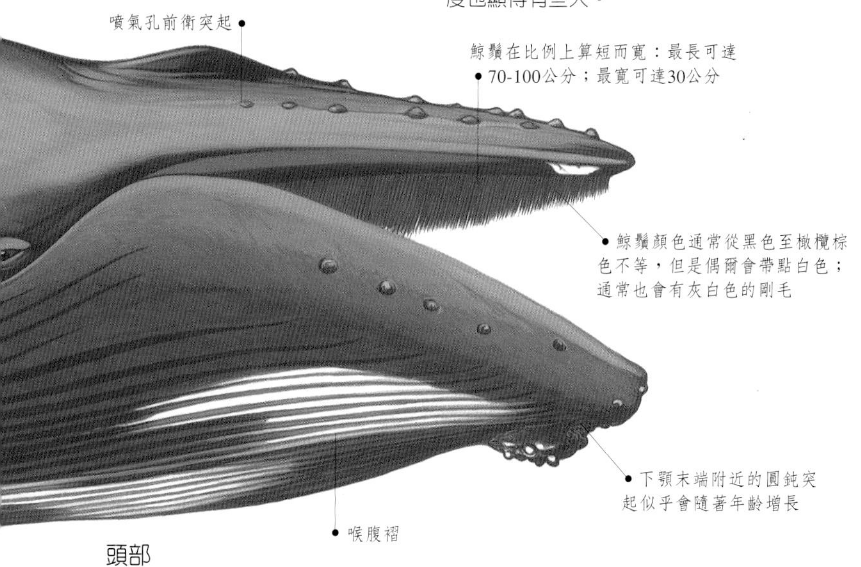
噴氣孔前衛突起
鯨鬚在比例上算短而寬：最長可達70-100公分；最寬可達30公分
鯨鬚顏色通常從黑色至橄欖棕色不等，但是偶爾會帶點白色；通常也會有灰白色的剛毛
下顎末端附近的圓鈍突起似乎會隨著年齡增長
喉腹褶

頭部

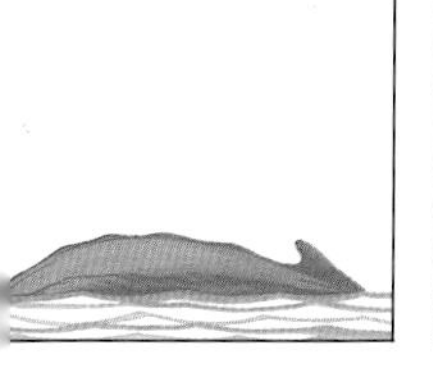

著背鰭沒入水中，明顯拱起，並翻滾。

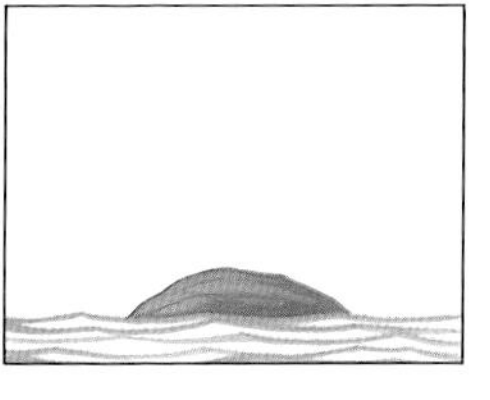

5.當大翅鯨將下潛角度變陡時，尾幹會降得更低，並持續向前翻滾。

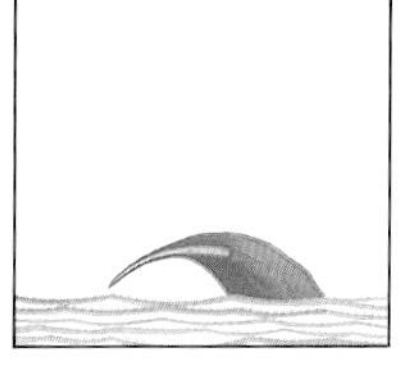

6.大翅鯨潛得更深時，尾鰭開始浮現海面。

7.潛水時，尾鰭多會高舉出水；但在淺水區則不然。

初生重量：1-2公噸	成年重量：25-30公噸	食物：

抹香鯨類

所有抹香鯨類的顱內都有一種充滿臘質的結構——抹香鯨腦油器；其功用眾說紛云，但可能用來控制軀體在水中的浮力，或者做為聽覺透鏡以引導回音定位的聲波。儘管具有這項共同的特徵，三種抹香鯨類動物彼此之間的差異還是很大，因此小抹香鯨與侏儒抹香鯨近來已獨立成另一科——小抹香鯨科(Kogiidae)，不再與體型較大的近親——抹香鯨一起歸於抹香鯨科(Physeteridae)之中。抹香鯨類都生活在深海，主要以烏賊為食，而且除了某些落差極大的區域外，甚少在海岸附近出現。

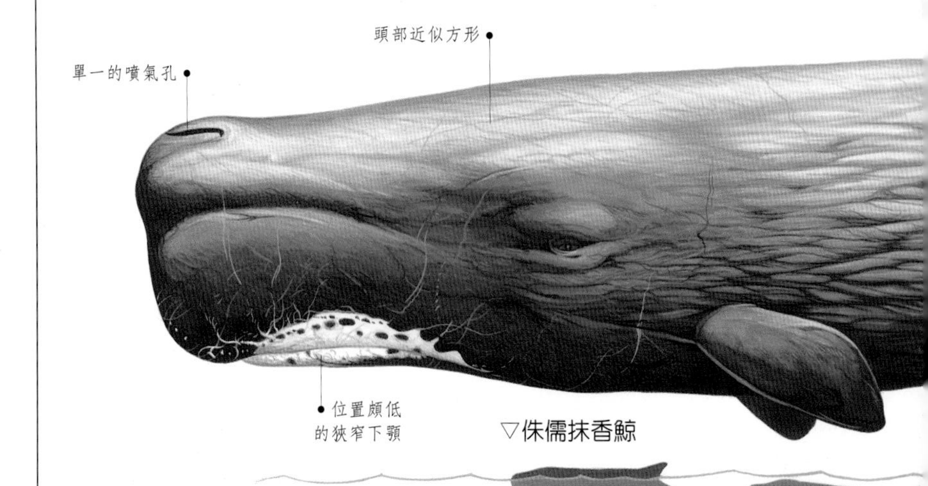
頭部近似方形
單一的噴氣孔
位置頗低的狹窄下顎

▽侏儒抹香鯨

頭部浮出，但不向前翻滾

慎重而緩慢地浮升至海面

從海面直接沉降

潛水深度可達200-300公尺

特徵

此類動物的體型大小差異極大：侏儒抹香鯨可能小至2.1公尺長、135公斤重；而最大型的齒鯨——雄性抹香鯨體長可達18公尺，體重可達50公噸。頭身比也不盡相同：較小的兩科動物之頭身比可能僅及15%，而雄性抹香鯨則可達35%(這也是所有動物中，頭部最大者)。

下潛程序

雖然侏儒抹香鯨與小抹香鯨的浮潛動作非常緩慢，但是牠們的下潛程序仍罕為人知。很少向前翻滾，不像其他大多數的鯨與海豚，但卻常浮出水面呼吸，然後很快地隱沒水中。曾有報告指出，假如受到驚嚇，也能迅猛地游逃。

蜀特的噴氣孔
這張航空照片可看到抹香鯨裂縫般的單一
噴氣孔，位置就在抹香鯨頭部左側的吻尖
附近。

品種鑑別

侏儒抹香鯨(詳第84頁)是體型最小的鯨，有明顯的背鰭、近似方型的頭部以及假鰓。

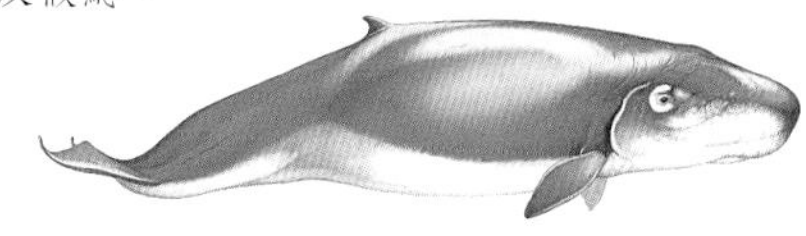

小抹香鯨(詳第82頁)在海中很難與侏儒抹香鯨區分，但體型稍微大些。

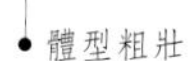

體型粗壯

抹香鯨(詳第86頁)抹香鯨具有抹香鯨類動物所共同的一些特徵，例如抹香鯨腦油器、上顎不具功能的牙齒，以及在此跨頁中顯示的主要特徵。然而，品種間的差異比共同點多，例如頭身比、背鰭的形狀、噴氣孔至吻部的距離等。

皮膚

充滿皺紋、梅乾似的皮膚是抹香鯨獨有的特徵，絕不致錯認。皺紋呈水平狀，大多出現在軀體的後三分之二段；攝食區內肥胖個體的皺紋較不明顯。

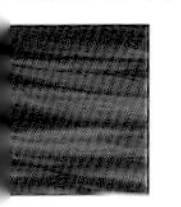

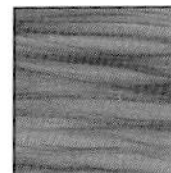

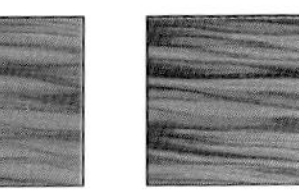

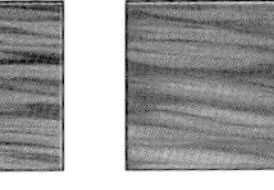

體色差異

抹香鯨類的體色差異極大，從暗灰到淡褐色不等；《白鯨記》中描述的白色抹香鯨極罕見。

浮漂

可能會見到侏儒抹香鯨及小抹香鯨動也不動地停在海面上，露出部分頭部，偶爾也可見到背部與背鰭，而尾部則垂懸於水中；這種狀態下，牠們可能比較容易接近。

科：小抹香鯨科	種：*Kogia breviceps*	棲所：

小抹香鯨(PYGMY SPERM WHALE)

小抹香鯨難得一見，因其傾向遠離岸邊活動，而且沒什麼太明顯的習性。經常與侏儒抹香鯨(第84頁)混淆，直至1966年才將這兩種鯨視為不同品種。野外觀察的記錄非常少，而且除非靠得很近，否則很難辨別這兩種抹香鯨。最可能看到小抹香鯨的時刻是當其休息時，動也不動地浮漂在海面，部分頭部與背部露出水面，而尾部則鬆弛地垂懸於水中；處在這種狀態的小抹香鯨有時會讓船隻接近。當牠擱淺時，因為位置頗低的下顎與乳白色的假鰓會特別明顯，所以看來很像鯊魚。

- **別名**：次抹香鯨、短頭抹香鯨、小卡切拉特鯨
- **台灣俗名**：海鰻、血鰻

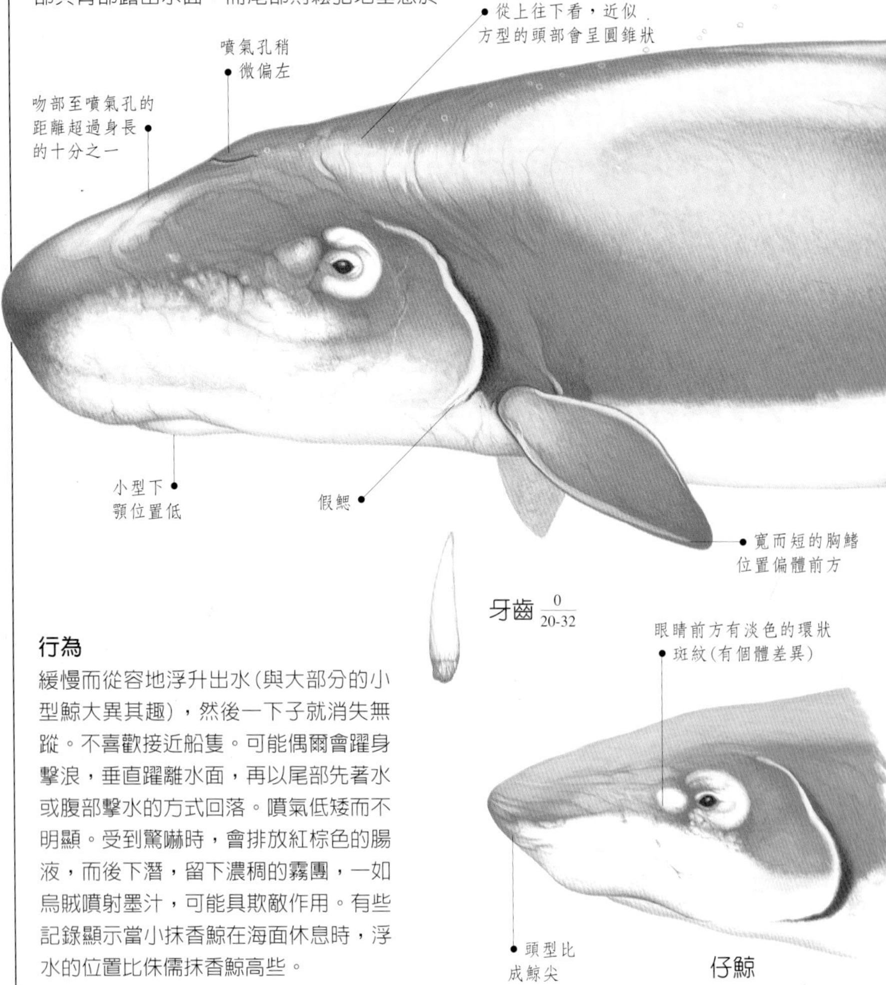

從上往下看，近似方型的頭部會呈圓錐狀
噴氣孔稍微偏左
吻部至噴氣孔的距離超過身長的十分之一
小型下顎位置低
假鰓
寬而短的胸鰭位置偏體前方
牙齒 $\frac{0}{20\text{-}32}$
眼睛前方有淡色的環狀斑紋(有個體差異)
頭型比成鯨尖
仔鯨

行為

緩慢而從容地浮升出水(與大部分的小型鯨大異其趣)，然後一下子就消失無蹤。不喜歡接近船隻。可能偶爾會躍身擊浪，垂直躍離水面，再以尾部先著水或腹部擊水的方式回落。噴氣低矮而不明顯。受到驚嚇時，會排放紅棕色的腸液，而後下潛，留下濃稠的霧團，一如烏賊噴射墨汁，可能具欺敵作用。有些記錄顯示當小抹香鯨在海面休息時，浮水的位置比侏儒抹香鯨高些。

族群大小：3-6 (1-10)	背鰭位置：中央偏體後方

現況：不詳	現存：不詳	威脅：不詳

鑑別清單

- 體型小
- 軀體粗壯
- 背鰭小，呈鐮刀狀
- 眼睛後方有假鰓
- 頭型近似方型
- 噴氣低矮而不明顯
- 可能在海面動也不動地漂浮
- 動作從容不迫
- 直接自水面回落入水

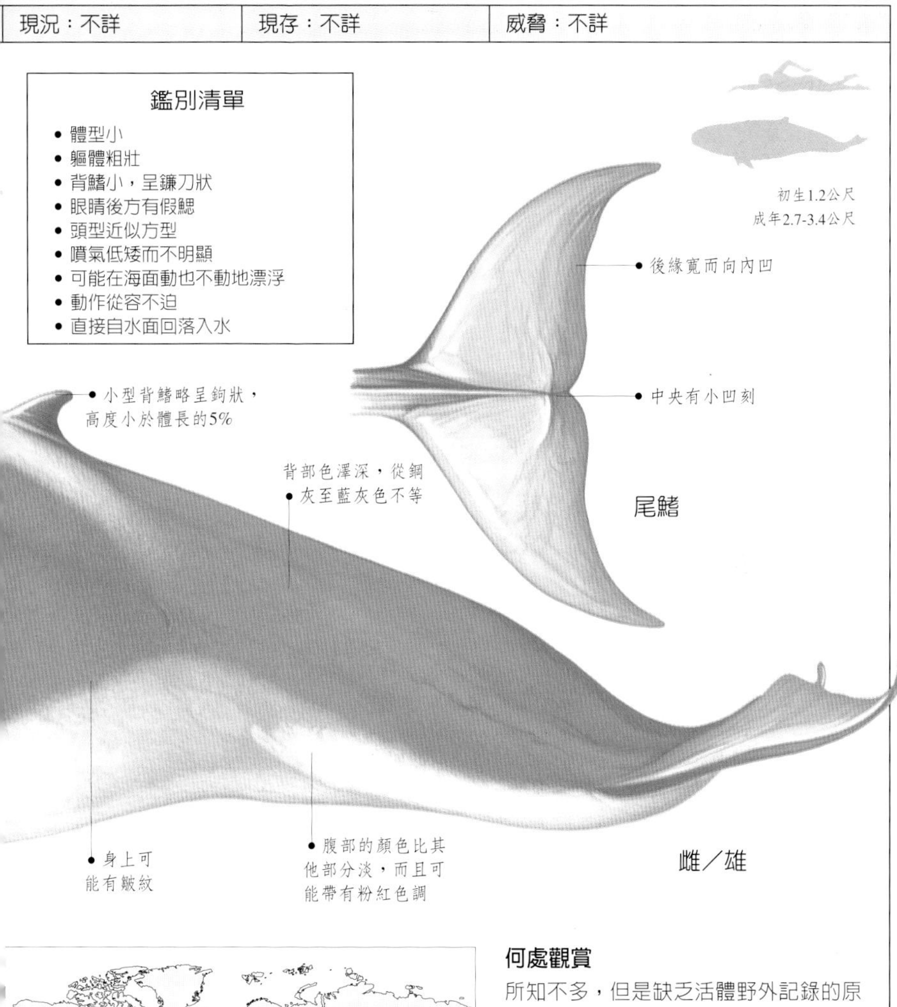

初生1.2公尺
成年2.7-3.4公尺
後緣寬而向內凹
中央有小凹刻
尾鰭
小型背鰭略呈鉤狀，高度小於體長的5%
背部色澤深，從鋼灰至藍灰色不等
身上可能有皺紋
腹部的顏色比其他部分淡，而且可能帶有粉紅色調
雌／雄

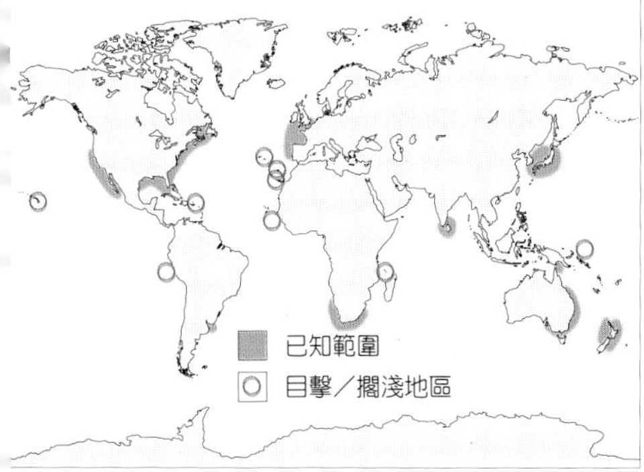

已知範圍
目擊／擱淺地區

溫帶、亞熱帶與熱帶地區大陸棚外的深水海域

何處觀賞

所知不多，但是缺乏活體野外記錄的原因，可能是因為小抹香鯨的行為特色不明顯，而非數量稀少。大多數的資訊都來自於擱淺(特別是懷孕的母鯨)，然而這也可能是不正確的分布資料。似乎比較喜愛溫暖的環境：相關記錄幾乎都來自溫帶、亞熱帶與熱帶水域。主要是深水的品種，經常出現在大陸棚邊緣之外，與侏儒抹香鯨大異其趣。美國東南海岸、非洲南端、澳洲東南以及紐西蘭等地的外海相當常見。目前尚不清楚這些族群是否彼此隔離。

初生重量：55公斤	成年重量：315-400公斤	食物：

科：小抹香鯨科	種：*Kogia simus*	棲所：( )

侏儒抹香鯨(Dwarf Sperm Whale)

侏儒抹香鯨是種不太顯眼的動物，通常遠離岸邊生活。除非海況特別平靜，否則極少出現在海面上；是鯨中體型最小者，甚至比某些海豚還小。方型的頭部以及謹慎而緩慢的動作，可與外表相似的瓶鼻海豚(第192頁)區分。然而最容易與之混淆的要算小抹香鯨(第82頁)了。儘管侏儒抹香鯨的背鰭較大，而且形狀特殊，但要在海上分辨這兩種鯨還是非常困難，甚至是不可能的。擱淺時，侏儒抹香鯨呈現類似鯊魚的外觀：下顎位置低，眼睛後方有乳白色弧型假鰓。上顎的牙齒已經退化。

- **別名**：歐文氏小抹香鯨

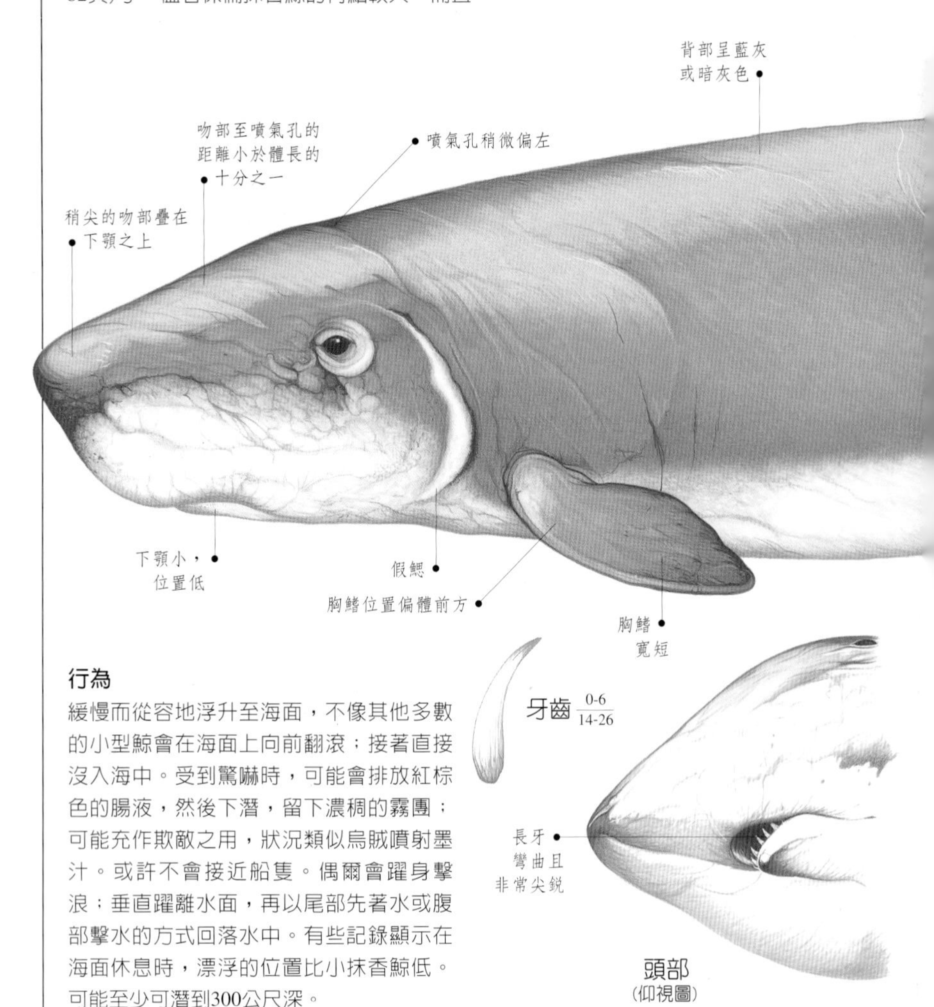
背部呈藍灰或暗灰色
吻部至噴氣孔的距離小於體長的十分之一
噴氣孔稍微偏左
稍尖的吻部疊在下顎之上
下顎小，位置低
假鰓
胸鰭位置偏體前方
胸鰭寬短
牙齒 0-6/14-26
長牙彎曲且非常尖銳
頭部
(仰視圖)

行為

緩慢而從容地浮升至海面，不像其他多數的小型鯨會在海面上向前翻滾；接著直接沒入海中。受到驚嚇時，可能會排放紅棕色的腸液，然後下潛，留下濃稠的霧團；可能充作欺敵之用，狀況類似烏賊噴射墨汁。或許不會接近船隻。偶爾會躍身擊浪；垂直躍離水面，再以尾部先著水或腹部擊水的方式回落水中。有些記錄顯示在海面休息時，漂浮的位置比小抹香鯨低。可能至少可潛到300公尺深。

族群大小：1-2 (1-10)	背鰭位置：中央稍偏體後方

現況：不詳	現存：不詳	威脅：不詳

鑑別清單

- 體型小
- 背鰭突起，呈鐮刀狀
- 眼睛後方有假鰓
- 軀體粗壯
- 頭型近似方型
- 噴氣低矮而不明顯
- 在海面動也不動地漂浮
- 動作從容不迫
- 直接自水面回落入水

初生1公尺
成年2.1-2.7公尺

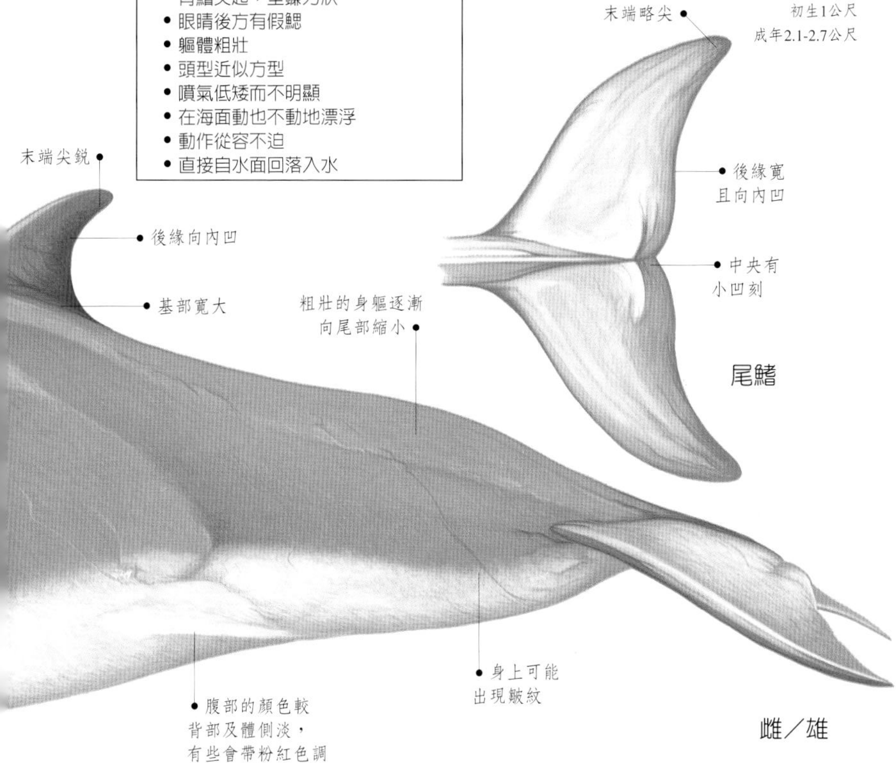

末端略尖
後緣寬且向內凹
中央有小凹刻
尾鰭

末端尖銳
後緣向內凹
基部寬大
粗壯的身軀逐漸向尾部縮小
身上可能出現皺紋
腹部的顏色較背部及體側淡，有些會帶粉紅色調

雌／雄

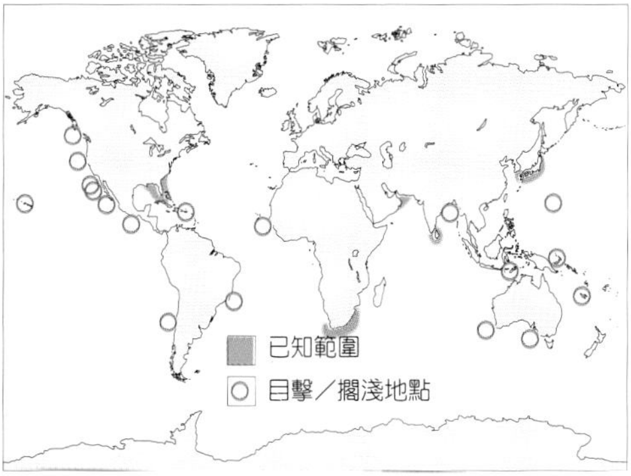

已知範圍
目擊／擱淺地點

南、北半球的溫帶、亞熱帶與熱帶的深水水域

何處觀賞

屬於深潛的動物，可能集中在大陸棚邊緣(比小抹香鯨更靠近岸邊)。似乎比較喜愛溫暖水域，分布於非洲南端與墨西哥的加利福尼亞灣(科提茲海)者特別會接近岸邊。大多數記錄都來自於擱淺，這種狀況在某些地方還相當常見；然而這些可能只呈現普遍的調查地點，而非侏抹香鯨的分布實況。缺乏活體的記錄可能是由於其行為不明顯，而非數量稀少。族群可能連續分布於世界各地。

初生重量：40-50公斤	成年重量：135-275公斤	食物：

科：抹香鯨科	種：*Physeter macrocephalus*	棲所：

抹香鯨(Sperm Whale)

儘管抹香鯨很少將大部分軀體顯露在海面上，然而牠卻是海中極易辨認的鯨。從遠處看，其傾斜且呈樹叢狀的噴氣通常就足以用來辨識。在近距離，其略呈方型的巨大頭部(一般約占體長的三分之一)，以及類似梅乾的皺褶表皮也不致錯認。同種的兩性間有明顯的差異：雄鯨一般體長15-18公尺，而雌鯨只有11-12公尺。主要分成兩群：「單身漢群」(年輕、性尚未成熟的雄性)，以及「哺育群」(母鯨以及所有的仔鯨)。典型的一群只有20至25隻成員，但也有少數例外，曾有數百隻或數千隻聚集在一起的報告。老雄鯨傾向於獨居，或是生活在最多只有6隻的小群隊中，在繁殖季節，偶爾會一次加入哺育群中數小時。儘管抹香鯨的數量仍然相當多，但牠也是遭到嚴重濫捕的鯨。

• **別名**：巨抹香鯨、卡切拉特鯨、*P. catadon*

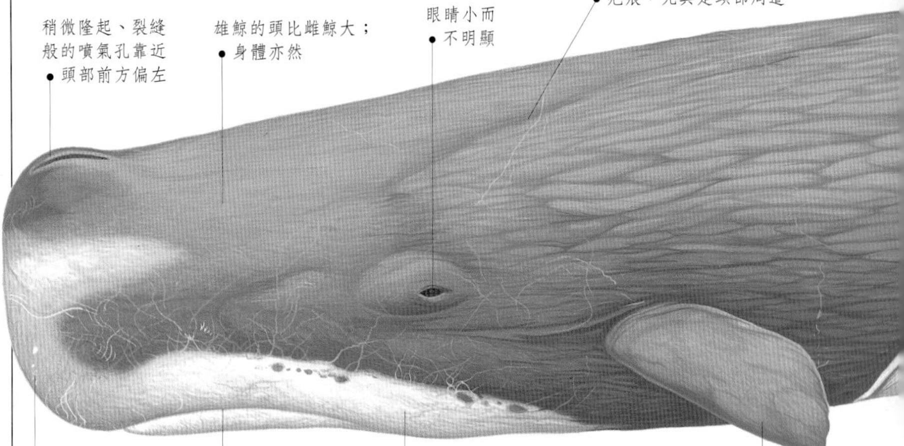

老雄鯨身上可能有極多的疤痕，尤其是頭部周遭

稍微隆起、裂縫般的噴氣孔靠近頭部前方偏左

雄鯨的頭比雌鯨大；身體亦然

眼睛小而不明顯

圓鈍的吻部可能較下顎突出1.5公尺

閉嘴時，下顎幾乎看不見

頭大而略呈方形，有的會有灰、灰白色或黃白色的區域

胸鰭粗短

行為

能潛在水中超過2個小時，但是一般的潛水時間則少於45分鐘。兩次潛水之間的間隔可能長達1小時，但是通常約為5至15分鐘。呼吸規律，間隔約12至20秒。捕鯨者的計算絕竅通常相當管用：抹香鯨每1呎(30公分)體長，在海面呼吸1次之後，約可在水中潛行1分鐘。通常在同一處浮升出水；長時間潛行之後的首次呼氣通常非常猛烈且響亮。浮在海面時，通常動也不動，但也可能悠閒地游行。假如受到驚嚇，能以高速游行。經常躍身擊浪及鯨尾擊浪；有時會擱淺。

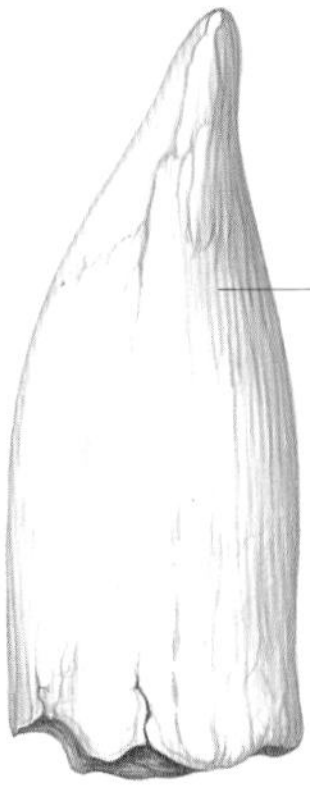

粗大的圓錐狀牙齒可以長至20公分，重量可能超過1公斤；雌性的牙齒較小，數目也較少。

牙齒 $\frac{0}{36\text{-}50}$

族群大小：1-50 (1-150)，可能數百隻同游	隆突位置：中央偏體後方

現況：地區性普遍	現存：不詳	威脅：

鑑別清單

- 頭部龐大，略呈方型
- 背鰭的位置為低矮的隆起所取代
- 從隆起處至尾鰭長有一連串小突稜
- 單一、裂縫式的噴氣孔
- 體色暗，皮膚有皺褶
- 潛水時，寬大的尾鰭會揚升
- 噴水偏向一側前方
- 在海面時，經常動也不動
- 潛水時間長

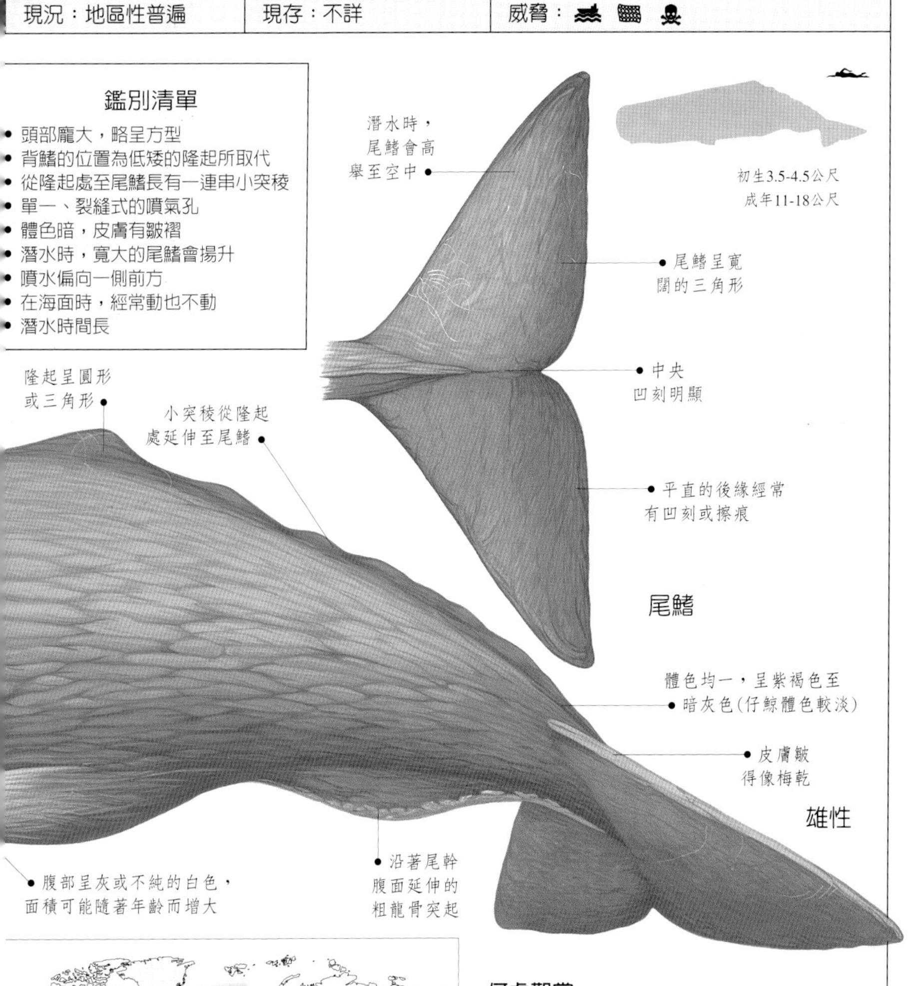
潛水時，
尾鰭會高
舉至空中
初生3.5-4.5公尺
成年11-18公尺
尾鰭呈寬
闊的三角形
中央
凹刻明顯
平直的後緣經常
有凹刻或擦痕
尾鰭
隆起呈圓形
或三角形
小突稜從隆起
處延伸至尾鰭
體色均一，呈紫褐色至
暗灰色(仔鯨體色較淡)
皮膚皺
得像梅乾
雄性
腹部呈灰或不純的白色，
面積可能隨著年齡而增大
沿著尾幹
腹面延伸的
粗龍骨突起

泛分布於世界各地的深海水域，外海或近岸處皆有

何處觀賞

分布極廣，卻不太連續。傾向集中於某些地區。地圖所示的分布範圍外也會有零星出現。通常見於外海，但也可能在水深超過200公尺的近海處發現；大陸棚邊緣的海下峽谷最為常見。夏季時，通常會向兩極遷徙：老雄鯨遷徙至極地冰區的邊緣為止，而雌鯨與仔鯨很少敢超過北緯45度或南緯42度。冬季大多在溫帶及熱帶水域度過。有些族群為定棲性。

初生重量：1公噸	成年重量：20-50公噸	食物：

科：抹香鯨科	種：*Physeter macrocephalus*	棲所：

頭部

因為抹香鯨的頭部內有一巨大腔室，內有鯨腦油，所以頭部非常龐大。咸信鯨腦油可用來控制浮力以及集中聲納訊號。鯨腦油內有一團充滿黃臘的網狀導管。可能藉由噴氣孔吸入的海水冷卻或加熱黃臘，使之收縮而增加密度(有助鯨體下沉)，或藉血流溫暖黃臘，使之擴張而降低密度(有助鯨體上浮至海面)。

潛水

重新吸得氧氣後，抹香鯨會將尾鰭與軀體的後三分之一拋至半空中，然後再垂直地沉降至海床。有些證據顯示抹香鯨至少可潛至3,000公尺深，然而典型的潛行深度約為300-600公尺。研究者經常使用水下聽音器來偵測牠們的回音定位訊號。大多數較長、較深的潛行都是老雄鯨所創下的。牠們在下潛之前會深深吸氣；但在某些極深的潛水中，肺部會塌陷，此時就必須仰賴儲存在肌肉與血液內的的大量氧氣；心跳也會減慢，氧氣只輸往最需要的部位(主要是心臟與大腦)。

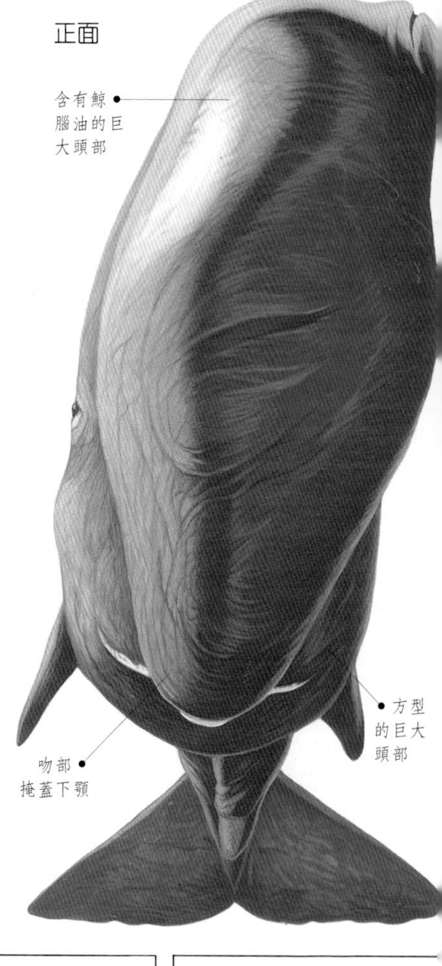
正面
含有鯨腦油的巨大頭部
方型的巨大頭部
吻部掩蓋下顎

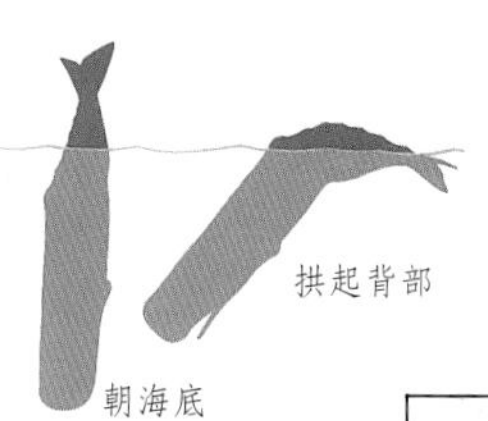
拱起背部
朝海底垂直地沉降
潛行速度每秒達1-3公尺

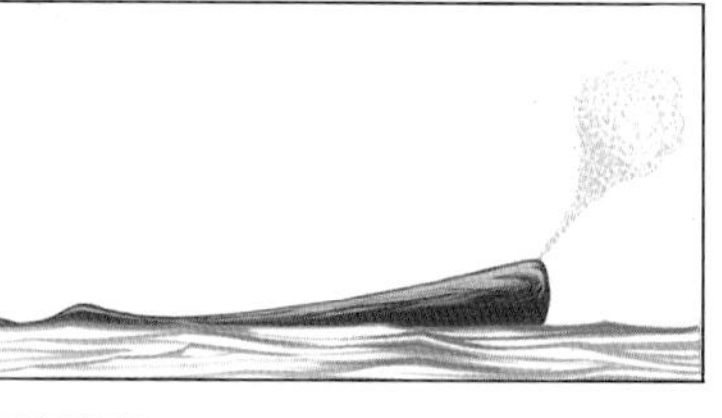

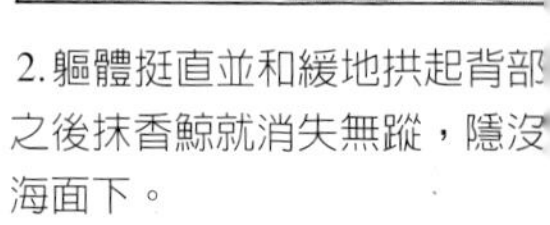

下潛程序

1.抹香鯨將頭部揚升出水，進行最後的吸氣。在噴氣時，只看得見三分二的軀體。

2.軀體挺直並和緩地拱起背部之後抹香鯨就消失無蹤，隱沒海面下。

族群大小：1-50 (1-150)，可能數百隻同游	隆突位置：中央偏體後方

現況：地區性普遍	現存：不詳	威脅：

頭顱

抹香鯨具有特別長而平的上顎，專為支撐其龐大的頭部而設。Y型的下顎極長而窄，長有成排的圓鈍錐狀齒。

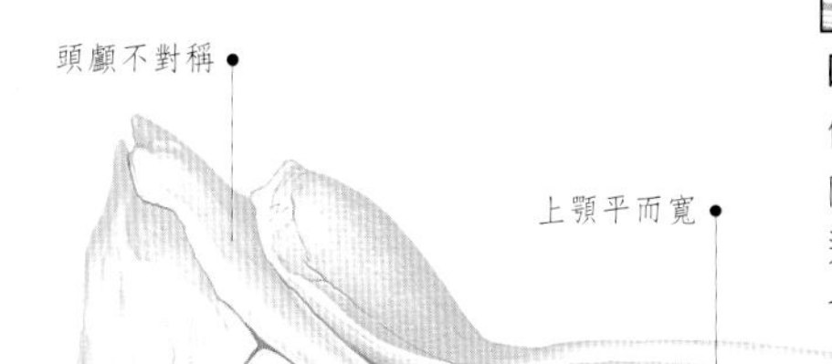
頭顱不對稱
上顎平而寬
下顎長而窄
上顎牙齦內有小型的退化牙齒

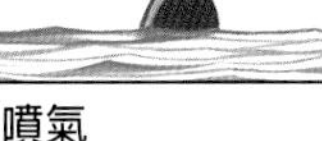

噴氣

低矮、樹叢狀的噴氣向左前方噴射。高度通常低於2公尺，但也可能達5公尺。

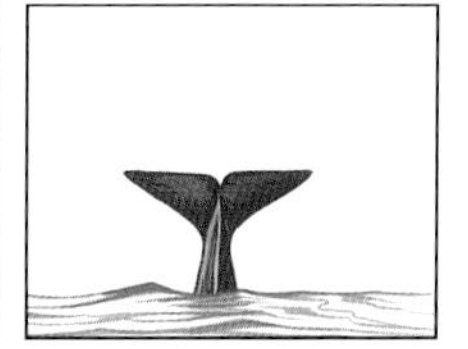

鯨尾揚升

尾鰭寬而有力。留意其三角形的尾鰭，以及中間明顯的V字型凹刻。

躍身擊浪

抹香鯨和素以躍身擊浪聞名的露脊鯨、灰鯨與大翅鯨一樣，喜好這種活動。通常只浮現一部分軀體，然而有時也會全身躍離海面。大多數躍身擊浪的都是仔鯨，尤其在天候不佳時。在繁殖區內，通常雌鯨只有當雄鯨在場時才會躍身擊浪，由此可見這是種社交活動。躍身擊浪可能會一連做出好幾次。

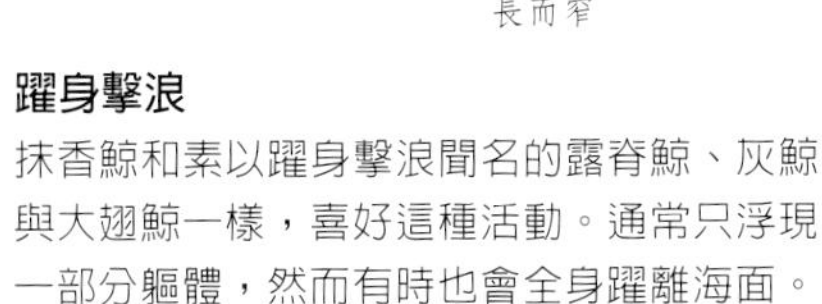
軀體傾斜出水
獨特的頭部清晰可辨
軀體回落
回落水中，揚起一片水花

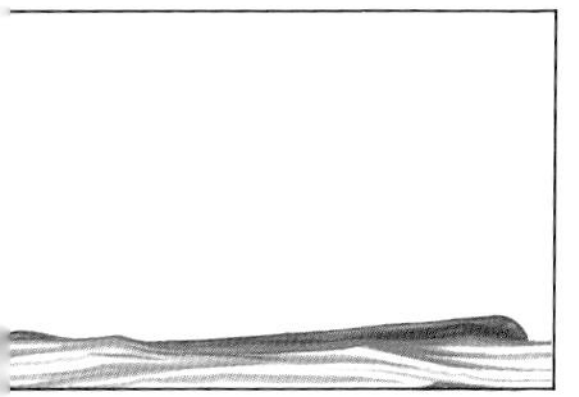

在加速向前之後，抹香鯨再浮現(可見其部分背部、隆起頭部)，並再度拱背。

4.背部高突出於水面，沿著背側的圓鈍隆起與小突稜清晰可辨。

5.尾鰭與軀體的後三分之一段拋至半空中；然後垂直入水，幾乎水波不興。

初生重量：1公噸	成年重量：20-50公噸	食物：

一角鯨與白鯨

這個科很小，只含兩種體型中等的群居鯨類，牠們生活在亞北極與北極寒冷水域；在某些地區相當普遍，有時會聚在一起游行與攝食，但大都棲息在非常遙遠且難以接近的區域。因為牠們的外型與行為都極不尋常，所以數百年來衍生出許多奇異的民間傳說。多位分類學者將伊河海豚(第222頁)歸在這個科內；就某些方面而言，伊河海豚相當於白鯨的熱帶品種：這兩種生物在外觀上大體相似，也具有解剖上的相似性，尤其是頭顱；牠們也是唯一能劇烈改變臉部表情的鯨豚類。一如白鯨與一角鯨，伊河海豚也具有靈活的頭部，因其多數個體的所有頸椎幾乎都沒有癒合在一起。

通常雄一角鯨才有長牙

頭部渾圓

沒有背鰭

胸鰭小

體型粗壯

特徵

一角鯨與白鯨具有許多相同的生理特徵，體型和形狀相似、頭部渾圓，還有非常短的喙部；兩者也都沒有背鰭，但在背部中央有低矮的縱脊。胸鰭都既小且圓，而且有將其末端捲起的傾向。尾鰭中央的凹刻明顯。此外，兩者也都具有數層厚厚的鯨脂，可以隔絕北極海的冷冽海水。同時，一角鯨與白鯨的仔鯨體色也都比成鯨暗。

一角鯨
一角鯨與白鯨的兩性之間都有明顯的差異：雄性軀體都大於雌性。通常只有雄一角鯨才具有長牙，這是性別差異最明顯的例子。

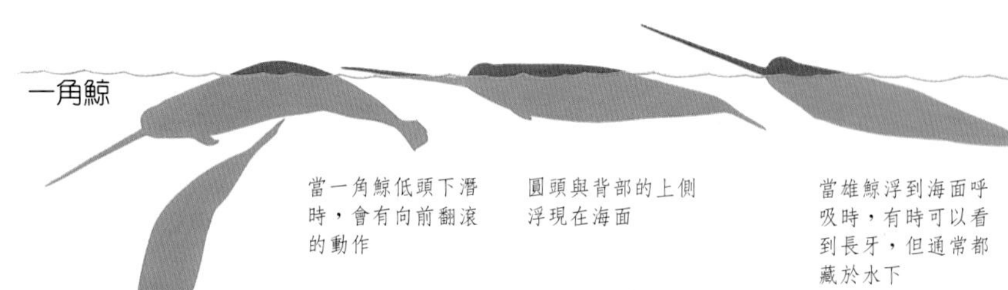
一角鯨
當一角鯨低頭下潛時，會有向前翻滾的動作
圓頭與背部的上側浮現在海面
當雄鯨浮到海面呼吸時，有時可以看到長牙，但通常都藏於水下
一角鯨下潛時，尾鰭可能揚升出水，準備深潛時尤其顯著

下潛程序

沒有單一、典型的下潛程序，因為浮升行為端視當時作為(第96頁)而有極大的差異。儘管如此，給人的初步印象往往是經常像海豹般向前翻滾的動作。

繁殖中的白鯨
白鯨是非常合群的動物。夏季時，會有成百甚至上千隻聚在一塊兒生產，並在亞北極與北極的淺灣或河口脫皮。

品種鑑別

白鯨(詳第92頁)軀體粗壯，呈白色或黃色，頭圓、喙短，沒有背鰭，因此不易錯認。

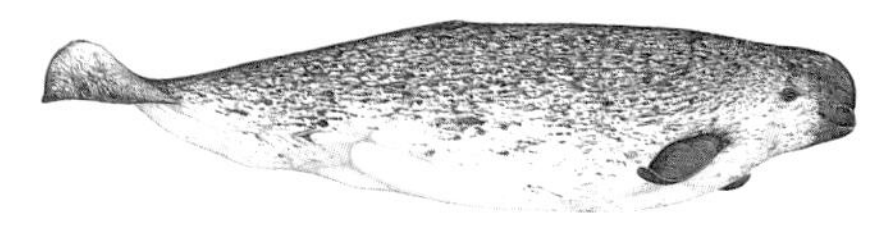

一角鯨(詳第96頁)擁有美麗的斑紋，生活在比大部分鯨豚類更北的地方。雄鯨有螺旋狀長牙。

尾鰭凹刻明顯

尾鰭形狀由後向前彎

後緣突出

一角鯨

白鯨

尾鰭

一角鯨與白鯨的尾鰭具有突圓的後緣，形狀相當奇特。一角鯨的尾鰭看起來朝向後方，但是白鯨的就沒有這樣明顯；尾鰭的後緣會隨著年齡而更加外突。

白鯨

部分圓背短暫地浮現

圓圓的前額上部先破水而出

白鯨以淺斜的角度浮升向海面

白鯨下潛；尾鰭通常會維持在水面下

下潛程序

白鯨並不容易仔細觀察：通常只在牠浮出海面呼吸時見得到，平均也不過數秒鐘，而且只有小部分軀體露出；尾鰭通常保持在水面下。最後只留和緩如波浪起伏的動作。

科：一角鯨科	種：*Delphinapterus leucas*	棲所：（）

白鯨(BELUGA)

成熟白鯨整個軀體會呈現獨特的白色，所以不可能與其他鯨豚類混淆。然而要在白浪與浮冰中認出牠們卻非易事：必須注意會浮現、變大、縮小而後消失的白色物體。白鯨是頗愛發聲的齒鯨，能發出海面上下皆可聽到的顫音、嗚叫聲、咋舌音、吱叫聲以及嗚囀音等多種曲目；白鯨可能還具有鯨豚類中最精巧、最複雜的回音定位系統。相當適應沿岸地區的生活，在極淺的水域也不影響靈活程度，能夠在深度僅略蓋過軀體的水中游泳。假若擱淺而未受干擾，通常在下次潮水來時即能脫困。

- **別名**：貝魯卡鯨、海金絲雀

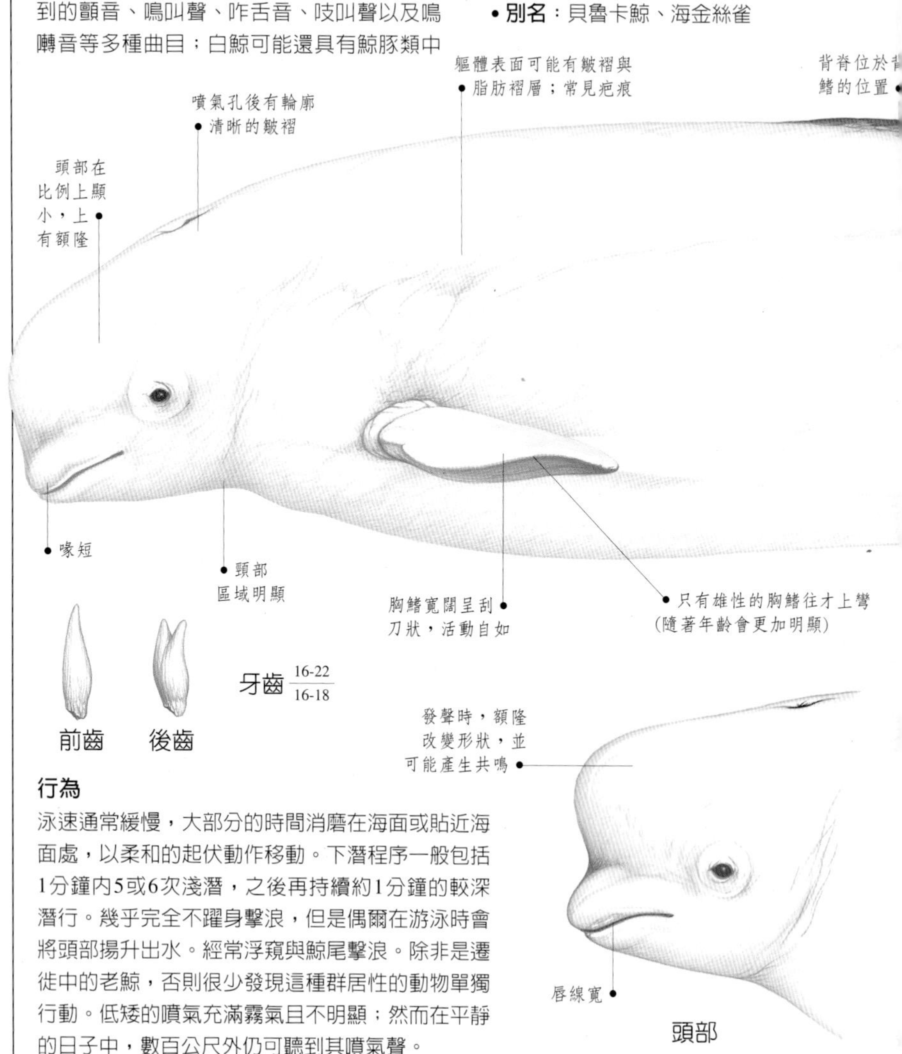

軀體表面可能有皺褶與脂肪褶層；常見疤痕
背脊位於
鰭的位置
噴氣孔後有輪廓清晰的皺褶
頭部在比例上顯小，上有額隆
喙短
頭部區域明顯
胸鰭寬闊呈刮刀狀，活動自如
只有雄性的胸鰭往才上彎(隨著年齡會更加明顯)
前齒
後齒
牙齒 16-22/16-18
發聲時，額隆改變形狀，並可能產生共鳴
唇線寬
頭部

行為

泳速通常緩慢，大部分的時間消磨在海面或貼近海面處，以柔和的起伏動作移動。下潛程序一般包括1分鐘內5或6次淺潛，之後再持續約1分鐘的較深潛行。幾乎完全不躍身擊浪，但是偶爾在游泳時會將頭部揚升出水。經常浮窺與鯨尾擊浪。除非是遷徙中的老鯨，否則很少發現這種群居性的動物單獨行動。低矮的噴氣充滿霧氣且不明顯；然而在平靜的日子中，數百公尺外仍可聽到其噴氣聲。

族群大小：5-20，夏季時，河口附近可能聚集數百甚或數千隻	背鰭位置：沒有背鰭

現況：地區性普遍	現存：50,000-70,000	威脅：

鑑別清單

- 體色非常淡
- 頭部小，額隆突圓
- 背脊取代背鰭
- 嘴喙非常短
- 唇線寬闊
- 游泳通常緩慢
- 非常容易接近
- 經常浮窺
- 不具空中絕技

初生1.5-1.6公尺
成年約3-5公尺

背脊長約50公分，可能形成一連串的暗色隆突

尾鰭

後緣有的呈暗棕色

中央凹刻明顯

外突的後緣會隨年齡更加突顯

身上大部分的皮膚都很粗糙

雄性

白色的體色在一年中的某些時段會稍帶黃色調

體型結實

何處觀賞

廣泛但不連續地分布於自亞北極至北極的極地附近。出現在斯堪地那維亞半島、格陵蘭、斯瓦巴、前蘇聯以及北美洲的海岸外。季節性的分布直接與冰層的情況有關，但是大多數族群不會進行大範圍的遷徙；冬季棲息白令海，夏季移居至加拿大的馬肯吉河，是距離最長的遷徙。夏季時，有些族群可能會溯流而上1,000公里，甚或更長。其他的族群幾乎完全不遷徙，例如加拿大聖羅倫斯河的族群即為定棲性。夏季出沒在淺灣與河口；冬季則棲息在疏鬆流冰層分布的區域，因為該處的風與洋流使得冰層有裂縫，保持呼吸孔洞開。

環繞北極，分布於北極和亞北極的季節性覆冰水域中

初生重量：80公斤	成年重量：0.4-1.5公噸	食物： ( )

科：一角鯨科	種：*Delphinapterus leucas*	棲所：[icon] ([icon])

白鯨族群

目前已經分辨出5種主要的白鯨族群：棲息在白令海、邱克契海與鄂霍次克海的族群(25,000至30,000隻)；加拿大北極高緯區與西格陵蘭族群(10,000至14,000隻)；加拿大哈得孫灣與詹姆斯灣族群(9,000至12,000隻)；斯瓦巴海族群(5,000至10,000隻)；以及加拿大聖羅倫斯河灣族群(300至500隻)。聖羅倫斯河的白鯨體內因含有高濃度的化學污染物，以致死後會被當作有毒廢物處理。在白鯨生產仔鯨的河流探勘油源，以及建立水力發電廠等所造成的人為干擾已引起密切的關注。數百年來，白鯨一直是北極土著捕獵的對象，但是直到20世紀商業捕鯨的濫捕行為才使牠們的數目大幅減少。族群間的體型大小差異極大：最大的白鯨棲居在格陵蘭外海與鄂霍次克海，而最小的則生活在白海與哈得孫灣。

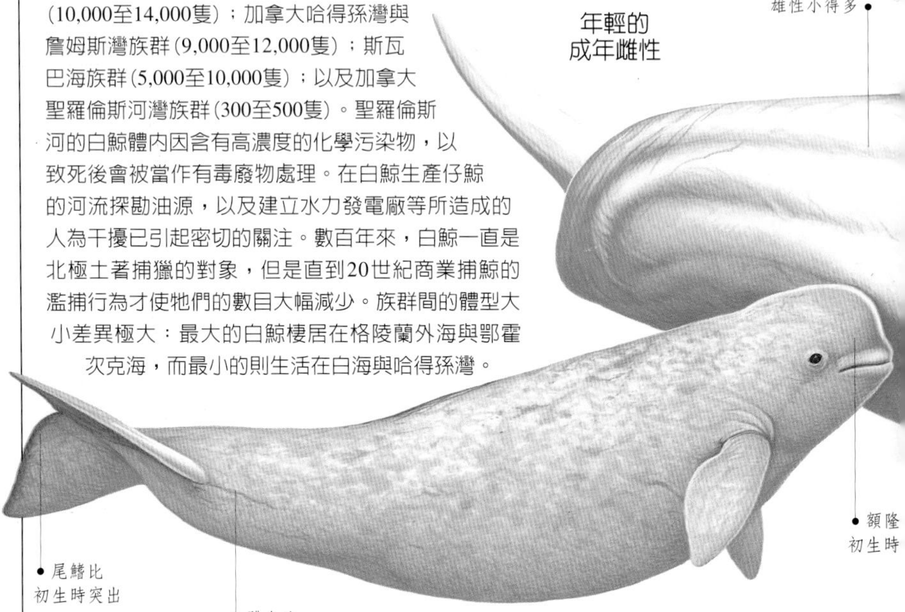

年輕的成年雌性

雌性的體型比雄性小得多

額隆比初生時

尾鰭比初生時突出

體色比初生時淡

仔鯨

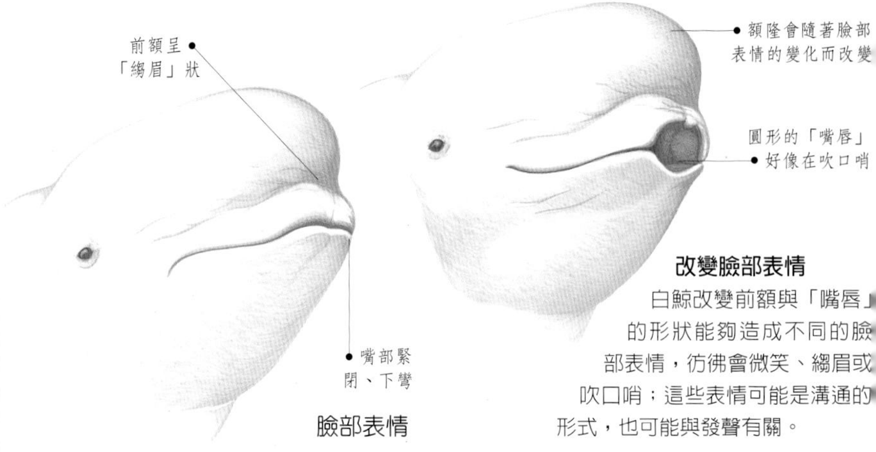

前額呈「縐眉」狀

嘴部緊閉、下彎

額隆會隨著臉部表情的變化而改變

圓形的「嘴唇」好像在吹口哨

臉部表情

改變臉部表情

白鯨改變前額與「嘴唇」的形狀能夠造成不同的臉部表情，彷彿會微笑、縐眉或吹口哨；這些表情可能是溝通的形式，也可能與發聲有關。

族群大小：5-20，夏季時，河口附近可能聚集數百甚或數千隻	背鰭位置：沒有背鰭

現況：地區性普遍	現存：50,000-70,000	威脅：

北極熊的攻擊

白鯨容易陷在冰層內，成為人類與北極熊唾手可得的獵物。某些小群白鯨身上經常有北極熊捕捉不成而造成的傷疤。

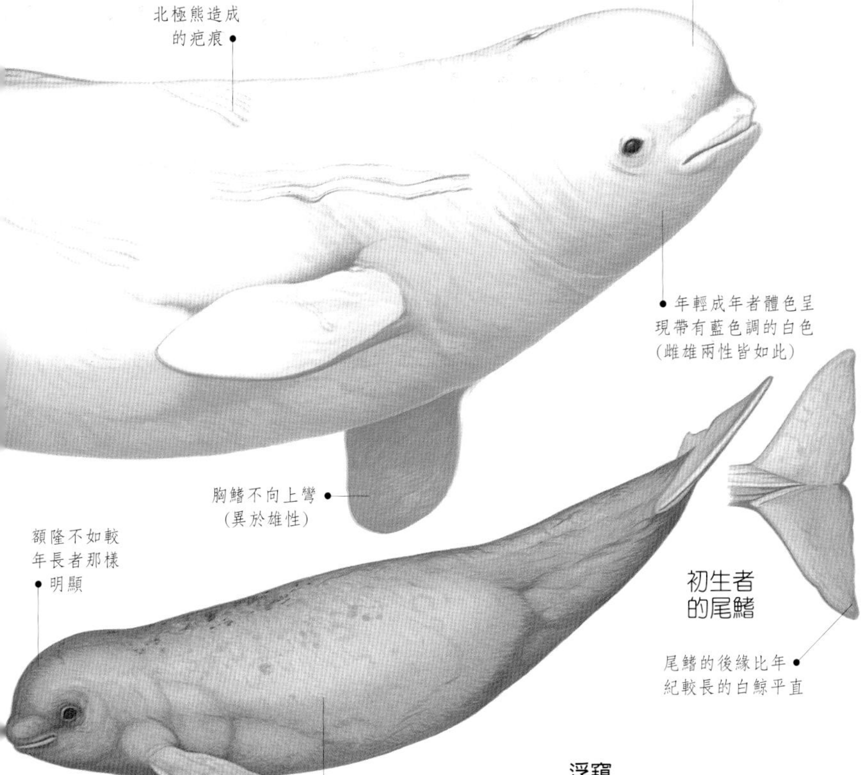

額隆不如雄性那樣明顯

北極熊造成的疤痕

年輕成年者體色呈現帶有藍色調的白色（雌雄兩性皆如此）

胸鰭不向上彎（異於雄性）

額隆不如較年長者那樣明顯

初生者的尾鰭

尾鰭的後緣比年紀較長的白鯨平直

暗石板灰的體色可能稍帶粉紅褐色

初生者

浮窺

白鯨好奇心很重，經常浮升出水，可能在觀察周遭環境。不像其他大多數的鯨，白鯨的頸部可以自由活動，能夠點頭及轉頭。

體色變化

白鯨的體色會隨著年齡而改變，會從初生時的暗鼠灰色轉變成灰、淡灰及帶有藍色調的白色；當白鯨長到5至10歲性別特徵成熟時，就會變成純白色。仔鯨的體色可能與一角鯨(第96頁)相似，但是牠們通常伴隨在特徵明顯的成鯨左右，所以應該不會錯認。背脊、胸鰭邊緣以及尾鰭終身都保持暗色調。

初生重量：80公斤	成年重量：0.4-1.5公噸	食物： ( )

科：一角鯨科	種：*Monodon monoceros*	棲所：(　)

一角鯨(NARWHAL)

雄一角鯨非常獨特，不可能與其他的鯨混淆。螺旋狀的長牙實際上是特化的牙齒，很像粗糙而有螺旋紋路的拐杖；至17世紀初期，一角鯨的長牙還一直被視為傳說中獨角獸的犄角。多年來，這長牙的功用困惑了許多科學家。眾說紛云的理論中，有的認為可用來叉魚、挖掘食物或鑿穿冰層。一角鯨的確經常為急速結凍的冰層所困，卻非利用長牙，而是以頭部撞出所需的呼吸孔。事實上，長牙的功用可能類似鹿的叉角，是競奪芳心、展現力量的工具；平均約有三分之一的雄鯨長牙會斷裂；多數老雄鯨的頭部也都留有打鬥的傷痕。大多數的雌鯨都沒有長牙，年齡較長的一角鯨體色又幾乎完全呈白色，所以可能與白鯨(第92頁)混淆。

- **別名**：長槍鯨

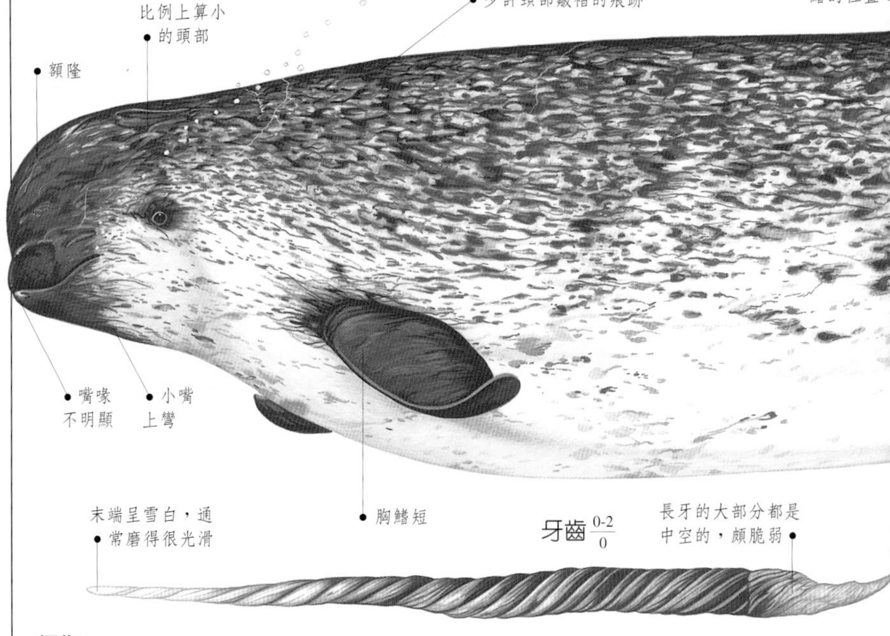
頸部活動自如，帶有少許頸部皺褶的痕跡
小隆位於背鰭的位置
比例上算小的頭部
額隆
嘴喙不明顯
小嘴上彎
胸鰭短
末端呈雪白，通常磨得很光滑
長牙的大部分都是中空的，頗脆弱

牙齒 $\frac{0-2}{0}$

行為

攝食行動沒有規律，浮現海面的時間極短，潛水時間通常為7至20分鐘；遷徙時，游速極快，並浮游在海面或近海面處；捕獵時，會兜圈子或緩慢移動。群隊的所有成員可能同時浮升或下潛。可能在海面休息長達10分鐘，露出部分背部或一隻胸鰭；海況不佳時傾向待在深處休息。長牙可能揚升出水。浮窺、鯨尾擊浪與胸鰭拍水相當常見。很少躍身擊浪，但偶爾會在海面衝刺。噴氣微弱，經常不明顯。

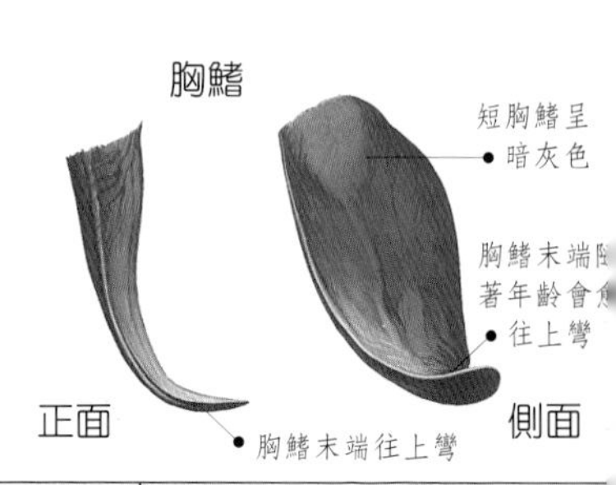
胸鰭
短胸鰭呈暗灰色
胸鰭末端隨著年齡會往上彎
正面
側面
胸鰭末端往上彎

族群大小：1-25，可能數百甚或數千隻同游	背鰭位置：沒有背鰭

現況：地區性普遍	現存：25,000-45,000	威脅：

鑑別清單

- 雄鯨有長牙
- 背部與體側花紋斑駁
- 小隆起代替背鰭
- 前額呈球狀
- 短胸鰭向上彎
- 嘴喙不明顯
- 尾鰭朝後突出
- 在海面非常活躍
- 棲居在極高緯度之區域

前緣隨著年齡愈加向內凹

初生1.5-1.7公尺
成年3.8-5公尺

尾鰭

中央凹刻明顯

後緣隨著年齡愈加往外突出

背部與體側花紋斑駁

深潛前，尾鰭可能會揚升

雌性

軀體呈圓柱狀

腹部顏色較淡或呈白色

何處觀賞

棲所地為所有鯨豚類分布之極北者。不連續地分布於北極附近，大都在北極圈以北，以及冰帽的邊緣；很少越過北緯70度以南。加拿大中部與西部、阿拉斯加與西伯利亞水域罕見蹤影；但在大衛斯海峽、巴芬灣附近以及格陵蘭海域有特別大量的族群集中。經常見於浮冰四周。會在開放水域的局部地區尋找庇護所以躲避虎鯨。遷徙活動依循冰山的移動而定。夏季棲居在冷冽的深水峽灣和海灣。冬季由於天候不佳且光線微弱，因此少有人進行觀測，所以此時的分布情況所知不多。

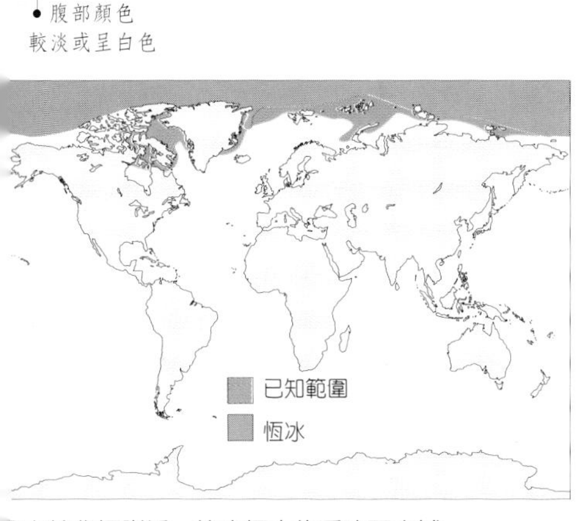
已知範圍
恆冰

分布於北極附近、緯度極高的浮冰區水域

初生重量：80公斤	成年重量：0.8-1.6公噸	食物：

科：一角鯨科	種：*Monodon monoceros*	棲所：

捕食與獵殺

一角鯨的天敵有虎鯨、海象、北極熊與鯊魚；然而這些都比不上人類。因努伊特人捕獵一角鯨以取其寶貴的長牙和厚皮已有數世紀了；生食其皮更是他們的傳統美食；肉則用來餵狗，鯨脂與脂肪可用於燃燒與照明。目前，加拿大的因努伊特人以高速機船及火力強大的來福槍捕獵一角鯨，造成不必要的傷害，因為受傷的一角鯨至少有半數會下沉或逃脫，但仍難逃一死；儘管每年的捕殺配額有數百隻，屠殺的總合卻往往遠高於此。格陵蘭的因努伊特人也有相同的屠殺配額，但他們使用獨木舟與手持魚叉，避免屠殺過量。商業捕鯨人自17世紀以來偶爾也會捕獵一角鯨，但是通常會用物品來交換長牙；大多數的長牙售往中國與日本，因這些地方仍相信獨角獸的角有壯陽作用。

沒有長牙

體色呈灰色

出生時，有厚達2.5公分的鯨脂保護

初生者

初生

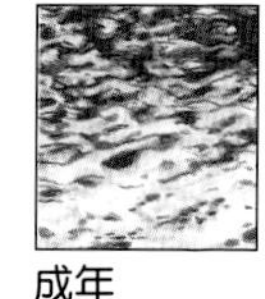

成年

老年

長牙比試

雄一角鯨會長以牙互相較量，不論在水中或海面上；發出的聲音就像兩根木棍互擊。年輕的雄鯨經常嬉戲打鬥，但很少刺戳對方；較年長的雄鯨在激烈打鬥之後，經常傷痕累累。可能會有兩隻以上的一角鯨參與打鬥，有時有第三隻(或雄或雌)擔任「觀察員」。咸信打鬥是用來建立社會階級的支配權，並透過長牙比試的儀式來維持。最強壯的雄鯨，通常也是長牙最長、最粗者，可能可以與較多的雌鯨交配。

體色改變

一角鯨的體色會隨著年齡顯著地變化。初生者呈斑污灰色或棕灰色。1至2歲為均一的紫灰色；青春期會出現白色斑塊；成鯨則在灰色的底色上帶有黑或暗棕色的斑塊；老鯨則幾乎通體全白。

長牙如長劍般交擊

頭上有打鬥所留下的疤痕

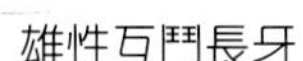

雄性互鬥長牙

族群大小：1-25，可能數百甚或數千隻同游	背鰭位置：沒有背鰭

現況：地區性普遍	現存：25,000-45,000	威脅：

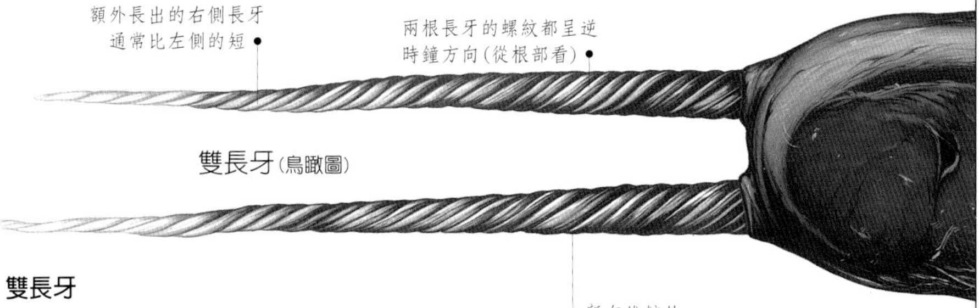

額外長出的右側長牙
通常比左側的短

兩根長牙的螺紋都呈逆
時鐘方向(從根部看)

雙長牙(鳥瞰圖)

所有雄鯨的
左側都有長牙

雙長牙

所有的一角鯨在上顎都長著兩顆牙齒。當雄鯨一歲時，左側的牙齒就會突出，變成長牙；但有五百分之一機率的雄鯨，兩顆牙齒都突出、形成雙長牙。只有少數人曾在野外見過「雙長牙一角鯨」。目前只發現過一隻雌鯨長有雙長牙。

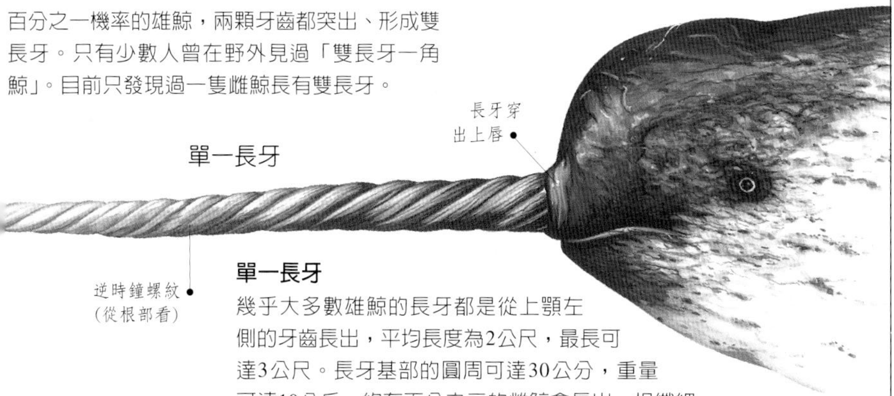

長牙穿
出上唇

單一長牙

逆時鐘螺紋
(從根部看)

單一長牙

幾乎大多數雄鯨的長牙都是從上顎左側的牙齒長出，平均長度為2公尺，最長可達3公尺。長牙基部的圓周可達30公分，重量可達10公斤。約有百分之三的雌鯨會長出一根纖細的長角，長度很少超過1.2公尺。

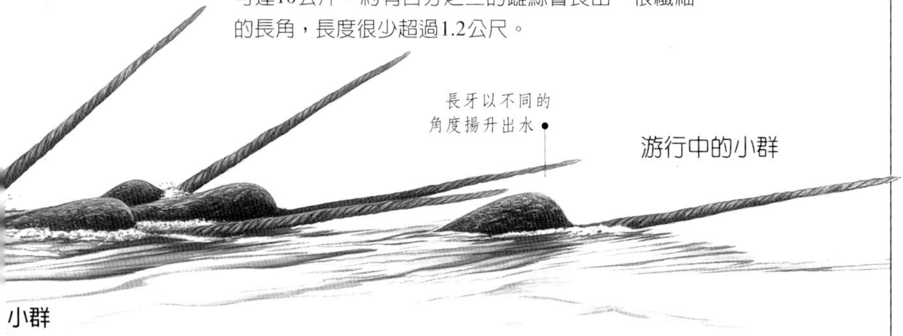

長牙以不同的
角度揚升出水

游行中的小群

小群

「小群」可能由各種動物混合組成，但是一般都具有年齡與性別隔離的特性。雌鯨與仔鯨經常組成群隊，而仔鯨或雄成鯨也時常形成個別的組織。數百個小群可能聚集一起同游，此時可能數千頭一角鯨廣布數平方公里；秋季遷徙時節，在人群隊中的性別隔離最為明顯。當雄鯨浮到海面呼吸時，偶爾可見到長牙，但一般都會在水面以下；一角鯨的社會地位與其長牙的長度有關。成群的大型雄鯨大都停留在比雌鯨或仔鯨距離岸邊遠的外海。

初生重量：80公斤	成年重量：0.8-1.6公噸	食物：

喙鯨科

喙鯨科是所有鯨豚類中最罕為人知者；有些品種甚至還未曾有活體的記錄。多數的研究資料都得自被沖刷上岸的屍體；而有些案例則來自海中的匆匆一瞥。有些品種可能真的非常稀少，或者只是因為善於迴避；但主要的問題是喙鯨科一般生活在遠離陸地的深海。體型屬小型至中型，體長範圍則從4公尺以下，到將近13公尺之間都有。想要單單利用體色來鑑別喙鯨科是不可靠的，因為個體間的差異非常大；何況我們對活體的體色所知甚少。目前已知有20個品種，但可能還有其他的品種正等著我們去發現。

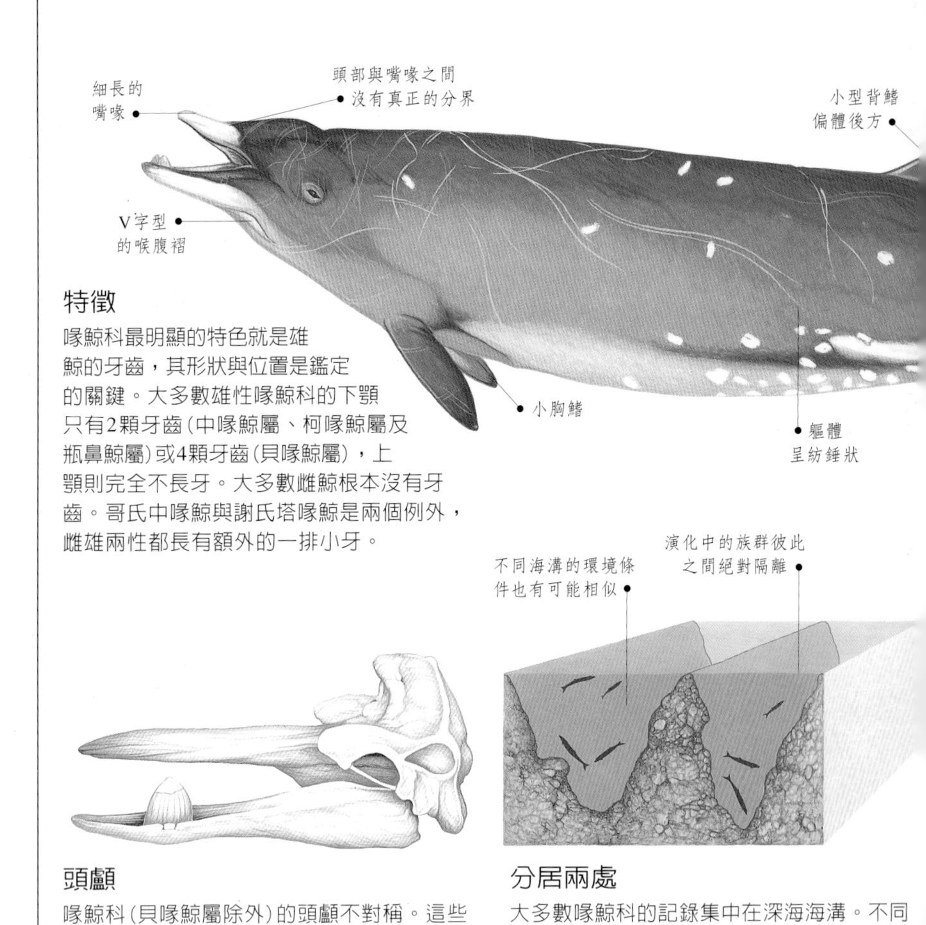
細長的
嘴喙
頭部與嘴喙之間
沒有真正的分界
小型背鰭
偏體後方
V字型
的喉腹褶
小胸鰭
軀體
呈紡錘狀
不同海溝的環境條
件也有可能相似
演化中的族群彼此
之間絕對隔離

特徵

喙鯨科最明顯的特色就是雄鯨的牙齒，其形狀與位置是鑑定的關鍵。大多數雄性喙鯨科的下顎只有2顆牙齒（中喙鯨屬、柯喙鯨屬及瓶鼻鯨屬）或4顆牙齒（貝喙鯨屬），上顎則完全不長牙。大多數雌鯨根本沒有牙齒。哥氏中喙鯨與謝氏塔喙鯨是兩個例外，雌雄兩性都長有額外的一排小牙。

頭顱

喙鯨科（貝喙鯨屬除外）的頭顱不對稱。這些以烏賊為主食的動物，典型的特徵是牙齒急遽退化；雖然本科中的一些成員也會捕食深海魚類。

分居兩處

大多數喙鯨科的記錄集中在深海海溝。不同海溝中的喙鯨科動物雖有地理阻絕而各自演化，但因需適應的環境因素頗相似，所以可能因此而發展出相似的體型。

柏氏中喙鯨
這是少數在海中拍得的喙鯨科照片之一；注意其明顯彎曲的下顎、平坦的前額、細長的嘴喙，以及淺色的斑點。

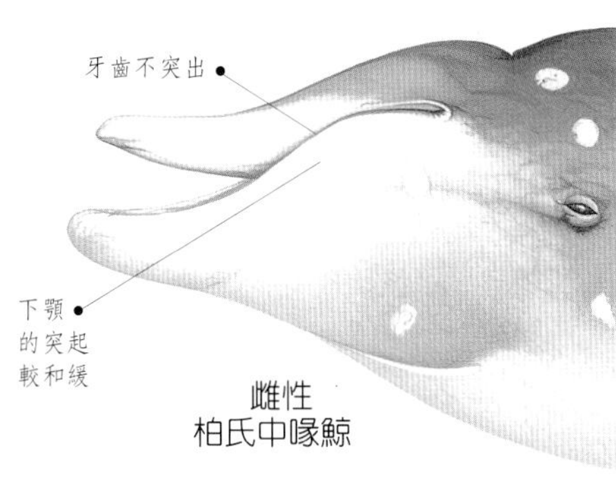
牙齒不突出
下顎的突起較和緩

雌性
柏氏中喙鯨

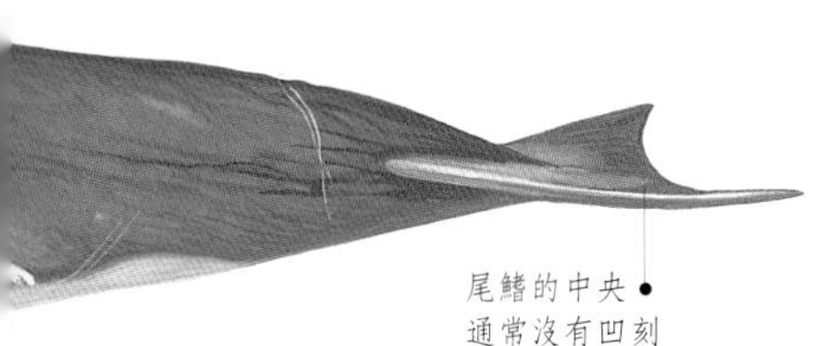
尾鰭的中央通常沒有凹刻

賀氏中喙鯨
賀氏中喙鯨具有若干喙鯨常見的身體特徵。V字型的喉腹褶是本科的特徵，而且在檢查死亡的鯨體時尤為顯著。大多數雄鯨典型的特徵是身上留有打鬥時因牙齒而造成的擦傷與疤痕。

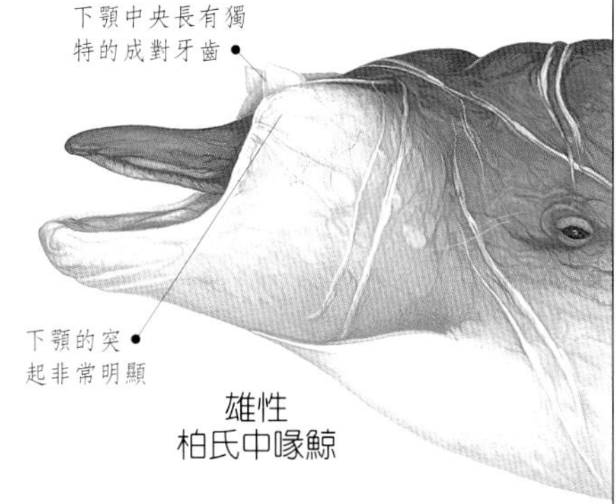
下顎中央長有獨特的成對牙齒
下顎的突起非常明顯

雄性
柏氏中喙鯨

牙齒

雌性與年幼的喙鯨科動物一般都沒有牙齒，或不外露，所以幾乎不可能在海中辨認出。而雄鯨長有長牙，只要經驗豐富且情況有利就足以用來鑑定。

北瓶鼻鯨

準備潛水時，可能將尾鰭揚升出海面

噴氣後、潛水前，會先巡游(明顯地浮於水中高處)

浮升時，通常可見圓鈍的前額與背部(直至背鰭處)浮出海面

潛行極深，但是下潛時，水平的移動距離通常不會很遠

下潛程序

在海面上很少看到喙鯨科動物。牠們生性害羞，能潛入海中相當長的時間，而且在海面上頗不明顯。通常可能獨居，或遠離陸地聚為小群。總之，喙鯨科非常難鑑別，很容易與其他品種混淆。

品種鑑別

秘魯中喙鯨(詳第136頁)本科中體型最小者；身上少有傷疤，沒有外露的牙齒。1991年正式命名。

哥氏中喙鯨(詳第126頁)在海面上，看起來比其他的喙鯨更合群，也比較活躍。細長的嘴喙通常呈白色。

賀氏中喙鯨(詳第128頁)小型鯨，雄鯨的下顎頂端附近長有三角形的牙齒；主要資訊來自骨骸與頭顱。

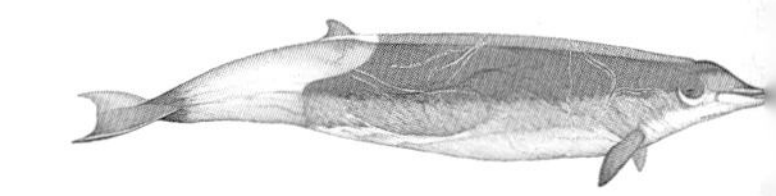

初氏中喙鯨(詳第132頁)目前還未在海上被確認過；雄鯨中等大小的嘴喙頂端長有兩顆小牙。

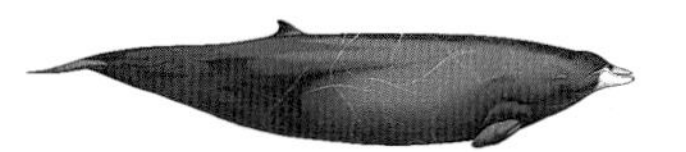

安氏中喙鯨(詳第116頁)與胡氏中喙鯨非常相似，雄鯨明顯彎曲的唇線中央長著巨大的牙齒。

柏氏中喙鯨(詳第120頁)前額平坦，軀體有斑點。雄鯨明顯彎曲的下顎長了一對巨大的牙齒。

梭氏中喙鯨(詳第114頁)噴氣孔前方有突起，軀體與頭部疤痕不多，海上罕見。

胡氏中喙鯨(詳第118頁)頭上有獨特隆起的白「帽」；兩顆巨齒，結實的白色嘴喙，身上還帶有紛亂的疤痕。

傑氏中喙鯨(詳第122頁)在海上特別難以鑑別，但是雄鯨的牙齒位置與狹窄的嘴喙可能相當明顯。

史氏中喙鯨(詳第138頁)前額色暗、和緩地傾斜；雄鯨明顯彎曲的唇線上長著兩顆寬而平坦的巨大牙齒。

銀杏齒中喙鯨(詳第124頁)雄鯨的牙齒形似銀杏葉，身上少有疤痕，此外，肚臍附近有白色斑點。

尚未定名的中喙鯨(詳第112頁)僅有約30次的海上目擊記錄；兩性的體色差異可能頗大。

品種鑑別

長齒中喙鯨(詳第130頁)喙鯨科中外貌最奇
持者。老雄鯨的牙齒彎至上顎之上，使得
嘴巴無法正常張開。

謝氏塔喙鯨(詳第140頁)是極鮮為人知
的鯨豚類；但其長而窄的嘴喙、陡斜
的前額以及體側的斜向條紋應該足以
在海中辨認出來。

阿氏喙鯨(詳第142頁)分布極廣，數目
也相當多，但卻非常少見；頭型就像
鵝的嘴喙；身上帶有長線和環狀的疤
痕。

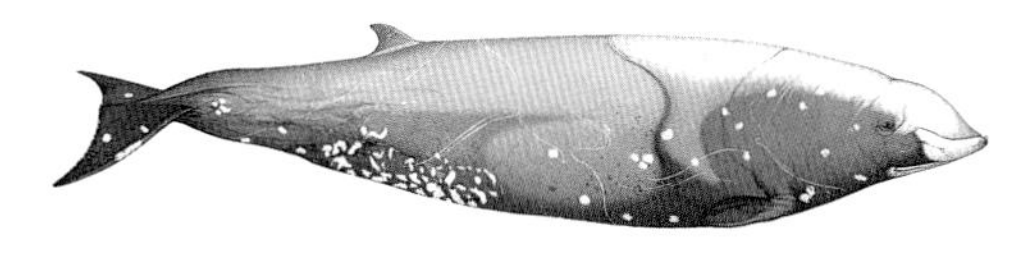

南瓶鼻鯨(詳第110頁)巨大的球型前
額，顯著的海豚般嘴喙，強健的圓筒狀
軀體；雄鯨的下顎頂端還長著一對牙齒。

朗氏中喙鯨(詳第134頁)相關資料僅僅
得自兩個風化的頭顱，雖然有一些可
能的目擊記錄；此處的插圖是畫家根
據描述而繪出的。

北瓶鼻鯨(詳第108頁)南瓶鼻鯨的
北方同類，外觀非常相似，
但是體型一般比南方的大。

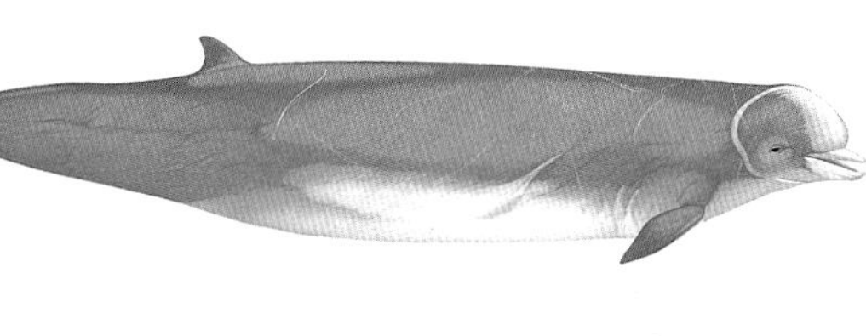

阿氏貝喙鯨(詳第104頁)與貝氏
喙鯨非常相似，但是地理分布
區是隔離的，身上傷痕
累累，兩性都有突出
的牙齒。

貝氏喙鯨(詳第106頁)喙鯨
中體型最大者；與阿氏貝喙
鯨非常相像，但是比
較為人所熟知。

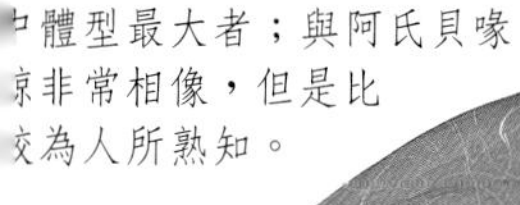

科：喙鯨科	種：*Berardius arnuxii*	棲所：≋

阿氏貝喙鯨(ARNOUX'S BEAKED WHALE)

阿氏貝喙鯨的資料十分有限，其數量似乎相當稀少。因為與貝氏喙鯨（第106頁）極為相似，所以有人認為牠們是同一品種。然而，兩者在地理上看來是隔離的，而且阿氏貝喙鯨的體型可能較小。從活體的觀察顯示，阿氏貝喙鯨體長可至12公尺；但是所有經過調查的死亡標本都不及此長度。很容易與南瓶鼻鯨（第110頁）混淆，兩者在海上幾乎難以分辨；然而可以留意阿氏貝喙鯨的嘴喙較長，前額則較不圓。雌雄兩性的牙齒都突出，這在喙鯨中極不尋常；老鯨的突齒可能磨損至牙齦處。體色雖然暗，但是在海中卻呈現出淡棕色，甚至橙色；這是微生藻類——矽藻覆蓋全身而造成的結果。

• **別名**：（舊稱：阿諾氏喙鯨）、南方四齒鯨、南方喙鯨、紐西蘭喙鯨、南方巨瓶鼻鯨、南方鼠鯨

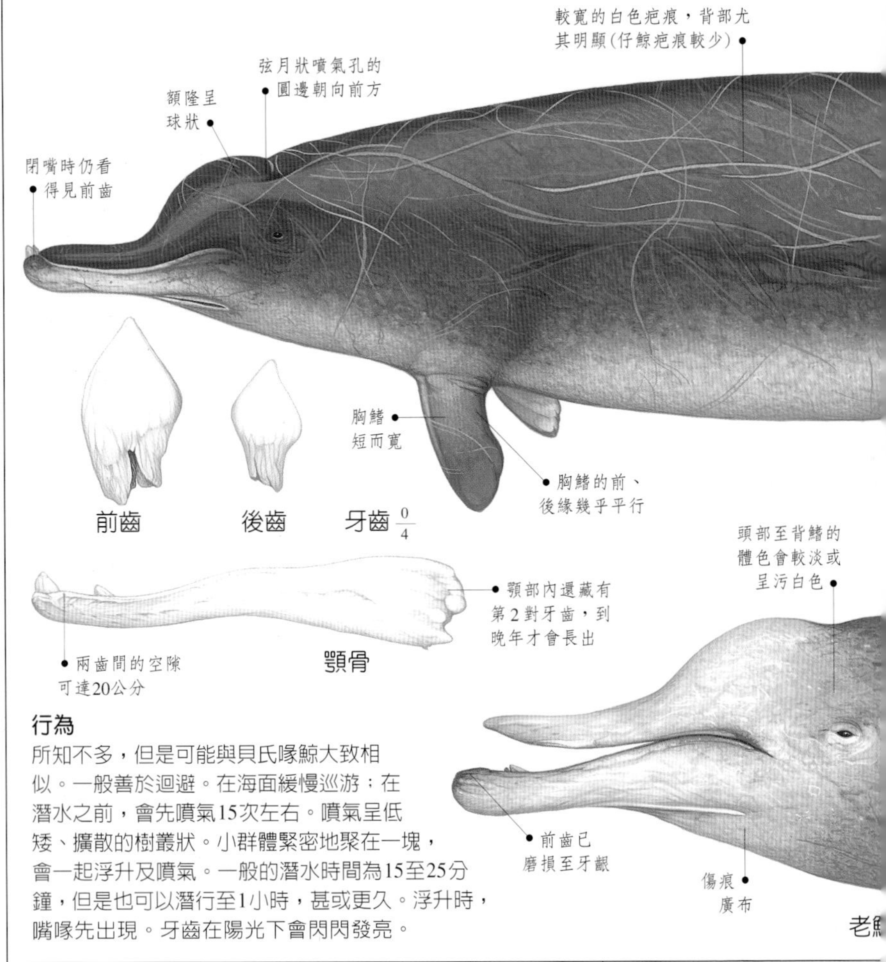

較寬的白色疤痕，背部尤其明顯（仔鯨疤痕較少）
弦月狀噴氣孔的圓邊朝向前方
額隆呈球狀
閉嘴時仍看得見前齒
胸鰭短而寬
胸鰭的前、後緣幾乎平行
前齒
後齒
牙齒 $\frac{0}{4}$
頭部至背鰭的體色會較淡或呈污白色
顎部內還藏有第2對牙齒，到晚年才會長出
兩齒間的空隙可達20公分
顎骨
前齒已磨損至牙齦
傷痕廣布
老鯨

行為

所知不多，但是可能與貝氏喙鯨大致相似。一般善於迴避。在海面緩慢巡游；在潛水之前，會先噴氣15次左右。噴氣呈低矮、擴散的樹叢狀。小群體緊密地聚在一塊，會一起浮升及噴氣。一般的潛水時間為15至25分鐘，但是也可以潛行至1小時，甚或更久。浮升時，嘴喙先出現。牙齒在陽光下會閃閃發亮。

族群大小：6-10 (1-80)，數個次族群可能聚在一起	背鰭位置：中央偏體後方

現況：不詳	現存：不詳	威脅：不詳

鑑別清單

- 身上傷痕廣布
- 前齒外露可見
- 嘴喙明顯突出
- 額隆呈球狀
- 體型呈紡錘狀
- 背鰭小
- 游泳速度緩慢
- 小群隊緊密聚集
- 通常難以接近

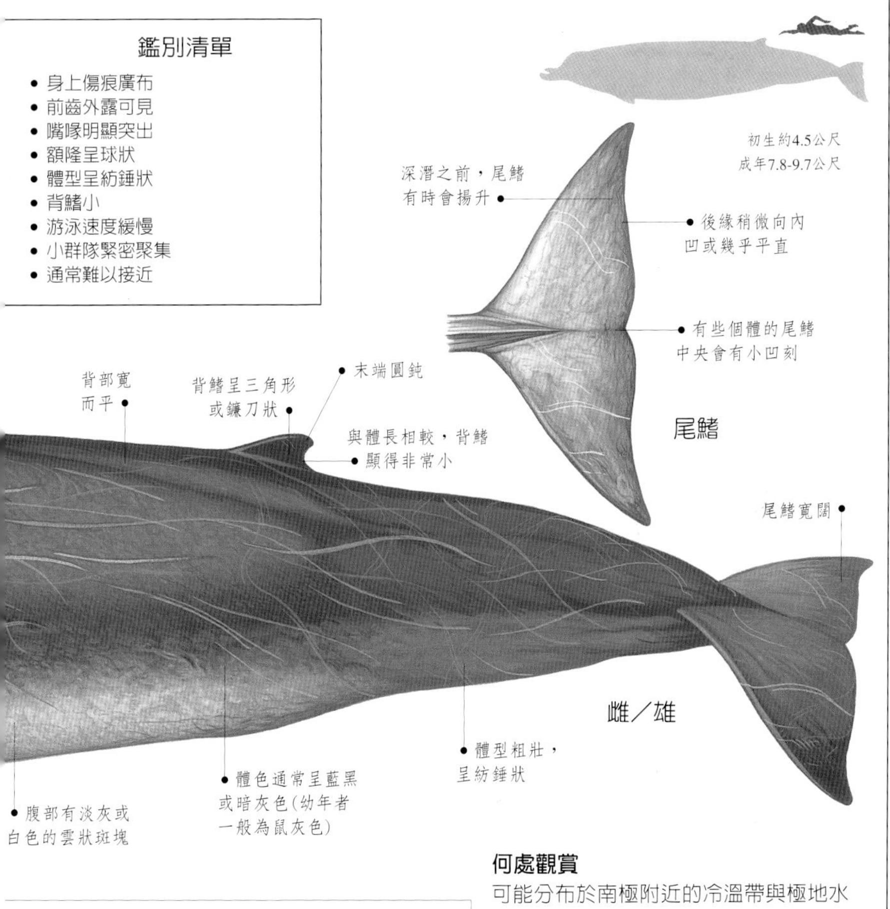
初生約4.5公尺
成年7.8-9.7公尺
深潛之前，尾鰭有時會揚升
後緣稍微向內凹或幾乎平直
有些個體的尾鰭中央會有小凹刻
尾鰭
背部寬而平
背鰭呈三角形或鐮刀狀
末端圓鈍
與體長相較，背鰭顯得非常小
尾鰭寬闊
雌／雄
體型粗壯，呈紡錘狀
體色通常呈藍黑或暗灰色(幼年者一般為鼠灰色)
腹部有淡灰或白色的雲狀斑塊

已知範圍
可能範圍
恆冰

南緯34度以南，南半球的離岸深水處

何處觀賞

可能分布於南極附近的冷溫帶與極地水域；約略在南緯34度以南，即發生擱淺最北的地點。有記錄顯示曾在南緯64度的南極半島出沒。多數的擱淺記錄都發生在紐西蘭附近，科克海峽似乎分布得相當多，尤其在春夏兩季。多數目擊都發生在塔斯曼海，以及南太平洋的阿爾伯特羅斯山脈附近。地圖呈現的是主要的目擊集中地，但已知南大西洋的南喬治亞，以及南非亦曾出現。性喜棲息在深水斷崖、海底山以及其他地勢陡峭的海域。已知阿氏貝喙鯨會進入冰山區；夏季時極靠近冰緣水域，但在冬季時可能遷徙至別處。

初生重量：不詳	成年重量：7-10公噸	食物：

科：喙鯨科	種：*Berardius bairdii*	棲所：

貝氏喙鯨(Baird's Beaked Whale)

貝氏喙鯨可能是所有喙鯨中體型最大者。外觀與阿氏貝喙鯨(第104頁)十分相似，以致有人認為兩者應屬同一品種。然而彼此的棲息地互相隔離，而且貝氏喙鯨的體型可能稍大一些。貝氏喙鯨較為人所知。與阿氏貝喙鯨一樣，雌雄兩性皆有突出的牙齒，但老鯨的突齒可能磨損至牙齦面。前方的一對牙齒尤其顯著，在耀眼的陽光下，與黝黑的膚色及周遭的海水相映，經常顯得閃亮雪白。儘管其分布範圍與出沒在太平洋東部熱帶的南瓶鼻鯨(第111頁)並未重疊，但是兩者還是可能混淆。貝氏喙鯨的仔鯨還可能與其他較小型的喙鯨品種搞混。數百年來，日本的房總半島外海曾捕獲少量的貝氏喙鯨；目前當地政府配額管制每年允許捕獵40至60隻。

• **別名**：(舊稱：貝爾氏喙鯨)、北鼻瓶鯨、北太平洋瓶鼻鯨、巨四齒鯨、北太平洋四齒鯨、北方四齒鯨

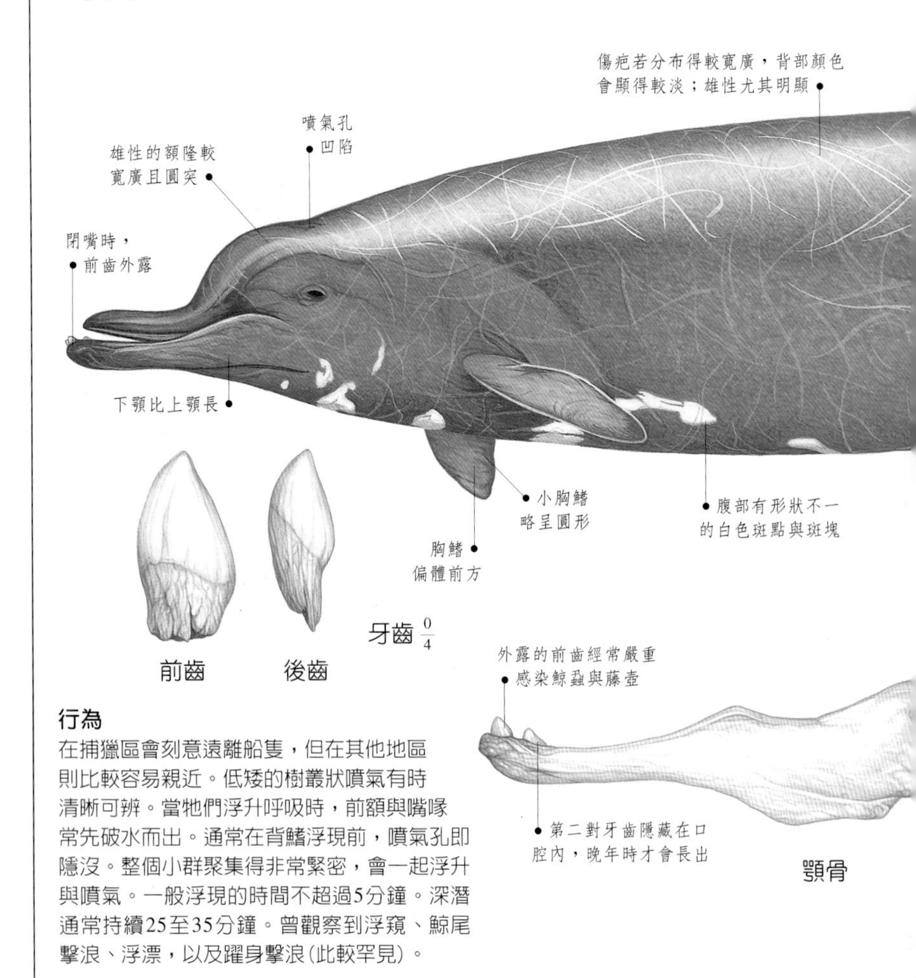
傷疤若分布得較寬廣，背部顏色會顯得較淡；雄性尤其明顯
噴氣孔凹陷
雄性的額隆較寬廣且圓突
閉嘴時，前齒外露
下顎比上顎長
小胸鰭略呈圓形
腹部有形狀不一的白色斑點與斑塊
胸鰭偏體前方
牙齒 $\frac{0}{4}$
前齒
後齒
外露的前齒經常嚴重感染鯨蝨與藤壺
第二對牙齒隱藏在口腔內，晚年時才會長出
顎骨

行為

在捕獵區會刻意遠離船隻，但在其他地區則比較容易親近。低矮的樹叢狀噴氣有時清晰可辨。當牠們浮升呼吸時，前額與嘴喙常先破水而出。通常在背鰭浮現前，噴氣孔即隱沒。整個小群聚集得非常緊密，會一起浮升與噴氣。一般浮現的時間不超過5分鐘。深潛通常持續25至35分鐘。曾觀察到浮窺、鯨尾擊浪、浮漂，以及躍身擊浪(此較罕見)。

族群大小：3-30 (1-50)，較大的族群可能暫時分散開來	背鰭位置：中央偏體後方

現況：地區性普遍	現存：不詳	威脅：不詳

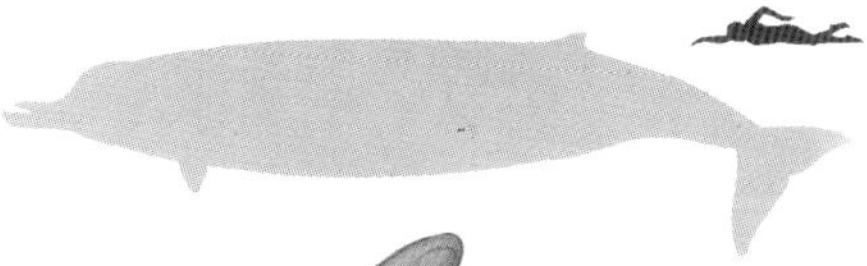

鑑別清單

- 嘴喙前端的牙齒呈白色
- 前額呈明顯的球狀
- 體型長，呈紡錘狀
- 身上疤痕廣布
- 胸鰭小
- 嘴喙明顯突出
- 通常在背鰭浮現前，噴氣孔即隱沒
- 群隊緊密聚集

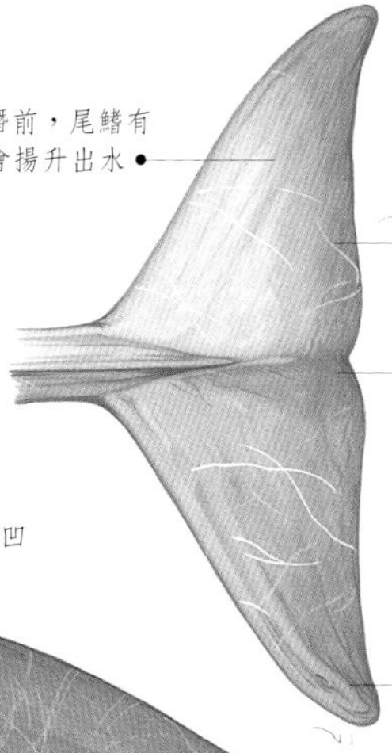

初生約 4.5公尺
成年10.7-12.8公尺

深潛前，尾鰭有時會揚升出水
後緣幾乎平直
中央可能有小凹刻(有個體差異)
尾鰭相當小

尾鰭

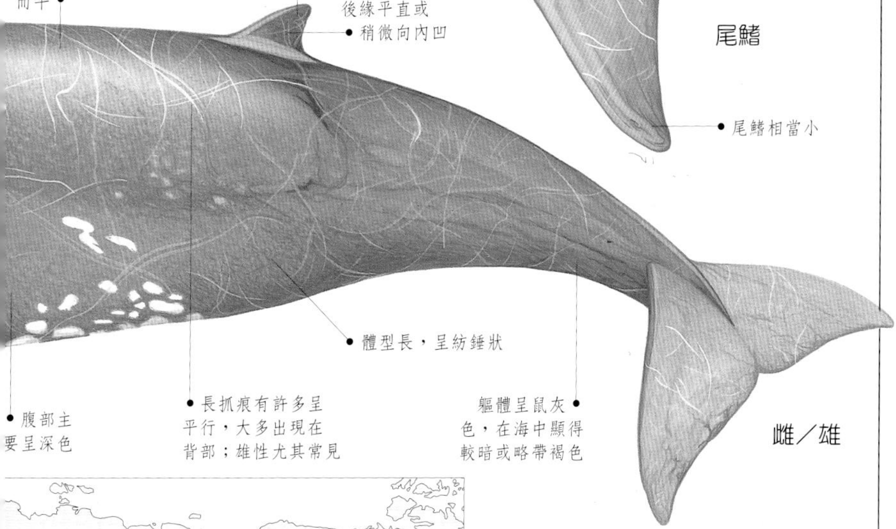

小背鰭低矮，末端稍圓鈍
背部寬而平
後緣平直或稍微向內凹
體型長，呈紡錘狀
腹部主要呈深色
長抓痕有許多呈平行，大多出現在背部；雄性尤其常見
軀體呈鼠灰色，在海中顯得較暗或略帶褐色

雌／雄

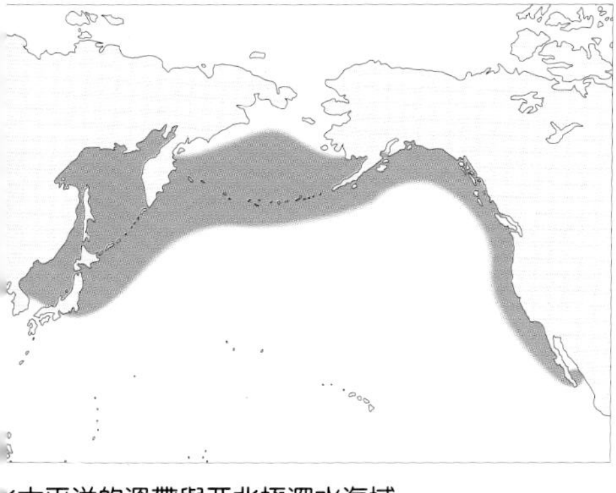

北太平洋的溫帶與亞北極深水海域

何處觀賞

數量眾多的中心區包括：北太平洋的阿留申群島附近、鄂霍次克海、美國加州、加拿大溫哥華島、日本(尤其是房總半島、北海道西南、鳥羽耶麻灣)，以及夏威夷西北的皇帝海底山等地。然而，這可能只反映出觀察者的活動紀錄。在某些地區，似乎有季節性的高峰期。可能出沒在沿岸，但是通常見於大陸棚附近或外海水域，尤其是海底斷崖或海底山周遭。

初生重量：不詳	成年重量：約11-15公噸	食物：

科：喙鯨科	種：*Hyperoodon ampullatus*	棲所：≋

北瓶鼻鯨(Northern Bottlenose Whale)

北瓶鼻鯨是種好奇的動物，會接近停止不動的船隻，似乎被諸如船隻發電機等所發出的噪音所吸引；再加上不拋棄受傷同伴的習性使得北瓶鼻鯨特別容易遭到捕鯨人的毒手；已經有成千上萬隻被屠殺，主要發生在1850至1973年。自1977年起，被列為受保護動物。突球狀前額是最明顯的特徵：老鯨的前額較突出，而雄性成鯨的最為顯著。通常會有兩顆牙齒，但是只有雄鯨的牙齒突出，雌鯨的則留在牙齦內。有些雄鯨可能長有4顆牙齒，甚或完全沒有；雌雄兩性的上下顎可能有許多牙籤狀的退化牙齒。可能會與領航鯨(第148-151頁)混淆，但是北瓶鼻鯨的體色、背鰭與嘴喙都有顯著的不同。小鬚鯨(第56頁)具有相似的背鰭，但是頭型不同。梭氏中喙鯨(第114頁)與柯氏喙鯨(第142頁)也與北瓶鼻鯨相似，只是前額沒那麼渾圓。

• **別名**：北大西洋瓶鼻鯨、平頭鯨、瓶頭鯨、陡頭鯨

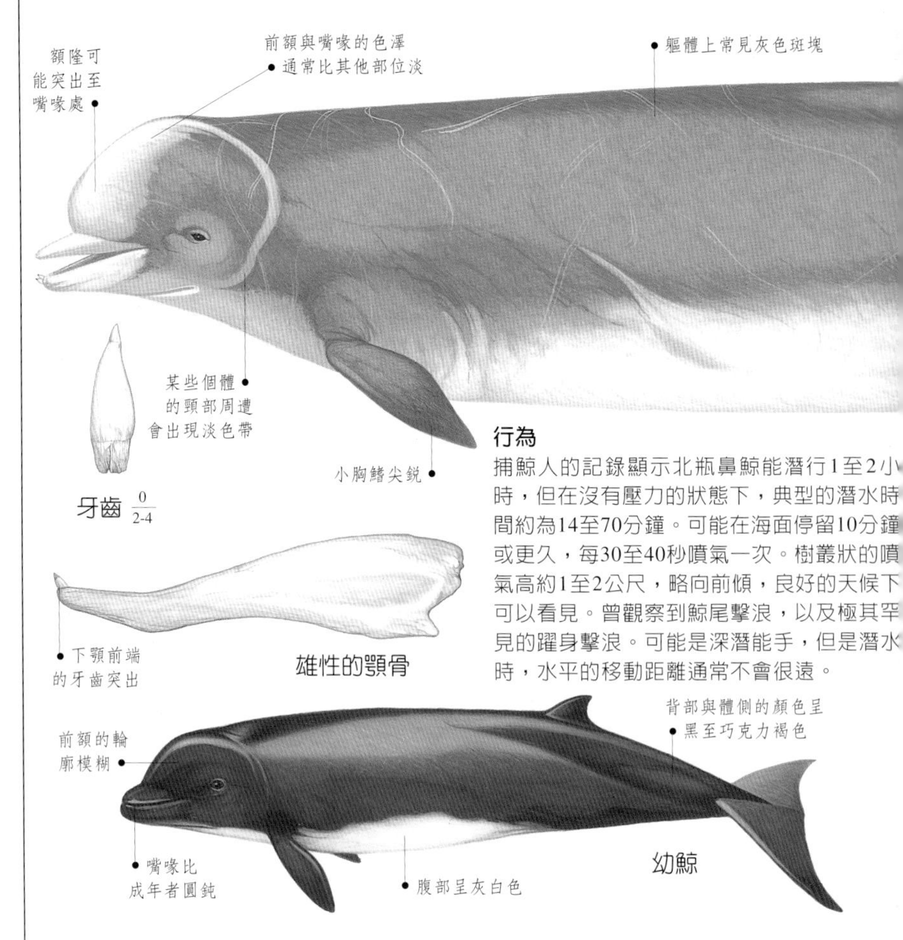

額隆可能突出至嘴喙處
前額與嘴喙的色澤通常比其他部位淡
軀體上常見灰色斑塊
某些個體的頭部周遭會出現淡色帶
小胸鰭尖銳
牙齒 0/2-4
下顎前端的牙齒突出
雄性的顎骨
前額的輪廓模糊
背部與體側的顏色呈黑至巧克力褐色
嘴喙比成年者圓鈍
腹部呈灰白色
幼鯨

行為

捕鯨人的記錄顯示北瓶鼻鯨能潛行1至2小時，但在沒有壓力的狀態下，典型的潛水時間約為14至70分鐘。可能在海面停留10分鐘或更久，每30至40秒噴氣一次。樹叢狀的噴氣高約1至2公尺，略向前傾，良好的天候下可以看見。曾觀察到鯨尾擊浪，以及極其罕見的躍身擊浪。可能是深潛能手，但是潛水時，水平的移動距離通常不會很遠。

族群大小：4-10 (1-35)，可能同時見到數個族群	背鰭位置：中央偏體後方

現況：不詳	現存：不詳	威脅：

鑑別清單

- 背鰭位於背部的後2/3處
- 前額呈突球狀
- 嘴喙小而突出
- 結實的軀體呈圓筒狀
- 尾鰭沒有凹刻
- 體色呈暗灰至棕色
- 噴氣清晰，呈樹叢狀
- 通常聚成小群
- 可能很好奇

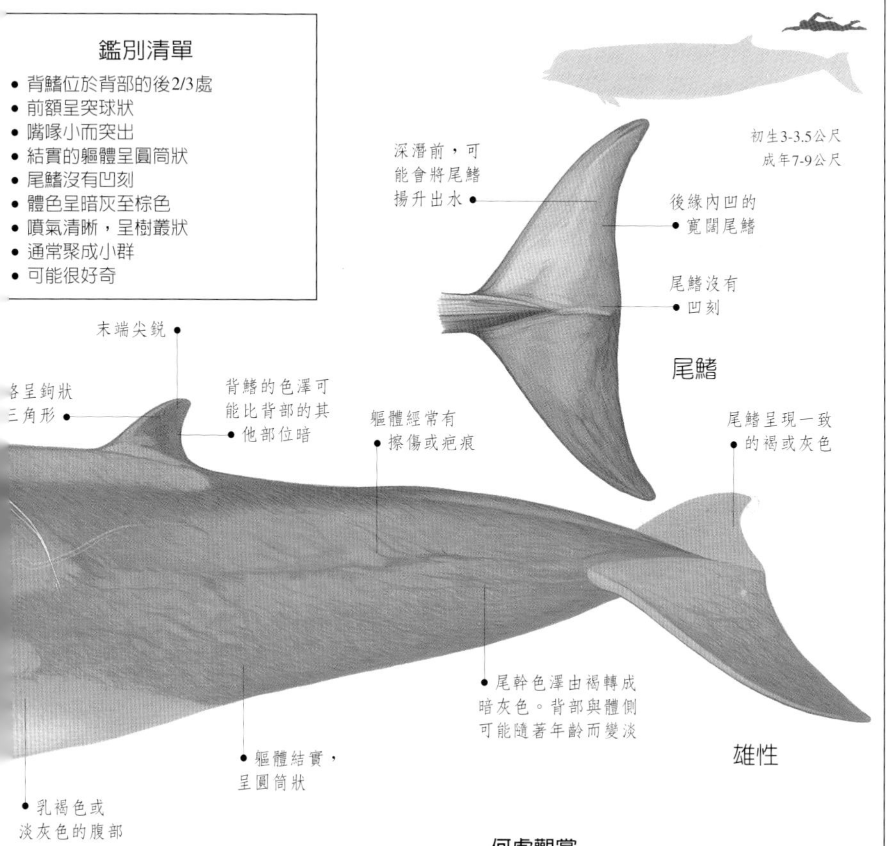

初生3-3.5公尺
成年7-9公尺
深潛前，可能會將尾鰭揚升出水
後緣內凹的寬闊尾鰭
尾鰭沒有凹刻
尾鰭
末端尖銳
呈鉤狀三角形
背鰭的色澤可能比背部的其他部位暗
軀體經常有擦傷或疤痕
尾鰭呈現一致的褐或灰色
尾幹色澤由褐轉成暗灰色。背部與體側可能隨著年齡而變淡
雄性
軀體結實，呈圓筒狀
乳褐色或淡灰色的腹部

大西洋海域，通常在水深超過1,000公尺處

何處觀賞

密集出現在某些地區，例如加拿大新斯科細亞的沙布爾島北側；介於冰島、央棉島與斯瓦巴西南之間的北極海；以及加拿大拉布拉多北方外海的大衛斯海峽，尤其是哈德孫海峽與夫洛比雪灣的海口附近。分布範圍的南端較不常見。分布範圍的東界，在雪春季時可能會北移，秋季則會南移。而在西界，咸信至少有一些北瓶鼻鯨會在高緯地區過冬。也可能有些會進行向岸、離岸的來回遷徙。大陸棚外緣與海底峽谷上方的深水海域最常見；有時會游行數公里進入稀疏冰區，但是較常出沒在開放的水域。會發生擱淺。

初生重量：不詳	成年重量：5.8-7.5公噸	食物：

科：喙鯨科	種：*Hyperoodon planifrons*	棲所：

南瓶鼻鯨(Southern Bottlenose Whale)

南瓶鼻鯨資訊極有限，也很少在海上見到。牠們生活在遠離船隻航線的水域，並未遭受嚴重的捕獵，所以對其研究不如北瓶鼻鯨(第108頁)那樣深入。南瓶鼻鯨的額隆頗像顆球，而且年紀愈大愈突出，雄成鯨的尤其顯著；老雄鯨的前額前方幾乎筆直而平坦。一般有兩顆牙齒，雌鯨的留在牙齦內，雄鯨的則突生出來。然而也有一些雄鯨長有4顆牙齒，或完全沒有。雌雄兩性的上下顎都有牙籤狀的退化牙齒。南瓶鼻鯨可能會與小鬚鯨(第56頁)、阿氏貝喙鯨(第104頁)，以及有時會與之結伴的長肢領航鯨(第150頁)混淆。

• **別名**：南極瓶鼻鯨、平頭鯨

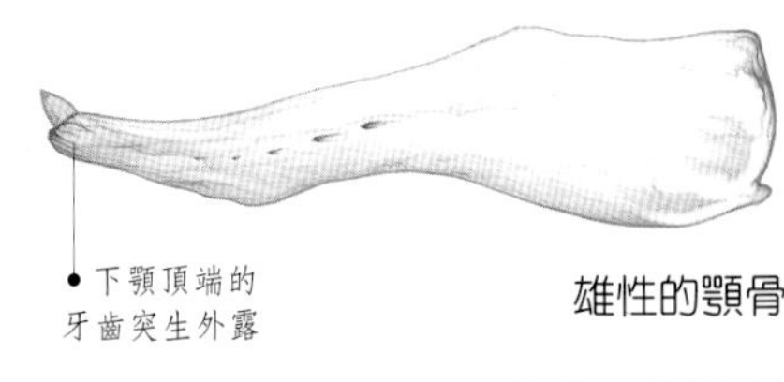
下顎頂端的牙齒突生外露
雄性的顎骨

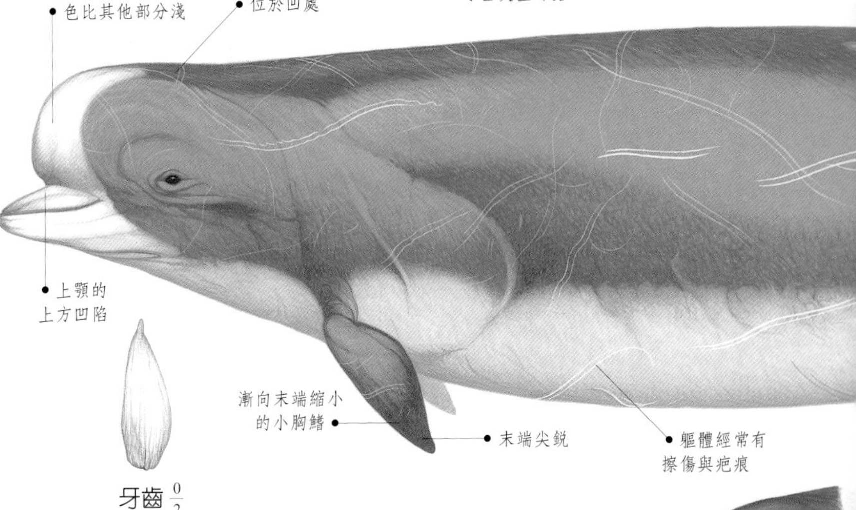
額隆與小嘴喙的顏色比其他部分淺
寬大的噴氣孔位於凹處
上顎的上方凹陷
漸向末端縮小的小胸鰭
末端尖銳
軀體經常有擦傷與疤痕

牙齒 $\frac{0}{2}$

行為

少有游近船隻的記錄，但可能是因為缺乏觀察資料，而非牠們生性害羞。長潛之後，會在海面停留10分鐘或以上，每30至40秒噴氣一次。樹叢狀的噴氣高約1至2公尺，稍微向前噴射，天氣好的時候清晰可辨。能夠在水中停留至少1個小時，但是典型的潛水時間較短。快速游泳之際，尤其在受到威脅時，可能在浮升時將頭部舉出水面。或許能夠潛得很深，但是潛水時，水平的移動距離通常不長。

仔鯨與雌鯨的額隆較不明顯

仔鯨的顏色比成鯨深

未成年雌性的頭部

族群大小：1-25：在南極，10隻以下的族群較普遍	背鰭位置：中央偏體後方

現況：不詳	現存：不詳	威脅：不詳

鑑別清單

- 背鰭位於背部的後2/3處
- 前額呈突球狀
- 嘴喙明顯突出
- 結實的軀體呈圓筒狀
- 體色呈藍黑至黃色
- 老鯨身上的疤痕極多
- 噴氣呈清晰的樹叢狀
- 上顎上方向內凹
- 尾鰭沒有凹刻

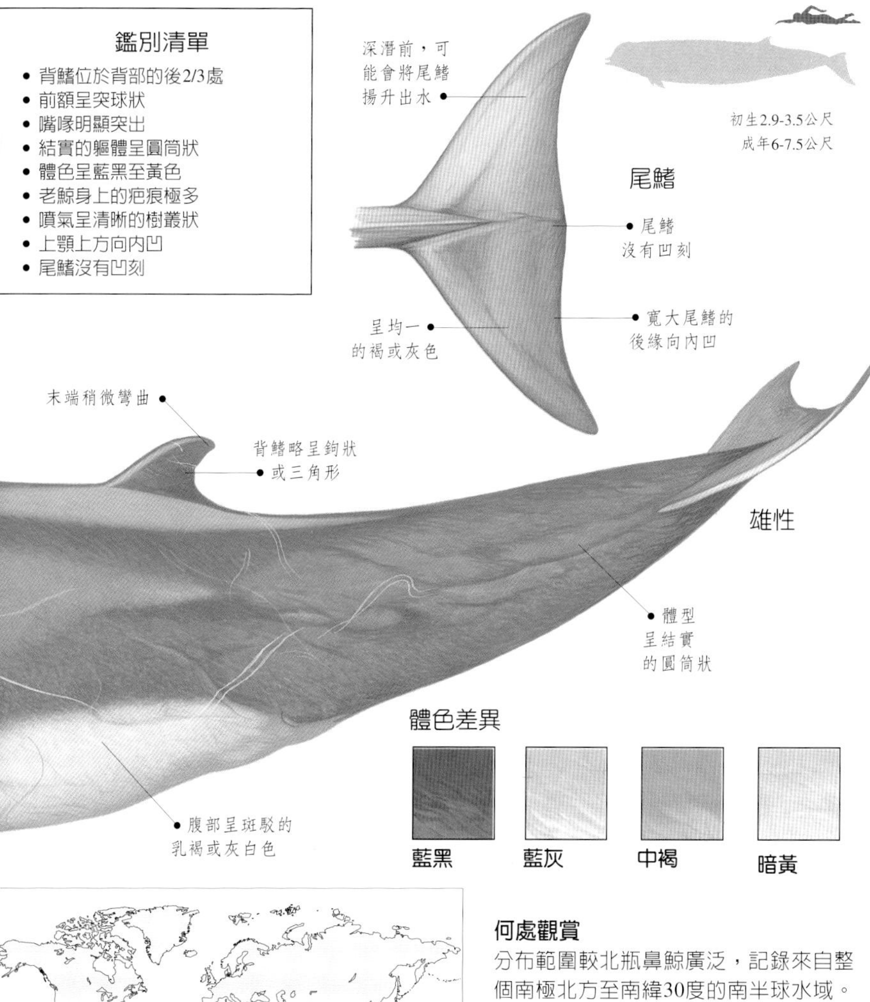

初生2.9-3.5公尺
成年6-7.5公尺
尾鰭
深潛前，可能會將尾鰭揚升出水
尾鰭沒有凹刻
呈均一的褐或灰色
寬大尾鰭的後緣向內凹
末端稍微彎曲
背鰭略呈鉤狀或三角形
雄性
體型呈結實的圓筒狀
腹部呈斑駁的乳褐或灰白色
體色差異
藍黑
藍灰
中褐
暗黃
已知範圍
恆冰

南極北方到至少南緯30度的南半球深水寒冷海域

何處觀賞

分布範圍較北瓶鼻鯨廣泛，記錄來自整個南極北方至南緯30度的南半球水域。其他可能的目擊地點包括日本南部、夏威夷附近，以及沿著赤道的太平洋及印度洋水域，但都還未經確認；可能是本種的不同族群。大陸棚外緣與海底峽谷上方，水深超過1,000公尺的水域最常見。很少在水深低於200公尺的水域出現。夏季時南極冰山邊緣的100公里內最常見，南極冰山邊緣似乎也是相當普遍的分布地區。

初生重量：不詳	成年重量：約6-8公噸	食物：(★)

科：喙鯨科	種：*Mesoplodon* sp.‘A’	棲所：≋

尚未定名的中喙鯨(UNIDENTIFIED BEAKED WHALE)

這份報告基於極概略的資料，再加上較為人知的中喙鯨屬(G. Mesoplodon)之常見特徵而推測出來的，因此應視之為極具實驗性的判斷。大部分喙鯨科的資料主要得自擱淺的個體，此例則不然，只有海上30次左右的確實目擊記錄。不幸的是，除非獲得擱淺或死亡的個體加以檢驗，否則無法為其命名。此種未定名的中喙鯨似乎有兩種不同的體色：一種具有非常明顯而寬大的白或乳白色腹帶(推測為雄成鯨)，與軀體其他黝黑的部分形成明顯的對比；另一種則全身均呈灰褐色(推測為雌鯨或幼鯨)。咸信雄鯨的體型大於雌鯨，而且其色塊非常容易在海中辨識出來。要辨別單一的雌鯨或許不大可能，截至目前為止，所有海中目擊雌鯨的確認報告至少都伴隨著一隻雄鯨。嘴外未見突出的牙齒，但是雄成鯨可能有一對牙齒，雌鯨與仔鯨則沒有。

• **別名**：無

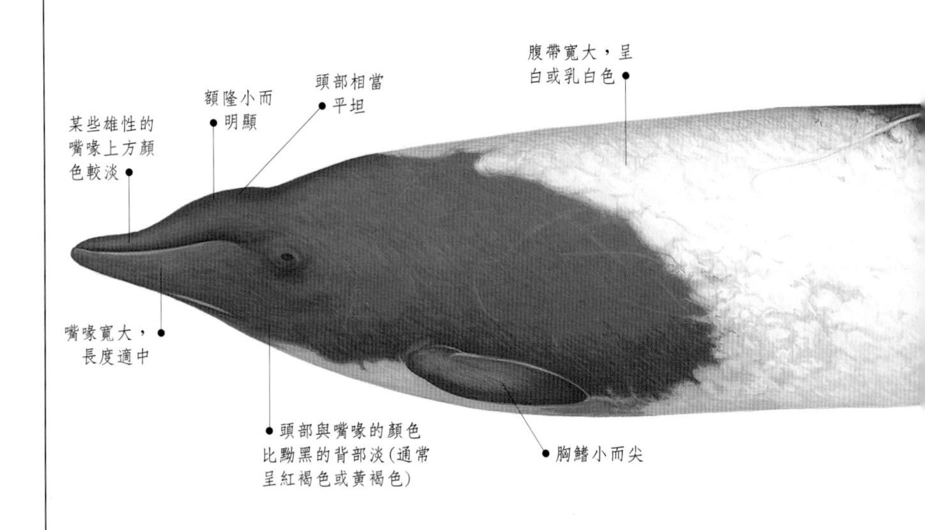

腹帶寬大，呈白或乳白色
頭部相當平坦
額隆小而明顯
某些雄性的嘴喙上方顏色較淡
嘴喙寬大，長度適中
頭部與嘴喙的顏色比黝黑的背部淡(通常呈紅褐色或黃褐色)
胸鰭小而尖
額隆雖小卻很明顯
背鰭後緣彎曲的程度比雄性更明顯
呈均一的灰棕或青銅色

雌性或幼

行為

在海中，行為頗似其他的中喙鯨屬。通常在海面上的動作遲緩而懶散。雖然曾見單一的雄鯨一連躍離水面三次，但是通常不會進行鯨尾擊浪、浮窺或其他的「嬉戲」活動。曾見牠們露出海面、閒散地隨波逐流，隱沒時酷似魚類。常見密集的群隊以相當穩定的速度游行。沒有清晰可辨的噴氣。

族群大小：2-3 (1-8)	背鰭位置：中央偏體後方

現況：不詳	現存：不詳	威脅：不詳

鑑別清單

- 體色深淺色區分明
- 身上有白或乳白色的腹帶
- 嘴喙稍長
- 頭部相當平坦
- 額隆小而明顯
- 性別差異明顯
- 小群隊緊密聚集
- 動作遲緩慵懶
- 躍出水面的空中行為極少

初生不詳
成年約5-5.5公尺

中央可能沒有凹刻

尾鰭

三角形背鰭低矮（有個體差異）

背鰭後緣可能平直或略呈鉤狀

基部寬廣

尾幹相當狹窄

雄性
（根據目擊印象繪成）

體色呈黑褐色或巧克力般的深褐色

身上疤痕累累，白色腹帶的後緣尤其明顯

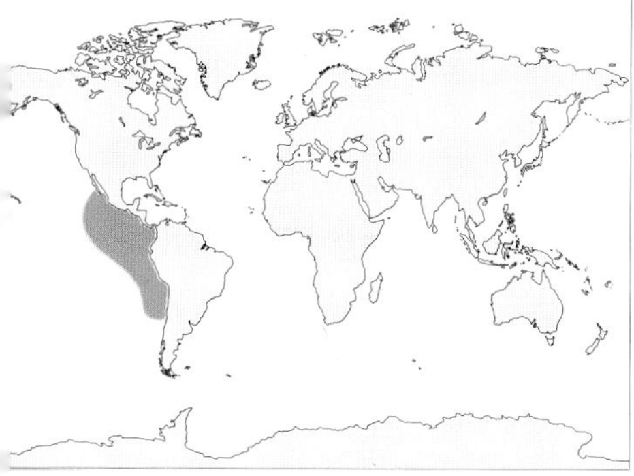

帶太平洋東部的溫暖深水海域，通常位於外海

何處觀賞

地圖只顯示最常進行觀測的區域，由於記錄極少，可能無法呈現出分布的實況。喙鯨科最常出現的地區之一為熱帶太平洋東部外海。截至目前為止，瓜地馬拉、薩爾瓦多、墨西哥、哥斯大黎加、尼加拉瓜、巴拿馬、哥倫比亞、厄瓜多爾以及秘魯等地的外海都有其出現的記錄。大多數的目擊都發生在外海的深水海域，而且均是攝氏27度的溫暖水域。雖然現況尚不詳，但就目擊次數來看，這個品種的數量在喙鯨科中並不算稀少。

初生重量：不詳	成年重量：不詳	食物：

科：喙鯨科	種：*Mesoplodon bidens*	棲所：≋

梭氏中喙鯨(SOWERBY'S BEAKED WHALE)

梭氏中喙鯨是最早發現的喙鯨科動物。1800年有一頭擱淺於蘇格蘭的摩立灣；4年後，英國的水彩畫家詹姆士．梭爾比曾描述過此鯨。儘管這是喙鯨屬中極易擱淺的喙鯨，卻罕有海上目擊記錄，因此所知甚少。分布區之一是所有喙鯨科中分布最北者，本應有助於鑑別，然而，其分布範圍又有部分與其他中喙鯨重疊，尤其是傑氏中喙鯨(第122頁)、柏氏中喙鯨(第120頁)及初氏中喙鯨(第132頁)；在某些海域，可能很難和這些中喙鯨區分。雄鯨牙齒的位置非常特殊，介於嘴喙前端與嘴角之間，不過只有在近距離才看得見。梭氏中喙鯨的體型也比同科的其他喙鯨更趨流線型。雌鯨在海上可能無法鑑別。

• **別名**：(舊稱：梭氏喙鯨)、北海喙鯨

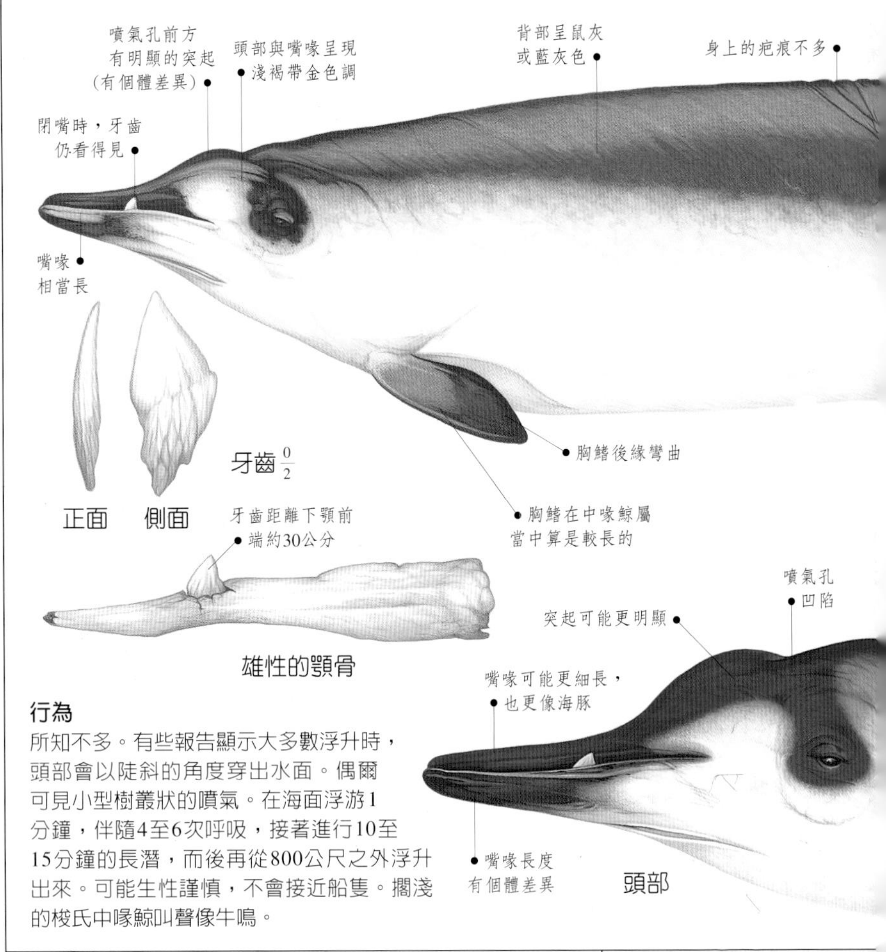

噴氣孔前方有明顯的突起(有個體差異)
頭部與嘴喙呈現淺褐帶金色調
背部呈鼠灰或藍灰色
身上的疤痕不多
閉嘴時，牙齒仍看得見
嘴喙相當長
胸鰭後緣彎曲
牙齒 $\frac{0}{2}$
正面
側面
牙齒距離下顎前端約30公分
胸鰭在中喙鯨屬當中算是較長的
雄性的顎骨
噴氣孔凹陷
突起可能更明顯
嘴喙可能更細長，也更像海豚
嘴喙長度有個體差異
頭部

行為

所知不多。有些報告顯示大多數浮升時，頭部會以陡斜的角度穿出水面。偶爾可見小型樹叢狀的噴氣。在海面浮游1分鐘，伴隨4至6次呼吸，接著進行10至15分鐘的長潛，而後再從800公尺之外浮升出來。可能生性謹慎，不會接近船隻。擱淺的梭氏中喙鯨叫聲像牛鳴。

族群大小：1-2(相關資料非常少)	背鰭位置：中央偏體後方

現況：不詳	現存：不詳	威脅：不詳

鑑別清單
- 背部呈藍灰或鼠灰色；腹部顏色較淡
- 噴氣孔前方有隆起
- 背鰭小
- 疤痕不多
- 牙齒長在嘴喙的中間
- 嘴喙修長
- 行為謹慎
- 浮升時，角度極陡

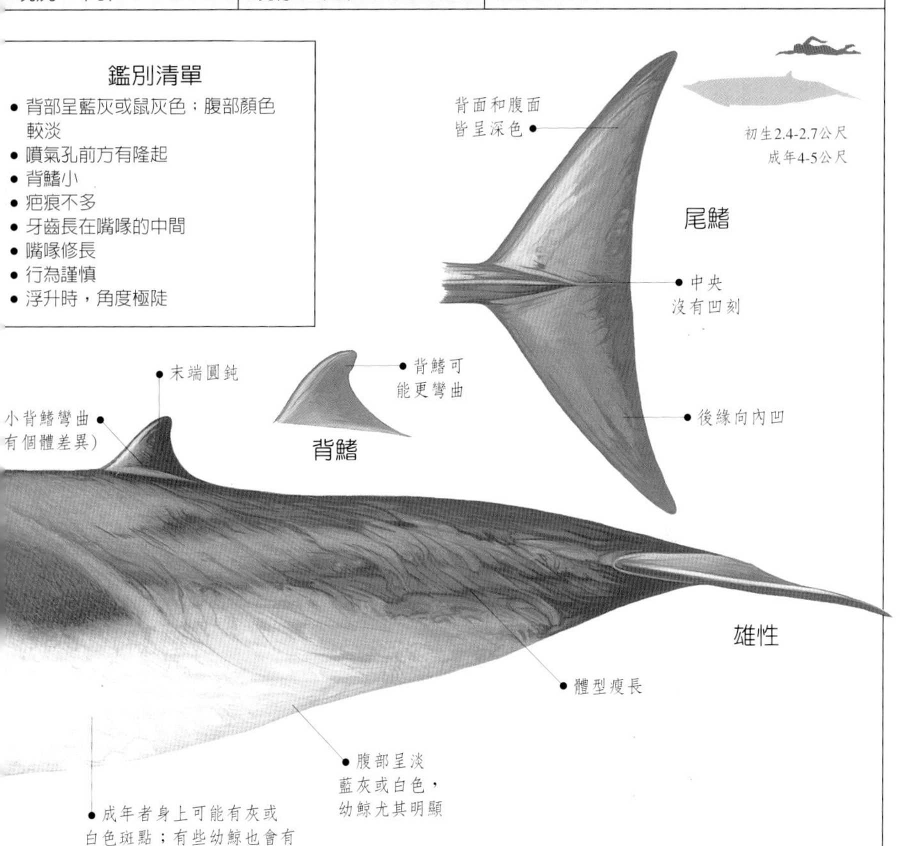

背面和腹面
皆呈深色
初生2.4-2.7公尺
成年4-5公尺
尾鰭
中央
沒有凹刻
後緣向內凹
末端圓鈍
小背鰭彎曲
有個體差異）
背鰭可
能更彎曲
背鰭
雄性
體型瘦長
腹部呈淡
藍灰或白色，
幼鯨尤其明顯
成年者身上可能有灰或
白色斑點；有些幼鯨也會有

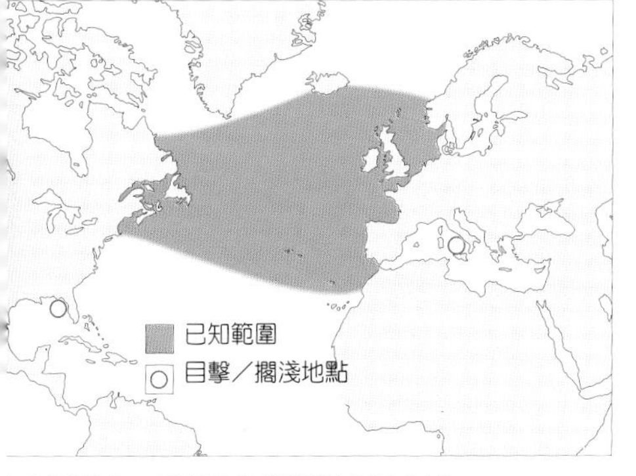

已知範圍
目擊／擱淺地點

北大西洋東、西部的溫帶與亞北極水域

何處觀賞
主要資訊得自100起左右的擱淺事件。大多數記錄來自北大西洋東部，尤其英國周遭。挪威的西部海域可能是分布範圍的中心。有可能出沒於地中海，因為義大利有過一例報告。不太可能棲居在波羅的海，因為水深不夠。北大西洋西部的分布區主要在加拿大的紐芬蘭島、美國的麻薩諸塞州，但也出現於加拿大拉布拉多北方；美國佛羅里達州也有過一起報告。遷徙情況所知不多；大多數分布於北方者可能會隨著冰山的移動而遷徙。有些族群在夏季時會移向海岸。擱淺事件終年都會發生，尤其從7月到9月間。可能棲居在離岸稍遠的外海。

初生重量：約170公斤	成年重量：1-1.3公噸	食物：

科：喙鯨科	種：*Mesoplodon bowdoini*	棲所：≋

安氏中喙鯨(ANDREWS' BEAKED WHALE)

我們對安氏中喙鯨的了解只來自20起的擱淺事件。在海中可能極難鑑別，過去甚至曾發生擱淺的安氏中喙鯨被錯認的案例。許多人認為牠們是胡氏中喙鯨的南方同類(第118頁)；兩者的頭顱與體色的確十分相似，因而有人推斷胡氏中喙鯨可能是安氏中喙鯨的亞種。牙齒是這種喙鯨的有趣特徵：長在彎曲唇線前端的牙齒寬而平；雄鯨的牙齒向外突出，雌鯨與仔鯨則沒有突出的牙齒。在澳洲地區出沒的安氏中喙鯨可能會與以下其他的中喙鯨屬混淆：柏氏中喙鯨(第120頁)、銀杏齒中喙鯨(第124頁)、哥氏中喙鯨(第126頁)、賀氏中喙鯨(第128頁)以及長齒中喙鯨(第130頁)。

• **別名**：(舊稱：安竹氏喙鯨)、突齒喙鯨、波多因氏喙鯨、高頂喙鯨

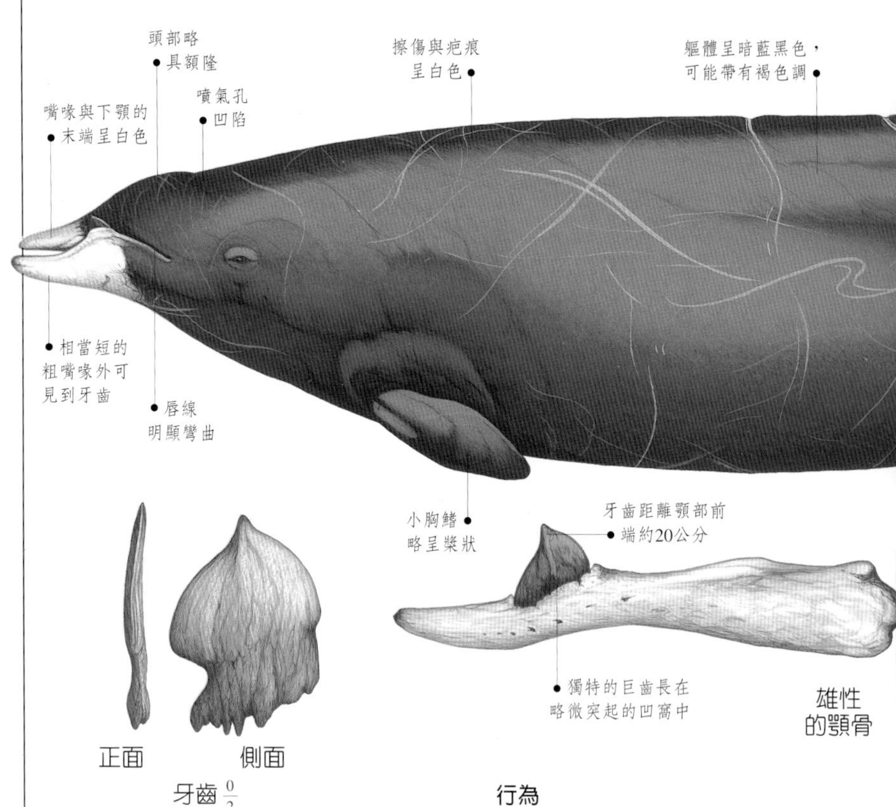

頭部略具額隆
擦傷與疤痕呈白色
軀體呈暗藍黑色，可能帶有褐色調
噴氣孔凹陷
嘴喙與下顎的末端呈白色
相當短的粗嘴喙外可見到牙齒
唇線明顯彎曲
小胸鰭略呈槳狀
牙齒距離顎部前端約20公分
獨特的巨齒長在略微突起的凹窩中
雄性的顎骨
正面
側面
牙齒 $\frac{0}{2}$

牙齒

一如史氏中喙鯨(第138頁)與胡氏中喙鯨(第118頁)，雄性的牙齒長在下顎中央的隆起凹窩上。胡氏中喙鯨的牙齒向內彎，史氏中喙鯨的呈垂直，安氏中喙鯨的則往外彎。

行為

幾乎一無所知。缺乏海上目擊記錄的情況顯示若非生性謹慎，就是生活區不在翔實調查的範圍內。與胡氏中喙鯨的近親關係令人推想兩者可能具有相似的行為模式。身上的疤痕顯示雄鯨間可能會發生打鬥。

族群大小：不詳	背鰭位置：中央偏體後方

現況：不詳	現存：不詳	威脅：不詳

鑑別清單

- 體色呈暗藍黑色
- 嘴喙明顯，呈白色
- 唇線極度彎曲
- 牙齒位於嘴喙中間
- 牙齒向外彎
- 身上有白色的擦傷和疤痕
- 尾鰭的後緣有皺褶
- 背鰭小
- 可能非常害羞

初生1.6公尺
成年約4-4.7公尺

背面和腹面都呈暗藍黑色
後緣有縐褶
尾鰭沒有凹刻，但是稍微向外突出
尾鰭

背鰭
末端可能圓鈍
後緣向內凹
末端尖銳
小背鰭(有個體差異)

雄性
尾幹修長
體型呈紡錘狀

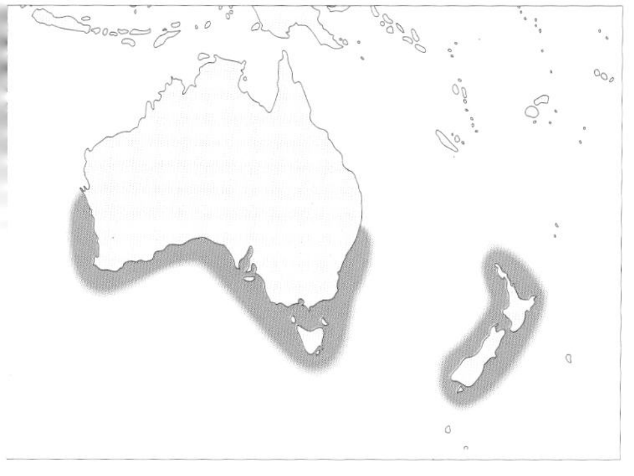

澳大拉西亞的涼溫帶水域，在紐西蘭及澳洲南部沿岸

何處觀賞

分布範圍少有確切的記錄，所知僅從澳洲南岸，包括塔斯馬尼亞與紐西蘭等地的擱淺事件中獲得。1973年在印度洋南端的克格連島發現單一標本，其鑑定頗受專家質疑，所以目前尚未確定分布區是否包括澳大拉西亞以外的地方。原先被歸入此種的其他幾個已出版之鑑定記錄，後來證明都是錯誤的；相對地，真正的安氏中喙鯨標本也可能因為鑑定問題而被錯認。當然目前分布現況的記錄，也可能因為紐西蘭與澳洲對於動物擱淺事件的記錄比其他地區更多且更有效率所致。

初生重量：不詳	成年重量：1-1.5公噸	食物：

科：喙鯨科	種：*Mesoplodon carlhubbsi*	棲所：

胡氏中喙鯨(HUBBS' BEAKED WHALE)

雄性的胡氏中喙鯨是少數能在海中鑑別的喙鯨，雖然可能的目擊記錄僅有一例(美國加州拉荷雅附近)。隆起的白「帽」、厚實的白色嘴喙、明顯彎曲的下顎、兩顆巨齒(閉嘴時也清晰可見)等全都很獨特。長度可達2公尺的白色糾結疤痕也相當特出。從遠距離看，可能會與體型和背鰭位置都相似的小鬚鯨(第56頁)混淆，還可能與頭部同樣為白色的雄性柯氏喙鯨(第142頁)混淆。柏氏中喙鯨(第120頁)、銀杏齒中喙鯨(第124頁)以及史氏中喙鯨(第138頁)也與之相當類似，而且分布範圍也重疊，只是沒有白「帽」。雌鯨與幼鯨可能難以在海中鑑別；牠們具有中灰色的背部，淡灰色的體側，以及白色的腹面；其牙齒不突出。有些專家認為胡氏中喙鯨可能是安氏中喙鯨的亞種(第116頁)，因為兩者的頭部與體色十分相似。

• **別名**：(舊稱：胡氏喙鯨)、弧喙鯨

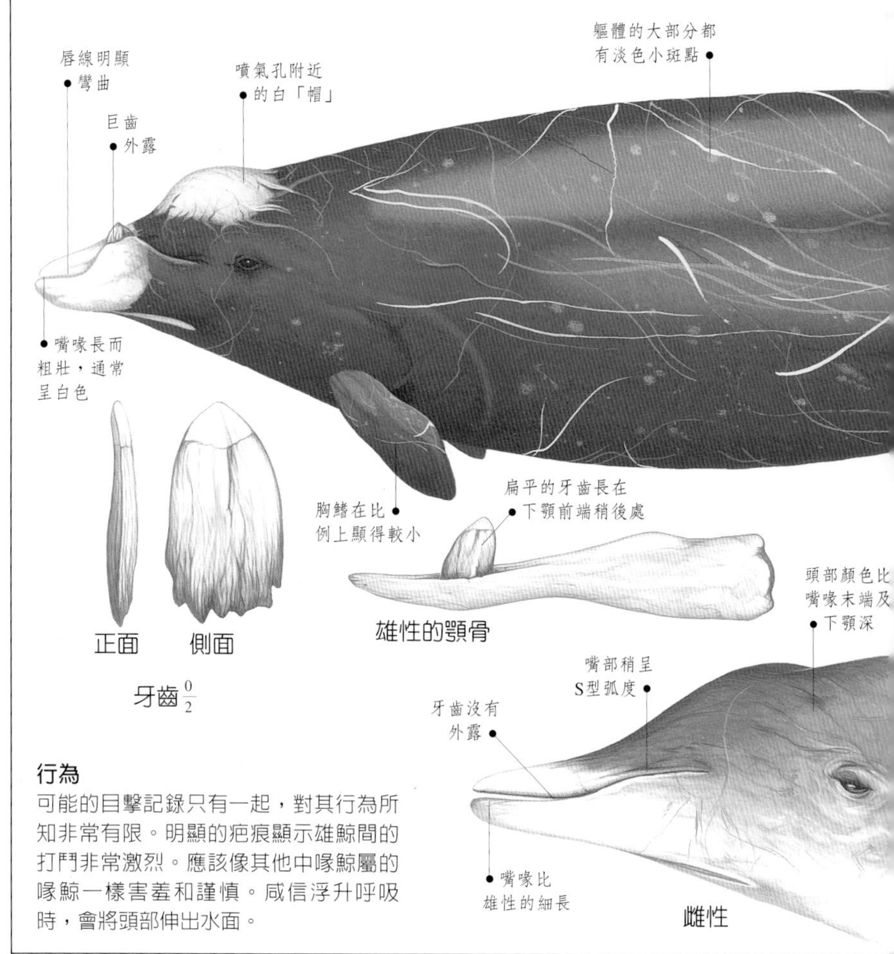
唇線明顯彎曲
巨齒外露
噴氣孔附近的白「帽」
軀體的大部分都有淡色小斑點
嘴喙長而粗壯，通常呈白色
胸鰭在比例上顯得較小
扁平的牙齒長在下顎前端稍後處
正面
側面
雄性的顎骨
牙齒 $\frac{0}{2}$
頭部顏色比嘴喙末端及下顎深
嘴部稍呈S型弧度
牙齒沒有外露
嘴喙比雄性的細長
雌性

行為

可能的目擊記錄只有一起，對其行為所知非常有限。明顯的疤痕顯示雄鯨間的打鬥非常激烈。應該像其他中喙鯨屬的喙鯨一樣害羞和謹慎。咸信浮升呼吸時，會將頭部伸出水面。

族群大小：不詳	背鰭位置：中央偏體後方

現況：不詳	現存：不詳	威脅：

鑑別清單

- 頭部有隆起的白「帽」
- 身上有糾結的疤痕
- 嘴喙的前半部呈白色
- 軀體色澤暗
- 嘴喙粗長
- 巨齒明顯外露
- 下顎明顯向上突起
- 小背鰭呈鐮刀狀
- 可能很害羞

背面色暗，
腹面較淡
初生2.5公尺
成年5-5.3公尺
尾鰭沒有
凹刻，但中央
可能有小刻痕
尾鰭
末端尖銳
體色呈暗灰
至黑色
背鰭小，
呈鉤狀
雄性
體型粗壯，
呈紡錘狀
尾幹狹窄
身上布滿
擦傷與疤痕

北太平洋東、西部的冷溫帶水域

何處觀賞

北太平洋東部，約在北緯33度（在美國加州聖克來蒙提島的西南部，曾有潛艇將部分頭顱帶上岸）與北緯54度（加拿大不列顛哥倫比亞省的魯伯特港）之間；分布情況與亞北極和加州洋流的匯合有關。大多數的記錄都來自加州。北太平洋西部的分布情況較有限，日本本州鮎川的漁村附近也有一些記錄，因為日本海南部有北向的黑潮暖流與南向的親潮寒流交會。但在日本海域應不普遍。地圖顯示擱淺區域，但可能分布於遠洋地區，且橫越過北太平洋。

初生重量：不詳	成年重量：1-1.5公噸	食物：

科：喙鯨科	種：*Mesoplodon densirostris*	棲所：

柏氏中喙鯨(Blainville's Beaked Whale)

雄性的柏氏中喙鯨是鯨豚類動物中長相極怪異者。下顎的明顯隆起處長有兩顆巨大的牙齒，好像一對角；牙齒上還可能覆有藤壺，使其頭頂看來彷彿長了兩團暗色的絨線球。雖然這個特徵平時並不明顯，但在海上時，仍算是個容易辨識的特徵。資訊主要來自擱淺事件。平坦的前額，以及可能是由烏鯊的牙齒和寄生生物所造成、遍布全身的大斑點都非常獨特。雌鯨的下顎雖然也同樣有隆起(較不明顯)，但是沒長外露的牙齒。想要與其他中喙鯨屬的喙鯨區分可能非常困難。柏氏中喙鯨的種名*densirostris*意謂「骨質緻密的嘴喙」，因為最早是根據一小片沉重的下顎來描述這個品種；後來才發現柏氏中喙鯨的骨骼是動物界中密度最高者。

- **別名**：(舊稱：布蘭氏喙鯨)、鈍喙鯨、大西洋喙鯨、熱帶喙鯨
- **台灣俗名**：鼠鯸、鵝仔頭

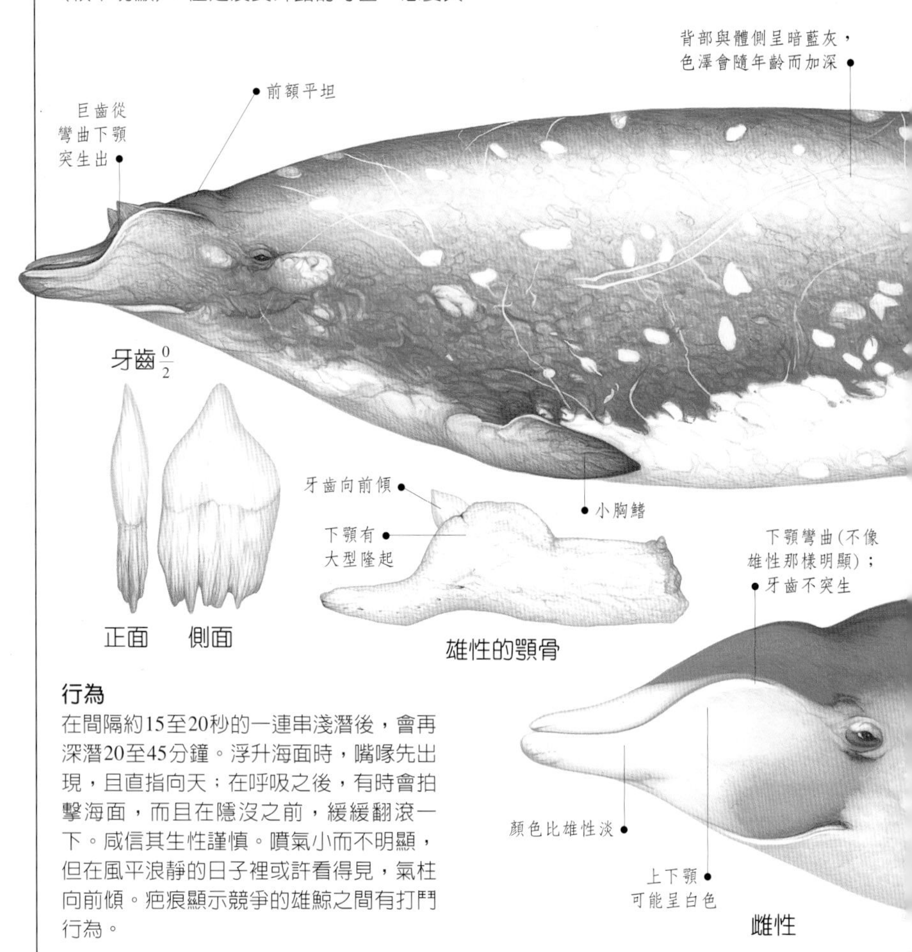
背部與體側呈暗藍灰，色澤會隨年齡而加深
前額平坦
巨齒從彎曲下顎突生出
牙齒 0/2
正面
側面
牙齒向前傾
下顎有大型隆起
小胸鰭
雄性的顎骨
下顎彎曲(不像雄性那樣明顯)；牙齒不突生
顏色比雄性淡
上下顎可能呈白色
雌性

行為

在間隔約15至20秒的一連串淺潛後，會再深潛20至45分鐘。浮升海面時，嘴喙先出現，且直指向天；在呼吸之後，有時會拍擊海面，而且在隱沒之前，緩緩翻滾一下。咸信其生性謹慎。噴氣小而不明顯，但在風平浪靜的日子裡或許看得見，氣柱向前傾。疤痕顯示競爭的雄鯨之間有打鬥行為。

族群大小：1-6 (1-12)	背鰭位置：中央偏體後方

現況：不詳	現存：不詳	威脅：不詳

鑑別清單

- 下顎明顯彎曲
- 巨齒似角
- 前額平坦
- 背部色深，腹部較淡
- 全身遍布斑塊
- 嘴喙粗長
- 背鰭明顯
- 隆起的下顎及牙齒使喙部呈凹槽狀
- 會以嘴喙拍擊海面

初生1.9-2.6公尺
成年4.5-6公尺

背面色暗，
腹面色淡

尾鰭

尾鰭沒有凹刻，
但中央可能有微微
的突起或小刻痕

背鰭突出而彎曲，
或呈三角形

身上可能
疤痕累累

潛水時，
尾鰭不會揚
升出水

體型粗壯，
呈紡錘狀

雄性

腹部有
淡色斑塊

全身布有黃褐色
或灰白色的斑塊

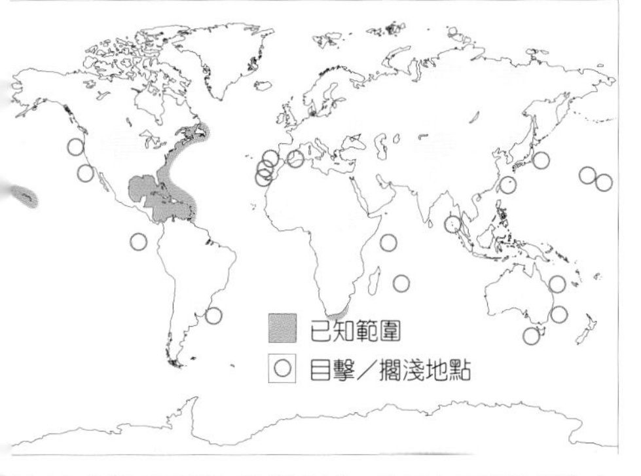

已知範圍
目擊／擱淺地點

廣泛分布於暖溫帶及熱帶水域，美國大西洋沿岸為主

何處觀賞

記錄來自世界各地的海洋，也許是中喙鯨屬當中分布最廣者。美國的大西洋沿岸似乎是主要的集結地，南非次之，不過數目少了很多；而夏威夷，尤其是歐胡島的懷亥奈海岸曾見過一些小群隊。世界上其他地區也有廣泛的分布記錄，但是數量較少；英國近來發現了一隻擱淺的母鯨。柏氏中喙鯨似乎性喜深海水域；也被視為所有喙鯨中最多分布於遠洋深水海域者，原因是牠擱淺在遠洋孤島的頻率與在大陸一樣多。似乎會避開極地水域。本種是本科中最普遍者，但是很少直接觀察到，或許是因其遠離陸地之故。

初生重量：約60公斤	成年重量：約1公噸	食物：

科：喙鯨科	種：*Mesoplodon europaeus*	棲所：

傑氏中喙鯨(GERVAIS' BEAKED WHALE)

和大多數的喙鯨一樣，我們對傑氏中喙鯨的了解並不多。雌鯨在海上可能難以辨認出，雄鯨更加不可能辨認。或許可以利用位於嘴喙頂端至嘴角1/3處的一對牙齒來辨認擱淺的雄鯨；當雄鯨閉嘴時，這對嵌在上顎凹溝中的牙齒仍看得見。雌鯨的牙齒並不突出。最可能與初氏中喙鯨(第132頁)、柯氏喙鯨(第142頁)、柏氏中喙鯨(第120頁)與梭氏中喙鯨(第114頁)混淆。牙齒的正確位置，以及明顯但狹窄的嘴喙是在海中辨識雄性傑氏中喙鯨的最佳線索。

• **別名**：(舊稱：傑氏喙鯨)、灣流喙鯨、歐洲喙鯨、安地列斯喙鯨

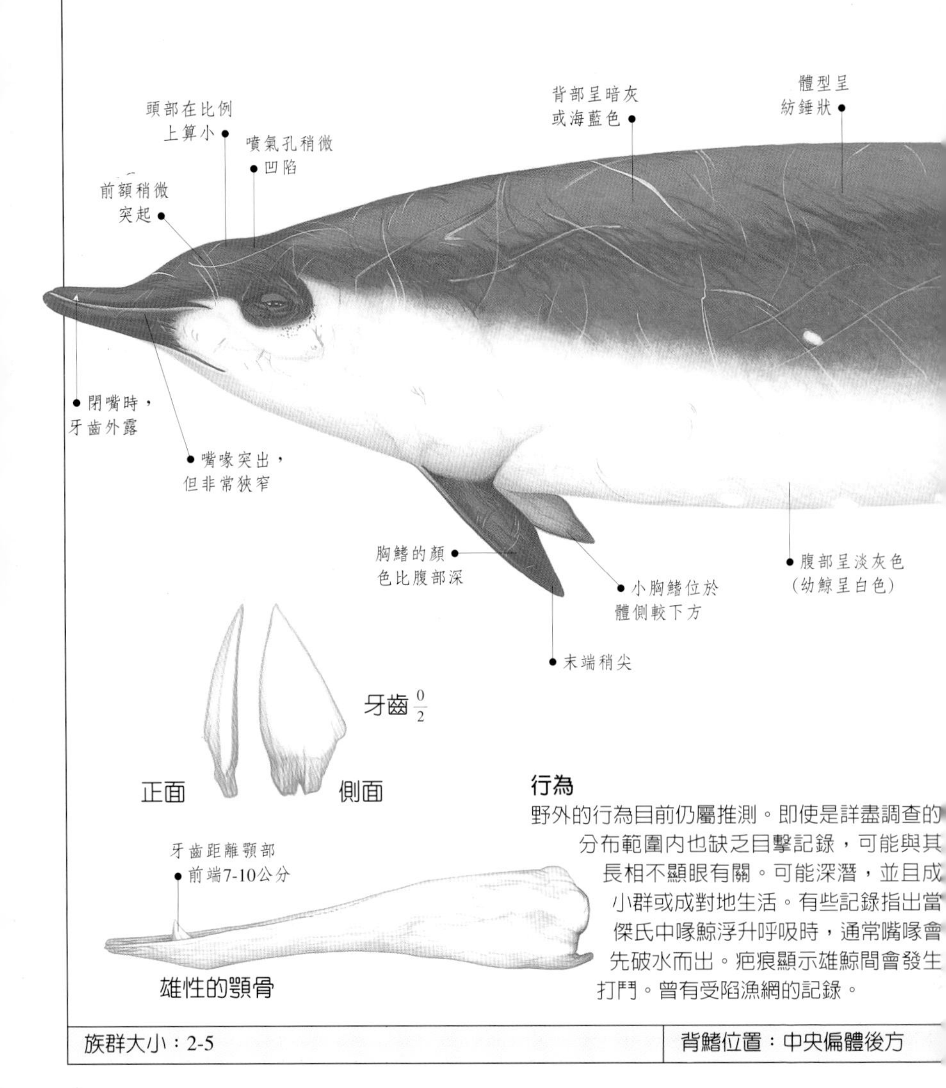
頭部在比例上算小
噴氣孔稍微凹陷
前額稍微突起
背部呈暗灰或海藍色
體型呈紡錘狀
閉嘴時，牙齒外露
嘴喙突出，但非常狹窄
胸鰭的顏色比腹部深
小胸鰭位於體側較下方
末端稍尖
腹部呈淡灰色(幼鯨呈白色)
牙齒 $\frac{0}{2}$
正面
側面
牙齒距離顎部前端7-10公分
雄性的顎骨

行為

野外的行為目前仍屬推測。即使是詳盡調查的分布範圍內也缺乏目擊記錄，可能與其長相不顯眼有關。可能深潛，並且成小群或成對地生活。有些記錄指出當傑氏中喙鯨浮升呼吸時，通常嘴喙會先破水而出。疤痕顯示雄鯨間會發生打鬥。曾有受陷漁網的記錄。

族群大小：2-5	背鰭位置：中央偏體後方

現況：不詳	現存：不詳	威脅：▦

鑑別清單

- 嘴喙突出而狹窄
- 前額略微突起
- 身上有疤痕
- 噴氣孔凹陷
- 小胸鰭位置偏低
- 腹部有白色的斑塊
- 背部色暗，腹部色淡
- 閉嘴時，牙齒仍看得見
- 背鰭小，與鯊魚相似

寬大尾鰭呈暗灰色

初生1.6-2.2公尺
成年4.5-5.2公尺

沒有凹刻

尾鰭

鯊魚似的小型背鰭

背鰭末端可能鈍圓

後緣稍微向內凹

背鰭

尾幹呈暗灰或海藍色

身上有疤痕

雄性

腹部有不規則白色斑塊，生殖部位周圍尤其明顯

何處觀賞

首次記錄是1840年代漂浮在英吉利海峽的標本(這是其學名*Mesoplodon europaeus*的由來)，但是自此以後，歐洲北部就再也沒有新發現。目前的資料主要得自北大西洋西部。牠是美國大西洋沿岸最常擱淺的中喙鯨屬。北大西洋西南部似乎是其分布範圍的中心，因為美國的佛羅里達州與北卡羅來納州擁有最多的記錄。巴哈馬、牙買加、千里達、托貝哥以及古巴都有記錄，但是在墨西哥灣並不特別普遍。加那利群島、西非的幾內亞比索與茅利塔尼亞，以及南大西洋的亞森欣群島有廣泛分散的擱淺記錄。可能與橫越大西洋灣流的溫暖水域有關。

已知範圍

目擊／擱淺地點

大西洋的亞熱帶與暖溫帶深水海域

初生重量：約50公斤	成年重量：約1-2公噸	食物：🦑

科：喙鯨科	種：*Mesoplodon ginkgodens*	棲所：

銀杏齒中喙鯨(GINKGO-TOOTHED BEAKED WHALE)

銀杏齒中喙鯨的資料非常少。其名得自雄鯨獨特的牙齒類似日本盛產的銀杏樹葉——同時日本也是首次發現並描述銀杏齒中喙鯨的地點。這些牙齒寬約10公分，是已知中喙鯨屬之最寬者。雄鯨全身一致呈深色，死亡後顏色還會變得更深；有些專家認為銀杏齒中喙鯨活體顏色是深藍色。身上的傷痕比本屬大多數喙鯨來得少。然而，雄鯨的肚臍周遭有頗特別的白色斑點或斑塊，寬度一般約為3-4公分，可能是寄生生物所造成的疤痕，而非真正的體色。一般認為雌鯨具有中灰色的背部及淡灰色的腹部，而頭部的顏色可能更淡。在海中鑑別雄鯨可能非常困難，要確認海中的雌鯨則更加不可能。

- **別名**：(舊稱：銀杏齒喙鯨)、日本喙鯨、銀杏喙鯨
- **台灣俗名**：海牛、鼠鯃

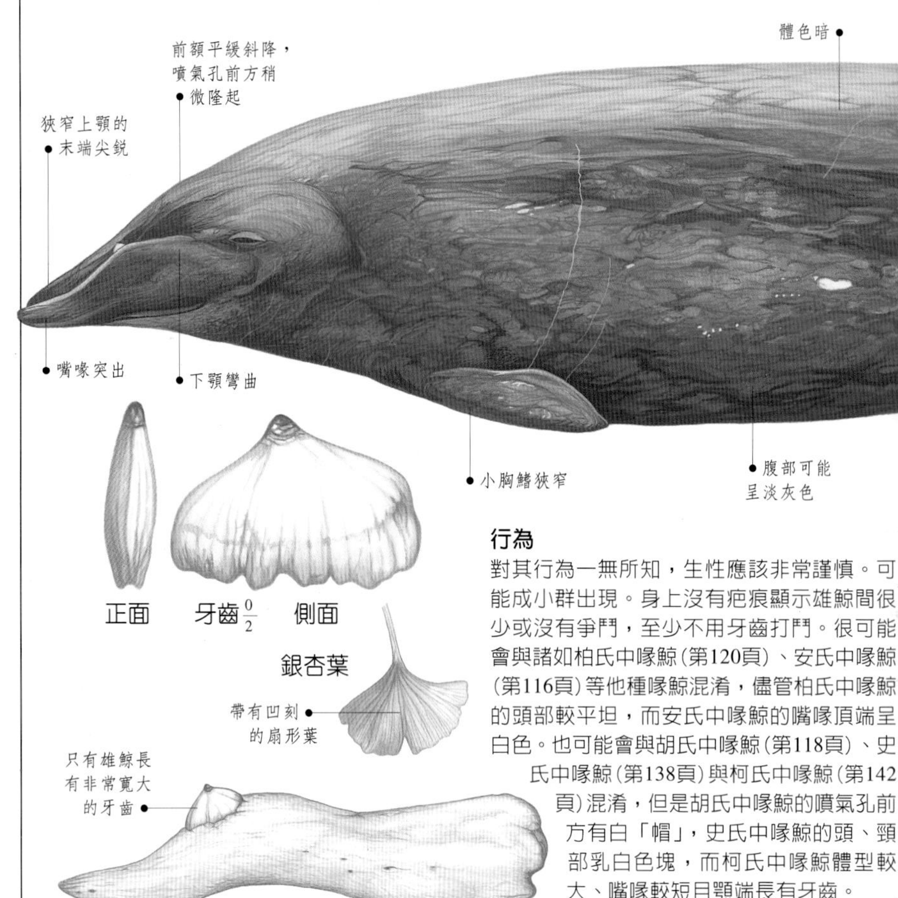

體色暗
前額平緩斜降，
噴氣孔前方稍
微隆起
狹窄上顎的
末端尖銳
嘴喙突出
下顎彎曲
小胸鰭狹窄
腹部可能
呈淡灰色
正面
牙齒 0/2
側面
銀杏葉
帶有凹刻
的扇形葉
只有雄鯨長
有非常寬大
的牙齒
雄性的顎骨

行為

對其行為一無所知，生性應該非常謹慎。可能成小群出現。身上沒有疤痕顯示雄鯨間很少或沒有爭鬥，至少不用牙齒打鬥。很可能會與諸如柏氏中喙鯨(第120頁)、安氏中喙鯨(第116頁)等他種喙鯨混淆，儘管柏氏中喙鯨的頭部較平坦，而安氏中喙鯨的嘴喙頂端呈白色。也可能會與胡氏中喙鯨(第118頁)、史氏中喙鯨(第138頁)與柯氏中喙鯨(第142頁)混淆，但是胡氏中喙鯨的噴氣孔前方有白「帽」，史氏中喙鯨的頭、頸部乳白色塊，而柯氏中喙鯨體型較大、嘴喙較短且顎端長有牙齒。

族群大小：不詳	背鰭位置：中央偏體後方

現況：不詳	現存：不詳	威脅：不詳

鑑別清單

- 嘴喙稍長
- 雄性體色呈藍黑色
- 雌性體色呈中灰色
- 少有或沒有疤痕
- 前額平緩斜降
- 下顎彎曲
- 牙齒大都被下垂的皮膜蓋住
- 小背鰭尖銳
- 牙齒接近顎部中間

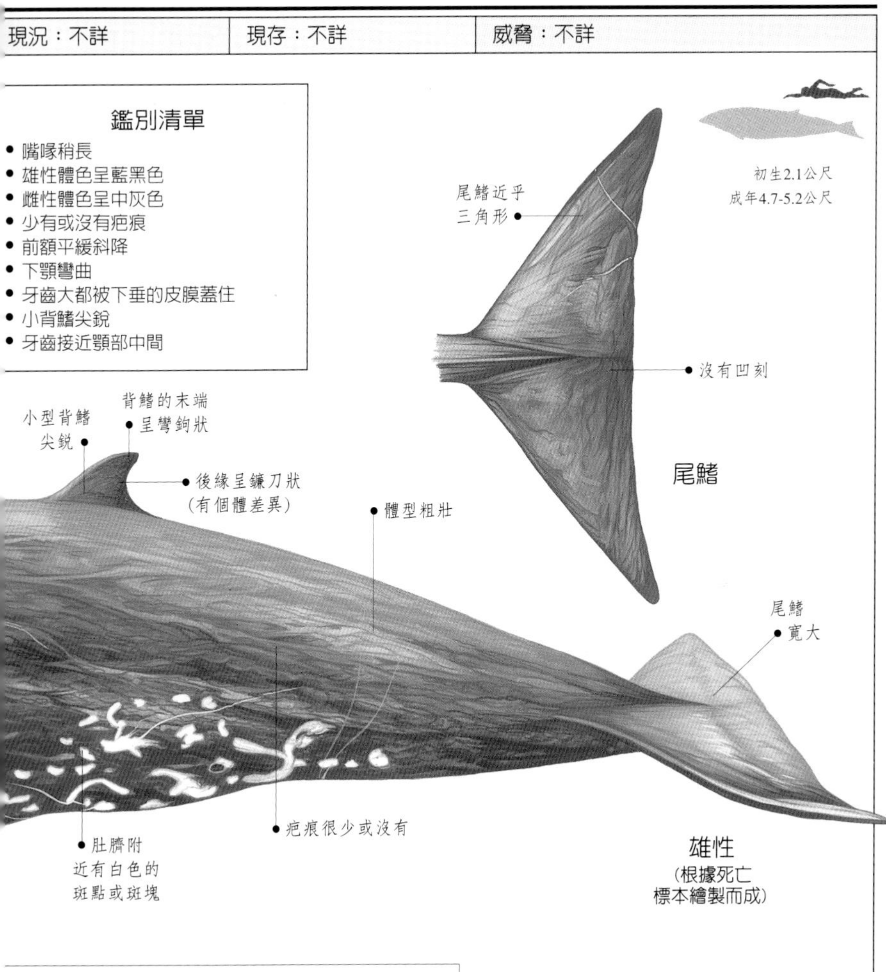
初生2.1公尺
成年4.7-5.2公尺
尾鰭近乎
三角形
沒有凹刻
尾鰭
小型背鰭
尖銳
背鰭的末端
呈彎鉤狀
後緣呈鐮刀狀
(有個體差異)
體型粗壯
尾鰭
寬大
肚臍附
近有白色的
斑點或斑塊
疤痕很少或沒有

雄性
(根據死亡
標本繪製而成)

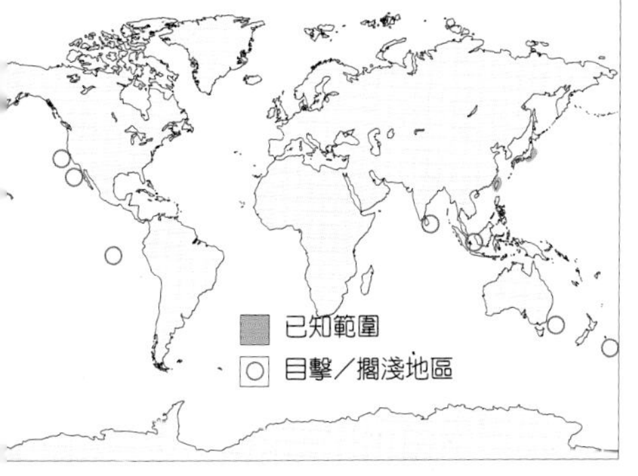
已知範圍
目擊／擱淺地區

何處觀賞

僅由少數散離各地的擱淺事件獲得資料。記錄顯示主要出沒在北太平洋，北太平洋西部也許最為常見，尤其日本海岸外；顯然也會出沒於南太平洋與印度洋。似乎喜好暖溫帶至熱帶的地區，平常的棲所應該在深海。銀杏齒中喙鯨之所以不常見可能因為生活區遠離主要航道，或是在詳盡調查的地區之外；也可能因為生活在離陸地極遠的水域，只有極少數的標本能夠保留至沖刷上岸。

平洋與印度洋的暖溫帶與熱帶水域

初生重量：不詳	成年重量：約1.5-2公噸	食物：

科：喙鯨科	種：*Mesoplodon grayi*	棲所：≋

哥氏中喙鯨(GRAY'S BEAKED WHALE)

雖然在海中鑑別雄性哥氏中喙鯨頗困難，卻也不是完全不可能：其平直的唇線與細長的白嘴喙都非常獨特，而且經常浮現在海面上。儘管多數的相關資料都來自擱淺的死鯨，但已有多次經過證實的目擊記錄，主要是在南印度洋附近。雄鯨有兩隻相當小的三角齒，長在顎端稍後方，當雄鯨閉嘴時也看得見；雌鯨通常沒有突生的牙齒。雌雄兩性的上顎都有成排的退化小牙齒，著床在牙齦中，而非深植在顎骨上，位置在主齒的後方，通常看得見。許多喙鯨都有退化牙齒，但是通常不會長出來，因此有人提議將哥氏中喙鯨歸到另一新屬*Oulodon*屬，但未被廣泛接受。從目前有限的資料推測，哥氏中喙鯨可能非常合群，這在喙鯨科中並不尋常。想要鑑別海中的雌鯨與幼鯨可能相當困難。

• **別名**：（舊稱：哥瑞氏喙鯨）、下躍喙鯨、南方喙鯨

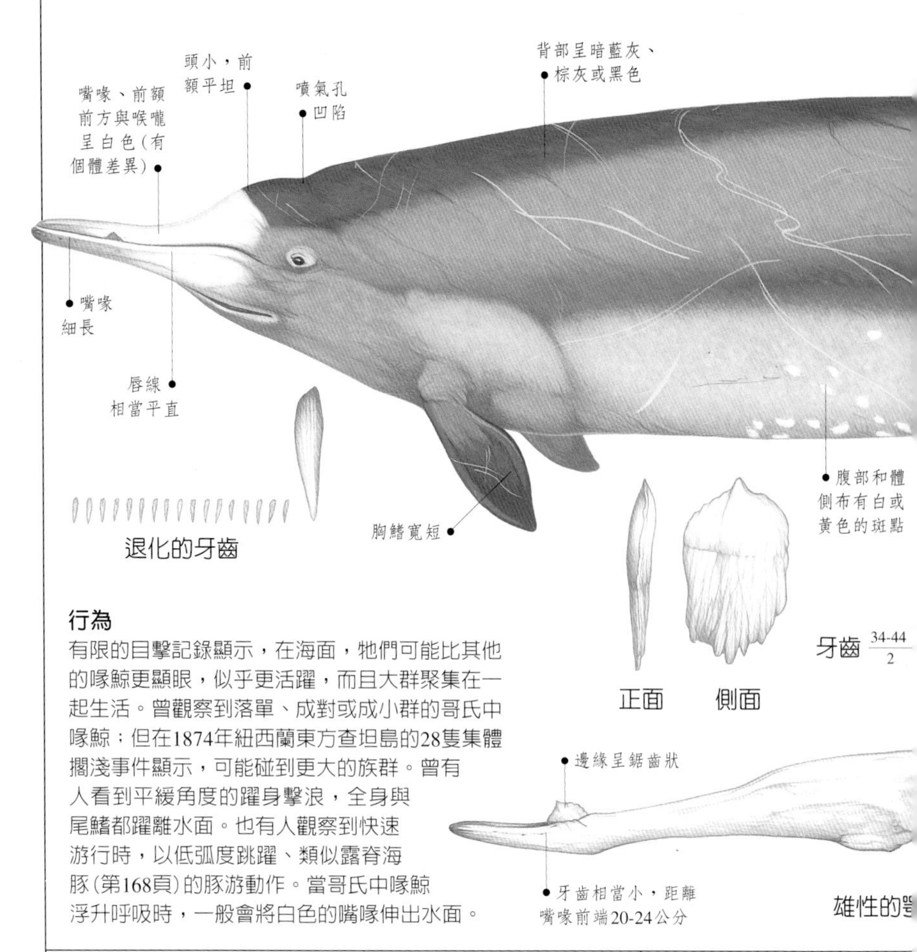
頭小，前額平坦
噴氣孔凹陷
背部呈暗藍灰、棕灰或黑色
嘴喙、前額前方與喉嚨呈白色（有個體差異）
嘴喙細長
唇線相當平直
胸鰭寬短
腹部和體側布有白或黃色的斑點
退化的牙齒
正面
側面
牙齒 34-44/2
邊緣呈鋸齒狀
牙齒相當小，距離嘴喙前端20-24公分
雄性的

行為

有限的目擊記錄顯示，在海面，牠們可能比其他的喙鯨更顯眼，似乎更活躍，而且大群聚集在一起生活。曾觀察到落單、成對或成小群的哥氏中喙鯨；但在1874年紐西蘭東方查坦島的28隻集體擱淺事件顯示，可能碰到更大的族群。曾有人看到平緩角度的躍身擊浪，全身與尾鰭都躍離水面。也有人觀察到快速游行時，以低弧度跳躍、類似露脊海豚（第168頁）的豚游動作。當哥氏中喙鯨浮升呼吸時，一般會將白色的嘴喙伸出水面。

族群大小：2-6 (1-10)，曾有28隻集體擱淺的記錄	背鰭位置：中央偏體後方

現況：不詳	現存：不詳	威脅：不詳

鑑別清單

- 唇線相當平直
- 嘴喙細長
- 白色嘴喙會揚升出水
- 體型修長，頭部小
- 牙齒小，呈三角形
- 背鰭呈鉤狀
- 前額相當平坦
- 可能躍身擊浪或豚游
- 可能極具群居性

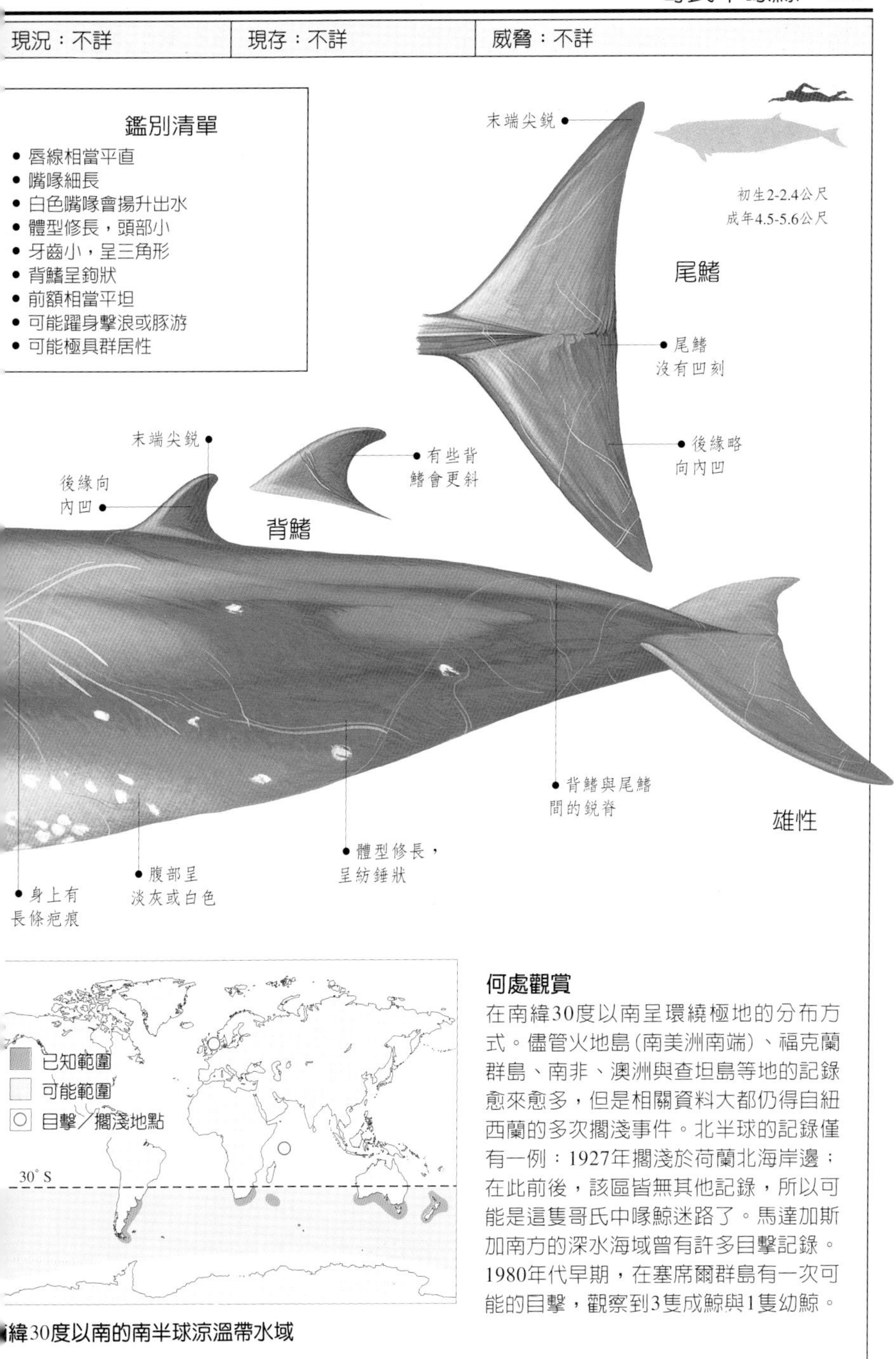
初生2-2.4公尺
成年4.5-5.6公尺
末端尖銳
尾鰭
尾鰭
沒有凹刻
後緣略
向內凹
末端尖銳
有些背
鰭會更斜
後緣向
內凹
背鰭
背鰭與尾鰭
間的銳脊
雄性
體型修長，
呈紡錘狀
腹部呈
淡灰或白色
身上有
長條疤痕
已知範圍
可能範圍
目擊／擱淺地點
30° S

緯30度以南的南半球涼溫帶水域

何處觀賞

在南緯30度以南呈環繞極地的分布方式。儘管火地島（南美洲南端）、福克蘭群島、南非、澳洲與查坦島等地的記錄愈來愈多，但是相關資料大都仍得自紐西蘭的多次擱淺事件。北半球的記錄僅有一例：1927年擱淺於荷蘭北海岸邊；在此前後，該區皆無其他記錄，所以可能是這隻哥氏中喙鯨迷路了。馬達加斯加南方的深水海域曾有許多目擊記錄。1980年代早期，在塞席爾群島有一次可能的目擊，觀察到3隻成鯨與1隻幼鯨。

初生重量：不詳	成年重量：1-1.5公噸	食物：

科：喙鯨科	種：*Mesoplodon hectori*	棲所：不詳

賀氏中喙鯨(HECTOR'S BEAKED WHALE)

賀氏中喙鯨是本科中體型較小的成員，頭顱也是中喙鯨屬中最小者。1866年首次發現，但是直至1975年也只有7具已經腐敗的標本，而且都在南半球。到了1978年才發現首隻可辨認的雄鯨；目前已有20多具標本，其中4隻擱淺在美國的加州，這顯示分布地可能廣及北太平洋。少有關於活體的檢查報告，因為大多數的資訊得自骨骼或頭顱。儘管如此，仍有2次可能的目擊，都發生在加州：1976年7月，卡塔利娜島外海曾拍攝到一對賀氏中喙鯨；1978年9月，在聖地牙哥西方80公里處也發現一對。儘管小巧的體型加上牙齒的形狀、位置(僅雄鯨突出)相當獨特，但想要在海中辨認賀氏中喙鯨還是非常困難。

• **別名**：(舊稱：賀克氏喙鯨)、歪嘴喙鯨、紐西蘭喙鯨

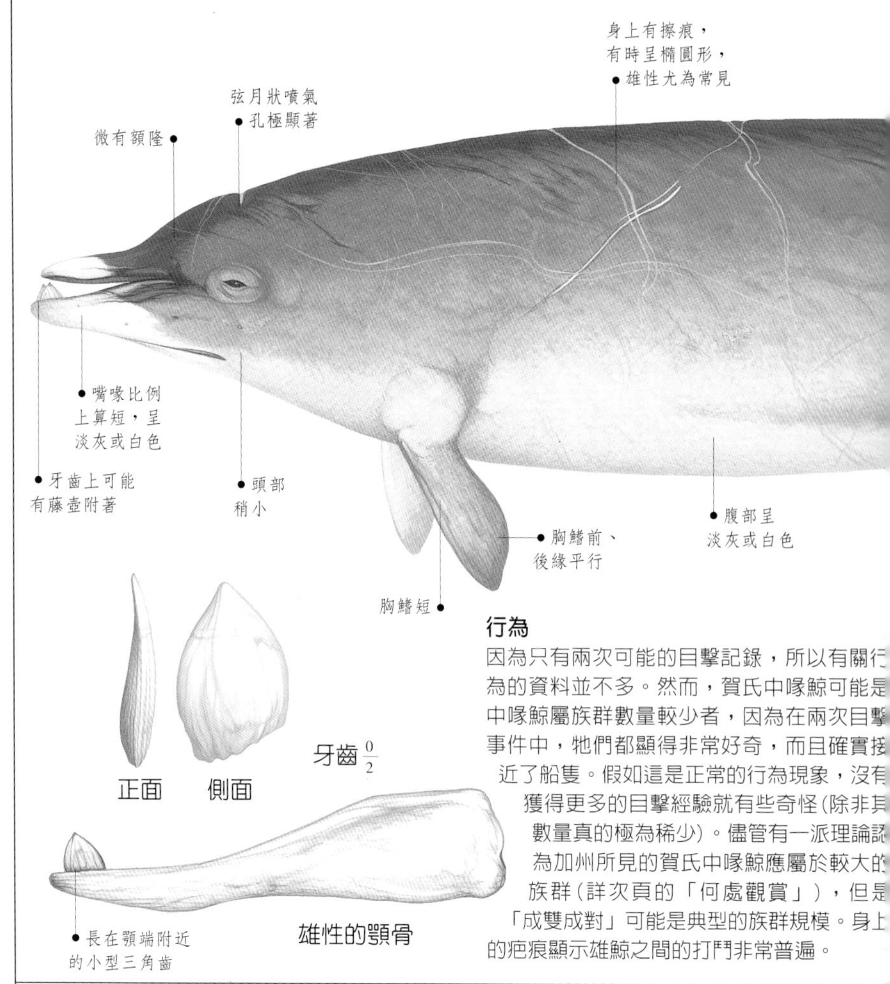
身上有擦痕，
有時呈橢圓形，
雄性尤為常見
弦月狀噴氣
孔極顯著
微有額隆
嘴喙比例
上算短，呈
淡灰或白色
牙齒上可能
有藤壺附著
頭部
稍小
胸鰭前、
後緣平行
腹部呈
淡灰或白色
胸鰭短
正面
側面
牙齒 $\frac{0}{2}$
長在顎端附近
的小型三角齒
雄性的顎骨

行為

因為只有兩次可能的目擊記錄，所以有關行為的資料並不多。然而，賀氏中喙鯨可能是中喙鯨屬族群數量較少者，因為在兩次目擊事件中，牠們都顯得非常好奇，而且確實接近了船隻。假如這是正常的行為現象，沒有獲得更多的目擊經驗就有些奇怪(除非其數量真的極為稀少)。儘管有一派理論認為加州所見的賀氏中喙鯨應屬於較大的族群(詳次頁的「何處觀賞」)，但是「成雙成對」可能是典型的族群規模。身上的疤痕顯示雄鯨之間的打鬥非常普遍。

族群大小：不詳(可能成對出現)	背鰭位置：中央偏體後方

現況：不詳	現存：不詳	威脅：不詳

鑑別清單

- 背鰭小，呈三角形
- 體型小
- 有許多擦傷與疤痕
- 嘴喙比例上算短
- 牙齒呈三角形
- 牙齒接近顎端
- 背部色暗，腹部色淡
- 下顎的顏色較上顎淡
- 可能接近船隻

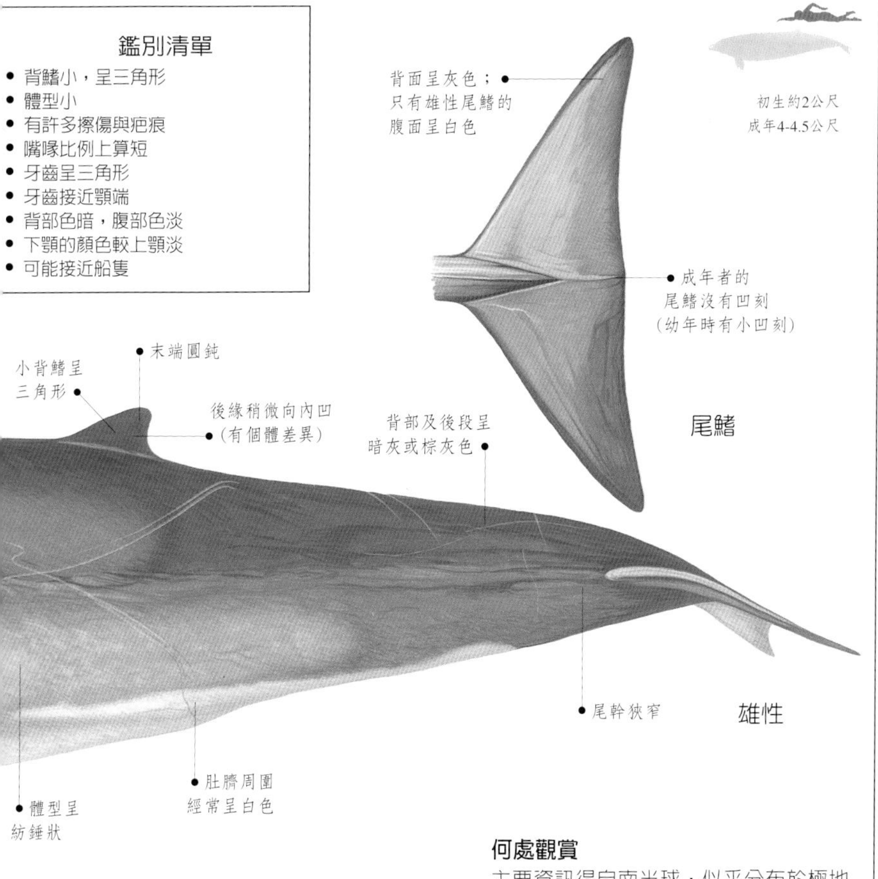
背面呈灰色；只有雄性尾鰭的腹面呈白色
初生約2公尺
成年4-4.5公尺
成年者的尾鰭沒有凹刻（幼年時有小凹刻）
尾鰭
末端圓鈍
小背鰭呈三角形
後緣稍微向內凹（有個體差異）
背部及後段呈暗灰或棕灰色
尾幹狹窄
雄性
肚臍周圍經常呈白色
體型呈紡錘狀

何處觀賞

主要資訊得自南半球，似乎分布於極地附近及南回歸線的南方，呈現環繞極區分布的狀況。多數的記錄來自紐西蘭，但福克蘭群島的福克蘭海灣、南非的洛特林河、塔斯馬尼亞的阿德文徹灣及南美洲南部的火地島等地也有報告。1975、1978、1979三年，加州曾有四起擱淺事件。除此之外，五年內還有兩起可能的目擊事件，而且都在南加州的同一個小區域內。因此，無法確定賀氏中喙鯨在北太平洋的正常分布，因為加州的這些個體可能只代表一小群迷途者而已。反之，其分布範圍也有可能更大，甚至擴及其他北方的溫帶水域。

南回歸線

○ 目擊／擱淺地點

半球的冷溫帶水域，北太平洋東部也可能出現

初生重量：不詳	成年重量：約1-2公噸	食物：

科：喙鯨科	種：*Mesoplodon layardii*	棲所：≋

長齒中喙鯨(STRAP-TOOTHED WHALE)

長齒中喙鯨屬喙鯨中體型較大者，也是少數能在海中鑑別出的喙鯨。雄鯨的下顎長有兩隻向上朝後彎，且超過上顎頂部的特殊牙齒。老鯨的牙齒有時可長到30公分，甚至更長，而且可能交會於中間，即嘴喙上方，就像「口罩」般，使其嘴部無法好好地打開；但老鯨仍可像吸塵器般用嘴喙吸食；牙齒可能就像「柵欄」一樣將食物直接導入喉嚨內。雌鯨的牙齒不突生，因此幾乎不可能在海中辨認出來(儘管許多群隊中可能有雄成鯨伴隨)。雄幼鯨的牙齒較成鯨小，且更趨近三角形。

• 別名：(舊稱：長齒喙鯨)、長齒鯨、拉雅氏喙鯨、鉤齒喙鯨

暗色區域較成年者淡

明暗夾雜的圖案和成年者相同，但顏色正好相反

仔鯨

深色如「面具」的色塊

傾斜的前額有稍微突起的額隆

海草有時會纏繞在長齒上

灰和白色的部位可能帶點黃色調，死後尤其明顯

胸鰭狹小

雙長牙會繞過上顎，在中間交會

嘴部不能正常開啓

雄性老鯨(正面觀)

牙齒 $\frac{0}{2}$ 正面 側面

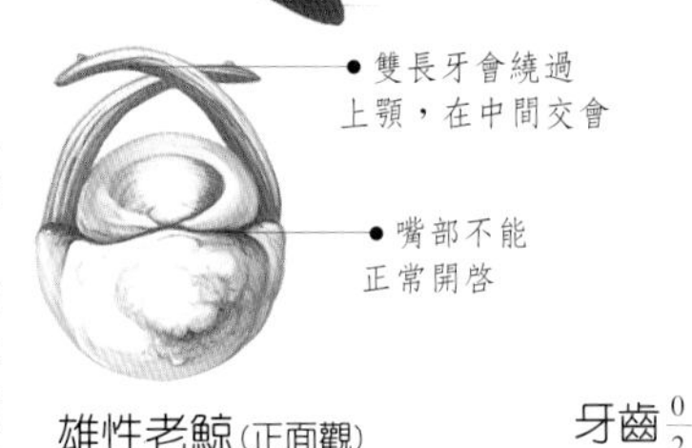
後傾的牙齒距離下顎前端30公分或更遠
雄性的顎骨

行為

野外罕見；在風平浪靜、晴朗的天氣裡，可能浮出水面曬太陽；通常很難接近，大型船隻更不容易。開始潛水時，尾鰭一般不露出海面。有限的觀察中顯示牠們會緩慢地沉入海面，幾乎水波不興，然後再從150-200公尺外浮升出水噴氣；或者以頗具特色的側翻潛水，在海面先只露出一隻胸鰭，游開一段距離後再浮升。一般的潛水時間約為10至15分鐘。咸信浮升海面呼吸時，是先以嘴喙破水而出，接著才是頭部。疤痕顯示雄鯨間會打鬥。

族群大小：1-3	背鰭位置：中央偏體後方

現況：不詳	現存：不詳	威脅：不詳

鑑別清單

- 牙齒上彎至上顎
- 背鰭小
- 體色明暗涇渭分明
- 軀體疤痕相當多
- 嘴喙長而細
- 額隆微突
- 臉上深色色塊像「面具」
- 嘴喙先出水
- 難以接近

初生約2.5-3公尺
成年5-6.2公尺

尾鰭呈三角形

沒有凹刻

尾鰭

末端尖銳

背鰭低矮，呈鉤狀或三角形

軀體主要呈藍黑色，但也有的呈暗紫褐色

白或灰色的橢圓色塊，往前延伸出兩條線

身上有不少疤痕

體型呈紡錘狀

雄性

尾鰭前緣呈灰色

已知範圍

可能範圍

30°S

南半球的冷溫帶水域，從南極圈至南緯30度左右

何處觀賞

長齒中喙鯨是南半球最常記錄到的中喙鯨屬：擱淺與可能的目擊事件約有將近150起。分布範圍的北界約在南緯30度；南界遠至南極圈，但是主要的目擊地點都在較北處。資訊主要得自紐西蘭和澳洲，包括塔斯馬尼亞；但是南非、納米比亞、福克蘭群島、阿根廷、智利、以及烏拉圭等地也有出現記錄。族群大小不詳，但是咸信在分布範圍內則相當普遍。

初生重量：不詳	成年重量：約1-3公噸	食物：

科：喙鯨科	種：*Mesoplodon mirus*	棲所：

初氏中喙鯨(TRUE'S BEAKED WHALE)

初氏中喙鯨資料不多，也尚未有確切的海上鑑別記錄。分布範圍與許多中喙鯨屬重疊，但是可由雄鯨下顎前端的兩隻小牙來加以區別。柯氏中喙鯨(第142頁)的牙齒位置與初氏中喙鯨的差不多，但其頭部顏色較淡、嘴喙較不明顯且體型較大。雌性初氏中喙鯨的牙齒隱藏在牙齦內；雌鯨與幼鯨可能難以辨識，除非擱淺，才能進一步詳細檢查。初氏中喙鯨可能有兩種類型：最為人所知的一類生活在北大西洋；另一類則出現在南半球的部分地區。兩者的顱部與體色有少許差異。初氏中喙鯨的資訊得自40具標本，其中75%都發現於北大西洋。1913年，美國生物學家弗雷德里克．初將之命為「mirus」，意即「奇妙的」。

• **別名**：(舊稱：初氏喙鯨)、奇妙喙鯨

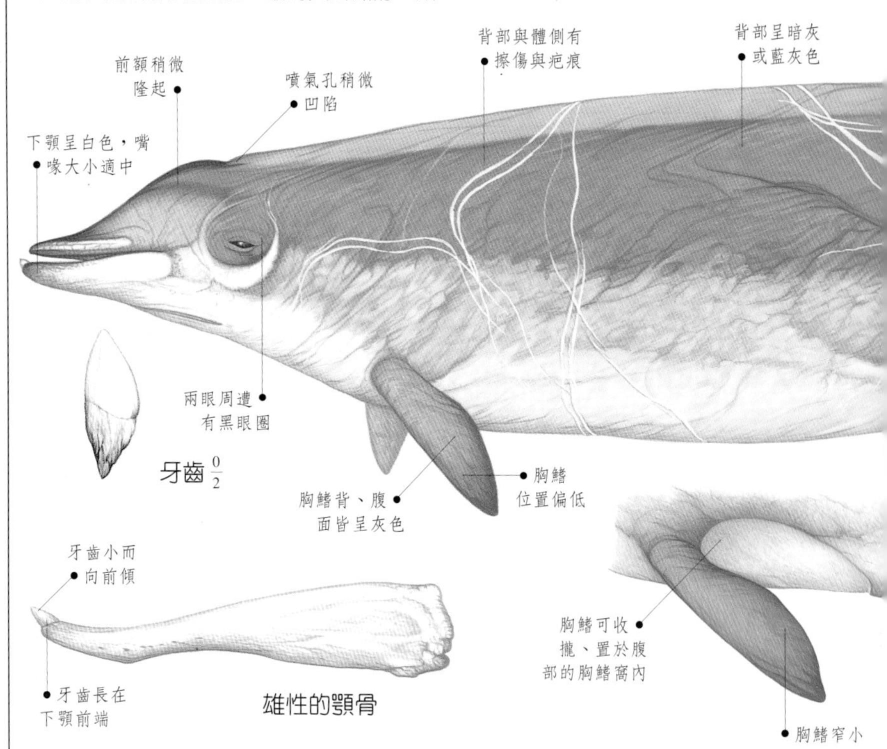

前額稍微隆起
噴氣孔稍微凹陷
下顎呈白色，嘴喙大小適中
背部與體側有擦傷與疤痕
背部呈暗灰或藍灰色
兩眼周遭有黑眼圈
牙齒 $\frac{0}{2}$
胸鰭背、腹面皆呈灰色
胸鰭位置偏低
牙齒小而向前傾
牙齒長在下顎前端
雄性的顎骨
胸鰭可收攏、置於腹部的胸鰭窩內
胸鰭窄小

行為

從未在海上鑑別出，所以對其行為一無所知；缺乏確切的目擊記錄可能只反應出在海上辨認的困難。背部和體側的擦傷與疤痕顯示雄鯨間會彼此爭鬥。可能會進行深潛。

胸鰭窩

就像其他中喙鯨屬一樣，初氏中喙鯨在軀體兩側的胸鰭與胸部連接處之後各有一個小凹處，稱為「胸鰭窩」。咸信當牠們游泳時，會將胸鰭收在窩內，貼緊體壁。只有仔細檢查擱淺的個體時，才能看見這兩個胸鰭窩。

族群大小：不詳	背鰭位置：中央偏體後方

現況：不詳	現存：不詳	威脅：不詳

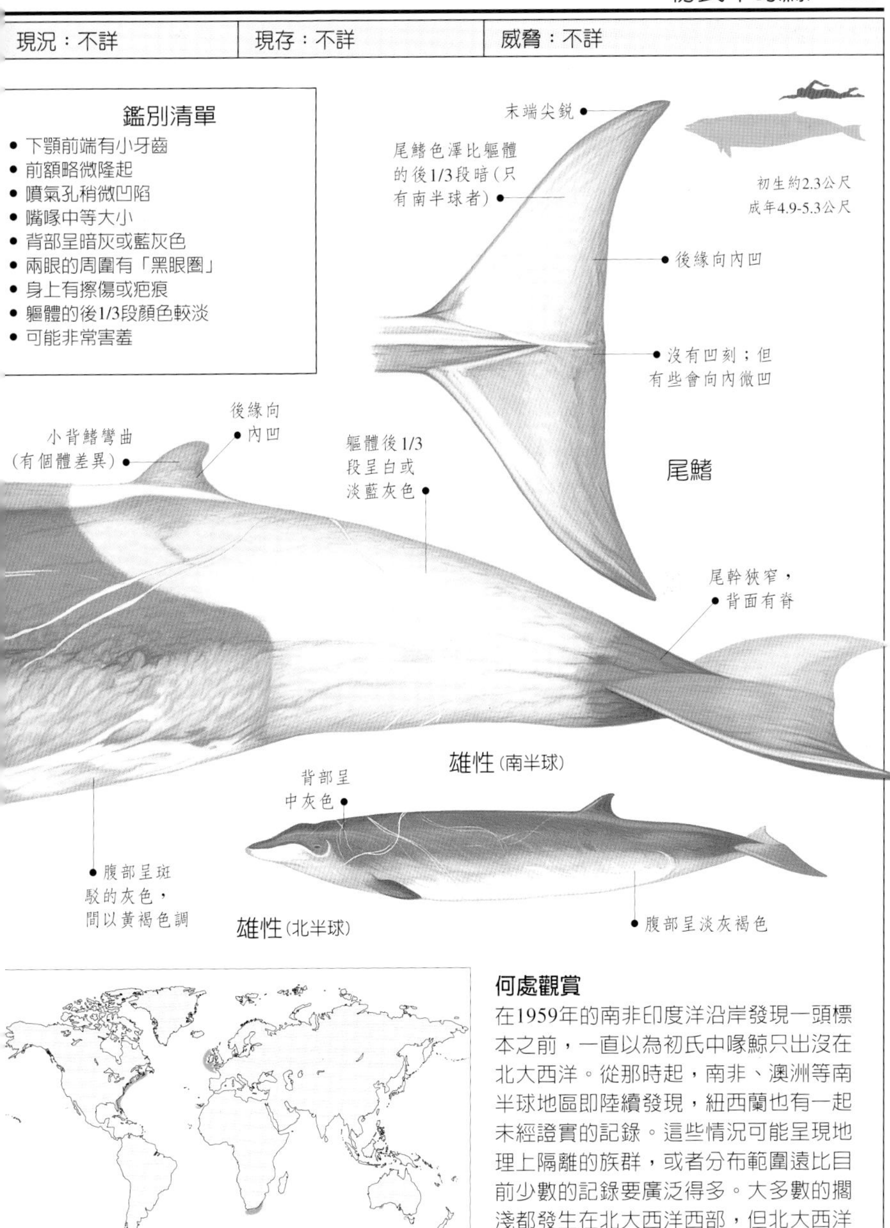
鑑別清單
• 下顎前端有小牙齒
• 前額略微隆起
• 噴氣孔稍微凹陷
• 嘴喙中等大小
• 背部呈暗灰或藍灰色
• 兩眼的周圍有「黑眼圈」
• 身上有擦傷或疤痕
• 軀體的後1/3段顏色較淡
• 可能非常害羞
末端尖銳
尾鰭色澤比軀體的後1/3段暗(只有南半球者)
初生約2.3公尺
成年4.9-5.3公尺
後緣向內凹
沒有凹刻；但有些會向內微凹
尾鰭
小背鰭彎曲(有個體差異)
後緣向內凹
軀體後1/3段呈白或淡藍灰色
尾幹狹窄，背面有脊
雄性(南半球)
背部呈中灰色
腹部呈斑駁的灰色，間以黃褐色調
雄性(北半球)
腹部呈淡灰褐色

何處觀賞

在1959年的南非印度洋沿岸發現一頭標本之前，一直以為初氏中喙鯨只出沒在北大西洋。從那時起，南非、澳洲等南半球地區即陸續發現，紐西蘭也有一起未經證實的記錄。這些情況可能呈現地理上隔離的族群，或者分布範圍遠比目前少數的記錄要廣泛得多。大多數的擱淺都發生在北大西洋西部，但北大西洋東部也有一些記錄：主要是在愛爾蘭的西岸以及英國、法國與加納利群島。可能與灣流有關。

北大西洋溫帶地區、東南非與大洋洲

初生重量：約136公斤	成年重量：約1-1.5公噸	食物：

科：喙鯨科	種：*Mesoplodon pacificus*	棲所：不詳

朗氏中喙鯨(LONGMAN'S BEAKED WHALE)

朗氏中喙鯨也許是最罕為人知的鯨，因為相關研究僅來自兩個風化的頭顱。假如牠的體長約有7公尺，則在中喙鯨屬中算是大型的。由於牠們相當特殊，以致有些專家主張將之單獨歸成一屬——*Indopacetus*，但是其他專家仍有異議。也有人認為牠們可能屬南瓶鼻鯨(第110頁)之類，但這種看法較不可能，因為兩者的顱部差異極多。另一種理論則表示：朗氏中喙鯨可能是初氏中喙鯨(第132頁)之亞種，因兩者頭顱相似。雖然曾有數次可能的目擊事件，但從未確切鑑別過活體。1980年，一位資深賞鯨人曾在印度洋塞席爾群島附近海域發現兩隻淡灰色的朗氏中喙鯨：估計其中一隻長7.5公尺，另一隻約為4.6公尺，兩者都具有長嘴喙及後緣平直的寬大尾鰭。由於缺乏朗氏中喙鯨的確切資料，所以此處的插畫是畫家根據初氏中喙鯨綜合可能的目擊記錄而繪出的。

• **別名**：(舊稱：朗文氏喙鯨)、太平洋喙鯨、印太洋喙鯨

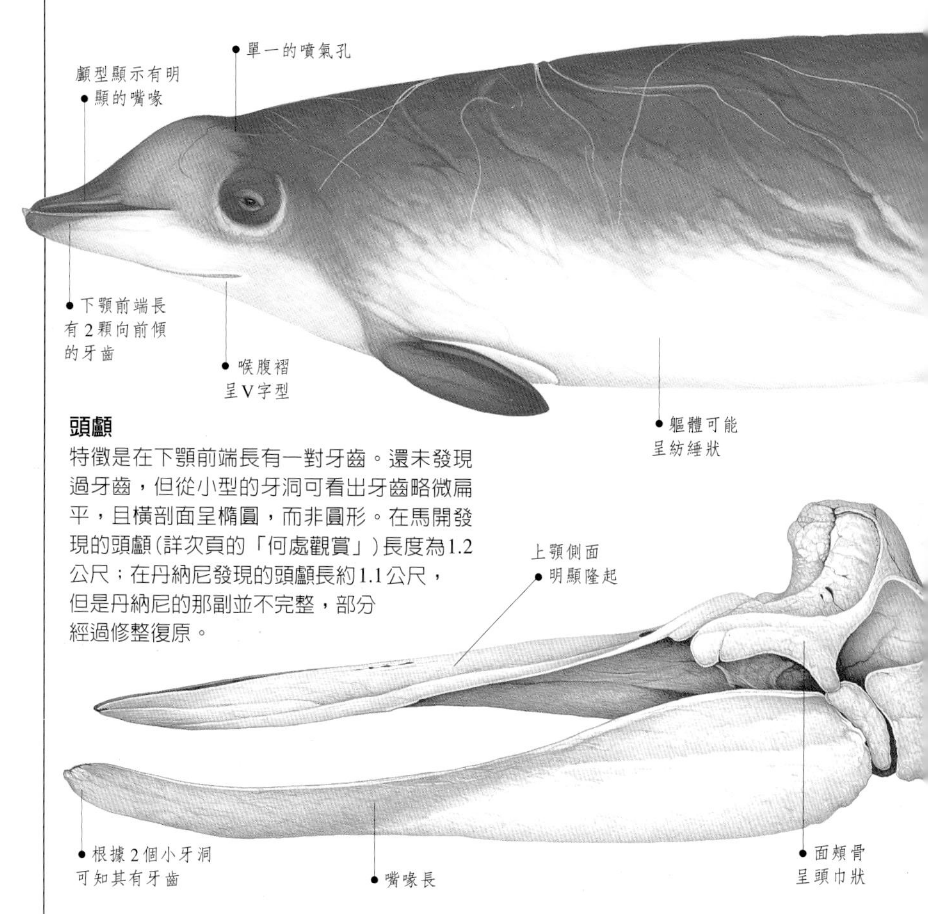
單一的噴氣孔
顱型顯示有明
顯的嘴喙
下顎前端長
有2顆向前傾
的牙齒
喉腹褶
呈V字型
軀體可能
呈紡錘狀
上顎側面
明顯隆起
根據2個小牙洞
可知其有牙齒
嘴喙長
面頰骨
呈頭巾狀

頭顱

特徵是在下顎前端長有一對牙齒。還未發現過牙齒，但從小型的牙洞可看出牙齒略微扁平，且橫剖面呈橢圓，而非圓形。在馬開發現的頭顱(詳次頁的「何處觀賞」)長度為1.2公尺；在丹納尼發現的頭顱長約1.1公尺，但是丹納尼的那副並不完整，部分經過修整復原。

族群大小：不詳	背鰭位置：不詳

現況：不詳	現存：不詳	威脅：不詳

鑑別清單
（推測所得）
- 體長7公尺或更長
- 尾鰭沒有凹刻
- 背鰭小
- 小胸鰭位置偏向體前方
- 下顎前端有牙齒
- 嘴喙長
- 可能棲息在遠洋
- 生性謹慎

鑑別

初生不詳
成年7-7.5公尺

根據發現的兩個頭顱就足以將朗氏中喙鯨歸入喙鯨科，因其頭部不對稱，嘴喙明顯，下顎比上顎長。下顎只有兩顆扁平的牙齒，因此被歸為中喙鯨屬。由其他中喙鯨屬的特徵得知可能以烏賊為食，棲居在開放海域的深水區；可能具有紡錘狀的軀體，兩個V字型喉腹褶，尾鰭沒有凹刻，背鰭位於軀體的中央偏後。然而，除非發現完整的標本，否則不可能在海上鑑別出來。

小型背鰭的位置可能在中央偏體後方
尾鰭中央可能沒有凹刻
關於體色不得而知，但可能有擦傷與疤痕

雄性
（根據目擊印象繪成）

何處觀賞

第一具頭顱發現於1882年澳洲昆士蘭東北的馬開；1926年，朗文根據此具頭顱為該品種命名。第二具頭顱則在1955年發現於索馬利亞摩加迪蘇的一家肥料工廠的地板上發現；後來得知是位漁夫在索馬利亞東北岸，丹納尼附近的海灘撿到的。這些相距遙遠的地點顯示朗氏中喙鯨可能廣泛地分布於印度洋與太平洋。在這兩個海洋的熱帶海域，曾有數次未鑑別喙鯨的可能目擊事件，或許正可以支持這個想法。根據對其他中喙鯨屬動物的了解，以及罕有目擊記錄的事實，判斷朗氏中喙鯨應該生活在遠洋深水海域。

頭顱／可能的目擊地點

能分布於印度洋與太平洋的熱帶深水海域

初生重量：不詳	成年重量：不詳	食物：不詳

科：喙鯨科	種：*Mesoplodon peruvianus*	棲所：不詳

秘魯中喙鯨(PERUVIAN BEAKED WHALE)

秘魯中喙鯨是中喙鯨屬裡體型最小者。相關資料僅僅得自13具標本，以及少數可能的海上目擊事件。1976年秘魯聖安地列斯的一處魚市場發現怪異頭顱的一部分，之後科學家即注意到牠們的存在；該頭顱經鑑定，外形應屬喙鯨屬，但是又與已知的品種不盡相同。1985年，第一具完整的秘魯中喙鯨標本是在秘魯利馬市南方的魚市場發現的。這促使科學家密集地到秘魯的各處魚市場調查，因而發現更多的標本。直至1988年11月，才在利馬市北方一處荒涼的海灘發現一隻雄成鯨；由於喙鯨的分類非常複雜，有了完全長成的雄鯨才能夠進行確切的鑑別。直到1991年才正式依據發現首具標本的地方(秘魯)來為這個新品種命名。由於這些說明是根據少數個體的概略資料而來，所以應視之為暫時性的記錄。

• **別名**：(舊稱：秘魯喙鯨)、小喙鯨、小中喙鯨

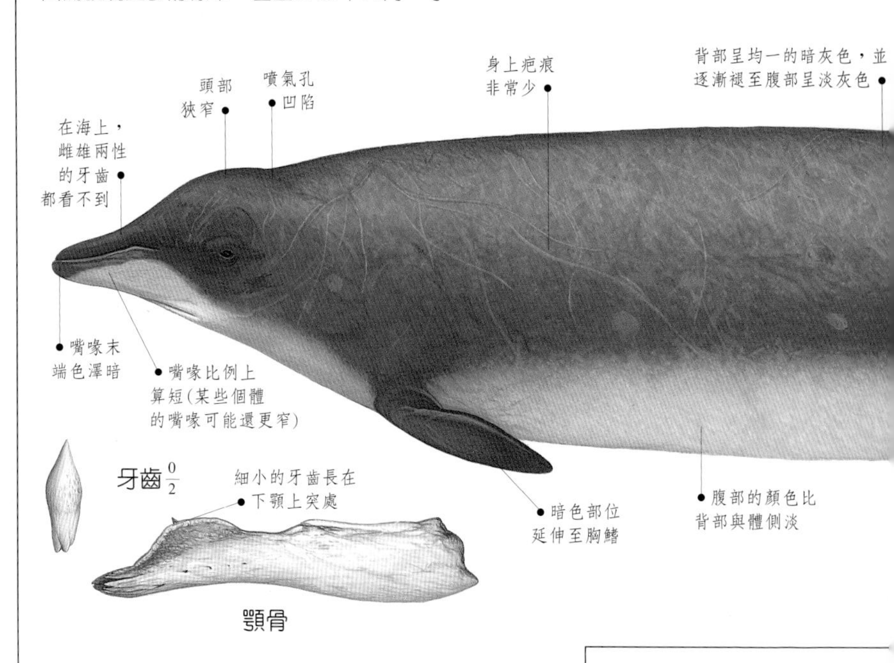
身上疤痕非常少
背部呈均一的暗灰色，並逐漸褪至腹部呈淡灰色
頭部狹窄
噴氣孔凹陷
在海上，雌雄兩性的牙齒都看不到
嘴喙末端色澤暗
嘴喙比例上算短(某些個體的嘴喙可能還更窄)
牙齒 $\frac{0}{2}$
細小的牙齒長在下顎上突處
暗色部位延伸至胸鰭
腹部的顏色比背部與體側淡
顎骨

行為

要在海上實地鑑別可能非常困難。目前的資料僅來自少數的觀察。擱淺都是單獨發生，但幾乎所有的可能目擊事件都是成對出現(唯一的例外是兩隻成鯨和一隻仔鯨共游)，容易與成對出游的賀氏中喙鯨(第128頁)混淆，對於兩者的行為差異不得而知。1986年與1988年共有五次可能的目擊報告，由此可見牠們還算容易接近。噴氣不明顯。攝食區似乎分布於中等至極深的海域。

鑑別清單

- 體型小
- 體色暗，色澤不明顯
- 背鰭小，呈三角形
- 身上少有疤痕
- 嘴喙小，前額斜傾
- 看不見牙齒
- 噴氣不明顯
- 可能成對出現
- 或許極易接近

族群大小：2-3，根據少數可能的目擊事件推測所得	背鰭位置：中央偏體後方

現況：不詳	現存：不詳	威脅：

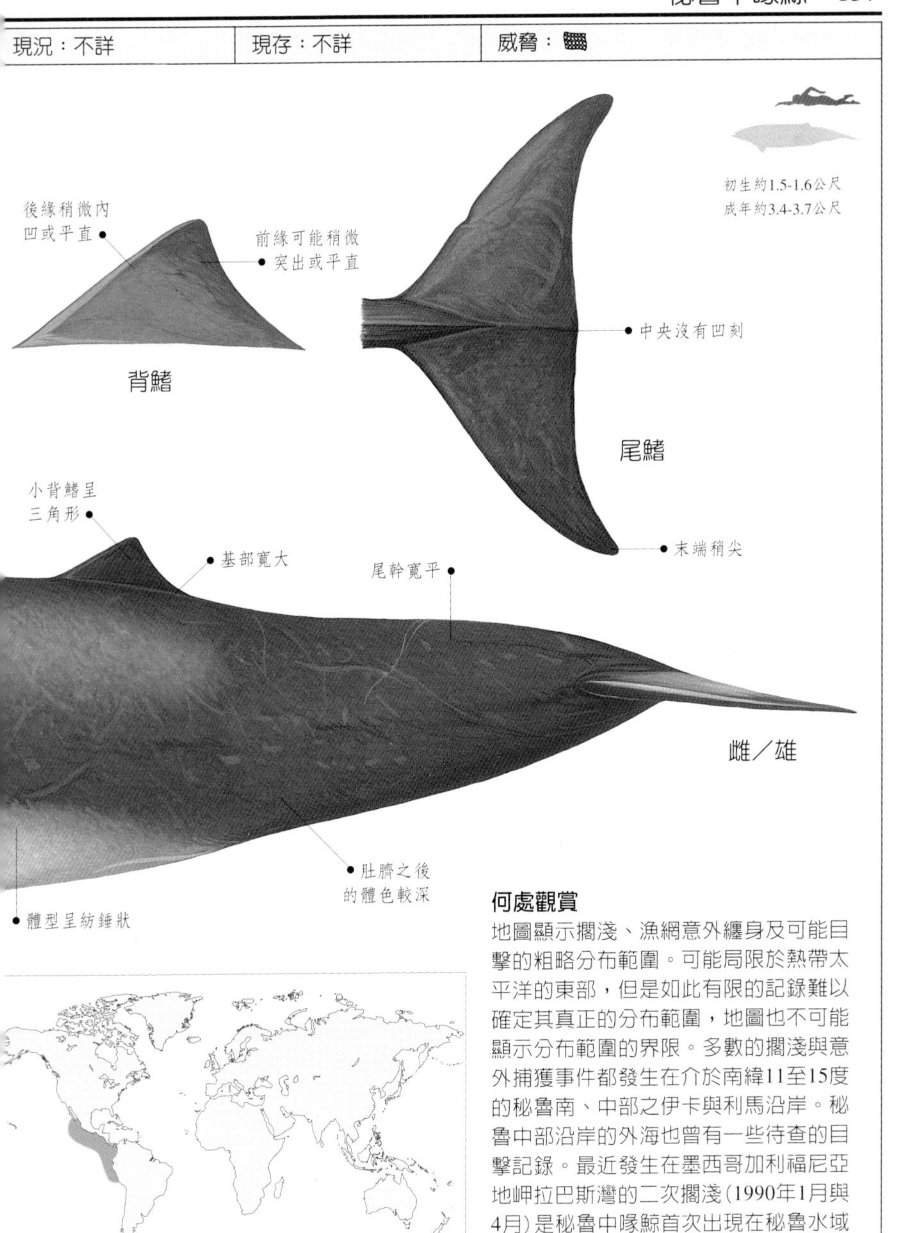
初生約1.5-1.6公尺
成年約3.4-3.7公尺
後緣稍微內
凹或平直
前緣可能稍微
突出或平直
背鰭
中央沒有凹刻
尾鰭
末端稍尖
小背鰭呈
三角形
基部寬大
尾幹寬平
雌／雄
肚臍之後
的體色較深
體型呈紡錘狀

何處觀賞

地圖顯示擱淺、漁網意外纏身及可能目擊的粗略分布範圍。可能局限於熱帶太平洋的東部，但是如此有限的記錄難以確定其真正的分布範圍，地圖也不可能顯示分布範圍的界限。多數的擱淺與意外捕獲事件都發生在介於南緯11至15度的秘魯南、中部之伊卡與利馬沿岸。秘魯中部沿岸的外海也曾有一些待查的目擊記錄。最近發生在墨西哥加利福尼亞地岬拉巴斯灣的二次擱淺(1990年1月與4月)是秘魯中喙鯨首次出現在秘魯水域之外的記錄。但在秘魯與加利福尼亞地岬之間則無確切的出現記錄。秘魯南部可能接近牠們分布範圍的南界。

熱帶太平洋東部的中至深水海域，主要在秘魯沿岸外海

初生重量：不詳	成年重量：不詳	食物： ( )

科：喙鯨科	種：*Mesoplodon stejnegeri*	棲所：

史氏中喙鯨(STEJNEGER'S BEAKED WHALE)

在海上不易看出史氏中喙鯨，而且很少見到活體。也許數量稀少，但也可能只是棲息在少有人研究的地區而避開了人們的注意。雌性與仔鯨沒有突生的牙齒，或許很難與其他中喙鯨屬的動物區分。雄成鯨很獨特，其距下顎前端約20公分處長有2顆側扁的巨大牙齒，而且唇線非常彎曲；兩顆牙齒有的會朝向彼此彎生而切入上「唇」。幼鯨頸部帶有明顯的淡色條紋。雖然胡氏中喙鯨(第118頁)的白帽頭是個明顯的特徵，但仍可能與史氏中喙鯨混淆。史氏中喙鯨還可能與柯氏中喙鯨(第142頁)混淆。

• **別名**：(舊稱：史坦氏喙鯨)、北太平洋喙鯨、軍刀齒喙鯨、白令海喙鯨

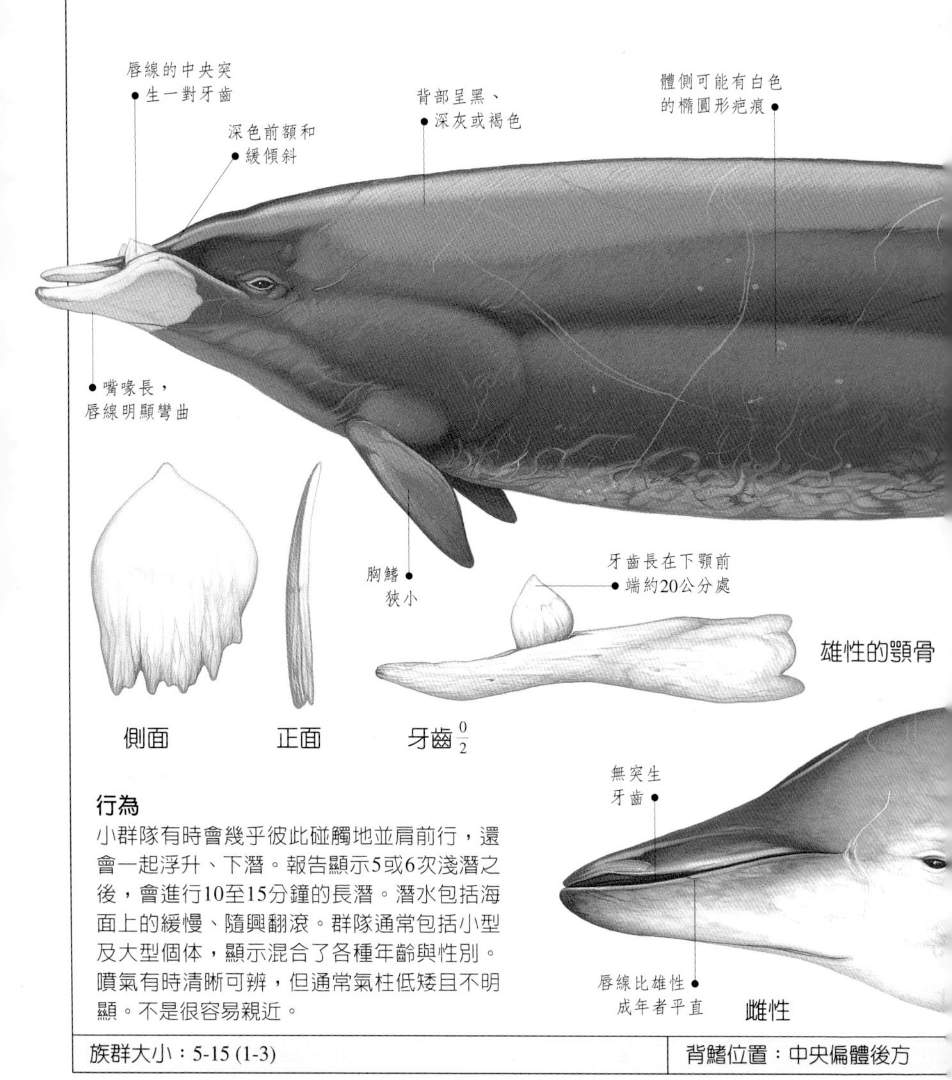

唇線的中央突生一對牙齒
深色前額和緩傾斜
背部呈黑、深灰或褐色
體側可能有白色的橢圓形疤痕
嘴喙長，唇線明顯彎曲
胸鰭狹小
牙齒長在下顎前端約20公分處
雄性的顎骨
側面
正面
牙齒 $\frac{0}{2}$
無突生牙齒
唇線比雄性成年者平直
雌性

行為

小群隊有時會幾乎彼此碰觸地並肩前行，還會一起浮升、下潛。報告顯示5或6次淺潛之後，會進行10至15分鐘的長潛。潛水包括海面上的緩慢、隨興翻滾。群隊通常包括小型及大型個体，顯示混合了各種年齡與性別。噴氣有時清晰可辨，但通常氣柱低矮且不明顯。不是很容易親近。

族群大小：5-15 (1-3)	背鰭位置：中央偏體後方

現況：稀少	現存：不詳	威脅：

鑑別清單
- 唇線的中央長有牙齒
- 深色前額和緩傾斜
- 噴氣孔微微凹陷
- 唇線明顯彎曲
- 嘴喙長
- 小背鰭呈三角形
- 體型呈紡錘狀
- 體色呈棕、灰或黑色
- 小群隊會聚集在一起

末端尖銳

初生約1.5公尺
成年5-5.3公尺

尾鰭呈三角形

尾鰭沒有凹刻

尾鰭

後緣平直或稍微內凹

小背鰭幾乎呈三角形或鉤狀

後緣稍微向內凹

發達的背脊從背鰭一直延伸至尾鰭

雄性

身上有一些疤痕

體型呈紡錘狀

腹部呈淡色或長有疤痕

北太平洋、日本海的冷溫帶及亞北極水域

何處觀賞
許多較早的相關記錄後來鑑定實屬其他中喙鯨屬的品種，所以分布範圍有些混淆。有關資料主要均來自擱淺事件，但是資深的賞鯨人曾有數次目擊活鯨的報告。大多數的記錄來自阿拉斯加海域，尤其是阿留申群島(顯然是分布範圍的中心點)。雖然有時被稱為白令海喙鯨，但牠們似乎只棲居在白令海的南端深海；更北的淺水海域可能難見其蹤。日本海，尤其是本州與北海道南部沿岸的外海，也有小而明顯的族群。喜愛大陸棚外的深水海域。

初生重量：不詳	成年重量：約1-1.5公噸	食物：

科：喙鯨科	種：*Tasmacetus shepherdi*	棲所：≋

謝氏塔喙鯨(SHEPHERD'S BEAKED WHALE)

謝氏塔喙鯨屬罕為人知的鯨豚類，只有20起左右的擱淺事件與少數的可能目擊事件。在南半球日漸增加的研究可能發現更多的標本，但是就目前的證據顯示數量似乎非常稀少。有關外觀的資料非常匱乏——大多數的記錄都得自被沖刷上岸、不齊全的腐敗屍體，或許無從在海上鑑別出；謝氏塔喙鯨最明顯的特徵可能就是陡峭的圓頭、長窄而尖的嘴喙以及體側的斜向條紋。牠是唯一長有整套功能齒的喙鯨，且雌雄兩性的上、下顎都長有牙齒；不過只有雄鯨的下顎前端有一對較大的牙齒。

• **別名**：(舊稱：謝氏喙鯨)、塔斯曼鯨、塔斯曼喙鯨

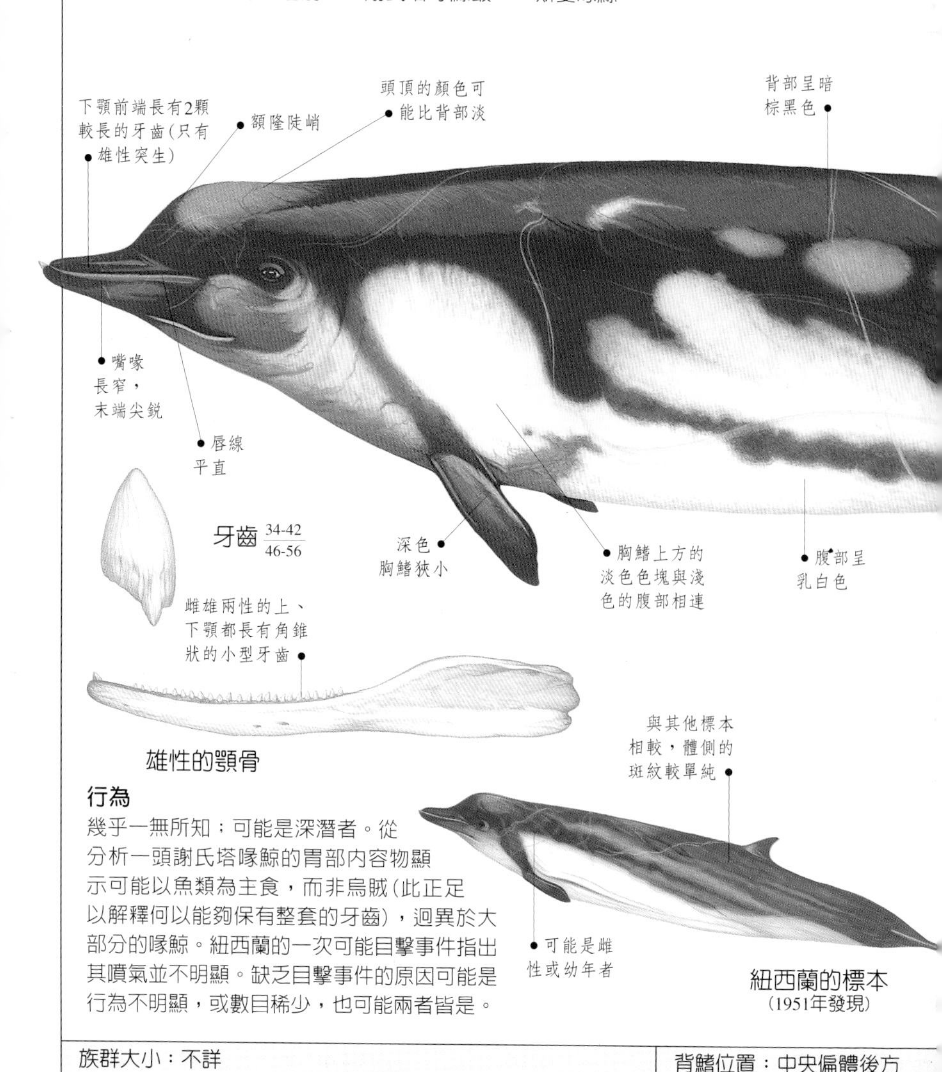
下顎前端長有2顆較長的牙齒(只有雄性突生)
額隆陡峭
頭頂的顏色可能比背部淡
背部呈暗棕黑色
嘴喙長窄，末端尖銳
唇線平直
牙齒 34-42/46-56
深色胸鰭狹小
胸鰭上方的淡色色塊與淺色的腹部相連
腹部呈乳白色
雌雄兩性的上、下顎都長有角錐狀的小型牙齒
雄性的顎骨
與其他標本相較，體側的斑紋較單純
可能是雌性或幼年者
紐西蘭的標本
(1951年發現)

行為

幾乎一無所知；可能是深潛者。從分析一頭謝氏塔喙鯨的胃部內容物顯示可能以魚類為主食，而非烏賊(此正足以解釋何以能夠保有整套的牙齒)，迥異於大部分的喙鯨。紐西蘭的一次可能目擊事件指出其噴氣並不明顯。缺乏目擊事件的原因可能是行為不明顯，或數目稀少，也可能兩者皆是。

族群大小：不詳	背鰭位置：中央偏體後方

現況：不詳	現存：不詳	威脅：不詳

鑑別清單

- 背部呈暗棕黑色
- 腹部呈乳白色
- 頭頂顏色淡
- 體側有斜向斑紋
- 前額突出，呈圓形
- 嘴喙長窄而尖
- 背鰭小，略呈鐮刀狀
- 體型粗壯
- 胸鰭、尾鰭與背鰭皆呈深色

末端尖銳

初生約3公尺
成年6-7公尺

尾鰭

中央沒有凹刻

後緣相當平直或稍微向內凹

背鰭小，略呈鉤狀

背鰭呈暗色

雄性

體型粗壯，呈紡錘狀

尾鰭的背、腹面皆呈深色

體側均有淡色斜向斑紋（有個體差異）

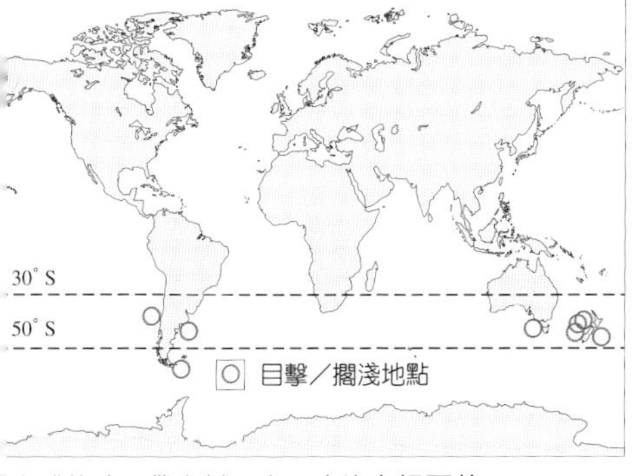
30° S
50° S
目擊／擱淺地點

半球的冷溫帶海域，主要出沒在紐西蘭

何處觀賞

直至1970年，所有的記錄都得自紐西蘭，但自此之後，澳洲、智利、阿根廷以及南大西洋的垂斯坦昆哈群島陸續有擱淺記錄。多數的記錄都發生在南緯33度與50度之間；即使到現在，多半的記錄仍來自紐西蘭。可能環繞極地分布，但是資料太少，難以確定。南非雖尚無記錄，但其性喜寒冷海域，因此西海岸外的本格拉冷洋流中可能發現其蹤。由於記錄太少，因此難以推斷其季節性的遷徙。可能棲居在遠離陸地的外海；然而在狹窄的大陸棚處，有時可能會有謝氏塔喙鯨出沒在接近海岸的深海中。

初生重量：不詳	成年重量：約2-3公噸	食物：

科：喙鯨科	種：*Ziphius cavirostris*	棲所：≋

柯氏喙鯨(Cuvier's Beaked Whale)

儘管柯氏喙鯨通常不易引人注意，而且少在海上觀察到，但卻是分布極廣、數目極多的喙鯨。主要資訊得自擱淺事件。由於體色及傷痕的個體差異極大，幾乎沒有任何兩隻看起來是相似的。可能與瓶鼻鯨(第108-111頁)混淆，但柯氏喙鯨的前額微斜，嘴喙較小而不明顯。還可能與其他的喙鯨與小鬚鯨(第56頁)混淆；但是其頭部和嘴喙形狀有時被比擬為鵝嘴，以及下顎前端的2顆小型牙齒(雄鯨才有)等特徵頗為顯著；牙齒有時會覆滿藤壺。

• **別名**：(舊稱：柯維氏喙鯨)、鵝嘴鯨、柯維氏鯨、鵝喙鯨

• **台灣俗名**：豚鯸

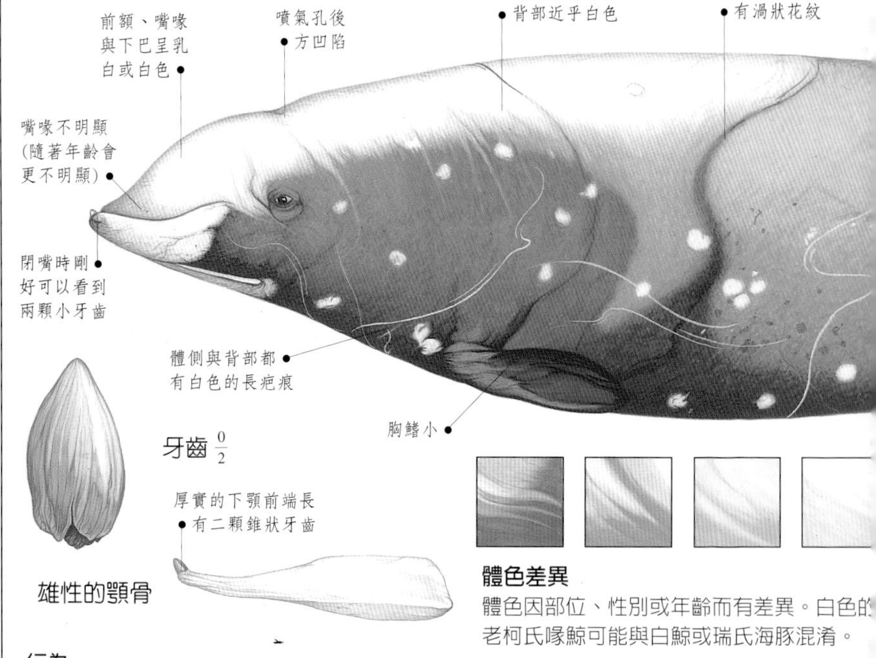

前額、嘴喙與下巴呈乳白或白色
噴氣孔後方凹陷
老雄鯨背鰭前方的背部近乎白色
許多個體身上有渦狀花紋
嘴喙不明顯(隨著年齡會更不明顯)
閉嘴時剛好可以看到兩顆小牙齒
體側與背部都有白色的長疤痕
胸鰭小
牙齒 $\frac{0}{2}$
厚實的下顎前端長有二顆錐狀牙齒

雄性的顎骨

體色差異

體色因部位、性別或年齡而有差異。白色的老柯氏喙鯨可能與白鯨或瑞氏海豚混淆。

行為

通常會避開船隻，但偶爾也會好奇、與人容易親近，尤其是夏威夷附近的族群。雖曾觀察到躍身擊浪，但應屬罕有的行為：軀體幾乎垂直升起，完全躍離海面，而後再笨拙地回落海中。噴氣略向前左傾，但是低矮而不明顯；長潛後，可能立即可見。潛水通常持續20至40分鐘；可能伴有間隔10至20秒的2至3次噴氣。柯氏喙鯨游泳時似乎會東搖西晃；快速游行時，頭部會外露；通常可以清楚地看到背鰭。深潛前，會陡峭地拱起背部，且可能將尾鰭揚離海面。比其他大多數的喙鯨更常擱淺。

鑑別清單

- 頭型呈鵝喙狀
- 唇型短而向上彎
- 頭部小，常呈蒼白
- 軀體長而粗壯
- 噴氣孔後方凹陷
- 下顎前端有小牙齒
- 疤痕呈長型與環狀
- 游過海面時會左右搖晃
- 通常落單或組成小群隊

族群大小：1-10 (1-25)，落單的個體通常是老雄鯨	背鰭位置：中央偏體後方

現況：不詳	現存：不詳	威脅：不詳

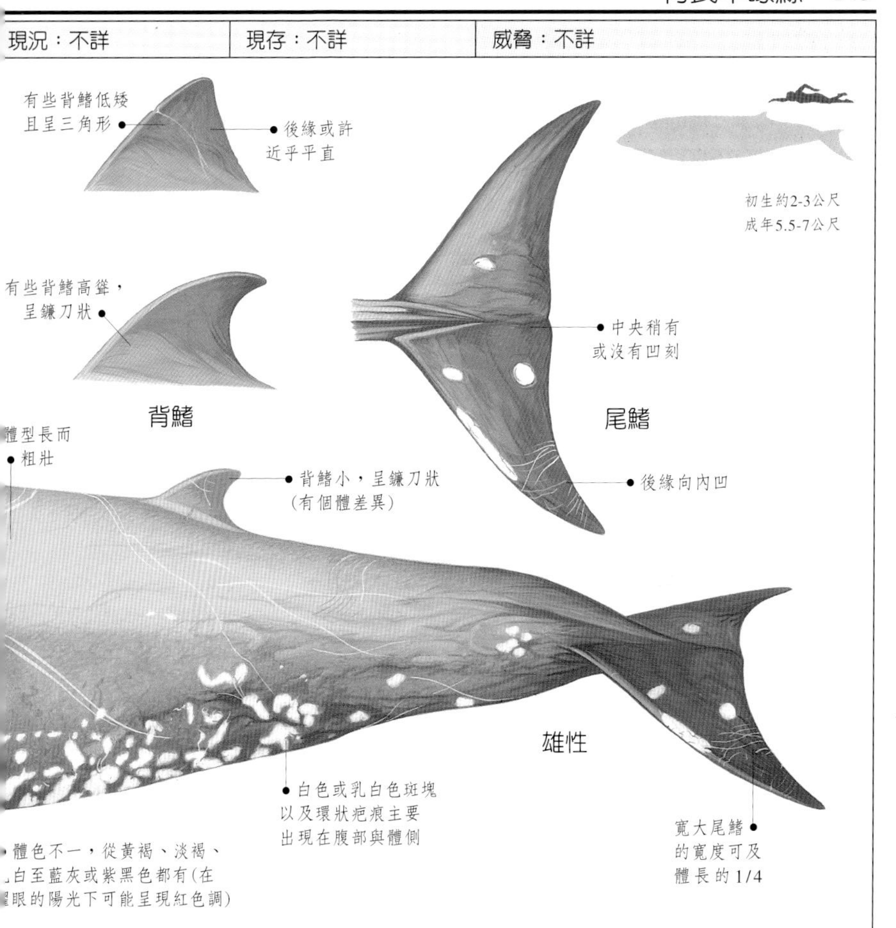
有些背鰭低矮
且呈三角形
後緣或許
近乎平直
初生約2-3公尺
成年5.5-7公尺
有些背鰭高聳，
呈鐮刀狀
中央稍有
或沒有凹刻
背鰭
尾鰭
體型長而
粗壯
背鰭小，呈鐮刀狀
(有個體差異)
後緣向內凹
雄性
白色或乳白色斑塊
以及環狀疤痕主要
出現在腹部與體側
寬大尾鰭
的寬度可及
體長的1/4
體色不一，從黃褐、淡褐、
白至藍灰或紫黑色都有(在
眼的陽光下可能呈現紅色調)

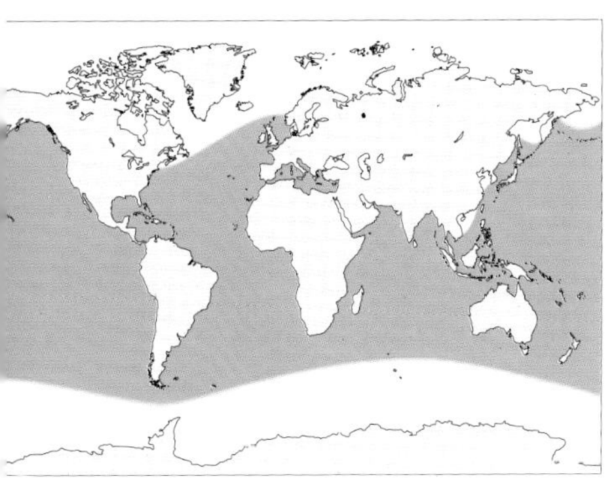

泛分布於全球的熱帶、亞熱帶與溫帶海域

何處觀賞

分布的資料主要得自大量的擱淺事件，以及少數的目擊報告。似乎是所有喙鯨中分布最廣者：廣泛分布於大西洋、太平洋和印度洋。只有極地海域不見蹤跡(南、北半球均如此)。已知會出現在許多大洋中的群島附近，同時，地中海與日本海這類封閉海域也相當常見。夏威夷與若干其他海域的族群為定棲性；未知有遷徙行為。除非是海底峽谷或狹窄的大陸棚等岸邊水深夠的海域，否則極少在大陸沿岸出現。

初生重量：約250公斤	成年重量：2-3公噸	食物：

黑鯨類

又稱為小型齒鯨類，一般認為與海豚的親緣關係比其他鯨的品種更接近；因此歸入海豚科內（鯨的英文「whale」通常重點在於體型的大小，而非動物學的分類屬性）。然而，黑鯨類動物的外觀與大多數的海豚都不像；某些專家認為有些應歸入不同的分類群。黑鯨類似乎都不進行定期的長途遷徙（但會根據食物供應，以及其他的地區狀況而移動），而且大多數黑鯨類比較喜愛深水海域。

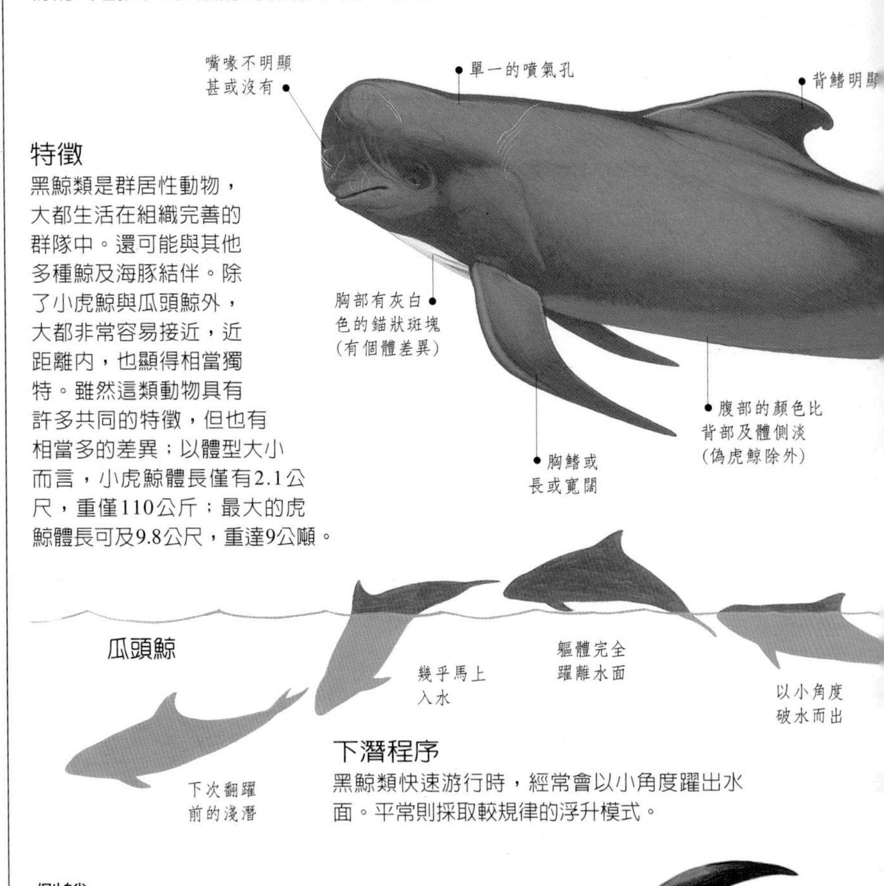
嘴喙不明顯
甚或沒有
單一的噴氣孔
背鰭明
胸部有灰白
色的錨狀斑塊
（有個體差異）
腹部的顏色比
背部及體側淡
（偽虎鯨除外）
胸鰭或
長或寬闊
瓜頭鯨
幾乎馬上
入水
軀體完全
躍離水面
以小角度
破水而出
下次翻躍
前的淺潛

特徵

黑鯨類是群居性動物，大都生活在組織完善的群隊中。還可能與其他多種鯨及海豚結伴。除了小虎鯨與瓜頭鯨外，大都非常容易接近，近距離內，也顯得相當獨特。雖然這類動物具有許多共同的特徵，但也有相當多的差異；以體型大小而言，小虎鯨體長僅有2.1公尺，重僅110公斤；最大的虎鯨體長可及9.8公尺，重達9公噸。

下潛程序

黑鯨類快速游行時，經常會以小角度躍出水面。平常則採取較規律的浮升模式。

側躺

領航鯨有時會翻向一側、躺臥水中，將一隻胸鰭與尾鰭舉到半空中擺動。從遠距離看，可能很像海獅，因為海獅經常以同樣的方式將胸鰭伸出水面，浮近海面打盹。領航鯨的頭部通常保持在水中。

晝寢
小虎鯨與其他黑鯨類可能主要都在夜間攝食；白天則休息、社交或在海面附近游行。

體色深，有些白色或灰色的斑紋

尾鰭中間有凹刻

長肢領航鯨
長肢領航鯨具有許多黑鯨類共通的身體特徵；然而在野外可能不易目擊。

鍿狀斑紋
所有黑鯨類（虎鯨除外）的胸部都有灰白色的鍿狀或W型斑紋；但依品種與個體而有所差異。

品種鑑別

小虎鯨（詳第146頁）是小型、羞怯且罕為人知的鯨；圓型的頭部與暗色的披肩部位是鑑別的關鍵。

瓜頭鯨（詳第156頁）與小虎鯨相似，但有較尖的嘴喙，以及長而尖的胸鰭。

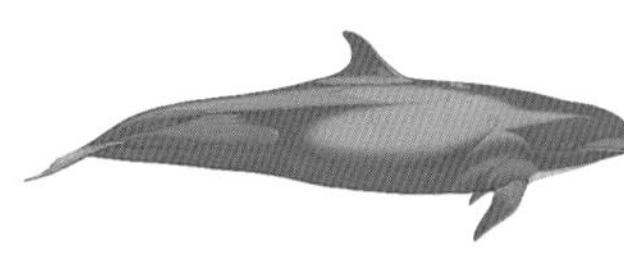

偽虎鯨（詳第158頁）喜愛空中翻騰、嬉耍，非常容易接近船隻；具有獨特的S型胸鰭。

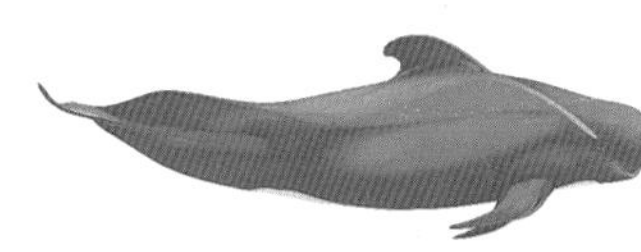

短肢領航鯨（詳第148頁）與長肢領航鯨極為相像，只是胸鰭較短，且牙齒較少。

長肢領航鯨（詳第150頁）比短肢領航鯨更常在寒冷的水域出現，胸鰭非常長。

虎鯨（詳第152頁）是本類動物中體型最大者；黑白對比的體色非常獨特，背鰭也很顯著。

科：海豚科	種：*Feresa attenuata*	棲所：≋

小虎鯨(PYGMY KILLER WHALE)

儘管小虎鯨分布廣泛，幾乎任何熱帶或亞熱帶的深水海域都可見其蹤，卻仍罕為人知，而且很少在海上看到。體型和許多海豚相似，但最可能與瓜頭鯨(第156頁)混淆。雖然彼此有許多細微的差異，但除非近距離觀察，否則很難在野外分辨。暗色的披肩部位也許是最明顯的特徵，儘管並非所有的小虎鯨都具有；白色的下巴是另一項特徵。頭部與胸鰭的形狀也有助於鑑別。一般說來，假如目擊數量較少(50隻以下)，那麼比較可能是小虎鯨。被豢養者曾有攻擊人類或其他鯨豚類的記錄。比虎鯨(killer whale)也許更符合「殺手」(killer)之稱。證據顯示野外的小虎鯨會捕食海豚。

- **別名**：小殺人鯨、小逆戟鯨、細長黑鯨、細長領航鯨
- **台灣俗名**：烏牛

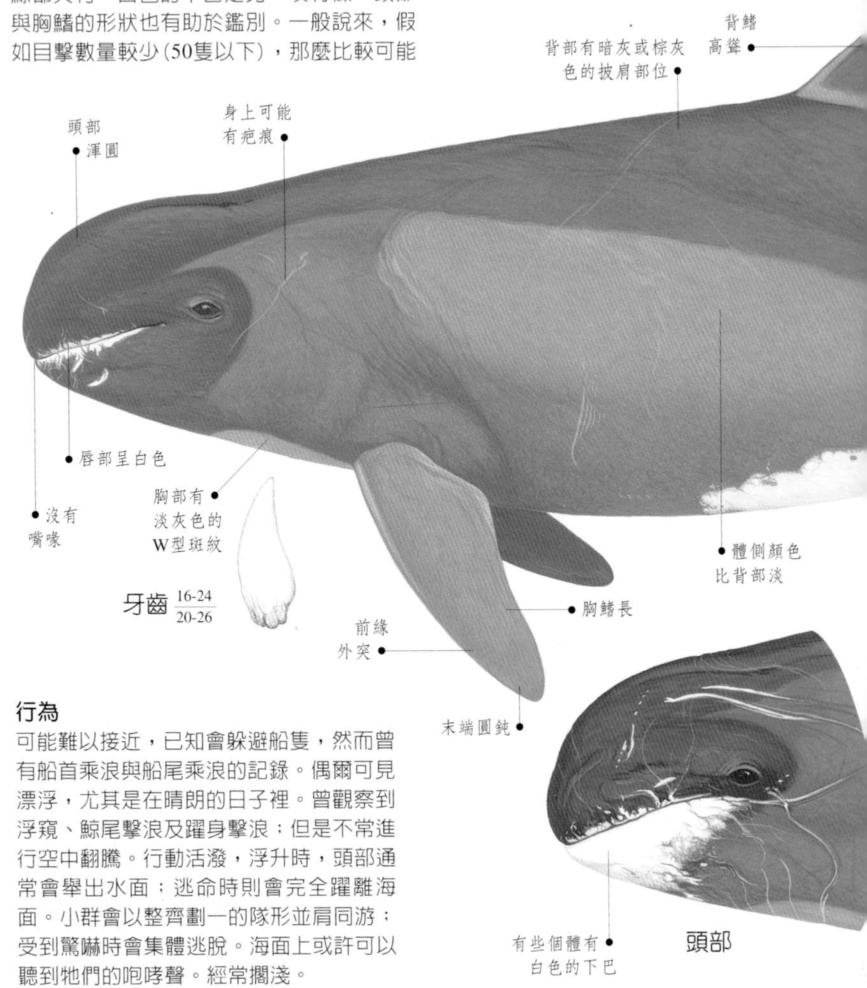
背部有暗灰或棕灰色的披肩部位
背鰭高聳
身上可能有疤痕
頭部渾圓
唇部呈白色
沒有嘴喙
胸部有淡灰色的W型斑紋
牙齒 16-24/20-26
體側顏色比背部淡
胸鰭長
前緣外突
末端圓鈍
有些個體有白色的下巴
頭部

行為

可能難以接近，已知會躲避船隻，然而曾有船首乘浪與船尾乘浪的記錄。偶爾可見漂浮，尤其是在晴朗的日子裡。曾觀察到浮窺、鯨尾擊浪及躍身擊浪；但是不常進行空中翻騰。行動活潑，浮升時，頭部通常會舉出水面；逃命時則會完全躍離海面。小群會以整齊劃一的隊形並肩同游；受到驚嚇時會集體逃脫。海面上或許可以聽到牠們的咆哮聲。經常擱淺。

族群大小：15-25 (1-50)，曾見到數百隻一同出游(罕見)	背鰭位置：中央

現況：不詳	現存：不詳	威脅：

鑑別清單

- 體色深，體型粗壯
- 披肩部位呈深色
- 頭部渾圓，沒有嘴喙
- 體側呈淡灰色，腹部呈白色
- 有些個體有白色的下巴
- 鉤狀背鰭明顯
- 短胸鰭略呈圓形
- 通常難以捉摸
- 游泳時很活躍

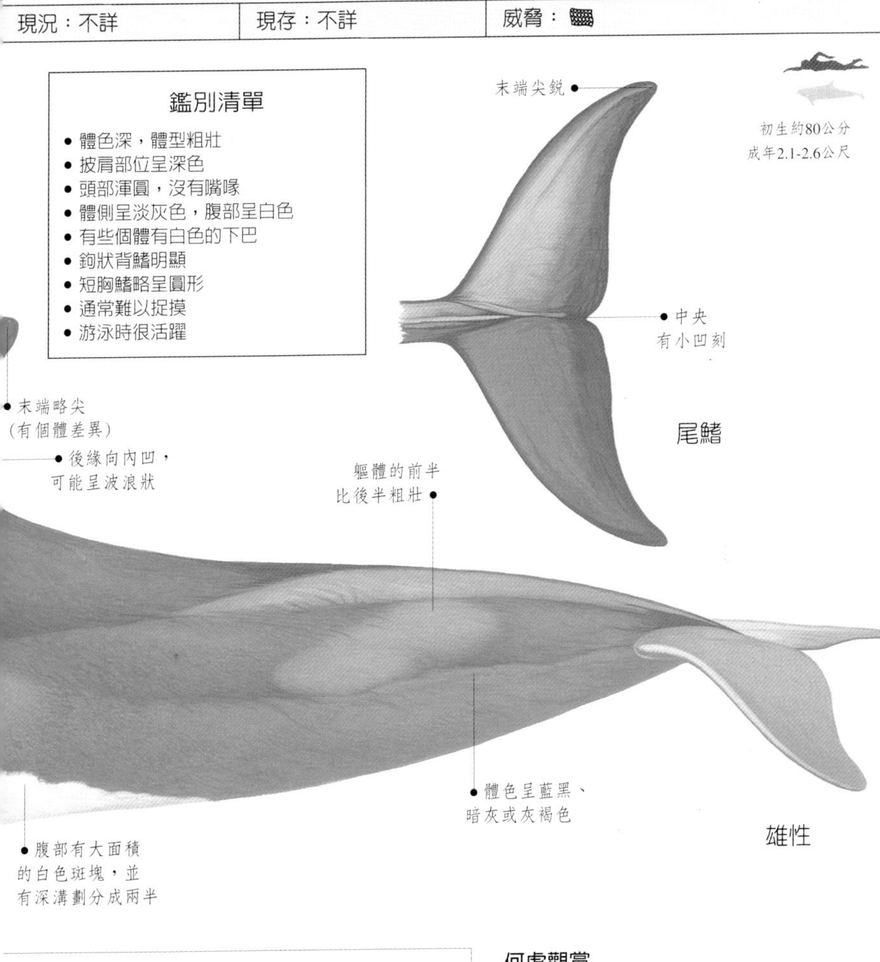

初生約80公分
成年2.1-2.6公尺
末端尖銳
中央
有小凹刻
尾鰭
末端略尖
(有個體差異)
後緣向內凹，
可能呈波浪狀
軀體的前半
比後半粗壯
體色呈藍黑、
暗灰或灰褐色
雄性
腹部有大面積
的白色斑塊，並
有深溝劃分成兩半

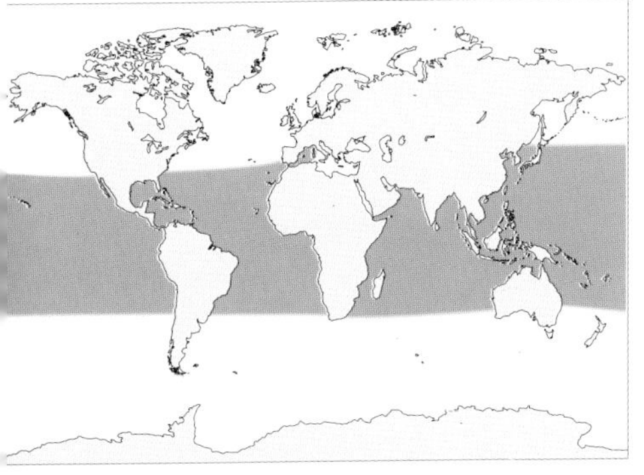

世界各地熱帶與亞熱帶的外海水域

何處觀賞

從全球各地零散的資料勉強可知其分布的狀況。出沒在溫暖的深水海域，很少接近岸邊(除非是大洋中的孤島)。主要棲居在熱帶，但偶爾也會迷途而游至暖溫帶海域。熱帶的太平洋東部海域——夏威夷、日本相當常見；但是沒有任何地區的數量顯得特別多。然而，因為會躲避船隻，所以可能比記錄顯示的更普遍。有無遷徙行為不得而知，但分布於印度洋的斯里蘭卡與加勒比海的聖文森等詳盡調查的地區者則屬定棲性。

初生重量：不詳	成年重量：約110-170公斤	食物：()

科：海豚科	種：*Globicephala macrorhynchus*	棲所：

短肢領航鯨(SHORT-FINNED PILOT WHALE)

短肢領航鯨特徵顯著，但在海上實在很難與其近親——長肢領航鯨(第150頁)區分。這兩種之間雖也存在著微妙的差異：主要在於胸鰭的長度、牙齒的數目，以及頭顱的形狀。而且短肢領航鯨大都喜棲溫暖水域。兩者的分布範圍重疊部分不多。會與瓶鼻海豚及其他小型鯨豚類共游，雖然也有攻擊對方的記錄。短肢領航鯨是具有親密母系關係的社會性動物。出游時，小群隊會排成一列、並肩前行，寬度可達數公里。

• **別名**：圓頭鯨、太平洋領航鯨

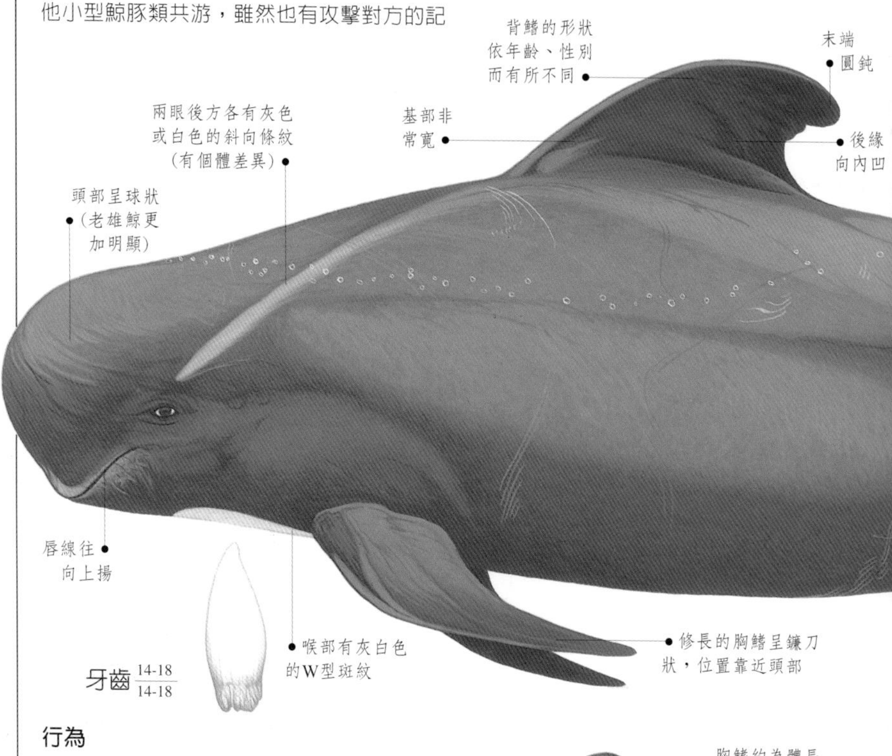

背鰭的形狀依年齡、性別而有所不同
末端圓鈍
基部非常寬
後緣向內凹
兩眼後方各有灰色或白色的斜向條紋(有個體差異)
頭部呈球狀(老雄鯨更加明顯)
唇線往向上揚
喉部有灰白色的W型斑紋
修長的胸鰭呈鐮刀狀，位置靠近頭部
牙齒 14-18/14-18

行為

有時整個小群隊會一起浮漂，允許船隻緊密靠近。有時可觀察到鯨尾擊浪與浮窺；可能隨著海洋湧浪前行；很少躍身擊浪。主要在夜間攝食，潛水時間可長達10分鐘以上。在海況平靜時，可見其猛烈的噴氣。在長潛之前，會明顯地拱起尾幹。乳鯨浮升呼吸時，會將整個頭部拋出海面；成鯨通常只露出頭的上半部(然而當牠們快速游行或加速時，有時會出現豚游動作，將軀體的大部分躍離海面)。

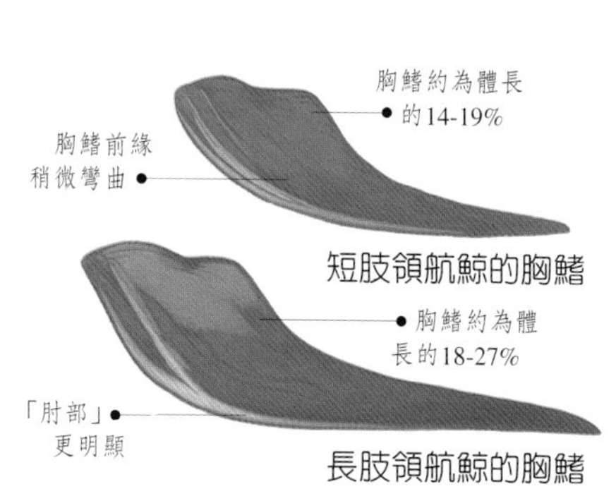

胸鰭約為體長的14-19%
胸鰭前緣稍微彎曲
短肢領航鯨的胸鰭
胸鰭約為體長的18-27%
「肘部」更明顯
長肢領航鯨的胸鰭

族群大小：10-30 (1-50)，有時會聚集數百隻(罕見)	背鰭位置：中央偏體前方

現況：普遍	現存：不詳	威脅：

鑑別清單

- 體色呈墨黑或暗灰
- 額隆渾圓，呈球狀
- 背鰭位於軀體前方
- 背鰭朝後傾斜
- 軀體長而粗壯
- 噴氣猛烈
- 經常鯨尾擊浪及浮窺
- 喜愛深水海域
- 對船隻沒興趣

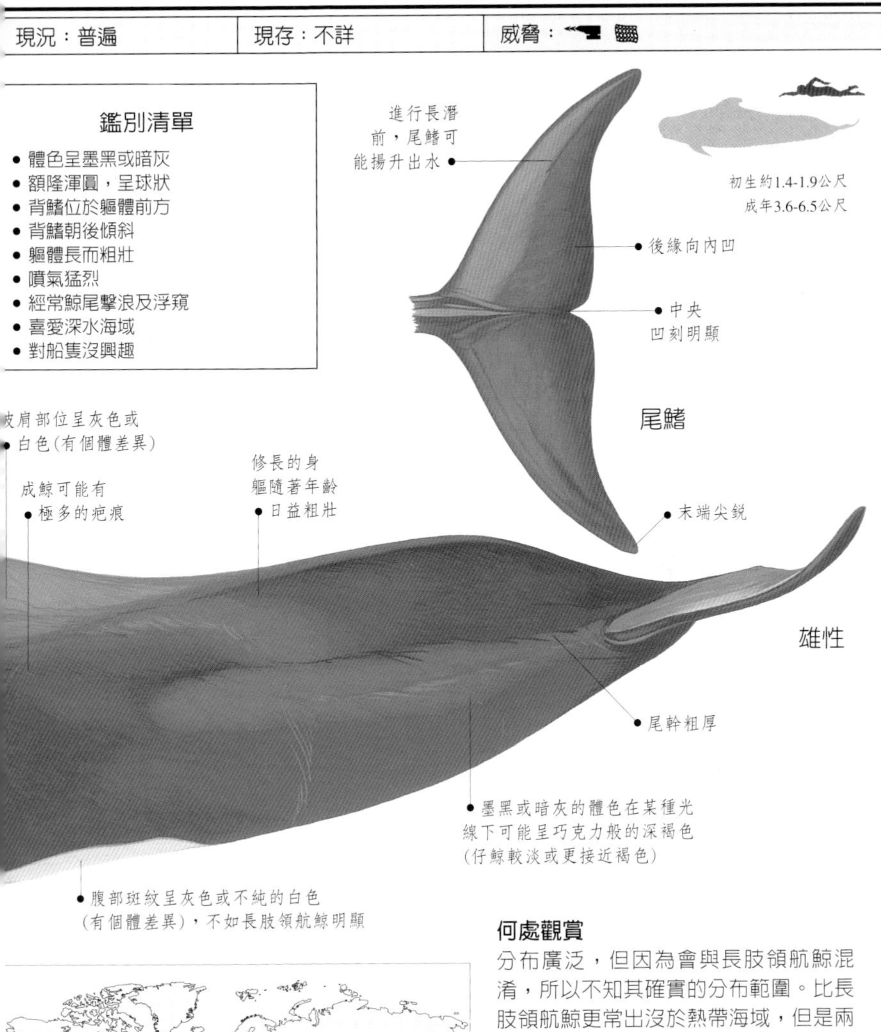
進行長潛前，尾鰭可能揚升出水
初生約1.4-1.9公尺
成年3.6-6.5公尺
後緣向內凹
中央凹刻明顯
尾鰭
末端尖銳
皮肩部位呈灰色或白色(有個體差異)
修長的身軀隨著年齡日益粗壯
成鯨可能有極多的疤痕
雄性
尾幹粗厚
墨黑或暗灰的體色在某種光線下可能呈巧克力般的深褐色(仔鯨較淡或更接近褐色)
腹部斑紋呈灰色或不純的白色(有個體差異)，不如長肢領航鯨明顯

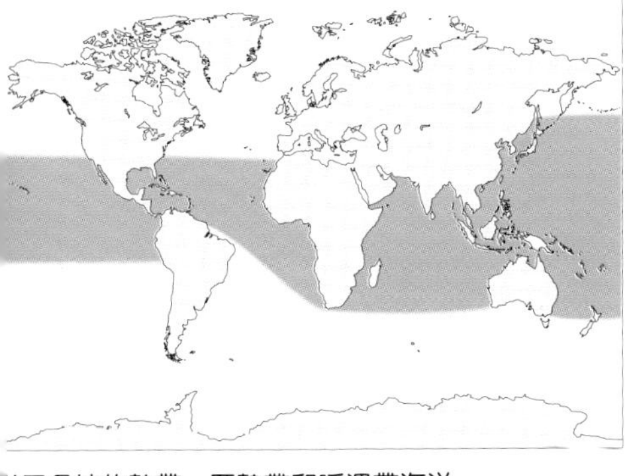

世界各地的熱帶、亞熱帶和暖溫帶海洋

何處觀賞

分布廣泛，但因為會與長肢領航鯨混淆，所以不知其確實的分布範圍。比長肢領航鯨更常出沒於熱帶海域，但是兩者的分布範圍有一點重疊。數種明顯區隔的族群可能各屬不同的品種(日本外海的兩個族群似乎就有遺傳上的差異)。一般會浪游四方，沒有固定的遷徙行為，但某些南北向的遷徙可能與獵物的移動或暖流的流動有關。向岸向海之間的移動則取決於烏賊的產卵期(烏賊季之外，則經常出沒於外海)。有些族群是定棲性的，如分布在夏威夷、加那利群島者。喜好深水海域：大陸棚邊緣或深海峽谷的上方海域值得留意。容易群體擱淺。

初生重量：60公斤	成年重量：1-4公噸	食物：

科：海豚科	種：*Globicephala melas*	棲所：

長肢領航鯨(LONG-FINNED PILOT WHALE)

在海上，長肢領航鯨與短肢領航鯨(第148頁)幾乎無從區別。然而，兩者之間還是有細微的差異：長肢領航鯨有較長的胸鰭，而且在多數情況下，牙齒比短肢領航鯨多。另外，頭顱的形狀也有些微的差異。就鑑別的觀點來看，幸運的是兩者的分布範圍只有小部分重疊。經常發現長肢領航鯨與諸如小鬚鯨、真海豚、瓶鼻海豚、大西洋斑紋海豚等其他的小型鯨豚類共游。背鰭形狀會因年齡和性別而有所差異：幼鯨的背鰭呈鐮刀狀，雌成鯨的則相當挺直，而雄成鯨的基部較長且更呈圓球狀。數百年來，該品種遭受嚴重的捕獵，不過現存的數量還算相當多。

• **別名**：圓頭鯨、卡因鯨、大西洋領航鯨；原學名為*G. melaena*

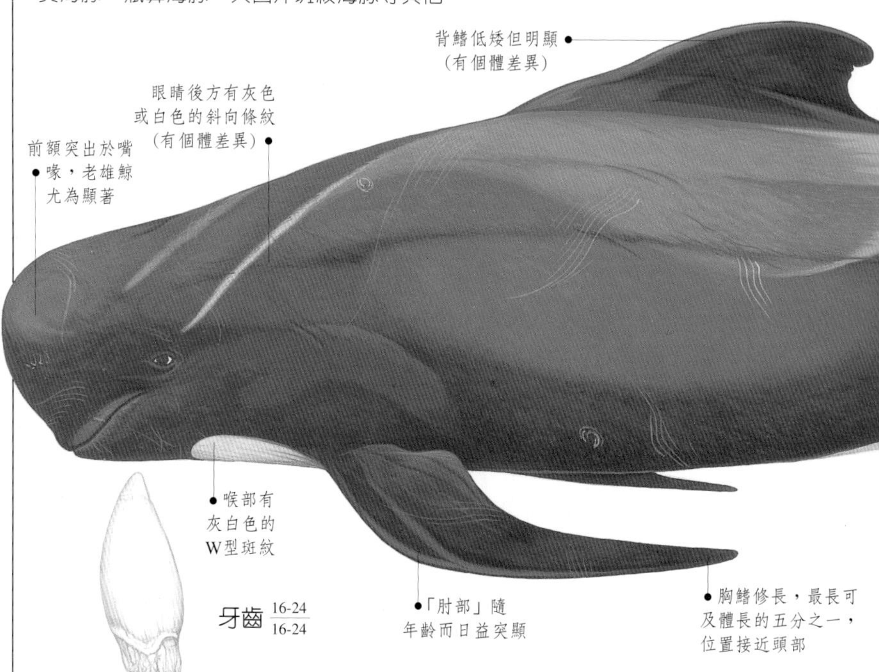

背鰭低矮但明顯
(有個體差異)
眼睛後方有灰色
或白色的斜向條紋
(有個體差異)
前額突出於嘴
喙，老雄鯨
尤為顯著
喉部有
灰白色的
W型斑紋
牙齒 16-24/16-24
「肘部」隨
年齡而日益突顯
胸鰭修長，最長可
及體長的五分之一，
位置接近頭部

行為

小群隊有時會動也不動地浮在海面，允許船隻貼近。已知會船首乘浪；經常可見鯨尾擊浪、浮窺。年輕的個體會躍身擊浪，但成鯨則少見此種活動。通常會先快速呼吸數次，然後浮窺數分鐘(攝食潛水通常為時10分鐘或更久)。超過1公尺高的猛烈噴氣在良好的天候下可以看得到，也聽得到。至少能夠潛至600公尺，但大多數的潛水深度在30-60公尺。

鑑別清單

- 體色呈墨黑或暗灰
- 頭部渾圓，呈球狀
- 背鰭朝後彎曲
- 背鰭位於身體前方
- 軀體粗壯但頗長
- 胸鰭非常長
- 經常鯨尾擊浪、浮窺
- 喜愛深水海域

族群大小：10-50 (1-100)，可能數百或數千隻聚集在一起	背鰭位置：中央偏體前方

現況：普遍	現存：不詳	威脅：

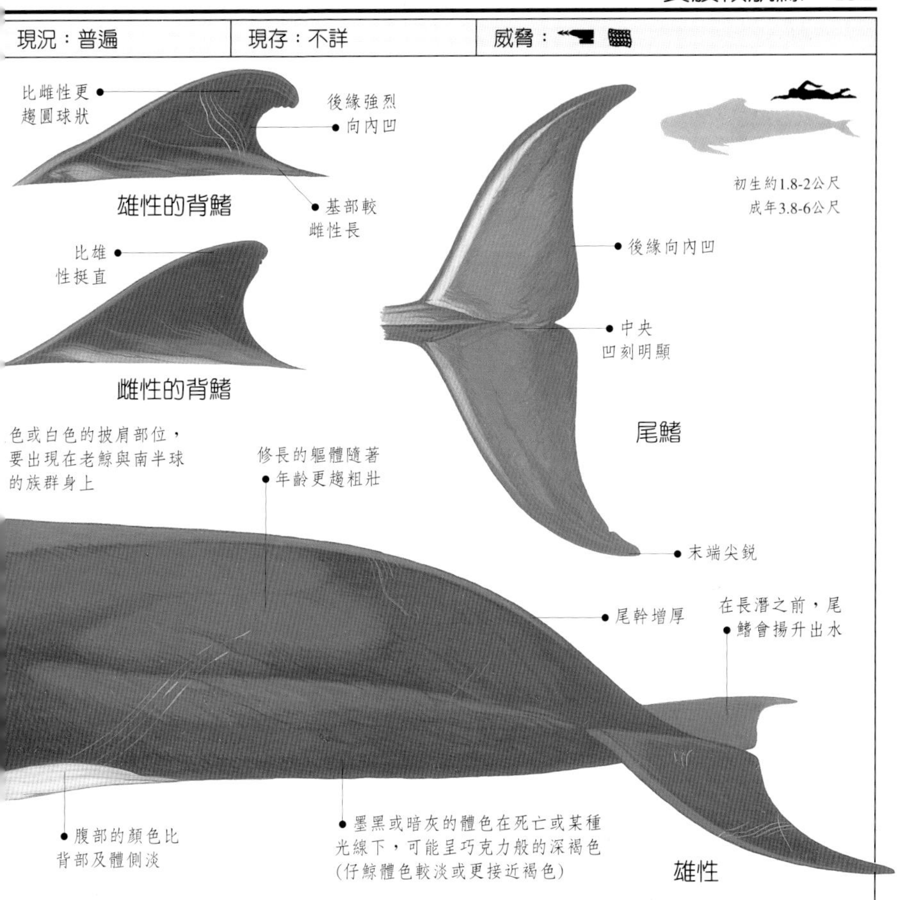
比雌性更趨圓球狀
後緣強烈向內凹
雄性的背鰭
基部較雌性長
比雄性挺直
雌性的背鰭
初生約1.8-2公尺
成年3.8-6公尺
後緣向內凹
中央凹刻明顯
尾鰭
末端尖銳
色或白色的披肩部位，要出現在老鯨與南半球的族群身上
修長的軀體隨著年齡更趨粗壯
尾幹增厚
在長潛之前，尾鰭會揚升出水
腹部的顏色比背部及體側淡
墨黑或暗灰的體色在死亡或某種光線下，可能呈巧克力般的深褐色(仔鯨體色較淡或更接近褐色)
雄性

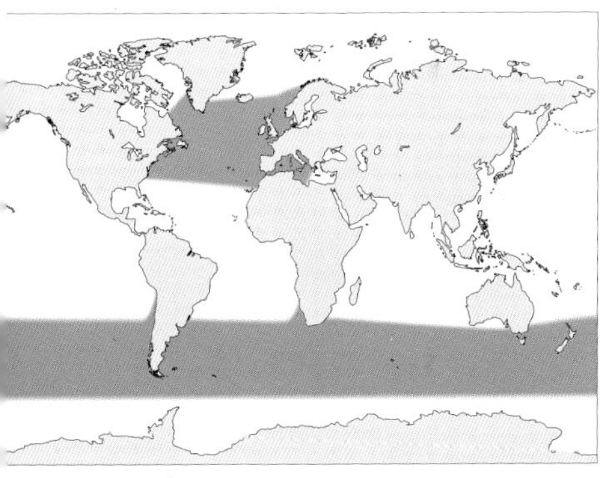

了北太平洋以外的冷溫帶與亞極地的所有海洋

何處觀賞

已辨認出兩個不同的族群：南半球(與洪保德、福克蘭群島與本格拉洋流相關的地方)，以及北大西洋族群。這兩個族群在地理上被寬廣的熱帶隔離，可能是不同種或亞種(棲居南半球者學名為*edwardii*，而北半球者則為*melas*)。兩種都喜愛深水海域，有些定棲於外海或沿岸；有些則會跟隨富饒的烏賊群從沿岸(夏、秋兩季)遷徙至外海(冬、春兩季)。大陸棚邊緣是賞鯨的好地點。頗常見集體擱淺。

初生重量：約75公斤	成年重量：1.8-3.5公噸	食物： ( )

科：海豚科	種：*Orcinus orca*	棲所：≋≋ ≋≋

虎鯨(KILLER WHALE)

虎鯨是海豚科(第144頁)中體型最大者。獨特的墨黑、雪白與灰色的斑紋，以及雄鯨的巨大背鰭非常容易辨認。然而，從遠距離觀察，雌鯨與幼鯨可能會與瑞氏海豚(第206頁)、偽虎鯨(第158頁)，甚至白腰鼠海豚(第248頁)混淆。可能會遇到落單的個體，但是緊密連繫的家庭式小群隊才是正常的典型。二個或更多的小群隊可能聚集在一起，形成總數達150隻或更多的超級群隊。小群隊的成員通常會終生共處，而由近親小群隊(也稱為氏族)組成的團體會發展出自己的獨立語言。儘管又稱為「殺手鯨」，但在大自然中，牠們並不會傷害人類，而且小群隊中也少有攻擊行為。

- **別名**：逆戟鯨、巨虎鯨、格蘭布鯨、殺人鯨、殺手鯨
- **台灣俗名**：油鯃

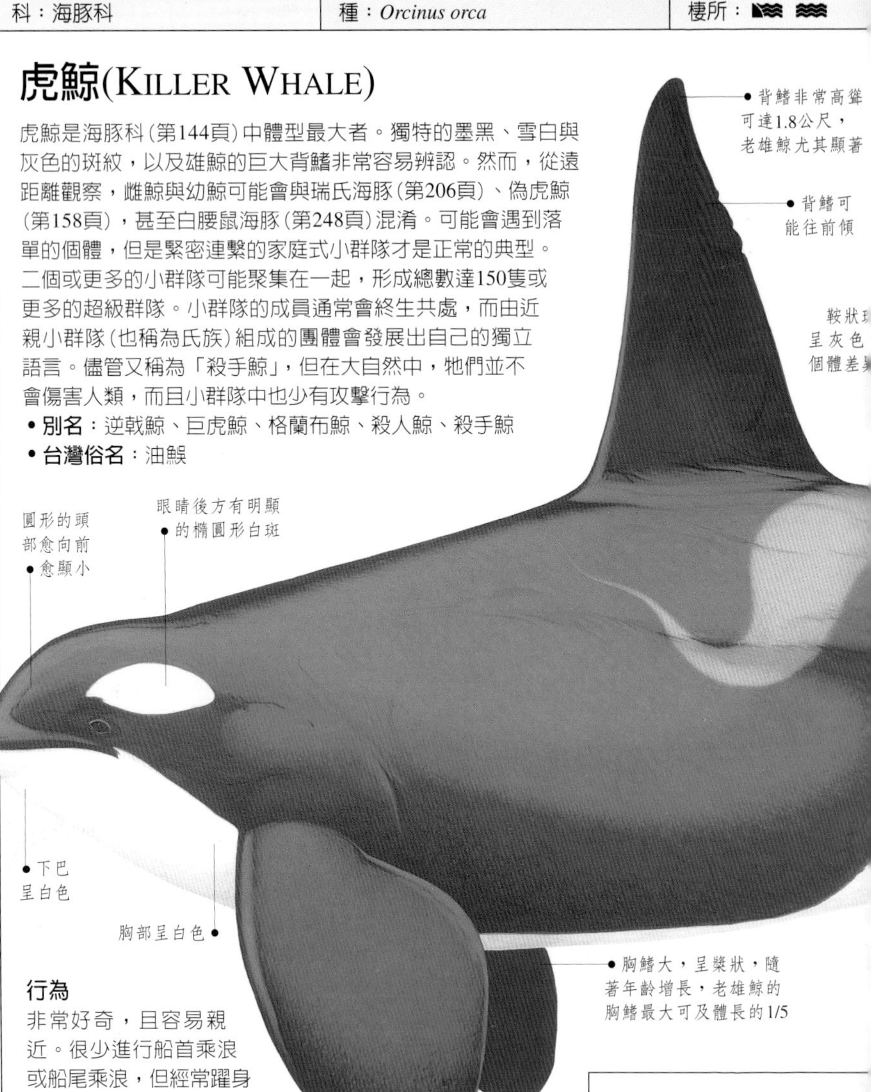

背鰭非常高聳可達1.8公尺，老雄鯨尤其顯著
背鰭可能往前傾
鞍狀
呈灰色
個體差
圓形的頭部愈向前愈顯小
眼睛後方有明顯的橢圓形白斑
下巴呈白色
胸部呈白色
胸鰭大，呈槳狀，隨著年齡增長，老雄鯨的胸鰭最大可及體長的1/5

行為

非常好奇，且容易親近。很少進行船首乘浪或船尾乘浪，但經常躍身擊浪、鯨尾擊浪、胸鰭拍水及浮窺。其他的行為還有底岩磨蹭；快速游行中，要浮升呼吸時，大部分的軀體會離開海面；漂浮時，整個小群隊會面朝相同的方向；偶爾會突然側滾翻，再用背鰭拍水。最高的游行時速可達55公里。空氣涼爽時，常可看到低矮、樹叢狀的噴氣。

牙齒 $\frac{20\text{-}26}{20\text{-}26}$

鑑別清單

- 體色黑白相間
- 眼睛後方有白色斑塊
- 具灰色的鞍狀斑紋
- 大胸鰭呈槳狀
- 軀體粗壯厚實，背鰭高聳
- 性別差異很明顯
- 在海面非常活潑，常做空中翻騰
- 以混合家庭的型態一起生活

族群大小：3-25 (1-50)，若干小群隊可能進行社交性聚集	背鰭位置：中央稍偏體前方

現況：地區性普遍	現存：不詳	威脅：

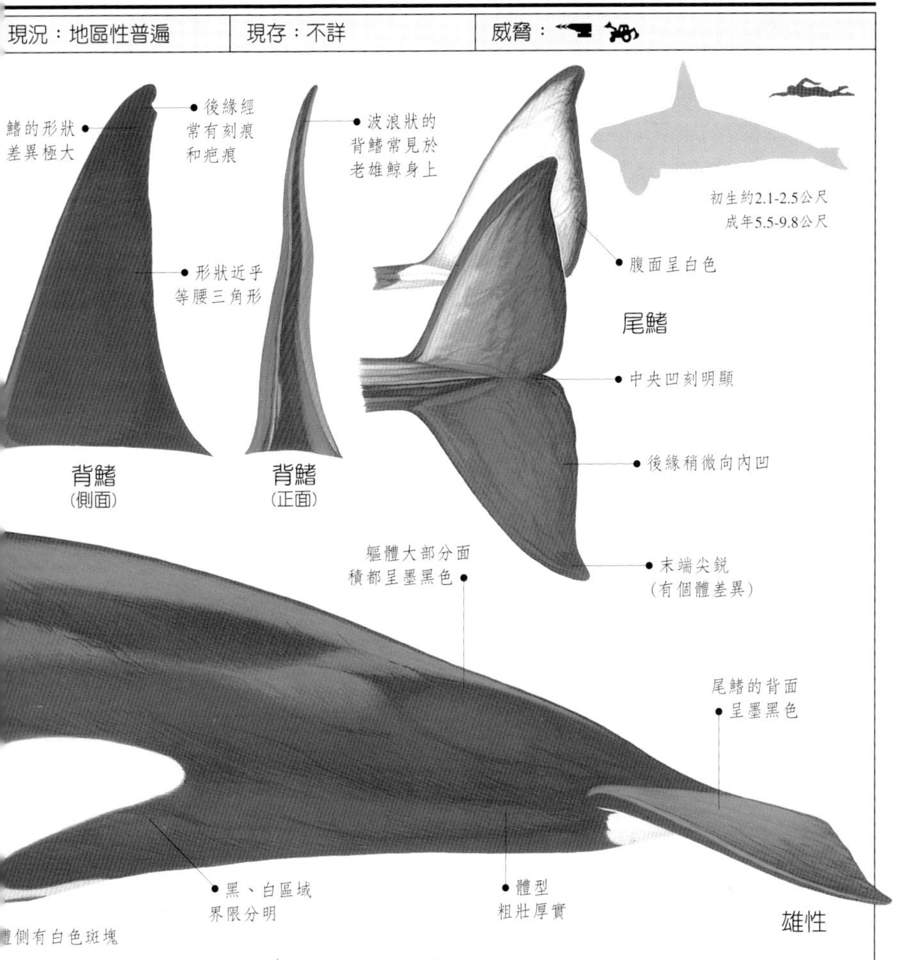
鰭的形狀
差異極大
後緣經
常有刻痕
和疤痕
形狀近乎
等腰三角形
背鰭
(側面)
波浪狀的
背鰭常見於
老雄鯨身上
背鰭
(正面)
初生約2.1-2.5公尺
成年5.5-9.8公尺
腹面呈白色
尾鰭
中央凹刻明顯
後緣稍微向內凹
末端尖銳
(有個體差異)
軀體大部分面
積都呈墨黑色
尾鰭的背面
呈墨黑色
黑、白區域
界限分明
體型
粗壯厚實
雄性
體側有白色斑塊

已知範圍
恆冰區

遍布世界各地的海洋，極地海域尤多

何處觀賞

雖然密集分布區彼此之間頗分散，但卻是地球上分布極廣的哺乳類。涼爽的水域比熱帶與亞熱帶更常見(極區尤多)。儘管大多出現在岸邊800公里以內，但是從碎浪區至外海皆是目擊範圍。大陸棚有時會發現大群集結。一般喜愛深水海域，但是在淺灣、內海與河口(河流中則罕見)也經常可發現。常常會進入浮冰區尋找獵物。沒有定期的長途遷徙，但會隨著高緯區覆冰與他處的食物資源而局部移動。很少擱淺，擱淺的通常是雄鯨。

初生重量：約180公斤	成年重量：2.6-9公噸	食物：

科：海豚科	種：*Orcinus orca*	棲所：

過渡者與居留者
在北美西北部的研究顯示，虎鯨在遺傳上可分為兩類：「過渡者」與「居留者」。根據經驗，可利用外觀與行為的差異區分出這兩者。過渡者傾向於組成較小的群隊(1-7隻)，在廣闊的海域漫游，主要以海洋哺乳類為食，較少發出聲音，游行方向會突然改變，而且經常一次潛入水中5至15分鐘；背鰭比居留者更尖、更接近背部中央。居留者傾向於形成較大的小群隊(通常5至25隻)，棲居的範圍較小(至少夏季會如此)，主要以魚類為食，經常發聲，可預測其游行的航道，很少一次在水中停留超過4分鐘。

兩性仔鯨的背鰭形狀與雌成鯨相似
雌鯨的背鰭較雄鯨小而彎，長度可達90公分
鞍狀斑塊較不明顯或完全沒有
仔鯨
胸鰭較雄性小

性別差異
虎鯨兩性之間具有明顯的差異。雄鯨較雌鯨長且龐大：雄鯨的平均體長為7.3公尺，雌鯨只有6.2公尺。背鰭形狀與大小也有極大的差異。

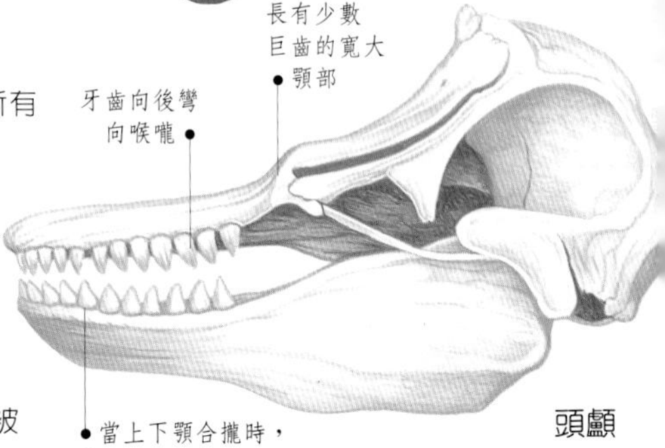

長有少數巨齒的寬大顎部
牙齒向後彎向喉嚨
當上下顎合攏時，牙齒可以咬合
頭顱

攝食方式與食物種類
虎鯨是不挑食的掠食者，食物種類是所有鯨豚類中最繁多的。獵取種類已知有烏賊、魚類、海鳥、海龜、海豹和海豚；甚至會攻擊碩大的藍鯨。小群隊的成員經常合作捕獵。與獵物之間的關係複雜：小群隊經常有專攻某些獵物並忽視其他潛在獵物的傾向；有數種鯨豚類與海豚會與虎鯨共游，顯然毫無懼意，似乎能夠直覺當時並沒有被攻擊的危險。

族群大小：3-25 (1-50)，若干小群隊可能進行社交性聚集	背鰭位置：中央稍偏體前方

現況：地區性普遍	現存：不詳	威脅：

與雄鯨相似的
灰色鞍狀斑塊
(有個體差異)
雌性
典型的彎
曲姿勢
在半空中
扭體
躍離海面
側面著水，
濺起水花
緩慢地揚升
頭部，觀察
海平面
胸鰭的大部分
會浮出海面

彼此協調

小群隊會以緊密的隊伍游行，或廣布海面達1公里以上，經常一起浮升與下潛。居留群的躍身擊浪模式包括4至5次短潛，間隔10至30秒，而後再進行3至4分鐘的深潛。過渡群的行為較不一致。休息的個體會浮漂在海面，一分鐘內緩慢地噴氣數次，再下潛3至4分鐘，然後在同一個地點浮升出水。

躍身擊浪

成鯨與幼鯨都經常進行躍身擊浪，優雅地完全躍離水面，然後再以背部、體側或腹部著水，嘈雜地激出水花。幼鯨比成鯨喜愛採行更富冒險性的扭體、翻身動作。

浮窺

浮窺時，虎鯨緩慢地浮升，直到頭部與胸鰭的大部分都浮現海面，然後再逐漸地下沉、隱沒於海中；有時會數隻一起浮窺。

初生重量：180公斤	成年重量：2.6-9公噸	食物：

科：海豚科	種：*Peponocephala electra*	棲所：

瓜頭鯨(MELON-HEADED WHALE)

雖然瓜頭鯨分布廣泛，幾乎熱帶或亞熱帶的各處深水海域皆可發現，其資料仍然不多。可能與弗氏海豚結夥，偶爾也會與長吻飛旋原海豚、條紋原海豚等其他鯨豚類共游。可能極易與外觀非常相似的小虎鯨(第146頁)混淆。這兩種之間有一些微妙的差異，但除非近距離觀察，否則難以分辨。瓜頭鯨的主要特色就是尖瓜狀的頭部、修長的軀體，以及長而尖銳的胸鰭：小虎鯨的腹部有較大且較為明顯的淡色斑塊，披肩部位也頗獨特，有些個體甚至有白色的下巴。假如由上往下看，瓜頭鯨的頭會顯得尖銳或呈三角形，而小虎鯨的頭則非常渾圓。

- **別名**：瓜狀頭鯨、多齒黑鯨、小殺人鯨、伊列特拉海豚
- **台灣俗名**：烏牛

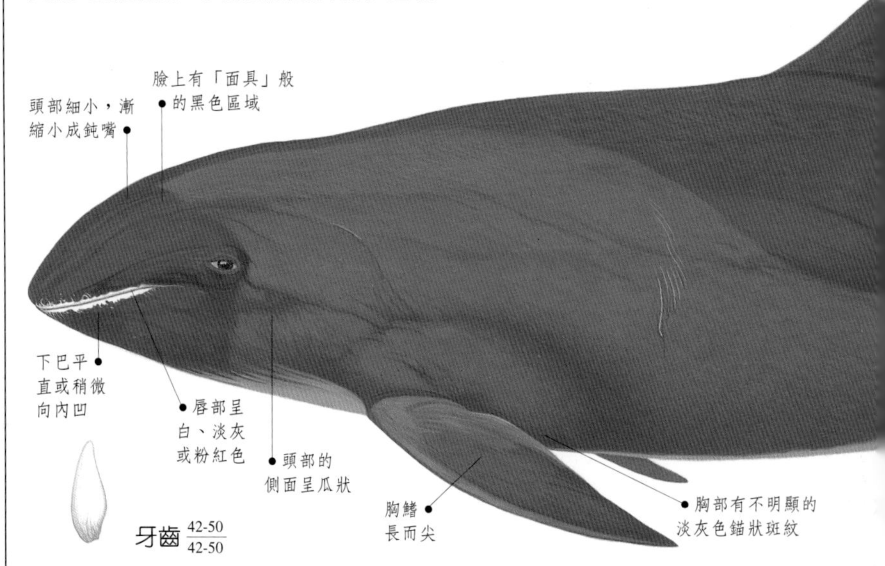
臉上有「面具」般的黑色區域
頭部細小，漸縮小成鈍嘴
下巴平直或稍微向內凹
唇部呈白、淡灰或粉紅色
頭部的側面呈瓜狀
胸鰭長而尖
胸部有不明顯的淡灰色錨狀斑紋
牙齒 42-50/42-50

行為

快速游行時，會以小角度躍離海面，浮升時，經常造成許多水霧，使人難以看清究竟。游泳速度緩慢，浮升時會將頭部揚升出水。通常對船隻很警覺，但肇因於許多觀察都是在捕鮪魚船經常追捕海豚的海域進行的，所以別處的瓜頭鯨或許會有不同的行為表現。已知會短時間船首乘浪，偶爾有躍身擊浪的記錄。有時會浮窺。潛水時，尾幹明顯地拱起。高度群棲性，比小虎鯨更常出現大型的小群隊。小群隊中的個體常愛緊挨在一起，而且經常改變航線。已知有集體擱淺的記錄。

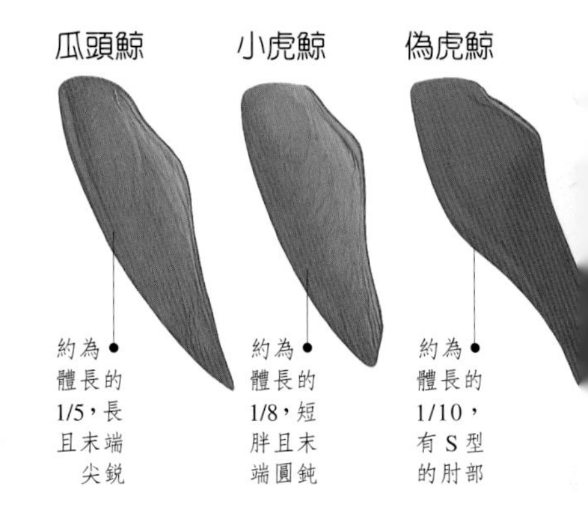
瓜頭鯨
小虎鯨
偽虎鯨
約為體長的1/5，長且末端尖銳
約為體長的1/8，短胖且末端圓鈍
約為體長的1/10，有S型的肘部

族群大小：100-500 (50-1,500)，曾見2,000多隻群集(罕見)	背鰭位置：中央

現況：不詳	現存：不詳	威脅：

鑑別清單

- 軀體呈水雷狀
- 胸鰭長，末端尖銳
- 頭部小而尖
- 體色暗
- 背鰭高聳，呈鉤狀
- 受到驚嚇時可快速游走
- 游行時，會以小角度跳躍
- 通常組成大型的小群隊
- 通常會提防船隻靠近

初生約1公尺
成年2.1-2.7公尺

後緣向內凹

中央有小凹刻

尾鰭

末端尖銳

背鰭高聳，呈鉤狀，末端尖銳

後緣經常受創

暗色的披肩部位（在海上並不明顯）

尾幹修長

雄性

體色呈藍黑、暗灰或暗棕色

尾鰭寬大（雌鯨的較窄）

體型修長

腹部斑塊呈灰或不純的白色（在海中不明顯）

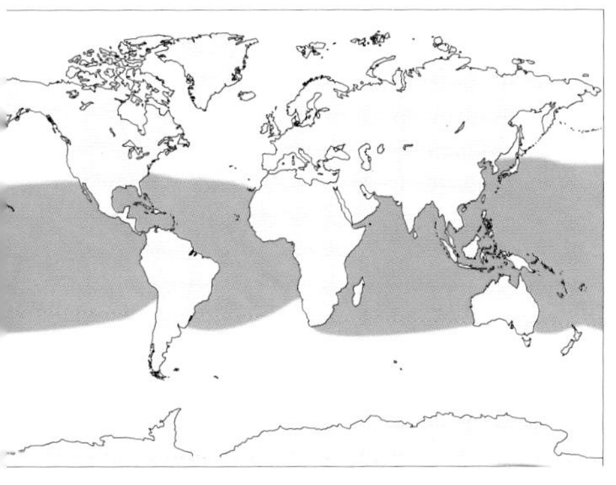

界各地的熱帶與亞熱帶外海水域

何處觀賞

雖然少有記錄，但是一般認為瓜頭鯨的分布區呈連續狀態，橫跨了熱帶與亞熱帶的深水海域。然而，在菲律賓(尤其是宿霧島周遭)與澳洲東部沿岸相當普遍，在夏威夷則終年可見其蹤。大多數的目擊記錄都來自大陸棚的向海側，以及大洋孤島附近。很少出沒在暖溫帶水域(分布範圍的北界可能與暖洋流有關)，也極少靠近陸地探險。未知有遷徙行動，而且可能沒有。數量也許比目前顯示的稀少記錄更多些。

初生重量：不詳	成年重量：約160公斤	食物：

科：海豚科	種：*Pseudorca crassidens*	棲所：≈ (≈)

偽虎鯨(FALSE KILLER WHALE)

偽虎鯨似乎相當罕見，但卻分布廣泛，而且容易接近船隻。就其巨大的體型而言，實在稱得上異常活躍，牠們還樂於嬉戲。雖然相信野外的偽虎鯨會捕食海豚，甚至曾有人見過牠們攻擊大翅鯨仔鯨；但是在豢養的環境中，卻不像其近親小虎鯨那般富攻擊性。有時也會與瓶鼻海豚和其他小型鯨豚類結伴。雖然曾見數百隻偽虎鯨一同出游，但是大多數的小群隊成員相當少。利用體型大小可以用來與小虎鯨(第146頁)和瓜頭鯨(第156頁)區別。此外，偽虎鯨也與雌虎鯨(第154頁)極為相似，不過體形比較苗條且體色較暗。從遠距離看，可能會與領航鯨(第148-151)混淆；然而，可注意觀察是否有較細長的頭部與軀體、海豚般的背鰭，以及更具活力的行為。

- **別名**：偽領航鯨、偽逆戟鯨
- **台灣俗名**：海馬、和尚鯃

末端尖銳(有個體差異)

頭部修長，漸縮成圓鈍的嘴喙

暗色的頭部在某些光線下可能呈淡灰色

胸部斑塊呈灰或不純的白色

前緣呈S型，具獨特的「肘部」

胸鰭短窄，位置偏向軀體前方

末端尖銳

牙齒 $\frac{16\text{-}22}{16\text{-}22}$

末端可能圓鈍

背鰭

行為

是快速、活躍的泳者。當牠浮升時，經常將整個頭部與軀體的大部分揚升出水；有時甚至連胸鰭都看得見。浮現時，經常張開大口，露出成排的牙齒。有時會突然停止前進，或急轉彎，尤其是在獵食時。會接近船隻以進行探察，會船首乘浪或船尾乘浪。經常躍身擊浪，通常會轉體以側身擊水，造成幾乎與其體型同樣大的水花。興奮時，會優雅地躍離水面，並鯨尾擊浪。似乎容易擱淺，有時為數相當驚人(曾有一次800多隻的罕見案例)。

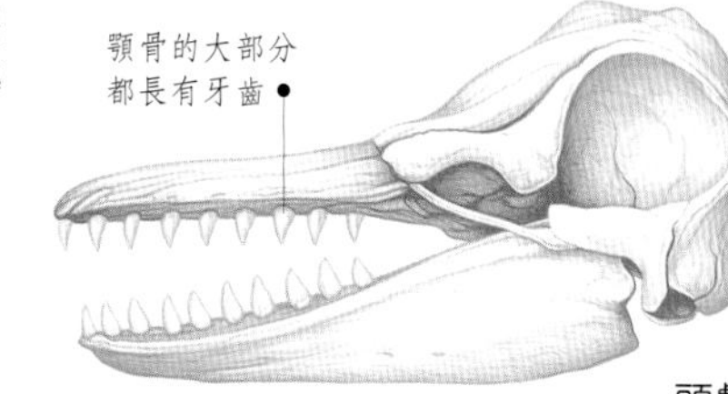
顎骨的大部分都長有牙齒
頭顱

族群大小：10-50 (1-300)，社交性聚會可能多達數百隻	背鰭位置：中央

現況：稀少	現存：不詳	威脅：

鑑別清單

- 全身一致呈深色
- 胸鰭有獨特的「肘部」
- 軀體修長
- 頭部修長，嘴喙圓鈍
- 背鰭明顯
- 非常喜歡空中翻騰
- 浮升呼吸時，偶爾會將軀體躍離海面
- 喜愛接近船隻

初生1.6-1.9公尺
成年4.3-6公尺

中央凹刻明顯

尾鰭

末端稍尖

後緣明顯向內凹

背鰭巨大而明顯

軀體可能有疤痕

體型修長

雌／雄

體色呈暗灰或黑色(仔鯨較淡)

尾鰭在整個軀體的比例上顯得有點小

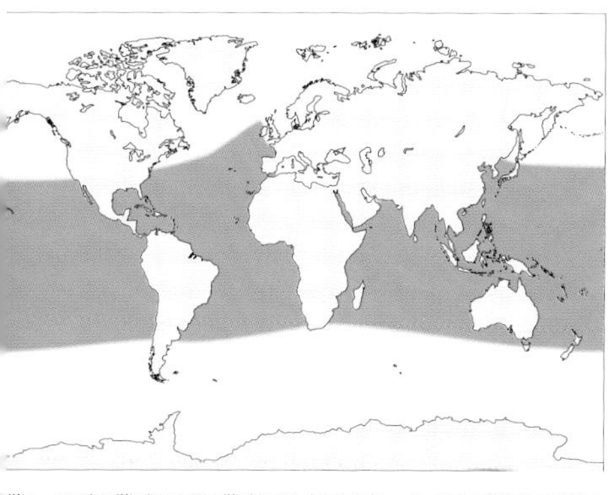

帶、亞熱帶與暖溫帶的深水海域，主要出沒在外海

何處觀賞

雖然各地的數量並不多，但是分布廣泛。主要出沒在外海的深水海域(以及紅海、地中海之類的半封閉海域)，有時也會出現在深水的沿岸海域。似乎喜愛較溫暖的水域，雖然未知有固定的遷徙，但是可能會根據海水的季節冷暖變化而由北方遷向南方。儘管涼溫帶水域似乎在其正常分布範圍之外，但這些地區也有許多目擊事件。曾有迷途而遠游至挪威與阿拉斯加的記錄。

初生重量：80公斤	成年重量：1.1-2.2公噸	食物： ( )

大洋性海豚

嘴喙明顯者

海豚科是鯨豚類動物中最大、也最多樣化的科別，包含已知的26種海豚（第160-223頁）以及6種齒鯨（第144-159頁）。海豚科包含許多海洋性的「典型」海豚，還有一些沿岸性與部分內河性的品種。為了因應本書的編輯宗旨，我們將海洋性海豚區分成兩大類：嘴喙明顯者（即本章節所探討的），以及嘴喙不明顯者（第194-223頁）；這樣的分類方式並沒有科學上的認可，純粹只是用來幫助鑑別而已。

特色

本章所描繪的13種海洋性海豚都具有輪廓鮮明的長嘴喙、流線形或略顯粗壯的體型、平緩斜降的頭部，而且尾鰭中央都有凹刻。除了北露脊海豚、南露脊海豚二種以外，本章述及的其他品種的身體中央都有明顯的背鰭；種與種之間的背鰭形狀差異極大，即使同種的個體之間亦如此。海豚的身長大約在1.3公尺至3.9公尺之間。

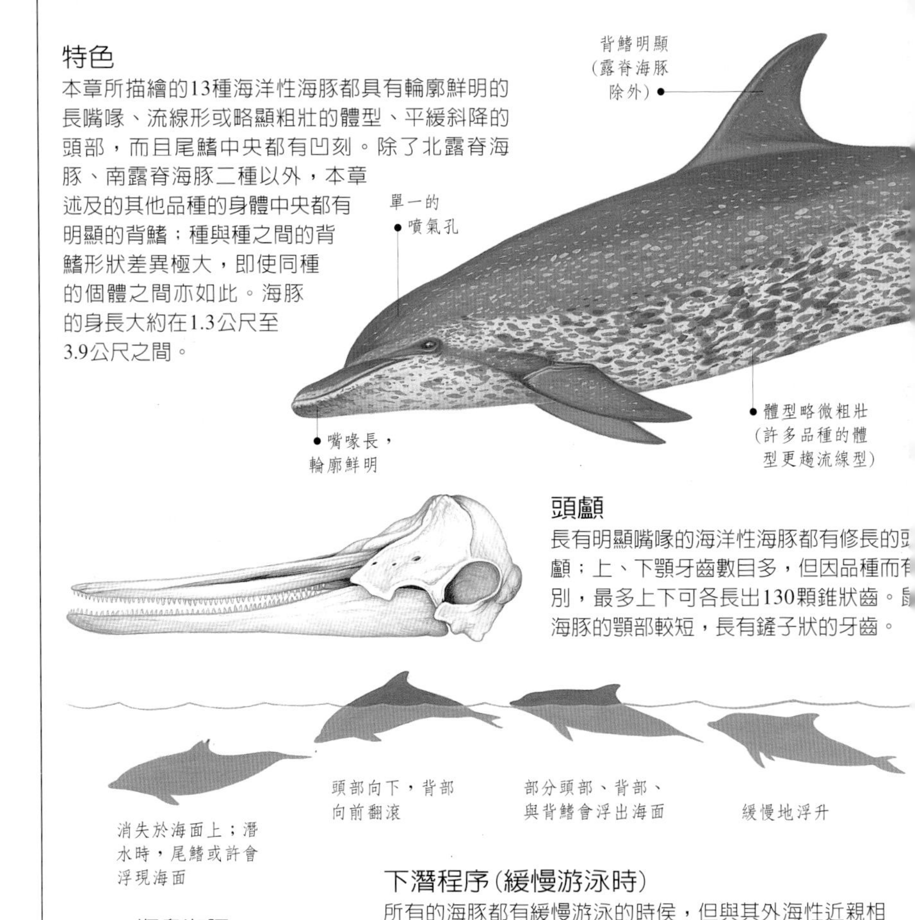
背鰭明顯（露脊海豚除外）
單一的噴氣孔
嘴喙長，輪廓鮮明
體型略微粗壯（許多品種的體型更趨流線型）
頭部向下，背部向前翻滾
部分頭部、背部、與背鰭會浮出海面
緩慢地浮升
消失於海面上；潛水時，尾鰭或許會浮現海面
瓶鼻海豚

頭顱

長有明顯嘴喙的海洋性海豚都有修長的頭顱；上、下顎牙齒數目多，但因品種而有別，最多上下可各長出130顆錐狀齒。鼠海豚的顎部較短，長有鏟子狀的牙齒。

下潛程序（緩慢游泳時）

所有的海豚都有緩慢游泳的時侯，但與其外海性近親相比，由於沿岸性海豚的獵物移動速度比較慢，所以不必高速游行。泳速較慢者一般在浮出水面呼吸時，露出水面的部分也相對較小。通常只會露出極小部分的身體。

:露脊海豚

-豚科動物中，只有北露脊海豚與南露脊海
.沒有背鰭。

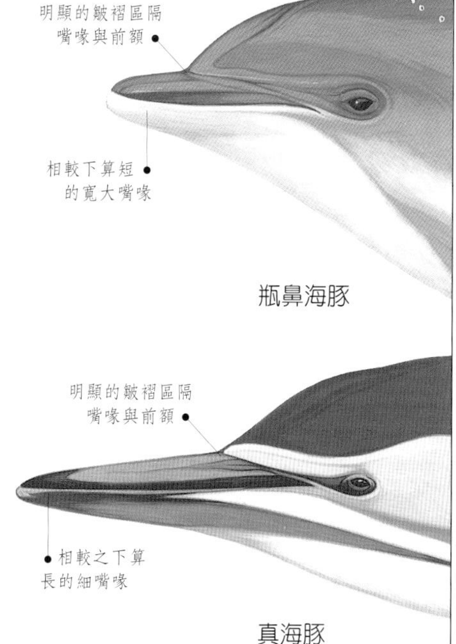
明顯的皺褶區隔
嘴喙與前額
相較下算短
的寬大嘴喙
明顯的皺褶區隔
嘴喙與前額
相較之下算
長的細嘴喙

瓶鼻海豚

真海豚

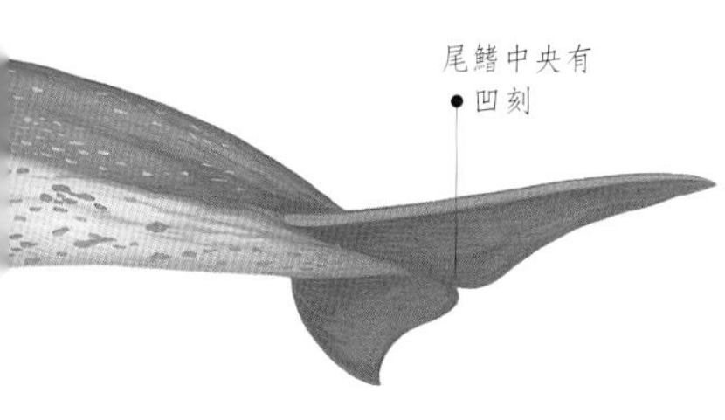
尾鰭中央有
凹刻

大西洋斑海豚

一般所謂的「海豚」通常指海豚科動
物，尤其是長有突出嘴喙者。大西洋斑
毎豚雖因全身遍布斑點而顯得與眾不
司，但牠具備本章所描述大部分動物共
有的特徵。

嘴喙

本章述及的每個成員幾乎都有輪廓鮮明的嘴喙，而且在前額的基部皆有一道明顯的皺褶。嘴喙的長度與寬度會因品種而有極大的差異。南露脊海豚的嘴喙較諸本章的其他品種，顯然非常短，收錄其中，只是方便與北露脊海豚直接比較。

瓶鼻海豚

整個身體完全
躍離海面
頭部先著水地
再度躍入水中
開始以小角度
躍離海面
以高速浮升

下潛程序(快速游泳時)

有些海豚可以利用每次呼吸時，做一連串的弧形飛躍以達成高速游行，而不用貼著海面游，此即所謂的「豚游動作」。在某些特殊的情況下，速度可高達每小時40公里。

品種鑑別

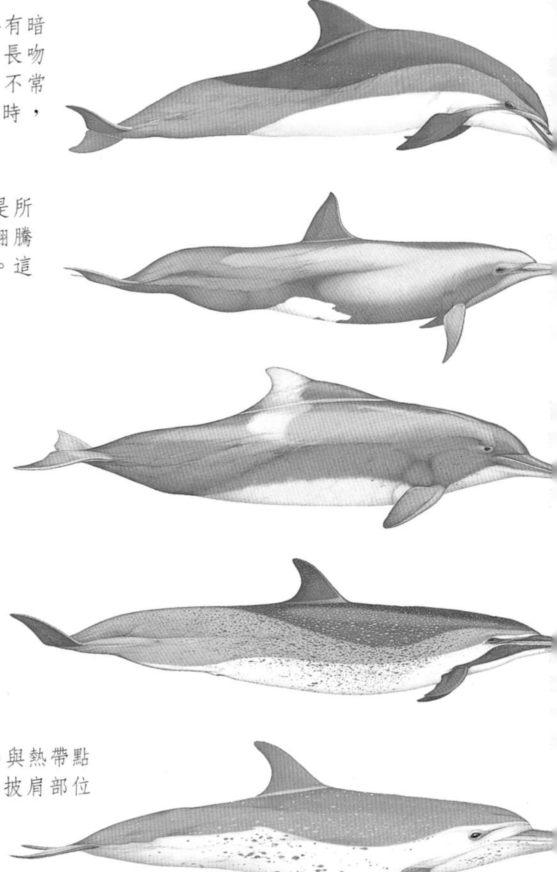

土庫海豚(詳第172頁)屬鯨豚類中體型極小者，出現在岸邊淺水海域及河流中。體色因個體與族群而有明顯的差異。

短吻飛旋原海豚(詳第180頁)具有暗灰或黑色的披肩部位，嘴喙比長吻飛旋原海豚稍微厚短些；雖然不常飛躍得很高，但在躍身擊浪時，偶爾會垂直旋轉。

長吻飛旋原海豚(詳第182頁)是所有鯨豚類動物中最喜愛空中翻騰者，素以壯觀的空中特技聞名。這個品種具有許多變種。

大西洋駝海豚(詳第176頁)與印太洋駝海豚非常相似，但是兩者的分布範圍並未重疊。因其背部中央的長隆突而得名。

熱帶點斑原海豚(詳第184頁)體型大小與體色差異極大，但是可由明顯的斑點與異常活躍的行為鑑別出來。

大西洋點斑原海豚(詳第186頁)與熱帶點斑原海豚非常相似，但在兩個披肩部位有獨特的淡色斑點，而且腹面的斑點沒有連接在一起。

南露脊海豚(詳第170頁)憑其一身顯眼的黑白色圖案，非常容易在海中鑑別。是南半球唯一沒有背鰭的海豚。

品種鑑別

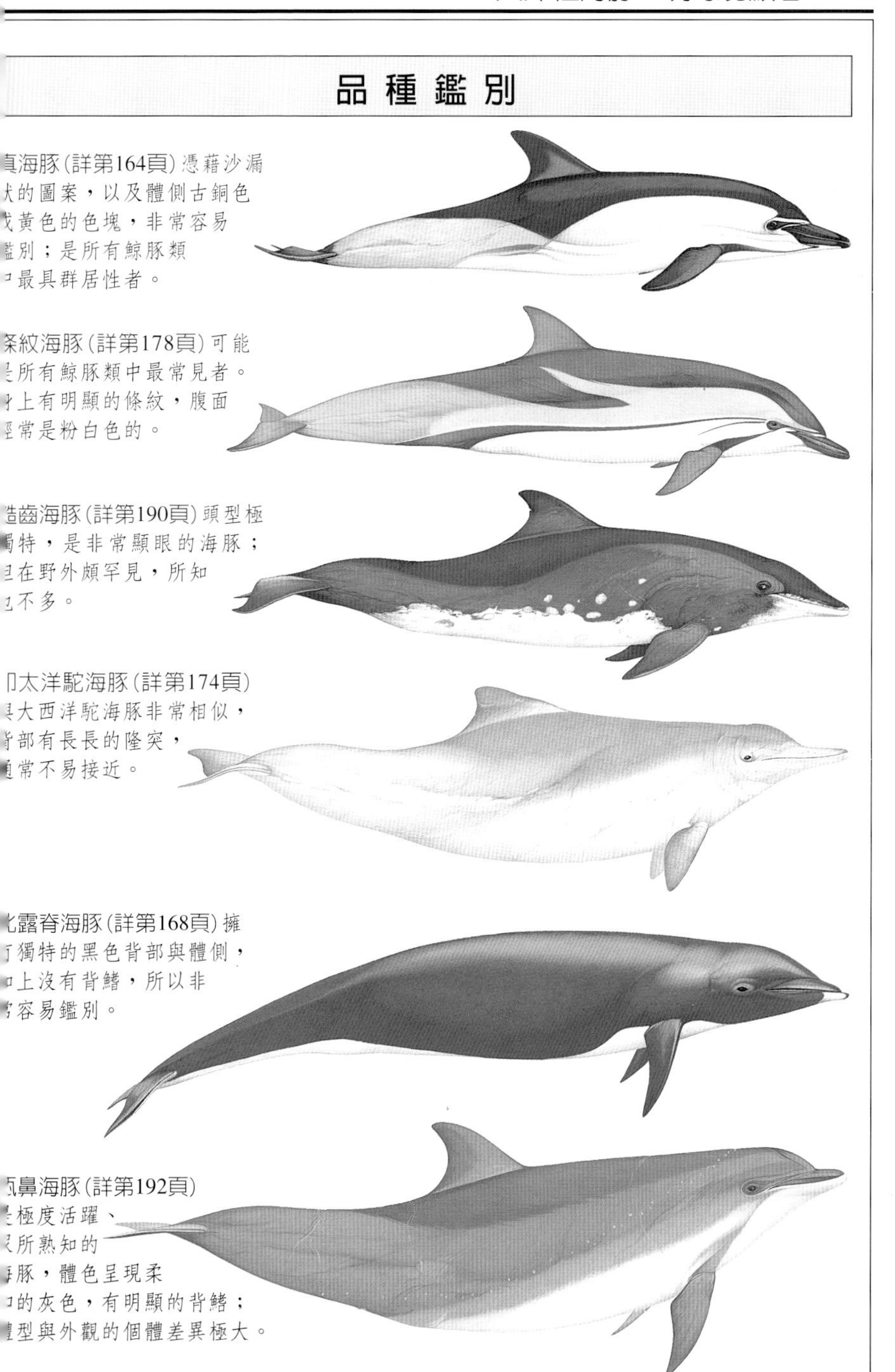

真海豚(詳第164頁)憑藉沙漏
狀的圖案，以及體側古銅色
或黃色的色塊，非常容易
鑑別；是所有鯨豚類
中最具群居性者。

條紋海豚(詳第178頁)可能
是所有鯨豚類中最常見者。
身上有明顯的條紋，腹面
經常是粉白色的。

糙齒海豚(詳第190頁)頭型極
獨特，是非常顯眼的海豚；
但在野外頗罕見，所知
也不多。

印太洋駝海豚(詳第174頁)
與大西洋駝海豚非常相似，
背部有長長的隆突，
通常不易接近。

北露脊海豚(詳第168頁)擁
有獨特的黑色背部與體側，
加上沒有背鰭，所以非
常容易鑑別。

瓶鼻海豚(詳第192頁)
是極度活躍、
最所熟知的
海豚，體色呈現柔
和的灰色，有明顯的背鰭；
體型與外觀的個體差異極大。

科：海豚科	種：*Delphinus delphis*	棲所：≋ (≋)

真海豚(COMMON DOLPHIN)

由於真海豚的外觀差異極大，所以近年來為之提出的品種已經超過20多個。儘管真海豚有2種不同的形式：短吻及長吻，或許很快就能成為品種鑑別的根據，但是公認的卻只有一個品種(編按：目前已正式發表分成兩種)。可能會與條紋原海豚(第178頁)、飛旋原海豚(第180-183頁)、大西洋斑紋海豚(第210頁)混淆，但是真海豚鮮明的交叉或沙漏圖案是極佳的鑑別特徵。兩性的體色只有些微的差異。雖然有証據顯示黑海、地中海與熱帶太平洋東部的族群已經減少，但真海豚仍是世界上數目最多的鯨豚類動物，全球總數可能達數百萬。

• **別名**：鞍背海豚、白腹小海豚、岬角披肩海豚、十字海豚、沙漏斑紋海豚

• **台灣俗名**：烏鯃

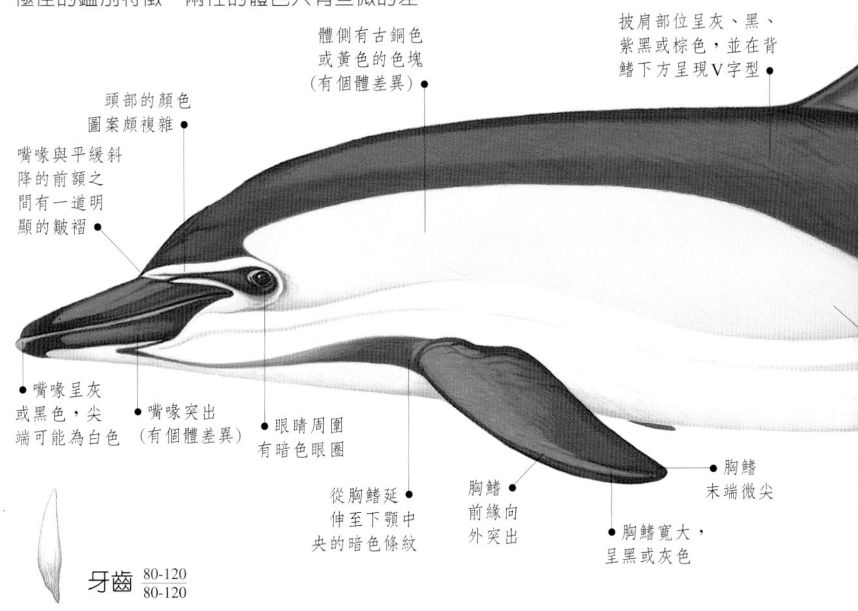

體側有古銅色或黃色的色塊(有個體差異)
披肩部位呈灰、黑、紫黑或棕色，並在背鰭下方呈現V字型
頭部的顏色圖案頗複雜
嘴喙與平緩斜降的前額之間有一道明顯的皺褶
嘴喙呈灰或黑色，尖端可能為白色
嘴喙突出(有個體差異)
眼睛周圍有暗色眼圈
從胸鰭延伸至下顎中央的暗色條紋
胸鰭前緣向外突出
胸鰭末端微尖
胸鰭寬大，呈黑或灰色

牙齒 $\frac{80\text{-}120}{80\text{-}120}$

行為

經常活躍地聚集成群：可看到跳躍、激起水花，甚至從相當的距離外也可聽到牠們發出的聲音。同一群中的數個成員常會一起浮升。群隊的規模通常會依季節或每日的不同時段而有所差異。受到驚嚇時，真海豚會緊密地群聚在一起。游泳快捷，空中翻騰強而有勁。經常進行豚游，會以下巴、胸鰭拍水，也會鯨尾擊浪、船首乘浪與躍身擊浪(有時會轉體空翻)。常常發出聲音：海面上有時可聽到其高音的悲鳴。潛水時間可達8分鐘，但是一般都在10秒至2分鐘之間。在條件良好的攝食區內，會與其他海豚共游；在熱帶太平洋東部會和黃鰭鮪魚同游。

鑑別清單

- 披肩部位在背鰭下方呈V字型
- 體側有沙漏圖案
- 腹部與體側下方為白色
- 胸鰭、尾鰭與背鰭為深色，極明顯
- 體側有黃色色塊
- 嘴喙與胸鰭之間有暗色條紋
- 背鰭與嘴喙明顯
- 非常活躍

族群大小：10-500 (1-2,000)，最大族群在熱帶太平洋東部	背鰭位置：中央

現狀：普遍	現存：不詳	威脅：

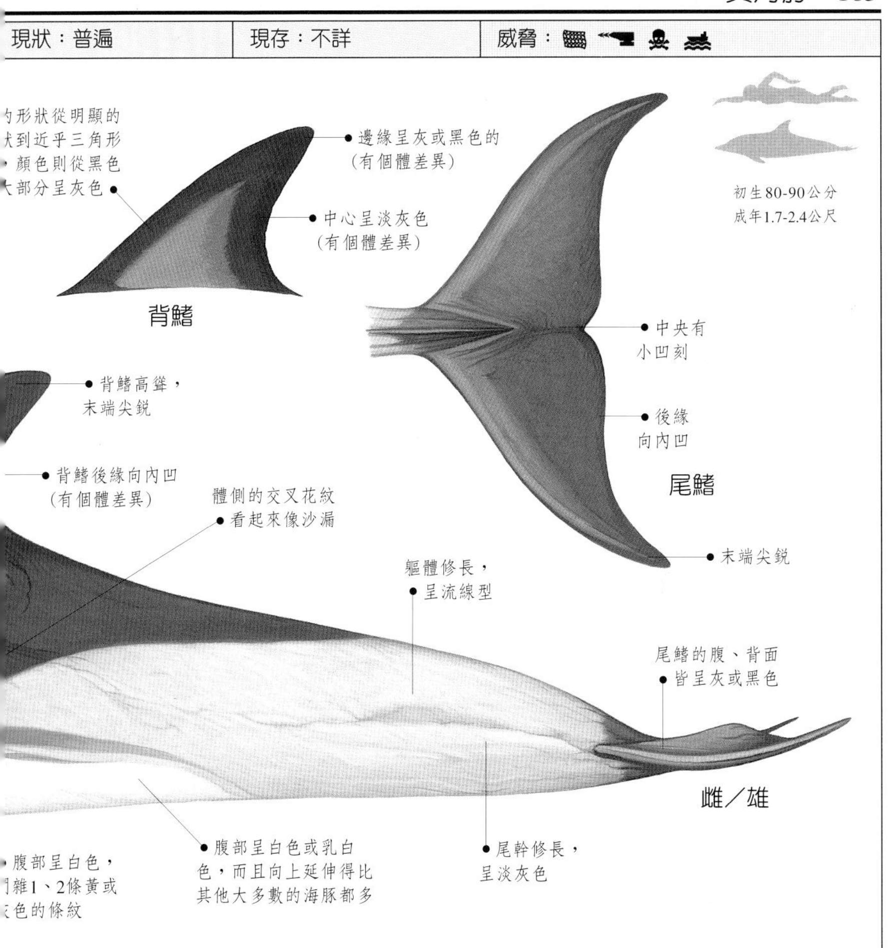

...的形狀從明顯的
...狀到近乎三角形
...，顏色則從黑色
...大部分呈灰色
邊緣呈灰或黑色的（有個體差異）
中心呈淡灰色（有個體差異）
背鰭
初生80-90公分
成年1.7-2.4公尺
中央有小凹刻
後緣向內凹
尾鰭
末端尖銳
背鰭高聳，末端尖銳
背鰭後緣向內凹（有個體差異）
體側的交叉花紋看起來像沙漏
軀體修長，呈流線型
尾鰭的腹、背面皆呈灰或黑色
雌／雄
...腹部呈白色，
...雜1、2條黃或
...色的條紋
腹部呈白色或乳白色，而且向上延伸得比其他大多數的海豚都多
尾幹修長，呈淡灰色

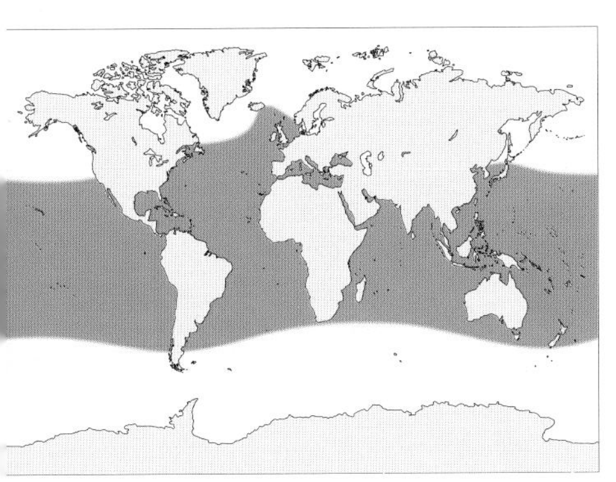

...界各地的溫帶、亞熱帶與熱帶海域

何處觀賞

分布極廣，而且顯然有許多不同的族群。在紅海、地中海等諸多封閉水域也曾發現；印度洋可能比較不常見。在某些地區會終年久居一地，但也有族群會進行季節性遷徙，不同季節裡同地區的族群數目也會有增減。通常出沒在海面水溫攝氏10-28度的水域，這也是南、北分布的極限，但有時會隨著溫暖的洋流而超出一般的分布範圍。水深低於180公尺的海域較罕見。可能出沒在大陸棚上，尤其是海床落差高的海域，但是主要棲居在外海。

初生重量：不詳	成年重量：70-110公斤	食物：

科：海豚科	種：*Delphinus delphis*	棲所：(　)

地理形態

因為真海豚具有許多變種，所以分類非常複雜。根據加州與墨西哥的研究分析應有兩種不同的形式：長吻型與短吻型。這兩者之間具有許多體型與行為上的細微差異，根據形態學與遺傳學的最新研究顯示這兩者可能是不同的品種(編按：初步已證實分為兩種)。從別處有限的觀察結果也顯示這兩種形式應該也是可以區分的。長、短吻的真海豚在其各自的族群內也都具有許多微妙的差異。這些可能就代表著不同的族系，然而其間的差異又都不足以獨立成另一品種。族系的差異主要在於體型的大小——從小至平均1.8公尺的黑海族群至2.4公尺的印度洋族群，以及體色的差異(雖然大多數真海豚的側面仍都有立即可辨的沙漏圖案)。加利福尼亞地岬近岸淺海型就是已有詳盡研究的長吻真海豚之變種，生活在墨西哥加州灣(科提茲海)，以及北緯20度北方的熱帶太平洋東部海域，這種形態的真海豚主要分布在水深20-180公尺的淺水海域。

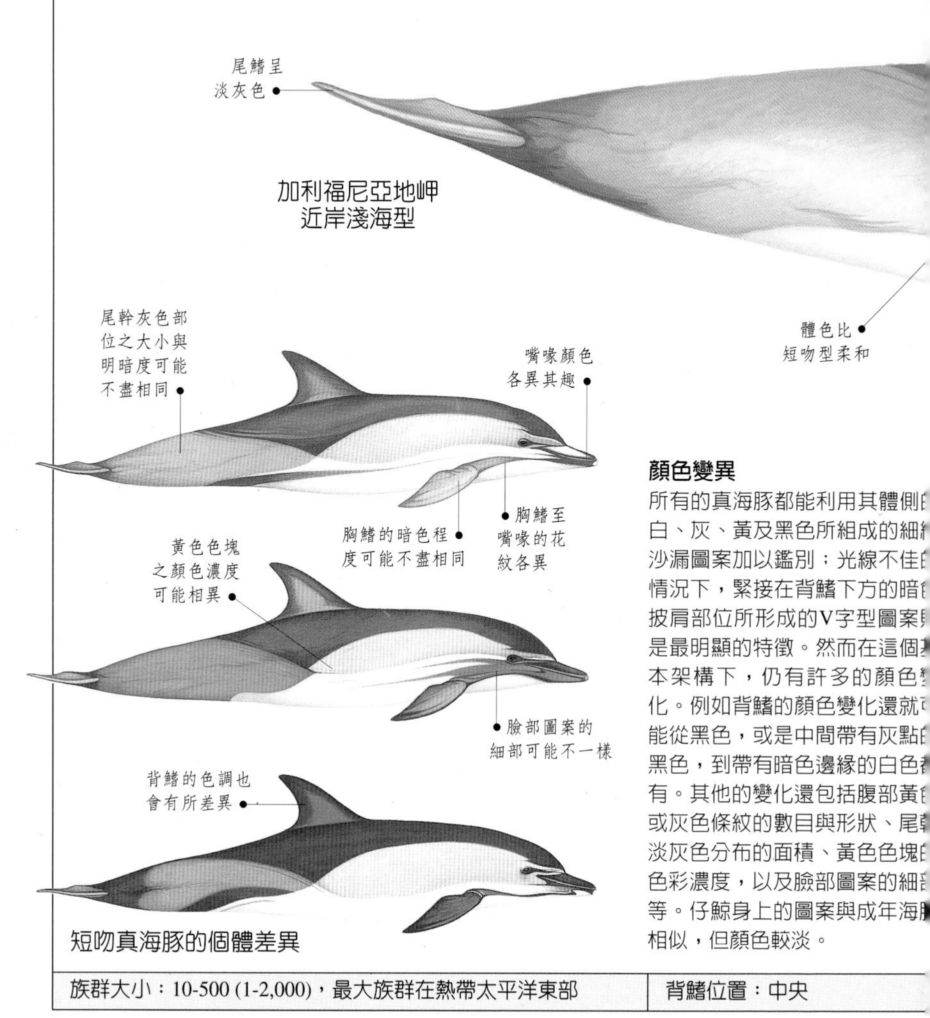
尾鰭呈
淡灰色
加利福尼亞地岬
近岸淺海型
體色比
短吻型柔和
尾幹灰色部
位之大小與
明暗度可能
不盡相同
嘴喙顏色
各異其趣
胸鰭的暗色程
度可能不盡相同
胸鰭至
嘴喙的花
紋各異
黃色色塊
之顏色濃度
可能相異
臉部圖案的
細部可能不一樣
背鰭的色調也
會有所差異

短吻真海豚的個體差異

顏色變異

所有的真海豚都能利用其體側白、灰、黃及黑色所組成的細沙漏圖案加以鑑別；光線不佳情況下，緊接在背鰭下方的暗披肩部位所形成的V字型圖案是最明顯的特徵。然而在這個本架構下，仍有許多的顏色化。例如背鰭的顏色變化還就能從黑色，或是中間帶有灰點黑色，到帶有暗色邊緣的白色有。其他的變化還包括腹部黃或灰色條紋的數目與形狀、尾淡灰色分布的面積、黃色色塊色彩濃度，以及臉部圖案的細等。仔鯨身上的圖案與成年海相似，但顏色較淡。

族群大小：10-500 (1-2,000)，最大族群在熱帶太平洋東部	背鰭位置：中央

現狀：普遍	現存：不詳	威脅：

技傲群倫

真海豚活力十足，具有靈活的空中翻騰特技，在水面上豚游或躍身擊浪的時間可能與待在水面下的時間一樣長。這頭真海豚攝於美國加州的蒙特雷海灣。

三角形的背鰭大部分呈白色或淡灰色，邊緣色澤較深

嘴喙長

沙漏圖案(所有個體差異也都具備此項特徵)

嘴喙較厚短

短吻真海豚

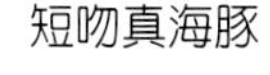

嘴喙

長、短吻真海豚間的最大差異在於嘴喙的長度與寬度；當然兩者之間還有其他明顯的差異。短吻真海豚的體型較為短胖，頭部較圓，嘴喙的圖案比較複雜，眼睛四周的黑眼圈也比較明顯，下顎與胸鰭間的條紋較窄，體色較明亮，而且主要出沒在外海。長吻真海豚的外形比較修長，眼睛至胸鰭之間經常只帶有些微白色色塊，有的甚至沒有，前額的低緩斜度較明顯，體色較柔和，經常出沒在內海。長、短吻真海豚之間可能也有行為上的差異。

嘴喙較修長

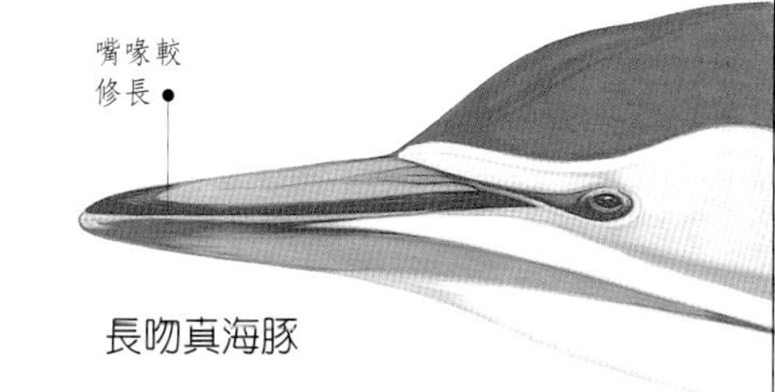

長吻真海豚

初生重量：不詳	成年重量：70-110公斤	食物：

科：海豚科	種：*Lissodelphis borealis*	棲所：≋(◣≋)

北露脊海豚(NORTHERN RIGHTWHALE DOLPHIN)

北露脊海豚是北太平洋唯一沒有背鰭的海豚，因此不可能會與其他的鯨豚類動物混淆。雖然在海上可能看似全黑，但是身上明顯的黑白圖案非常獨特。儘管如此，因為可能是所有鯨豚類中皮膚最光滑者，而且又經常進行平緩、小角度的飛躍游行，所以可能會被誤認為海獅或海狗。牠與棲居南半球的近親南露脊海豚(第170頁)非常相似，但是身型較長些，而身體的白色面積則較小，兩者的分布範圍也沒有重疊。南、北露脊海豚皆得名自體型較大、沒長背鰭的南、北露脊鯨(第44頁)。日本附近曾發現體色略不相同的北露脊海豚，可能是一支不同的變種。初生者通常呈灰褐或乳白色，在出生的第一年內體色的改變會定型。北露脊海豚經常會與太平洋斑紋海豚、瑞氏海豚與短肢領航鯨等其他的鯨豚類共游。

• **別名**：太平洋露脊小海豚

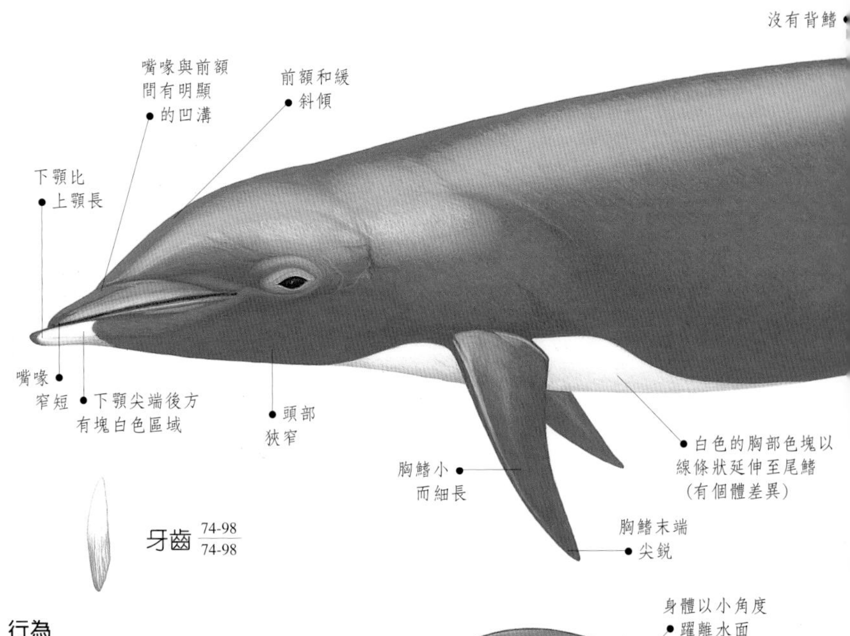
沒有背鰭
嘴喙與前額間有明顯的凹溝
前額和緩斜傾
下顎比上顎長
嘴喙窄短
下顎尖端後方有塊白色區域
頭部狹窄
胸鰭小而細長
白色的胸部色塊以線條狀延伸至尾鰭(有個體差異)
胸鰭末端尖銳
牙齒 74-98/74-98

行為

當快速游行與跳躍時，給人的整體印象就是飛躍的動作；每飛躍一次，可達7公尺之遙。非常容易受到驚嚇。逃命時整個群隊會聚靠在一起，然後許多個體同時飛躍，使海面呈現一片泡沫。也可能緩慢游行，幾乎水波不興，只在海面上露出身體的一小部分。躍身擊浪、腹部擊水、側身擊水與鯨尾擊浪相當常見。可能會船首乘浪，但通常會避開船隻。

身體以小角度躍離水面

豚游

受到驚嚇或只是單純快速游行時，一整群北露脊海豚會採行小角度的長躍；通常會乾淨俐落且優雅地重新入水，若在逃避危險時，偶爾會以腹面擊水或側身擊水的方式重新入水。

族群大小：5-200 (1-200)，曾見3,000隻共游	背鰭位置：沒有背鰭

現狀：普遍	現存：不詳	威脅：

鑑別清單

- 沒有背鰭
- 體型修長
- 體色黑，腹部呈白色
- 嘴喙下方有白色塊
- 嘴喙窄短
- 非常容易受到驚嚇
- 動作優雅
- 游泳採跳躍式
- 經常以混合群隊出現

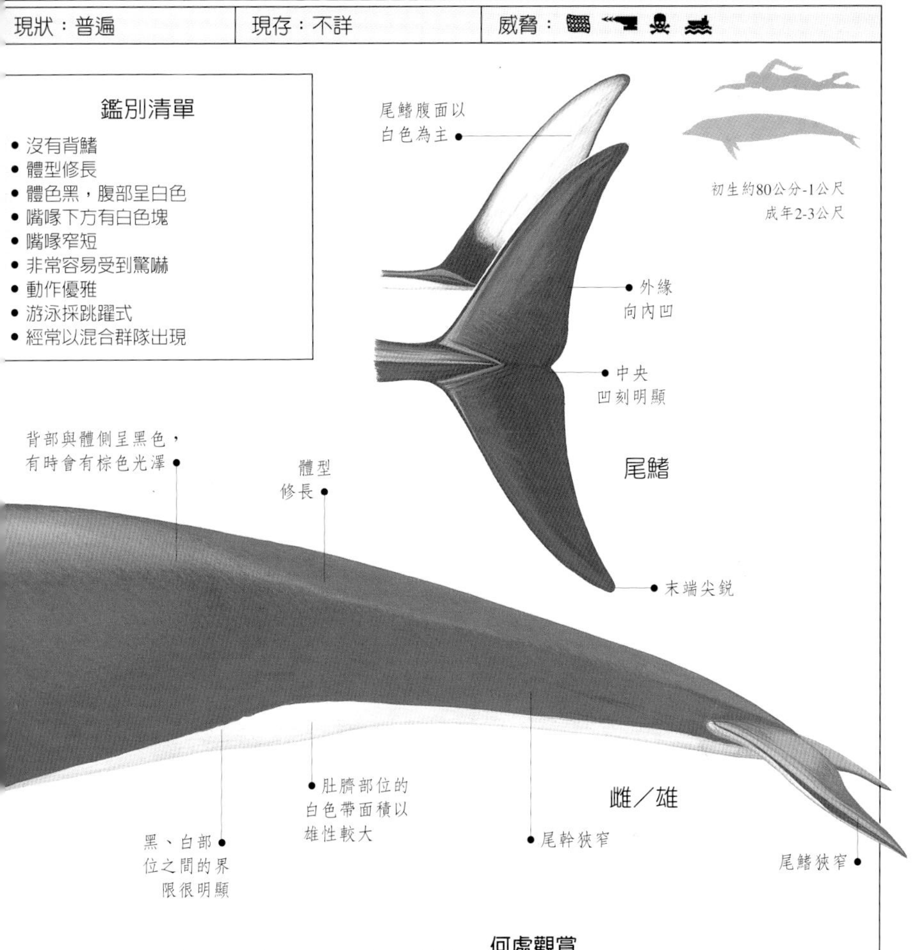
尾鰭腹面以
白色為主
初生約80公分-1公尺
成年2-3公尺
外緣
向內凹
中央
凹刻明顯
尾鰭
末端尖銳
背部與體側呈黑色，
有時會有棕色光澤
體型
修長
肚臍部位的
白色帶面積以
雄性較大
雌／雄
黑、白部
位之間的界
限很明顯
尾幹狹窄
尾鰭狹窄

何處觀賞

分布極廣。從俄羅斯堪察加半島至日本的北太平洋西部，以及加拿大不列顛哥倫比亞至墨西哥加利福尼亞地岬的北太平洋東部都曾出現過。也可能出現在日本海北部。當海面水溫出現異常低溫時，也可能更往南方前進。阿拉斯加阿留申群島南方的接鄰海域族群數目極少，也許此處就是東、西族群的界線。主要出沒在大陸棚或之外的深海海域。有時會游向海底有深海峽谷的岸邊水域。在某些地區，冬季時北露脊海豚可能向南、朝岸邊遷徙；夏季時，則向北朝外海遷徙。

北太平洋北方的涼爽、深水溫帶海域

初生重量：不詳	成年重量：約60-100公斤	食物：

科：海豚科	種：*Lissodelphis peronii*	棲所：

南露脊海豚(Southern Rightwhale Dolphin)

南露脊海豚在海上非常容易鑑別，是南半球唯一沒長背鰭的海豚，身上還有明顯的黑白相間圖案。但是若距離遙遠或快速游行時，可能會將之誤認為企鵝；而當牠緩慢游行時，又會被錯認成海狗或海獅。與北露脊海豚(第168頁)非常相似，但體型較小，頭部與體側的白色部位面積則較大。南、北露脊鯨的分布範圍並未重疊，兩者都同樣得名自體型較大且沒長背鰭的南、北露脊鯨(第44頁)。通常呈灰褐色或乳白色的小海豚會在出生的一年內長成與成年海豚相同的體色。南露脊海豚並不特別廣為人知，主要是因為棲居在遙遠的外海。

• **別名**：粉嘴小海豚

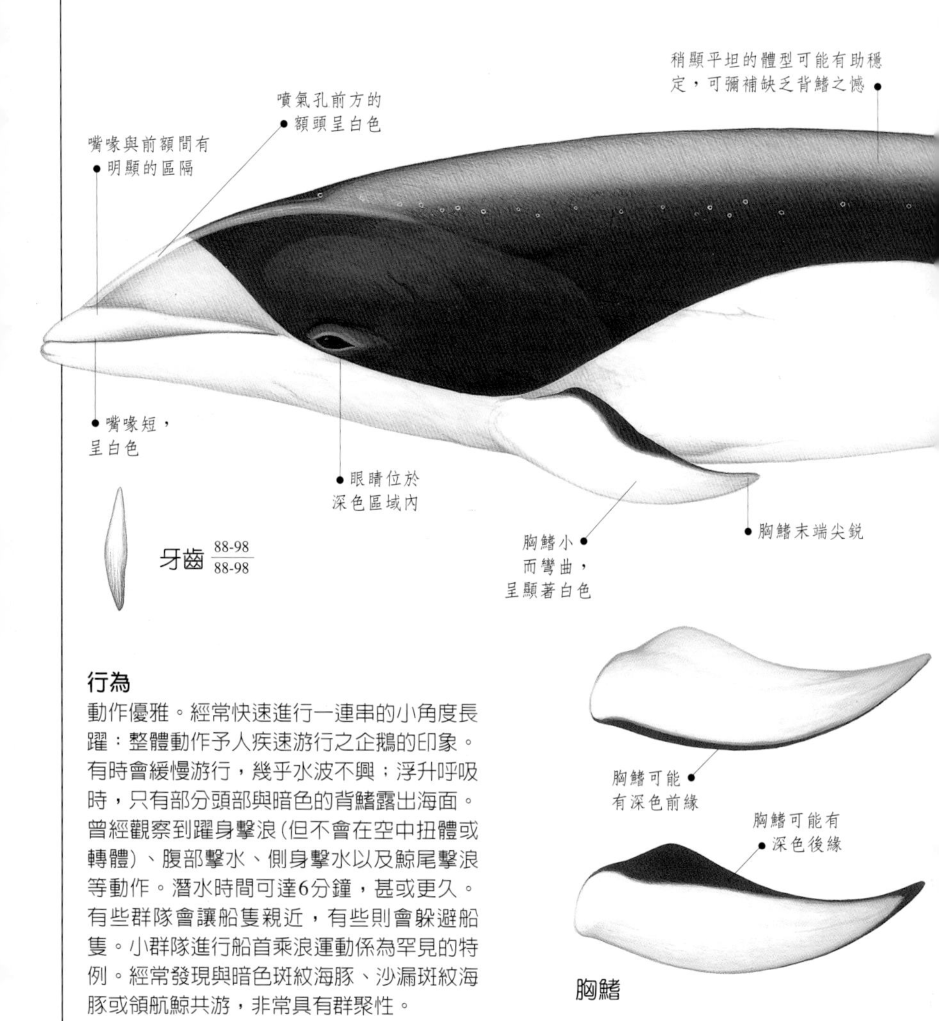
稍顯平坦的體型可能有助穩定，可彌補缺乏背鰭之憾
噴氣孔前方的額頭呈白色
嘴喙與前額間有明顯的區隔
嘴喙短，呈白色
眼睛位於深色區域內
胸鰭小而彎曲，呈顯著白色
胸鰭末端尖銳
牙齒 88-98/88-98
胸鰭可能有深色前緣
胸鰭可能有深色後緣
胸鰭

行為

動作優雅。經常快速進行一連串的小角度長躍：整體動作予人疾速游行之企鵝的印象。有時會緩慢游行，幾乎水波不興；浮升呼吸時，只有部分頭部與暗色的背鰭露出海面。曾經觀察到躍身擊浪(但不會在空中扭體或轉體)、腹部擊水、側身擊水以及鯨尾擊浪等動作。潛水時間可達6分鐘，甚或更久。有些群隊會讓船隻親近，有些則會躲避船隻。小群隊進行船首乘浪運動係為罕見的特例。經常發現與暗色斑紋海豚、沙漏斑紋海豚或領航鯨共游，非常具有群聚性。

族群大小：2-100 (1-1,000)	背鰭位置：沒有背鰭

現狀：普遍	現存：不詳	威脅：

鑑別清單

- 沒有背鰭
- 體型修長
- 嘴喙短而呈白色
- 背部呈墨黑色
- 腹部呈白色
- 黑色與白色區域界限分明
- 白色胸鰭突出
- 游泳採跳躍式

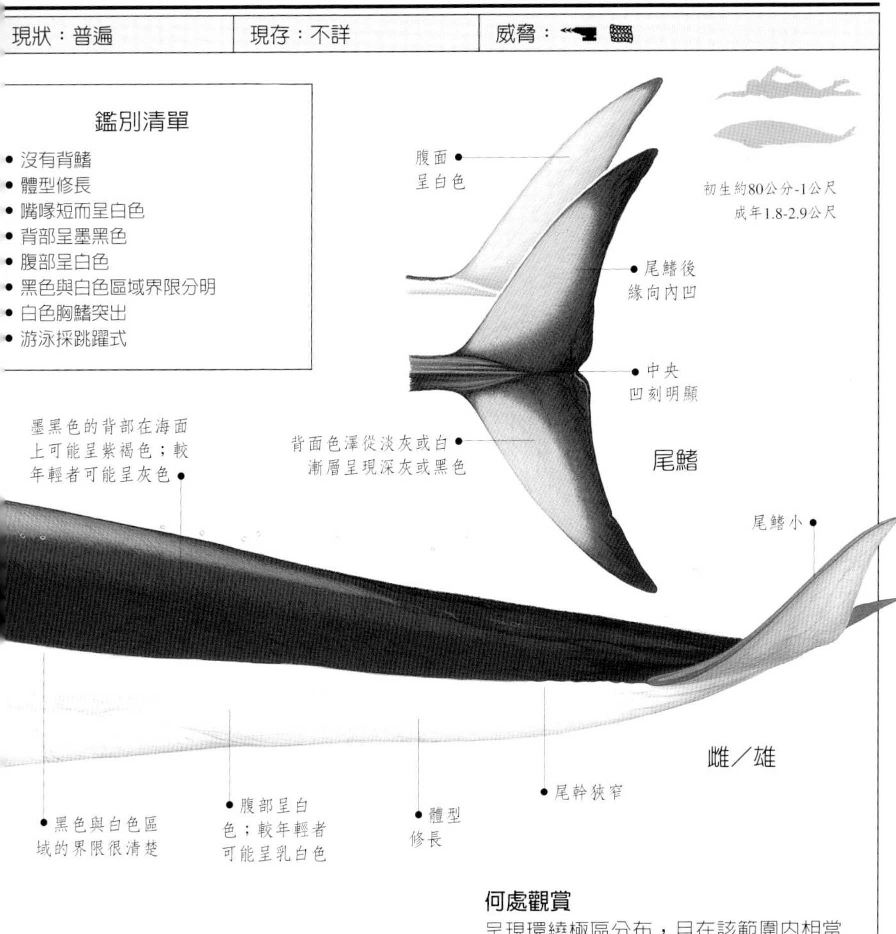
腹面
呈白色
初生約80公分-1公尺
成年1.8-2.9公尺
尾鰭後
緣向內凹
中央
凹刻明顯
背面色澤從淡灰或白
漸層呈現深灰或黑色
尾鰭
墨黑色的背部在海面
上可能呈紫褐色；較
年輕者可能呈灰色
尾鰭小
雌／雄
尾幹狹窄
腹部呈白
色；較年輕者
可能呈乳白色
體型
修長
黑色與白色區
域的界限很清楚

何處觀賞

呈現環繞極區分布，且在該範圍內相當常見，但分布範圍的相關資訊甚少。主要出沒在溫帶海域，大多數記錄出現於南極圈北方。經常循著洪保德冷洋流游至亞熱帶緯度區，可能遠至南緯19度的智利北方外海，雖然還有更北游至南緯12度秘魯外海的記錄。分布範圍的南界則隨著每年的海水溫度而改變。巴塔哥尼亞與福克蘭群島之間迴流的福克蘭洋流內似乎極為常見。咸信會依循西風漂流而橫渡南印度洋。除非是水深足夠的水域，否則極少出沒在陸地附近；儘管如此，已知南露脊海豚曾出沒在水深超過200公尺的智利外海岸邊水域以及紐西蘭附近。

半球冷溫帶的深水海域

初生重量：不詳	成年重量：約60-100公斤	食物：

科：海豚科	種：*Sotalia fluviatilis*	棲所：

土庫海豚(TUCUXI)

土庫海豚屬鯨豚類動物中體型極小者。截至不久之前都認為總共有5種不同的品種(*S. brasiliensis, S. fluviatilis, S. guianensis, S. pallida*以及*S. tucuxi*)，但目前認為只是因年齡及體色上的變異而使人誤以為有數個品種，因此將牠們都歸入*S. fluviatilis*品種。生活在河流者，體型通常比棲居岸邊者來得小，體色也較淡。這兩種類型的許多個體體色都會隨著年紀的增長而變淡。土庫海豚可能會與外形相似的瓶鼻海豚(第192頁)混淆，但其體型較小，而且具有較長的嘴喙，以及更像三角形且帶有鐮刀狀尖端的背鰭，分布範圍與外型相似的亞河豚(第226頁)有很大的重疊，但是土庫海豚的體型還是較小，背鰭較突出，額隆則較不明顯。在其分布範圍的南端區域，或許無法與年輕的拉河豚(第234頁)區分。儘管棲居在河中的土庫海豚族群極大，但是與典型淡水豚類的關係卻不密切。

• **別名**：河口海豚、南美長吻海豚

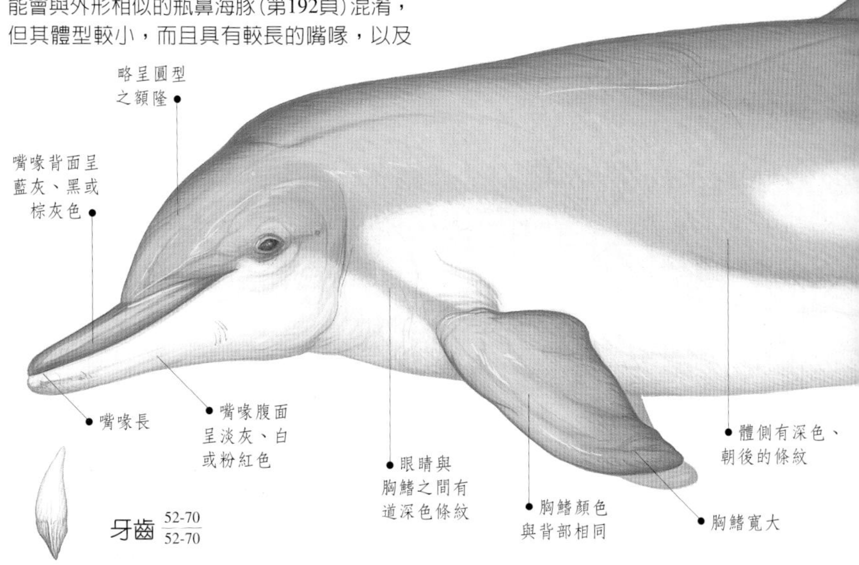
略呈圓型之額隆
嘴喙背面呈藍灰、黑或棕灰色
嘴喙長
嘴喙腹面呈淡灰、白或粉紅色
眼睛與胸鰭之間有道深色條紋
胸鰭顏色與背部相同
體側有深色、朝後的條紋
胸鰭寬大
牙齒 52-70/52-70

行為

儘管有一些個體可能會讓船隻靠近，但是大多數的土庫海豚對船隻具戒心。可能會在過往船隻所造成的波浪上衝行，但不會進行船首乘浪運動。經常可看到浮窺、鯨尾擊浪、胸鰭拍水以及豚游。躍身擊浪時能夠跳得很高(通常以體側擊浪回落)，尤其受到驚嚇時。潛水時間通常很短(大約30秒)，潛在水中的時間也很少超過1分鐘。游泳時非常活躍；經常可見小群隊同游，顯示社交連結緊密。可能會看到與淡水豚類一同覓食，在亞馬遜河則經常與燕鷗一起攝食。與淡水豚類相較，噴氣時較安靜。一般而言棲居海岸邊的土庫海豚浮升時，只會露出身體的一小部分，但是棲居於河流者通常會將頭部與部分身體浮升出水。

鑑別清單

- 體型小
- 身體粗壯
- 嘴喙突起
- 額隆略呈圓型
- 背鰭略呈三角形
- 背部顏色深
- 腹部顏色淡
- 通常形成小群隊
- 游泳時頗活躍

族群大小：2-7 (1-30)，海岸型的可能形成最大的群隊	背鰭位置：中央

現狀：地區性普遍	現存：不詳	威脅：

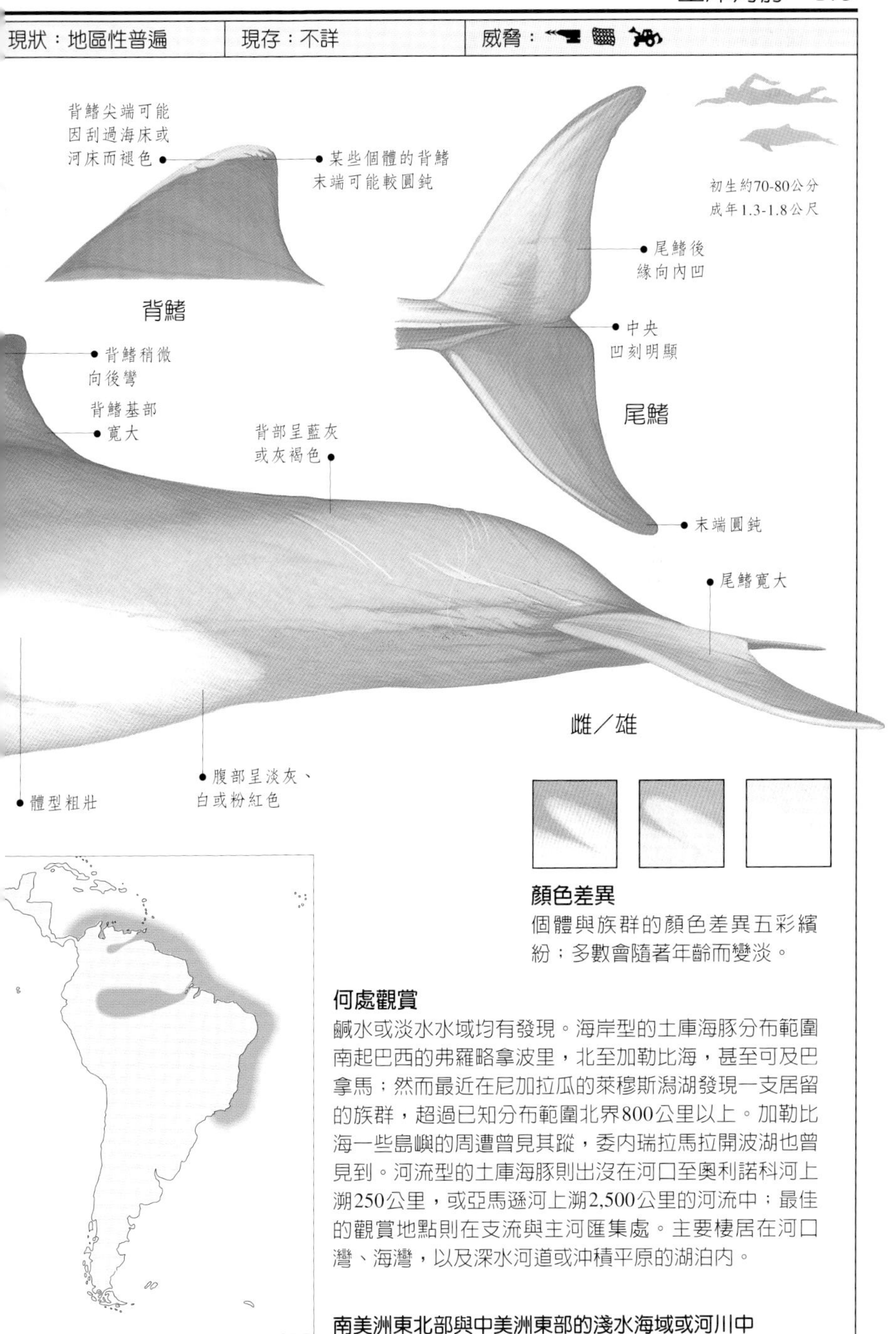
背鰭尖端可能
因刮過海床或
河床而褪色
某些個體的背鰭
末端可能較圓鈍
背鰭
初生約70-80公分
成年1.3-1.8公尺
尾鰭後
緣向內凹
中央
凹刻明顯
尾鰭
背鰭稍微
向後彎
背鰭基部
寬大
背部呈藍灰
或灰褐色
末端圓鈍
尾鰭寬大
雌／雄
腹部呈淡灰、
白或粉紅色
體型粗壯

顏色差異

個體與族群的顏色差異五彩繽紛；多數會隨著年齡而變淡。

何處觀賞

鹹水或淡水水域均有發現。海岸型的土庫海豚分布範圍南起巴西的弗羅略拿波里，北至加勒比海，甚至可及巴拿馬；然而最近在尼加拉瓜的萊穆斯潟湖發現一支居留的族群，超過已知分布範圍北界800公里以上。加勒比海一些島嶼的周遭曾見其蹤，委內瑞拉馬拉開波湖也曾見到。河流型的土庫海豚則出沒在河口至奧利諾科河上溯250公里，或亞馬遜河上溯2,500公里的河流中；最佳的觀賞地點則在支流與主河匯集處。主要棲居在河口灣、海灣，以及深水河道或沖積平原的湖泊內。

南美洲東北部與中美洲東部的淺水海域或河川中

初生重量：不詳	成年重量：35-45公斤	食物：

科：海豚科	種：*Sousa chinensis*	棲所：

印太洋駝海豚(INDO-PACIFIC HUMP-BACKED DOLPH

駝海豚的分類衆說紛云，可能有5種之多，目前權威只將之分成2種：印太洋駝海豚與大西洋駝海豚。儘管如此，印太洋駝海豚已經確認有兩個不同的族群：其中一型發現於印尼蘇門答臘島的西部，而另一型則分布在該島的東、南部。蘇門答臘島西部的族群具有明顯的背部隆脊，而東部的族群則只長有較明顯的背鰭，並沒有背部隆脊。可能會與瓶鼻海豚(第192頁)混淆；但是棲居蘇門答臘島東部的印太洋駝海豚可根據其罕見的浮升動作加以辨識；出沒在蘇門答臘島西部的印太洋駝海豚則有駝背可供鑑別。

• **別名**：中華白海豚、斑海豚

• **編按**：棲居於蘇門答臘東部者又稱「印度洋駝海豚」或「鉛色白海豚」(學名：*Sous plumbea*)

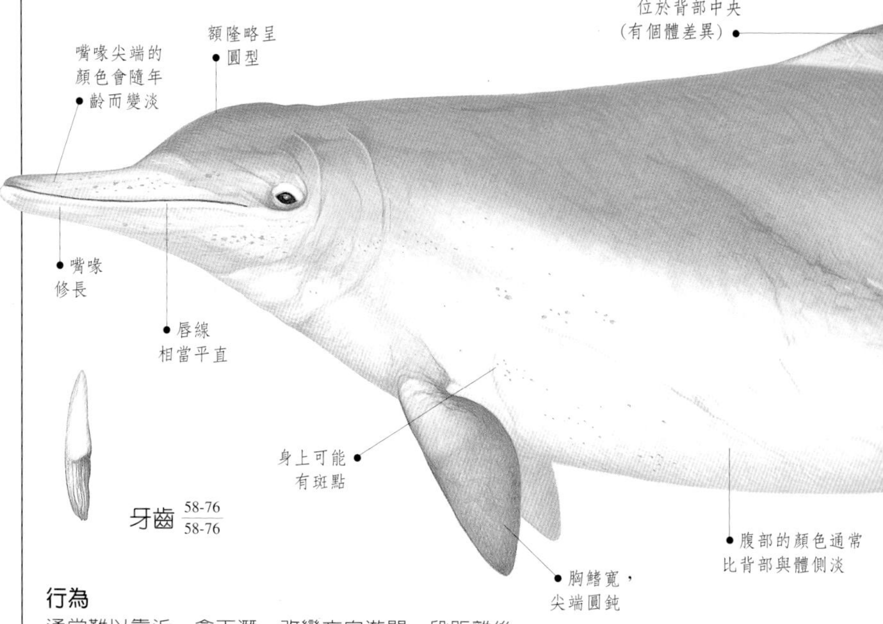

長長的隆起位於背部中央(有個體差異)
額隆略呈圓型
嘴喙尖端的顏色會隨年齡而變淡
嘴喙修長
唇線相當平直
身上可能有斑點
牙齒 58-76/58-76
腹部的顏色通常比背部與體側淡
胸鰭寬，尖端圓鈍

行為

通常難以靠近，會下潛、改變方向游開一段距離後重新出水以躲避船隻。很少進行船首乘浪。有明顯的浮升行為：以30至45度仰角破水而出，明顯地現出嘴喙，有時也露出整個頭部；數秒後浮現出拱背，也可能將尾鰭露出水面。大約每隔40至60秒就會浮升，但也可能在海中停留數分鐘之久。通常游行緩慢，但是求偶動作卻也可能包括高速繞圈追逐對象。或會在空中轉體、拍動胸鰭，有時會浮窺。經常躍身擊浪，尤以年輕者更喜做此動作，也可能採行整套的背滾式空翻。攝食時可能會鯨尾擊浪。曾與瓶鼻海豚共游，也有與新鼠海豚、長吻飛旋原海豚共游的記錄，但較少。

鑑別清單

- 體型粗壯
- 背部有長隆脊(唯有蘇門答臘島西部的族群有)
- 小型背鰭位於背部隆脊之上
- 嘴喙修長
- 浮升時，嘴喙露出水面
- 潛水時，背部明顯拱起
- 潛水時，尾鰭會揚升出水
- 難以接近

族群大小：3-7 (1-25)，小族群可能聚成較大的團體	背鰭位置：中央

現狀：地區性普遍	現存：不詳	威脅：

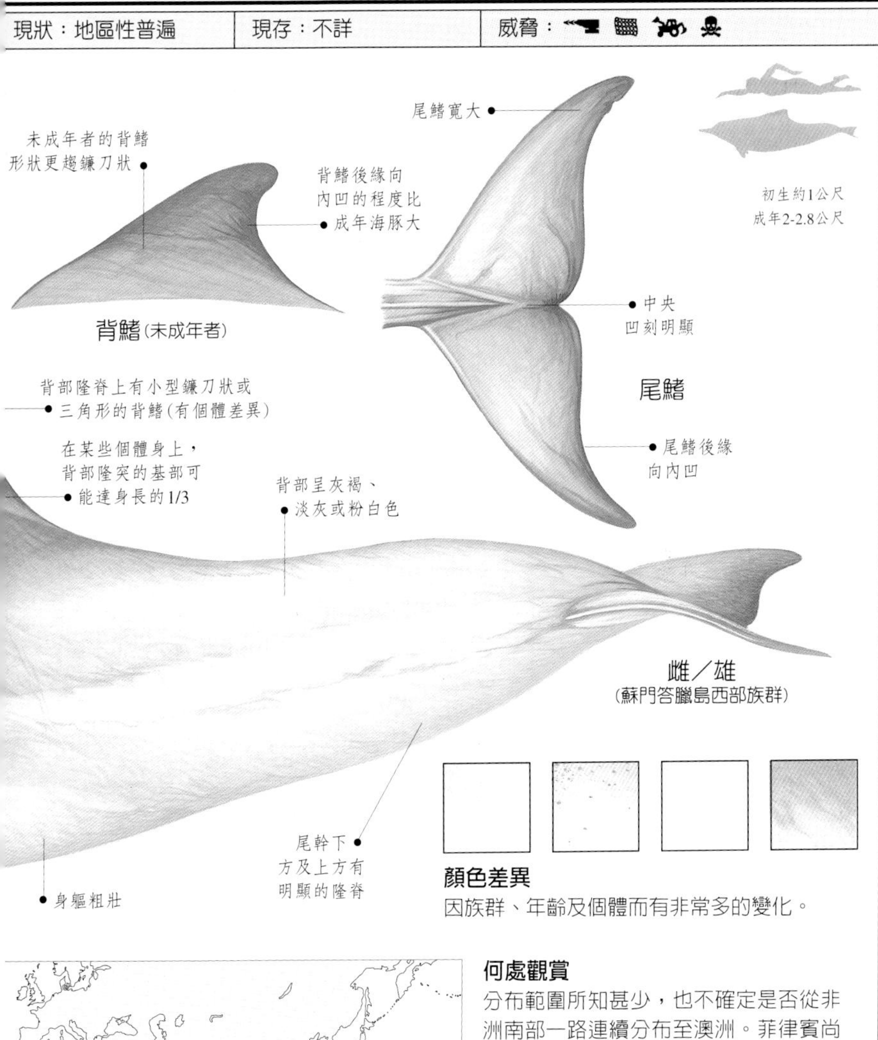
尾鰭寬大
未成年者的背鰭
形狀更趨鐮刀狀
背鰭後緣向
內凹的程度比
成年海豚大
初生約1公尺
成年2-2.8公尺
背鰭(未成年者)
中央
凹刻明顯
背部隆脊上有小型鐮刀狀或
三角形的背鰭(有個體差異)
尾鰭
在某些個體身上，
背部隆突的基部可
能達身長的1/3
尾鰭後緣
向內凹
背部呈灰褐、
淡灰或粉白色
雌／雄
(蘇門答臘島西部族群)
尾幹下
方及上方有
明顯的隆脊
身軀粗壯

顏色差異

因族群、年齡及個體而有非常多的變化。

何處觀賞

分布範圍所知甚少，也不確定是否從非洲南部一路連續分布至澳洲。菲律賓尚無目擊報告，但極有可能出現於該地。主要生活在熱帶與亞熱帶水域。離岸數公里外就罕見其蹤，喜愛棲居於紅樹林沼澤、潟湖及河口灣之岸邊，還有沙洲、沙岸與泥岸的地區。雖然甚少溯流而上達數公里，但有時也會進入河道；通常都待在潮間帶的區域內。喜好水深20公尺以下的水域，也較喜愛開放的海岸，經常在碎浪區出沒。

太平洋及印度洋的淺水海岸水域

初生重量：約25公斤	成年重量：150-200公斤	食物：

科：海豚科	種：*Sousa teuszii*	棲所：

大西洋駝海豚(ATLANTIC HUMP-BACKED DOLPHIN)

有些專家認為大西洋駝海豚是印太洋駝海豚(第174頁)的地理性變種。儘管如此，以目前的証據看來，這個論點可能無法成立，因為兩者之間有極大的形態差異(主要在牙齒與脊椎骨)。可能會與瓶鼻海豚(第192頁)混淆；但是其背部明顯的長條隆脊，以及隆突上顯得有些小的背鰭，應該都是鑑別大西洋駝海豚的關鍵特徵。在諾克少北方的提米里斯角，牠們因為會與茅利塔利亞的捕魚業者合作、將魚趕入漁網中而聞名。

• **別名**：大西洋駝背海豚、喀麥隆海豚

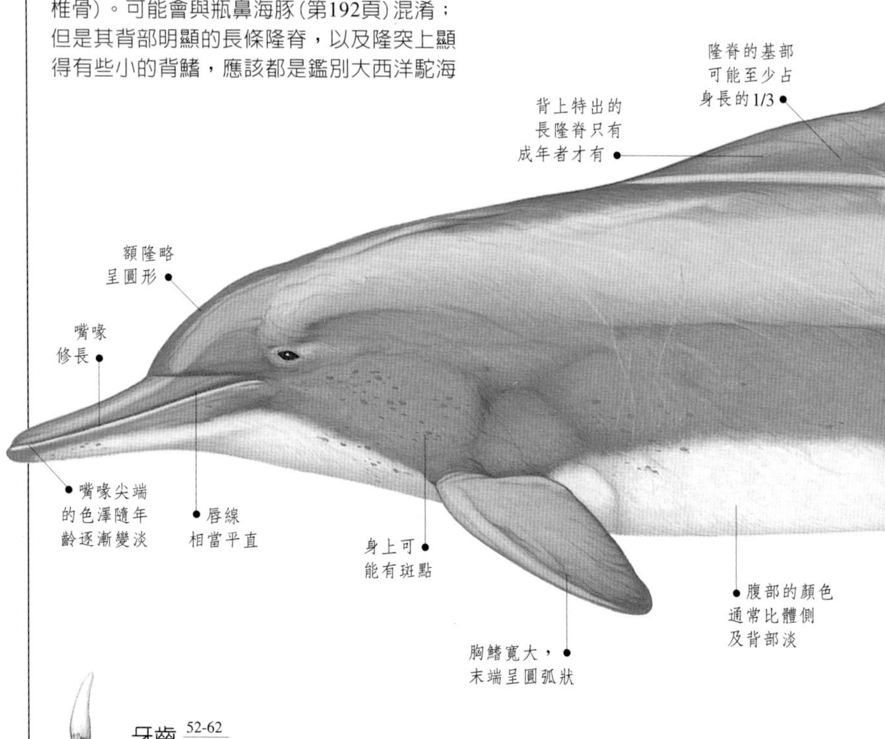

隆脊的基部可能至少占身長的1/3
背上特出的長隆脊只有成年者才有
額隆略呈圓形
嘴喙修長
嘴喙尖端的色澤隨年齡逐漸變淡
唇線相當平直
身上可能有斑點
腹部的顏色通常比體側及背部淡
胸鰭寬大，末端呈圓弧狀

牙齒 $\frac{52\text{-}62}{52\text{-}62}$

行為

通常很難接近，會潛入水中朝不同方向游一段距離後，重新浮出水面以躲避船隻。很少進行船首乘浪。大約每隔40至60秒就會浮升，但也可能在海面下待上數分鐘之久。不尋常的浮升行為與印太洋駝海豚相像。通常游行緩慢，但是求偶動作卻可能包括高速繞圈追逐對方。也可能在空中轉體、拍動胸鰭。有時會浮窺；經常躍身擊浪，年輕者尤其多見。也可能採行後空翻。會與瓶鼻海豚共游。

鑑別清單

- 體型粗壯
- 背部有長長的隆脊
- 小型背鰭位於背部隆脊上
- 嘴喙修長
- 浮升時露出嘴喙
- 潛水時，背部會明顯拱起
- 潛水時，尾鰭會揚升出水
- 通常聚成小群隊
- 很難接近

族群大小：3-7 (1-25)，小族群可能聚成較大的團體	背鰭位置：中央

現狀：地區性普遍	現存：不詳	威脅：

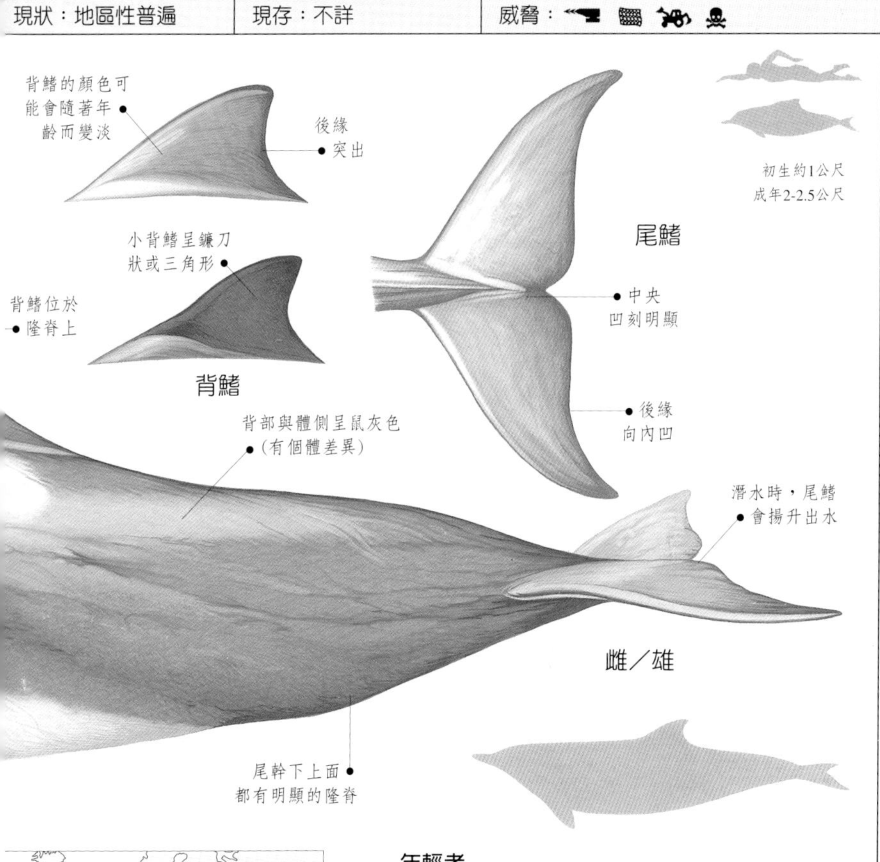
背鰭的顏色可能會隨著年齡而變淡
後緣突出
小背鰭呈鐮刀狀或三角形
背鰭位於隆脊上
背鰭
尾鰭
中央凹刻明顯
後緣向內凹
初生約1公尺
成年2-2.5公尺
背部與體側呈鼠灰色（有個體差異）
潛水時，尾鰭會揚升出水
雌／雄
尾幹下上面都有明顯的隆脊

年輕者

較諸成年者，年輕的大西洋駝海豚額隆較不突出，背鰭更趨鐮刀狀，背部中央沒有隆脊。年齡漸增後，體色會變暗。

何處觀賞

分布範圍只能根據少量證據來推測，實際的情況可能更為廣泛。已知的分布範圍從茅利塔利亞至喀麥隆，遍布西非沿岸，最南甚至可遠及安哥拉。與棲居在南非沿岸的印太洋駝海豚（第174頁）非常相似，但分布範圍毫無重疊。在塞內加爾南部與茅利塔利亞西北部似乎特別常見。喜愛棲居在水深少於20公尺的岸邊或河口水域，尤其是紅樹林沼澤區周遭。典型的出沒地在較開闊岸邊的碎浪區內。已知會游入尼日河與班加拉河的河道內，也許還會進入其他河流，不過很少長途溯流而上，通常會待在潮間帶的區域。

西非海岸的熱帶水域

初生重量：不詳	成年重量：100-150公斤	食物：

科：海豚科	種：*Stenella coeruleoalba*	棲所：

條紋原海豚(Striped Dolphin)

條紋原海豚因為身上有明顯的條紋，所以在海上極易鑑別；某些個體還有明亮的粉紅腹部。乍看之下，可能有些類似體型、大小皆相近的真海豚(第164頁)；然而條紋原海豚身上帶有暗色的條紋，而真海豚體側有黃色的沙漏圖案。雖然條紋原海豚身體較趨近流線型，而且有較長的嘴喙、較大且較彎的背鰭，但仍可能與弗氏海豚(第208頁)混淆。條紋原海豚最明顯的特徵之一就是位於背鰭下方的淡灰色手指狀圖案，但是這項特徵同時也是許多大西洋點斑原海豚與瓶鼻海豚的特色。條紋原海豚本來非常普遍，但是近年來族群數目已經下降。

- **別名**：(舊稱：條紋海豚)、游氏海豚、白腹海豚、藍白海豚、梅圓氏海豚、哥瑞氏海豚、條紋小海豚
- **台灣俗名**：關公眉、烏鯃

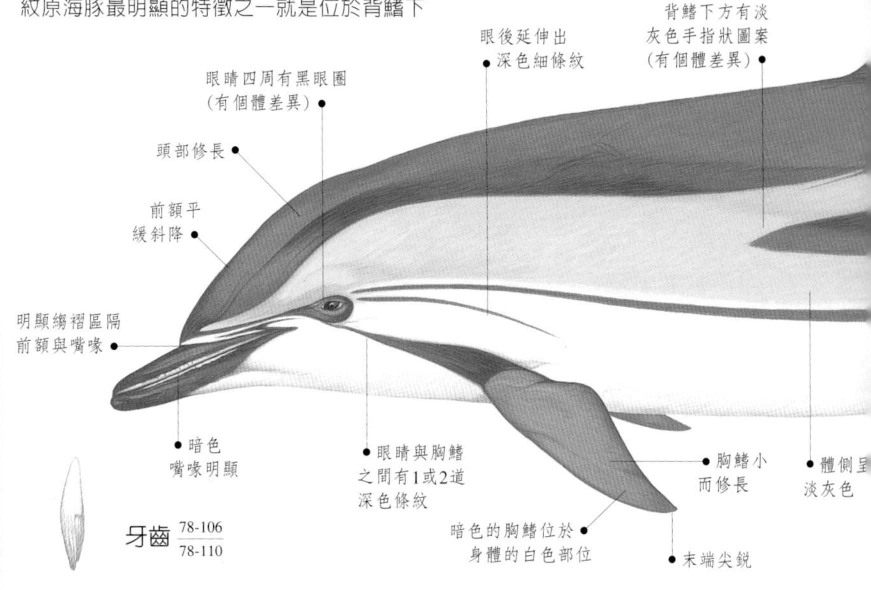

眼後延伸出深色細條紋
背鰭下方有淡灰色手指狀圖案(有個體差異)
眼睛四周有黑眼圈(有個體差異)
頭部修長
前額平緩斜降
明顯縐褶區隔前額與嘴喙
暗色嘴喙明顯
眼睛與胸鰭之間有1或2道深色條紋
胸鰭小而修長
體側
淡灰色
暗色的胸鰭位於身體的白色部位
末端尖銳
牙齒 78-106/78-110

行為

行為活躍、引人注目。經常躍身擊浪，有時高達7公尺，並能表演驚人的特技，包括後空翻、直立出水迴旋，以及倒立豚游。快速游行時，會保持三分之一的群隊成員同時浮現海面。潛水通常持續5至10分鐘。攝食時，至少潛至200公尺深。在某些區域會進行船首乘浪游行(主要在大西洋及地中海)，但在其他地區則極少接近船隻。在大西洋與地中海的通常為小群隊(100隻以下)。經常與真海豚同行，而在熱帶太平洋東部則與黃鰭鮪魚共游。近年來發生過數起集體擱淺的事件。

鑑別清單

- 背鰭色深而明顯
- 體側有深色長條紋
- 眼睛至胸鰭有深色條紋
- 背鰭下方有淺色的手指狀圖案
- 嘴喙突出
- 體型修長
- 腹部呈白色或粉紅色
- 通常是一大群一起出現
- 在海面上非常活躍

族群大小：10-500 (1-3,000)	背鰭位置：中央

現狀：普遍	現存：不詳	威脅：

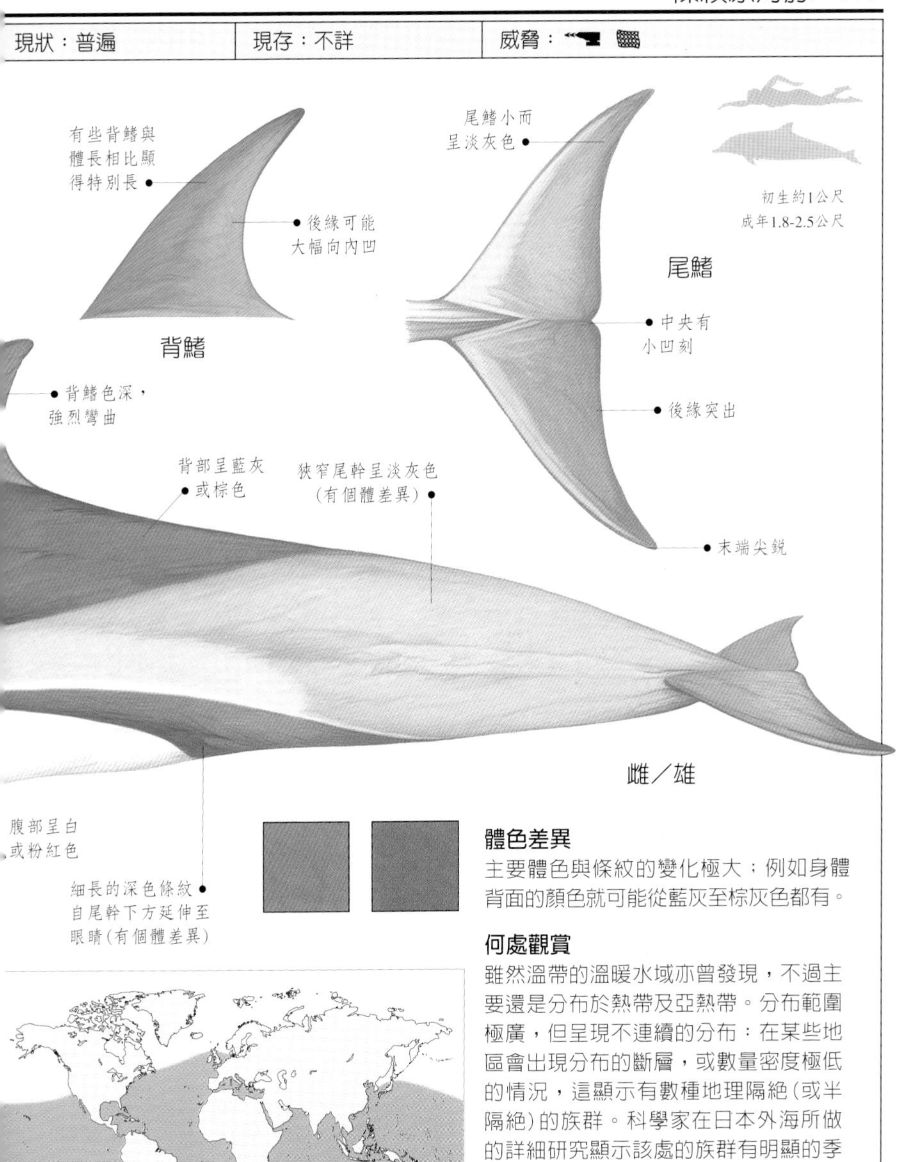

有些背鰭與
體長相比顯
得特別長
後緣可能
大幅向內凹
背鰭
尾鰭小而
呈淡灰色
初生約1公尺
成年1.8-2.5公尺
尾鰭
中央有
小凹刻
後緣突出
末端尖銳
背鰭色深，
強烈彎曲
背部呈藍灰
或棕色
狹窄尾幹呈淡灰色
（有個體差異）
雌／雄
腹部呈白
或粉紅色
細長的深色條紋
自尾幹下方延伸至
眼睛(有個體差異)

體色差異

主要體色與條紋的變化極大；例如身體背面的顏色就可能從藍灰至棕灰色都有。

何處觀賞

雖然溫帶的溫暖水域亦曾發現，不過主要還是分布於熱帶及亞熱帶。分布範圍極廣，但呈現不連續的分布：在某些地區會出現分布的斷層，或數量密度極低的情況，這顯示有數種地理隔絕（或半隔絕）的族群。科學家在日本外海所做的詳細研究顯示該處的族群有明顯的季節性遷徙：冬季出沒在中國海東部，夏季則棲居在遠洋的北太平洋海域。儘管在某些地區可能會隨著暖洋流而出現季節性移動，但是世界其他地區的品種是否會遷徙，目前尚不得而知。主要出現在外海，若是在靠近陸地的地方發現其蹤，則該處往往是深水海域。

全球溫帶、亞熱帶及熱帶的溫暖水域

初生重量：不詳	成年重量：90-150公斤	食物：

科：海豚科	種：*Stenella clymene*	棲所：≋

短吻飛旋原海豚(SHORT-SNOUTED SPINNER DOLPHIN

多年以來，短吻飛旋原海豚一直被視為長吻飛旋原海豚(第182頁)的諸多變種之一；但從1981年起，已經公認其為另一獨立的品種。這兩個品種的分布範圍在大西洋有著極大部分的重疊，因此兩者在海上可能難以分辨。短吻飛旋原海豚的體型比長吻飛旋原海豚粗壯些，背鰭也較不像三角形；此外正如其名，嘴喙比較短胖；而且也可以注意短吻飛旋原海豚背鰭下方、朝下延伸幾乎觸及白色腹部的披肩部位。可能會與瓶鼻海豚(第192頁)、真海豚(第164頁)混淆。雖然可能在某些地點觀察得到，但是頗難鑑別；推測其數量可能不太多。

• **別名**：(舊稱：短吻飛旋海豚)、卡萊門海豚、盔海豚、塞內加爾海豚

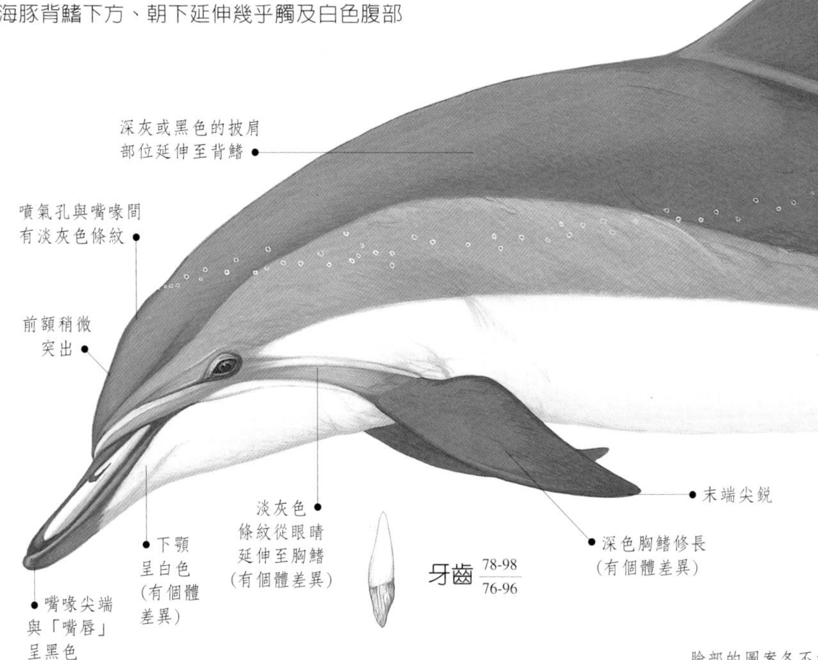
深灰或黑色的披肩
部位延伸至背鰭
噴氣孔與嘴喙間
有淡灰色條紋
前額稍微
突出
淡灰色
條紋從眼睛
延伸至胸鰭
(有個體差異)
下顎
呈白色
(有個體
差異)
嘴喙尖端
與「嘴唇」
呈黑色
末端尖銳
深色胸鰭修長
(有個體差異)
牙齒 78-98 / 76-96
臉部的圖案各不相
同，但可能與短吻
飛旋原海豚相似
比短吻飛旋原海豚
長且細瘦的嘴喙

長吻飛旋原海豚

行為

當躍身擊浪時，偶爾會側身翻轉，通常則以背部或體著水。最近在墨西哥灣的觀察顯示，短吻飛旋原海豚的跳躍就和長吻飛旋原海豚一樣高且複雜；但這種情況在大多數的族群中都很罕見。已知短吻飛旋原海豚會在某些地區進行船首乘浪，有時也會十分接近船隻。咸信是在中等深度水域出沒的夜間覓食者。牠們也可能與長吻飛旋原海豚、真海豚，以及其他小型鯨同游。

族群大小：5-50 (1-500)	背鰭位置：中央

現狀：不詳	現存：不詳	威脅：不詳

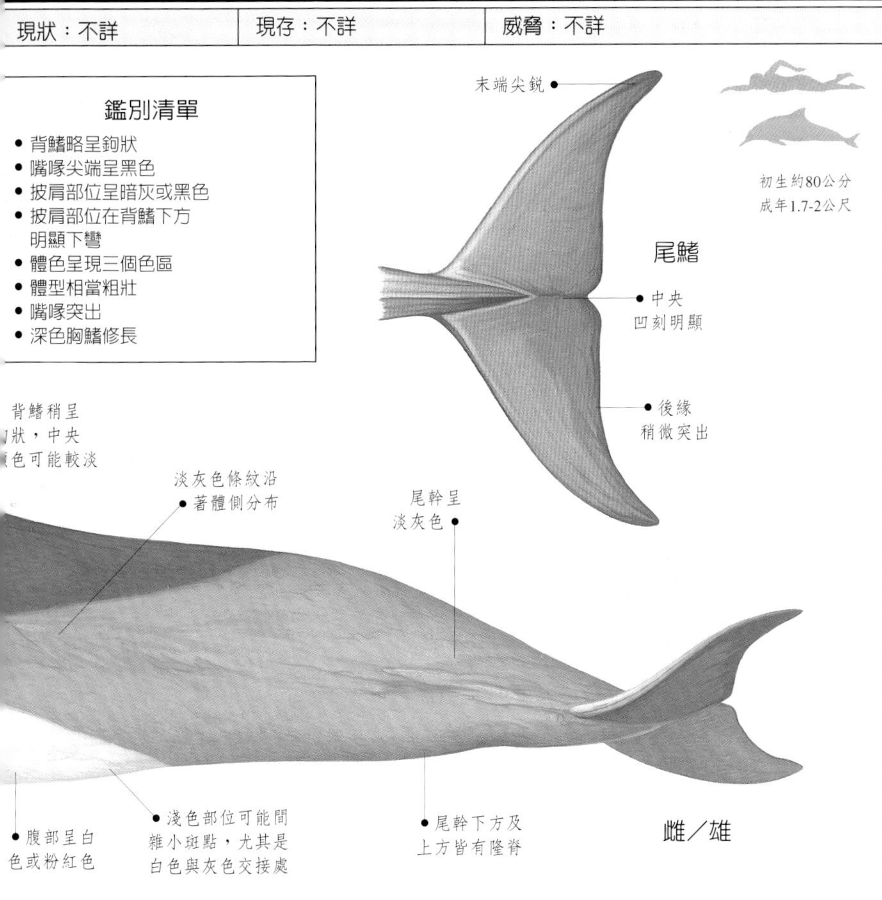
鑑別清單
• 背鰭略呈鉤狀
• 嘴喙尖端呈黑色
• 披肩部位呈暗灰或黑色
• 披肩部位在背鰭下方明顯下彎
• 體色呈現三個色區
• 體型相當粗壯
• 嘴喙突出
• 深色胸鰭修長
末端尖銳
初生約80公分
成年1.7-2公尺
尾鰭
中央凹刻明顯
後緣稍微突出
背鰭稍呈
狀，中央
色可能較淡
淡灰色條紋沿著體側分布
尾幹呈淡灰色
腹部呈白色或粉紅色
淺色部位可能間雜小斑點，尤其是白色與灰色交接處
尾幹下方及上方皆有隆脊
雌／雄

大西洋的亞熱帶與熱帶海域，偶爾也出現於暖溫帶

何處觀賞

分布狀況所知不多，此處的地圖是根據少數目擊記錄繪製而成的。大多在熱帶與亞熱帶水域發現，偶爾也在溫帶的溫暖水域出沒。非洲的西北部外海、大西洋中部的赤道附近、南美洲的東北沿岸，以及最北至美國東南沿岸的新澤西州（本種分布之北界），還有墨西哥灣、加勒比海都有出現的記錄。分布範圍的西側最南端在巴西南部（雖然1992年巴西聖卡羅里納州出現的唯一記錄，可能只是迷路的個體），而分布範圍的東側南界可能在安哥拉，但是這些分布範圍的邊界並未確定。主要都是在深水海域發現其蹤。

初生重量：不詳	成年重量：約50-90公斤	食物：

科：海豚科	種：*Stenella longirostris*	棲所：

長吻飛旋原海豚(Long-snouted Spinner Dolphin)

長吻飛旋原海豚是鯨豚類中極善空中特技者，素以壯觀的翻騰絶技聞名。可能有許多體型、大小與體色不同的變種。其中四種生活在熱帶太平洋東部(夏威夷型、東部型、哥斯大黎加型、白腹型)，而世界其他地方尚有較罕為人知的變種。泰國灣的侏儒型長吻飛旋原海豚就是最新的發現。區分長吻飛旋原海豚與其他海豚的的最佳方法是從其修長的嘴喙、直立的背鰭以及高空旋轉的飛躍來判斷。雖然東太平洋型的體色主要為灰色，但是大多數的長吻飛旋原海豚的體色都具有明顯的三層色區。熱帶太平洋東部的拖網捕鮪業已經屠殺了好幾十萬隻；此舉使得近年來該區的長吻飛旋原海豚數量驟減。

• **別名**：(舊稱：長吻飛旋海豚)、長吻海豚、飛旋海豚、長喙海豚、旋滾海豚

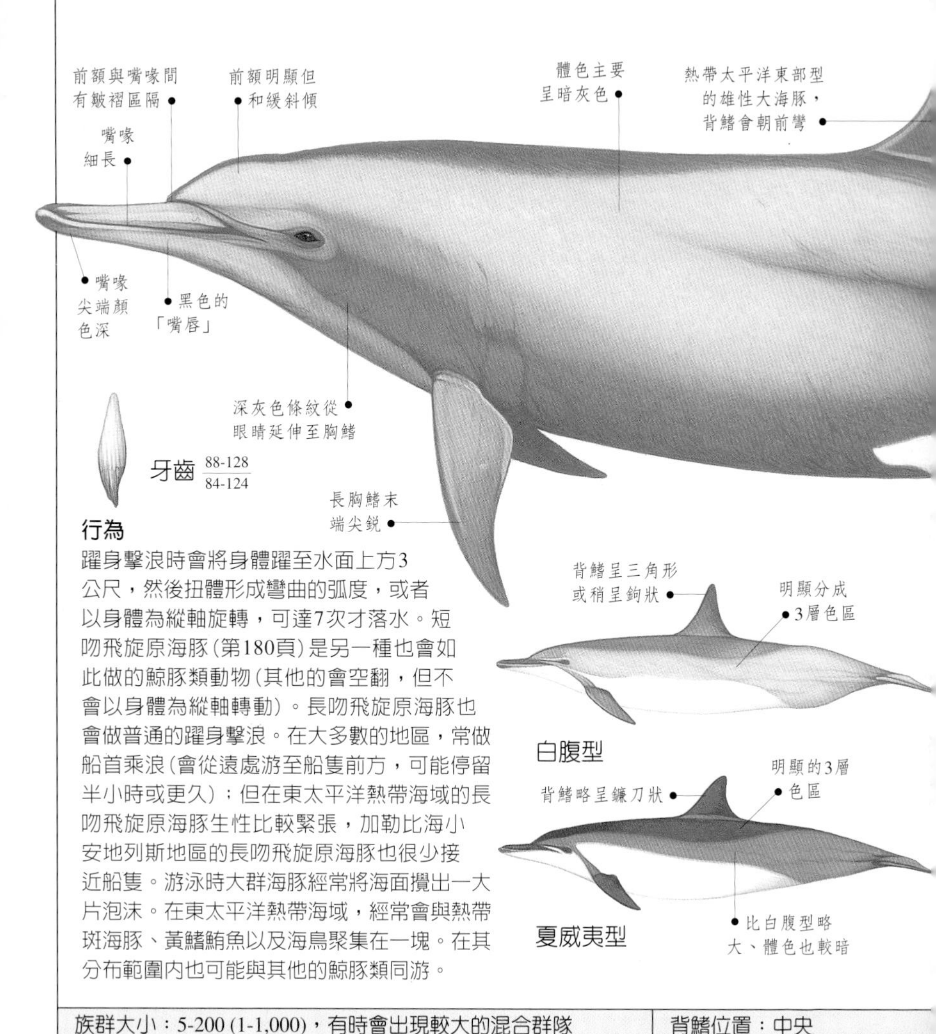
前額與嘴喙間有皺褶區隔
前額明顯但和緩斜傾
嘴喙細長
體色主要呈暗灰色
熱帶太平洋東部型的雄性大海豚，背鰭會朝前彎
嘴喙尖端顏色深
黑色的「嘴唇」
深灰色條紋從眼睛延伸至胸鰭
牙齒 88-128/84-124
長胸鰭末端尖銳
背鰭呈三角形或稍呈鉤狀
明顯分成3層色區
白腹型
背鰭略呈鐮刀狀
明顯的3層色區
比白腹型略大、體色也較暗
夏威夷型

行為

躍身擊浪時會將身體躍至水面上方3公尺，然後扭體形成彎曲的弧度，或者以身體為縱軸旋轉，可達7次才落水。短吻飛旋原海豚(第180頁)是另一種也會如此做的鯨豚類動物(其他的會空翻，但不會以身體為縱軸轉動)。長吻飛旋原海豚也會做普通的躍身擊浪。在大多數的地區，常做船首乘浪(會從遠處游至船隻前方，可能停留半小時或更久)；但在東太平洋熱帶海域的長吻飛旋原海豚生性比較緊張，加勒比海小安地列斯地區的長吻飛旋原海豚也很少接近船隻。游泳時大群海豚經常將海面攪出一大片泡沫。在東太平洋熱帶海域，經常會與熱帶斑海豚、黃鰭鮪魚以及海鳥聚集在一塊。在其分布範圍內也可能與其他的鯨豚類同游。

族群大小：5-200 (1-1,000)，有時會出現較大的混合群隊	背鰭位置：中央

現狀：普遍	現存：不詳	威脅：

鑑別清單

- 會表演空中旋轉
- 體型修長
- 嘴喙細長
- 長胸鰭末端尖銳
- 背鰭高挺
- 嘴喙尖端呈暗色
- 身上分成三層色區
- 前額和緩斜傾
- 通常聚成大群隊

尾鰭向
後傾斜

初生70-85公分
成年1.3-2.1公尺

中央
凹刻明顯

各族群間的背鰭
形狀差異極大；而且
隨著年齡會日益挺立

只有成年雄性
的尾幹上下面
有明顯的隆脊

尾鰭

末端尖銳

尾鰭兩面皆呈
中灰至深灰色

雄性
(東太平洋型)

腹部有乳白色塊
(有個體差異)

體型修長

何處觀賞

偶爾會出沒在暖溫帶水域，但主要棲居於熱帶。每一變種的分布範圍都比整個品種的分布範圍小，例如哥斯大黎加型只出現在中美洲西岸外海、寬度少於150公里的狹窄水域；而東部型的出沒範圍則北起墨西哥的加利福尼亞地岬尖端，南至赤道及大約西經125度的外海；還有兩種或更多的變型品種也出沒於相同的地區。在大西洋的分布情況所知非常有限。遠離陸地的外海常見其蹤，尤其是東太平洋的熱帶水域；但近岸地區也曾見到，例如美國東南部的外海，以及一些島嶼附近。夏威夷型在白天似乎在海岸邊休息，夜間則游向外海攝食。

西洋、印度洋與太平洋的熱帶與亞熱帶水域

初生重量：不詳	成年重量：45-75公斤	食物：

科：海豚科	種：*Stenella attenuata*	棲所：

熱帶點斑原海豚(PANTROPICAL SPOTTED DOLPHIN)

其大小、體型與體色差異極多，目前已鑑別出兩種：一種生活在沿岸，另一種棲居在外海。沿岸型通常體型較大、較厚實，身上斑點也較多。雖然部分族群根本沒有斑點，例如生活在夏威夷周遭與墨西哥灣者，但大多數的成年熱帶點斑原海豚還是可以利用其斑點來鑑別。可能會與瓶鼻海豚(第192頁)，以及同樣長有斑點的駝海豚(第174-177頁)混淆。在大西洋部分地區，想要分辨其與大西洋點斑原海豚(第186頁)可能很困難。儘管熱帶點斑原海豚可能是最普通的鯨豚類，但自1960年代起，被捕捉黃鰭鮪魚的漁網纏住的意外事件，已經使得東太平洋熱帶海域的族群數目遽降65%。

別名：(舊稱：熱帶斑海豚)、斑海豚、白玟 • 海豚、韁繩海豚、斑點仔海豚、斑點小海豚、細喙海豚

• **台灣俗名**：油滑、花鹿仔、小點花、定點仔、小白腹仔

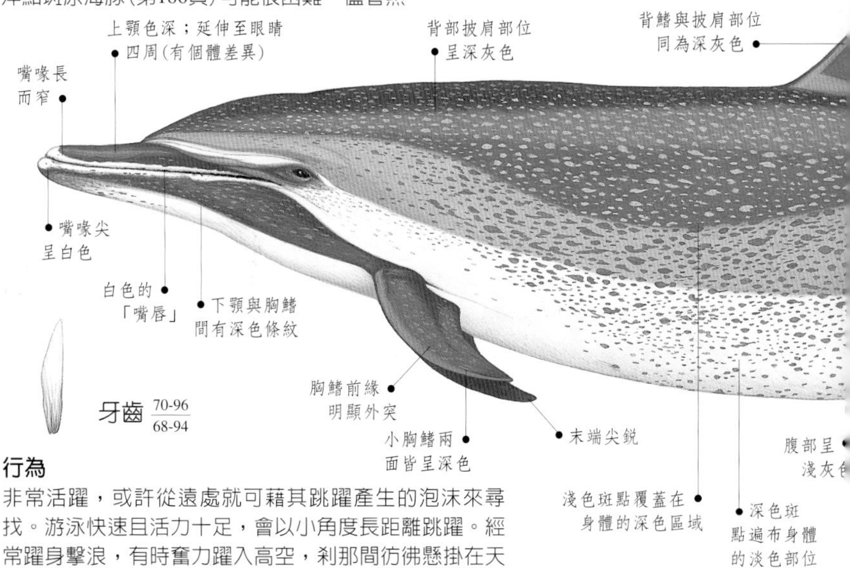

上顎色深；延伸至眼睛四周(有個體差異)
背部披肩部位呈深灰色
背鰭與披肩部位同為深灰色
嘴喙長而窄
嘴喙尖呈白色
白色的「嘴唇」
下顎與胸鰭間有深色條紋
胸鰭前緣明顯外突
小胸鰭兩面皆呈深色
末端尖銳
腹部呈淺灰色
淺色斑點覆蓋在身體的深色區域
深色斑點遍布身體的淡色部位

牙齒 $\frac{70\text{-}96}{68\text{-}94}$

行為

非常活躍，或許從遠處就可藉其跳躍產生的泡沫來尋找。游泳快速且活力十足，會以小角度長距離跳躍。經常躍身擊浪，有時奮力躍入高空，剎那間彷彿懸掛在天上，之後回落造成大片水花。經常與長吻飛旋原海豚及黃鰭鮪魚共游，也常與覓食的海鳥在一起。經常進行鯨尾擊浪與船首乘浪；但在捕鮪區內，有些個體會躲避船隻。

顏色差異

斑點的數目因年齡與位置而有所差異。初生者完全沒有斑點；幼年者腹部先長出一些暗色斑點，之後身體的背面再長出淡色斑點；斑點的數目與大小會隨年齡而增多。有些老海豚斑點多到底色幾乎完全不可辨識，身體的背部顯得色澤很淡，而獲得「銀背海豚」之稱。

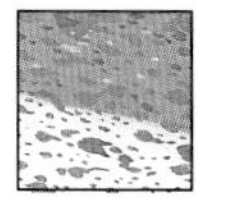
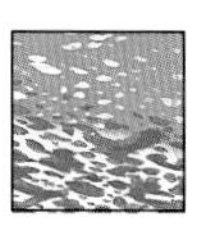

鑑別清單

- 披肩部位呈深灰色
- 胸鰭至嘴喙有深色條紋
- 背鰭高聳，呈鐮刀狀
- 體型修長
- 嘴喙長而窄
- 嘴喙尖與唇呈白色
- 大多數成年者身上的斑點繁多
- 同群隊成員亦有個體差異
- 在海面上非常活躍

族群大小：50-1,000 (5-3,000)，海岸型族群成員通常少於100隻 | 背鰭位置：中央

現狀：普遍	現存：不詳	威脅：

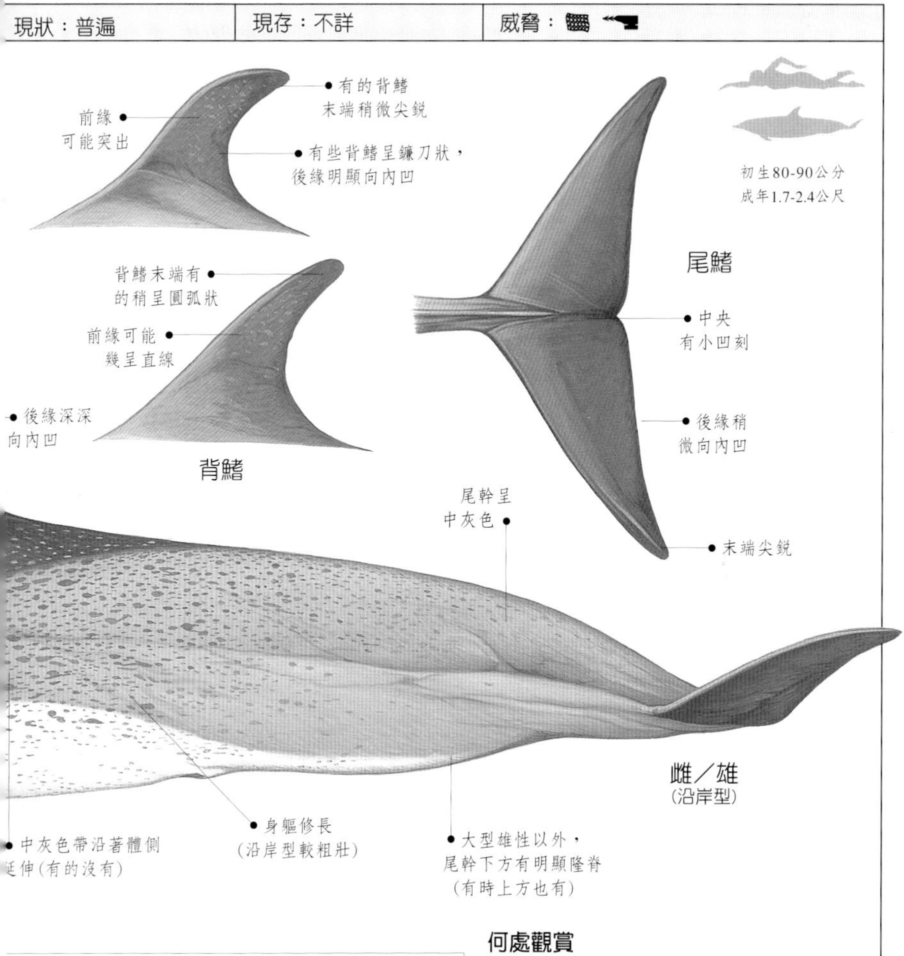
有的背鰭
末端稍微尖銳
前緣
可能突出
有些背鰭呈鐮刀狀，
後緣明顯向內凹
初生80-90公分
成年1.7-2.4公尺
尾鰭
背鰭末端有
的稍呈圓弧狀
前緣可能
幾呈直線
中央
有小凹刻
後緣深深
向內凹
後緣稍
微向內凹
背鰭
尾幹呈
中灰色
末端尖銳
雌／雄
(沿岸型)
身軀修長
(沿岸型較粗壯)
中灰色帶沿著體側
延伸(有的沒有)
大型雄性以外，
尾幹下方有明顯隆脊
(有時上方也有)

何處觀賞

分布極廣，主要在熱帶海域，但是亞熱帶與部分溫帶海域亦有分布。雖然在許多地區內似乎數量極多，但在棲息範圍內的分布可能並不連續。主要出沒在海面水溫高於攝氏25度的海域，島嶼附近更是常見。東太平洋熱帶海域的研究非常詳盡，其他的海域則所知甚少。與大西洋點斑原海豚重疊的分布區，主要在北大西洋西部外海。雖然外海型的熱帶點斑原海豚可能有季節性移動(通常是夏季出沒在岸邊，冬季則棲居在外海)，但目前仍未獲遷徙行為的記錄。

西洋、太平洋與印度洋的熱帶及部分溫帶水域

初生重量：不詳	成年重量：90-115公斤	食物：

科：海豚科	種：*Stenella frontalis*	棲所：

大西洋點斑原海豚(ATLANTIC SPOTTED DOLPHIN)

北大西洋地區對其研究頗多，但其他地區群就所知不多了。與熱帶點斑原海豚(第184頁)非常相似，但是身型較為粗壯，肩部兩邊都有一道淺色條紋，而且腹部的斑點輪廓鮮明，鮮少融合在一起。還可能與大西洋駝海豚(第176頁)、糙齒海豚(第190頁)、瓶鼻海豚(第192頁)及飛旋原海豚(第180-183頁)混淆。在各種年齡層混合的群隊中，可利用老海豚遍布的斑點(雖然有個體差異，且在某些光線下，可能難以見到)，以及年輕海豚(身體沒有斑點)的深色披肩部位來鑑別。由於點斑原海豚有許多變種型，所以其分類讓專家困擾了許久；儘管如此，目前已認定大西洋點斑原海豚是獨立的品種。

• **別名**：(舊稱：大西洋斑海豚)、斑點小海豚、斑點仔海豚、韁繩海豚、灣流斑海豚、長吻海豚；*S. plagiodon*(美國東岸者之學名)

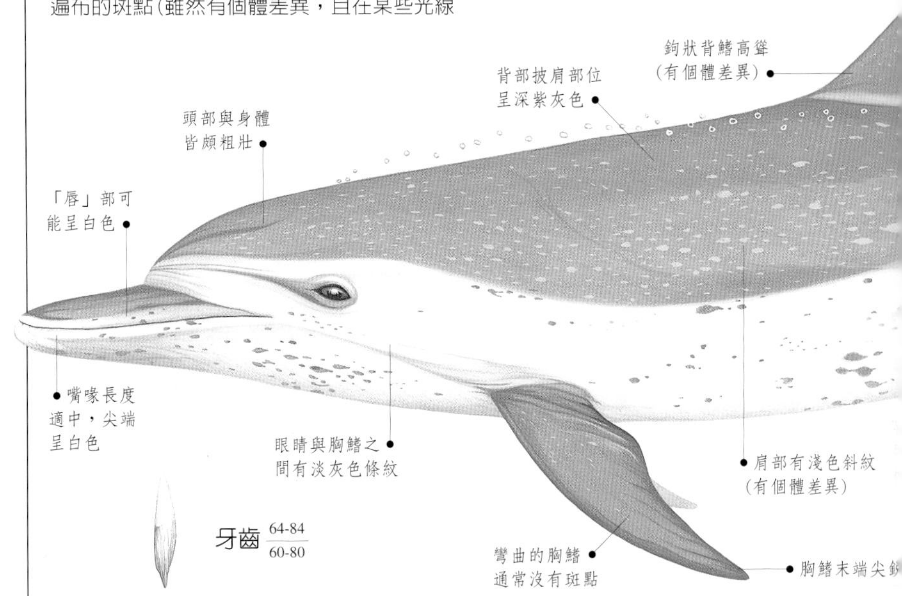
鉤狀背鰭高聳
(有個體差異)
背部披肩部位
呈深紫灰色
頭部與身體
皆頗粗壯
「唇」部可
能呈白色
嘴喙長度
適中，尖端
呈白色
眼睛與胸鰭之
間有淡灰色條紋
肩部有淺色斜紋
(有個體差異)
牙齒 64-84 / 60-80
彎曲的胸鰭
通常沒有斑點
胸鰭末端尖銳

行為

在海面非常活潑。經常躍身擊浪，有時會將自已拋至空中，彷彿高懸在天上；之後再回落海面，造成一大片水花。這些空中動作大都在其攝食時觀察到。游行快速，活力十足，會採行小角度的長距離飛躍。熱中船首乘浪，可能會從遠處游近快速航行的船隻行列(在會被捕獵的地區，對船隻則會較為警覺)。過去常報導本種會與瓶鼻海豚共游應是誤判(可能是本種有斑點的老海豚，與沒有斑點的年輕海豚共游所造成的印象)。浮升時，嘴喙前端通常會先破水而出，然後是頭部、背部與背鰭。社會結構顯然相當複雜，一般相信包含個體認同與社交聯繫之行為。

鑑別清單

- 頭部與身體都相當粗壯
- 大多數成年者身上斑點遍布
- 肩部有淺色的斜紋
- 嘴喙長而肥厚，尖端呈白色
- 身上分成三層色區
- 背鰭高聳，呈鐮刀狀
- 披肩部位呈暗紫色
- 同群隊成員亦有個體差異
- 在海面上非常活躍

族群大小：5-15 (1-50)，可能集數百隻成暫時性團體	背鰭位置：中央

現狀：地區性普遍	現存：不詳	威脅：

末端尖銳

部分背鰭明顯向後彎

後緣強烈向內凹

背鰭

初生80公分-1.2公尺
成年1.7-2.3公尺

尾鰭

中央有小凹刻

尾鰭通常沒有斑點

末端尖銳

背鰭通常有斑點

淡色斑點覆蓋身體的暗色部位(從遠距離看，有些個體會看似全白)

雌／雄

尾幹呈中灰色

沿著身兩側皆中灰色

深色斑點覆蓋身體的淺色部位，卻永不混淆

腹部呈白色，但一直為斑點所覆蓋

斑點差異

成年者的個體差異極大，不同區域的群族也各不相同。斑點或密集或稀疏，甚或根本沒有。斑點還會隨著年齡而增多。

北大西洋的暖溫帶、亞熱帶及熱帶水域

何處觀賞

資訊僅得自大西洋，主要分布於溫暖水域。西非外海的分布情況所知不多，而且實際的分布範圍可能較圖上所示廣泛。在北大西洋西部與墨西哥灣顯然非常普遍。在北大西洋東部出沒的地點比圖上所示的更朝北去；最近有許多來自亞速爾群島附近的記錄，加納利群島周遭也有可能的目擊記錄。棲居在墨西哥灣的族群夏季時會移向岸邊(其他的族群或許也有同樣的情況)。通常出沒在大陸棚的向海側。體型較小、斑點較少的族群比體型較大、斑點較密者更傾向生活於遠洋。

初生重量：不詳	成年重量：100-140公斤	食物：(★)

科：海豚科	種：*Stenella frontalis*	棲所：

個體差異

大西洋點斑原海豚的體色和斑點有極大的個體差異，而且幾乎沒有兩隻是完全相像的。目前已辨認出2種主要的變型：一種生活在海岸，另一種棲居在外海。沿岸型通常體型較大、較粗壯、斑點也較外海型多(斑點的數目通常隨著與大陸的距離成反比，且由大西洋西部向東部遞減)。沿岸型還具有較寬大的嘴喙，以及較大的牙齒(可能因為牠們通常都捕獵較大的獵物)。這兩型海豚的斑點都會隨著年齡而加大、增多。區別大西洋點斑原海豚與熱帶點斑原海豚的好方法是觀察腹面暗色斑點的分布情形：大西洋點斑原海豚的斑點輪廓非常清晰，熱帶點斑原海豚的斑點會融合在一起，掩蓋腹部的底色。然而斑點並非這兩個品種所獨有的特徵：有些瓶鼻海豚也有數量不少的斑點；糙齒海豚也經常有粉白或黃白色的斑塊；短吻飛旋原海豚的淡色部位經常摻雜小斑點；駝海豚身上也常帶有色斑。某些品種身上也會有類似斑點或斑紋的白色疤痕。

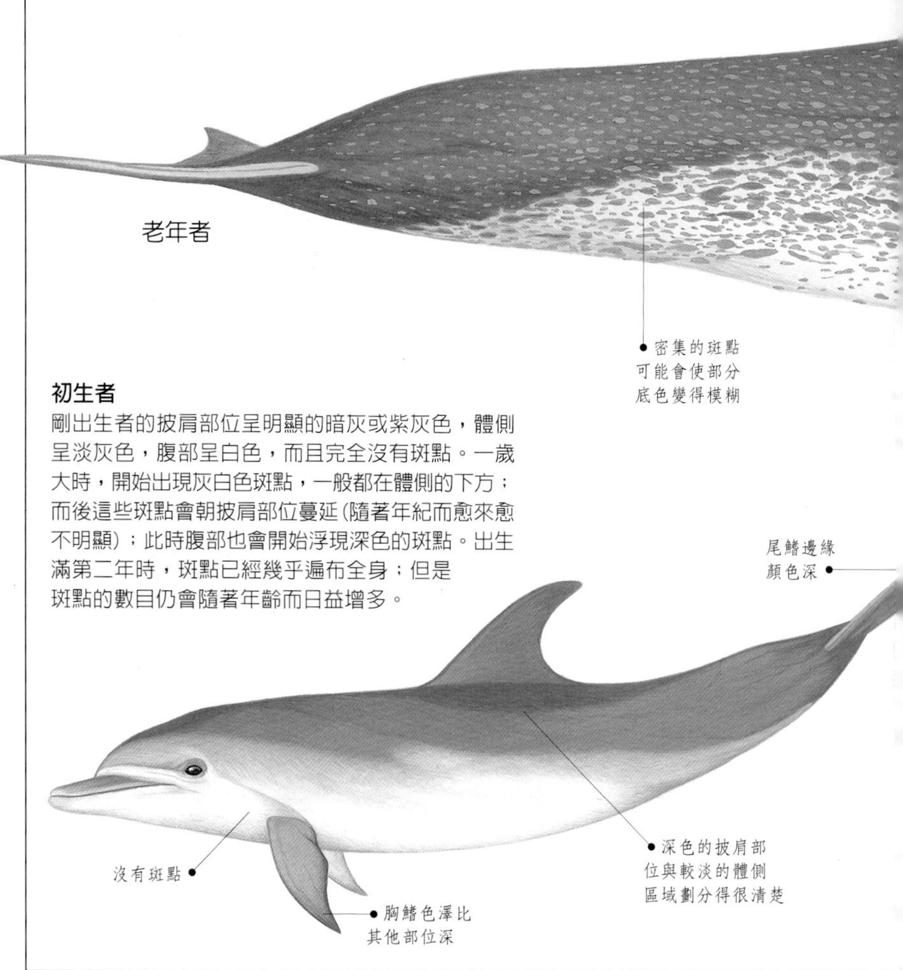
老年者
密集的斑點
可能會使部分
底色變得模糊
尾鰭邊緣
顏色深
深色的披肩部
位與較淡的體側
區域劃分得很清楚
沒有斑點
胸鰭色澤比
其他部位深

初生者

剛出生者的披肩部位呈明顯的暗灰或紫灰色，體側呈淡灰色，腹部呈白色，而且完全沒有斑點。一歲大時，開始出現灰白色斑點，一般都在體側的下方；而後這些斑點會朝披肩部位蔓延(隨著年紀而愈來愈不明顯)；此時腹部也會開始浮現深色的斑點。出生滿第二年時，斑點已經幾乎遍布全身；但是斑點的數目仍會隨著年齡而日益增多。

族群大小：5-15 (1-50)，可能集數百隻成暫時性團體	背鰭位置：中央

現狀：地區性普遍	現存：不詳	威脅：

水底邂逅
有些大西洋點斑原海豚非常友善且好奇，經常會接近泳客與潛水夫，有時甚至會游至伸手可及的距離。此幀照片攝自巴哈馬的淺水沙岸。

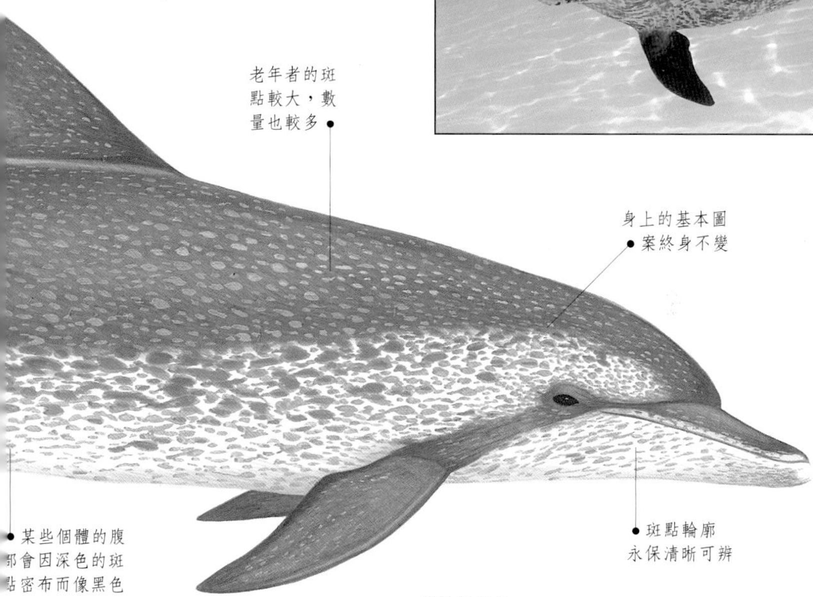
老年者的斑
點較大，數
量也較多
身上的基本圖
案終身不變
某些個體的腹
部會因深色的斑
點密布而像黑色
斑點輪廓
永保清晰可辨

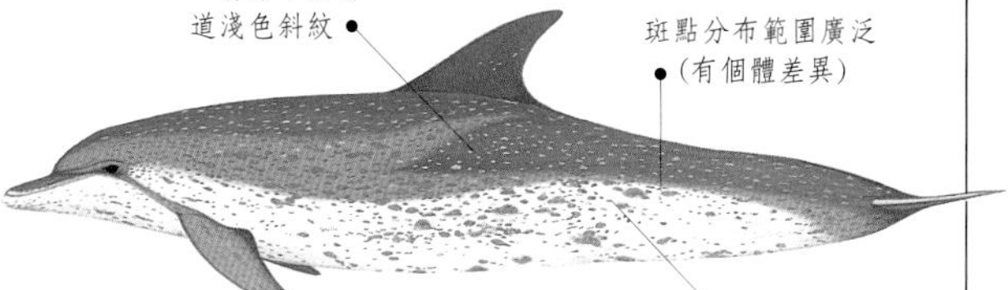
背鰭下方有
道淺色斜紋
斑點分布範圍廣泛
（有個體差異）
身體圖
案較複雜

大西洋點斑原海豚

身體圖案
較單純
身上斑點較少，
甚或沒有

瓶鼻海豚

目似的品種

坑整體外觀而言，大西洋點
王原海豚看起來很像某些瓶鼻
每豚。然而仍能綜合幾項特徵來
區分：大西洋點斑原海豚有較複
推的身體圖案，而且肩部經常會
有淺色斜紋（雖然部分棲居於北
大西洋的瓶鼻海豚也有類似
的斜紋）；再者，牠的斑點
分布範圍通常也較廣泛。
大西洋點斑原海豚的頭部與
體型比瓶鼻海豚稍加修長。

初生重量：不詳	成年重量：100-140公斤	食物：（★）

科：海豚科	種：*Steno bredanensis*	棲所：

糙齒海豚(ROUGH-TOOTHED DOLPHIN)

極易在海上鑑別出，但因罕見而所知甚少。頭形獨特：長窄的嘴喙與前額毫無界限(皺褶)，與其他嘴喙明顯的海豚不同。此外狹窄的頭部與罕見的大眼睛使其略具爬行動物的外觀。雖是如此獨特，依然不免與其他品種混淆，尤其是瓶鼻海豚(第192頁)、點斑原海豚(第184-189頁)，以及飛旋原海豚(第180-183頁)。除了頭型外，深色的披肩部位、白色的「唇」，以及黃白或粉白色的斑塊也是特徵。死亡的糙齒海豚可利用牙齒上垂直的細紋來鑑別(這也是其名稱的由來)，不過這些細紋也經常難以看出。族群間可能有些體型差異，尤以分布在大西洋，以及印度、太平洋之間的族群更是明顯。

- **別名**：(舊稱：皺齒海豚)、斜頭海豚
- **台灣俗名**：正海豬、大點花

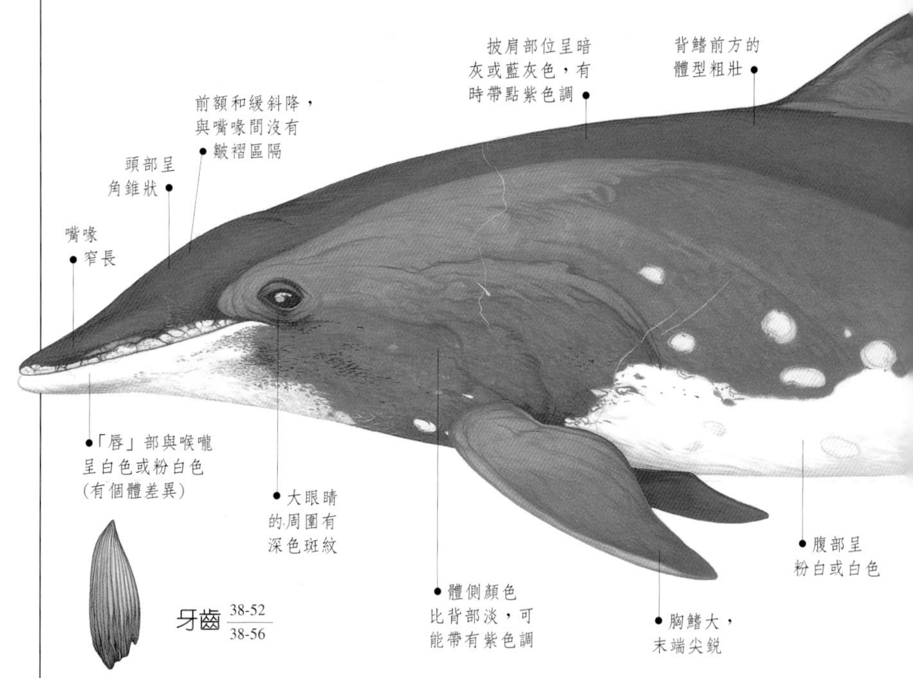
披肩部位呈暗灰或藍灰色，有時帶點紫色調
背鰭前方的體型粗壯
前額和緩斜降，與嘴喙間沒有皺褶區隔
頭部呈角錐狀
嘴喙窄長
「唇」部與喉嚨呈白色或粉白色(有個體差異)
大眼睛的周圍有深色斑紋
體側顏色比背部淡，可能帶有紫色調
胸鰭大，末端尖銳
腹部呈粉白或白色
牙齒 38-52/38-56

行為

因為能在水中潛行達15分鐘之久，所以極難觀察。偶見不甚帶勁的躍身擊浪。游行快速，有時會進行間以小弧度飛躍的豚游。可能貼近海面快速游泳，此時背鰭與小部分的背部清晰可辨。雖然不像其他的熱帶地區的海豚般喜愛船首乘浪，但是有時也會進行，尤其喜歡在航速快的船隻前方。可能多與瓶鼻海豚、領航鯨共游；其次會與飛旋原海豚、點斑原海豚共游，有時也和黃鰭鮪魚群共游。可能觀察到浮漂。

鑑別清單

- 背鰭高聳，呈鐮刀狀
- 頭部呈角錐狀
- 嘴喙與前額沒有區隔
- 披肩部位狹窄、色深
- 身上有粉白色斑塊
- 嘴喙窄長
- 「唇部」呈白色
- 腹部呈白色或粉白色
- 通常以小群隊出現

族群大小：10-20 (1-50)，偶爾可見數百隻成群結隊	背鰭位置：中央

現狀：不詳	現存：不詳	威脅：

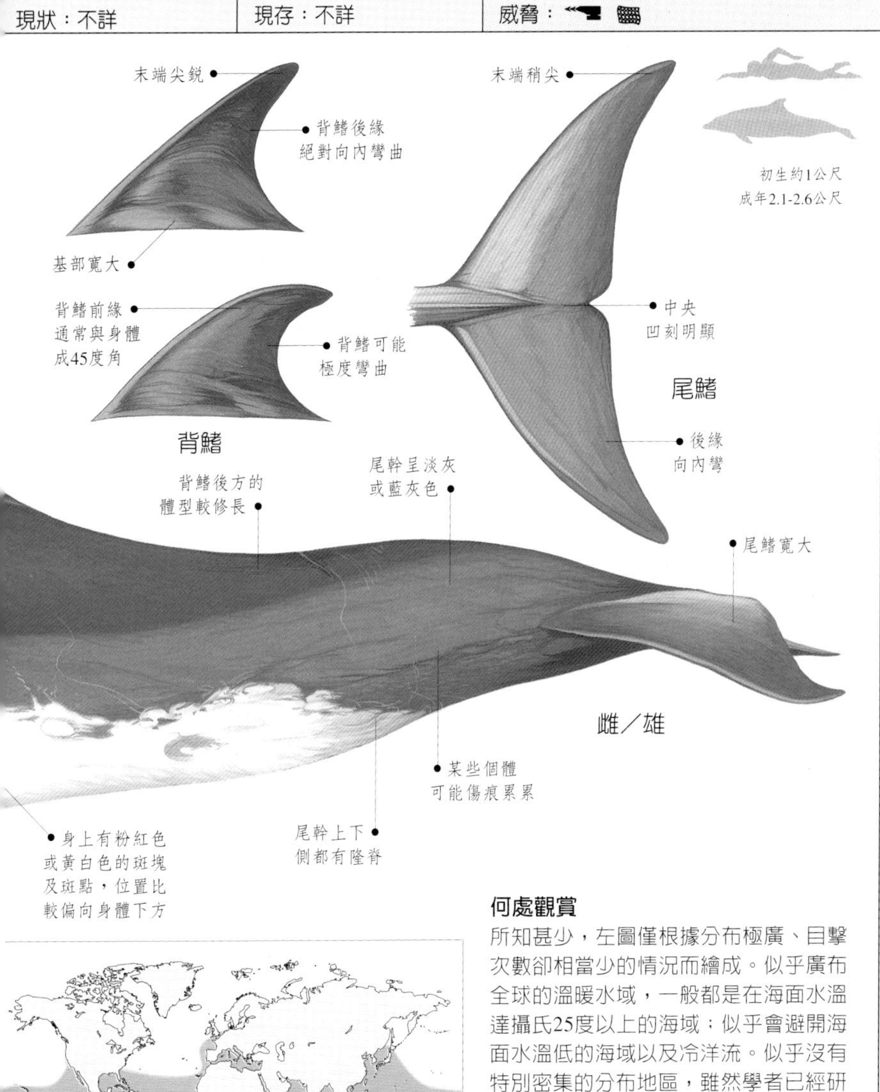
末端尖銳
背鰭後緣
絕對向內彎曲
基部寬大
背鰭前緣
通常與身體
成45度角
背鰭可能
極度彎曲
背鰭
末端稍尖
初生約1公尺
成年2.1-2.6公尺
中央
凹刻明顯
尾鰭
後緣
向內彎
背鰭後方的
體型較修長
尾幹呈淡灰
或藍灰色
尾鰭寬大
雌／雄
某些個體
可能傷痕累累
尾幹上下
側都有隆脊
身上有粉紅色
或黃白色的斑塊
及斑點，位置比
較偏向身體下方

何處觀賞

所知甚少，左圖僅根據分布極廣、目擊次數卻相當少的情況而繪成。似乎廣布全球的溫暖水域，一般都是在海面水溫達攝氏25度以上的海域；似乎會避開海面水溫低的海域以及冷洋流。似乎沒有特別密集的分布地區，雖然學者已經研究了東太平洋熱帶海域的大部分，但也可能漏失了族群高密度分布的其他地區。近年來已有更多的目擊記錄，尤其在夏威夷附近；巴西外海近來的多次目擊記錄顯示大西洋的分布範圍應延伸至更南方。地中海的族群顯然屬長年久居一地者。距離陸地遙遠的深水汪洋經常可見到，往往就在大陸棚之外的地方。

全球熱帶、亞熱帶及暖溫帶的深水海域

初生重量：不詳	成年重量：100-150公斤	食物：

科：海豚科	種：*Tursiops truncatus*	棲所：

瓶鼻海豚(BOTTLENOSE DOLPHIN)

大小、體型與體色因個體及分布地理環境之不同而有極大的差異：的確也可能有數個品種。然而主要分為兩個變種：較小的沿岸型，以及體型較粗壯、主要居於外海者。兩者都有相當複雜的體色，只是在海上大多數的光線情況下，看起來彷彿都是一致、毫無特色的灰。瓶鼻海豚的主要特徵有突出的深色背鰭，以及好奇、活潑的行為。可能會與灰色海豚如：土庫海豚(第172頁)、糙齒海豚(第190頁)、瑞氏海豚(第206頁)、駝海豚(第174-177頁)及點斑原海豚(第184-189頁)等混淆。瓶鼻海豚相當普遍而且分布極廣，但是近來發現棲居在歐洲北部部分海域、地中海與黑海的族群數量有減少的現象。

• **別名**：大西洋(或太平洋)瓶鼻海豚、灰小海豚、黑小海豚、瓶狀鼻海豚、牛角魚海豚
• **台灣俗名**：烏鯃、大帕種、大白腹仔、粗體仔

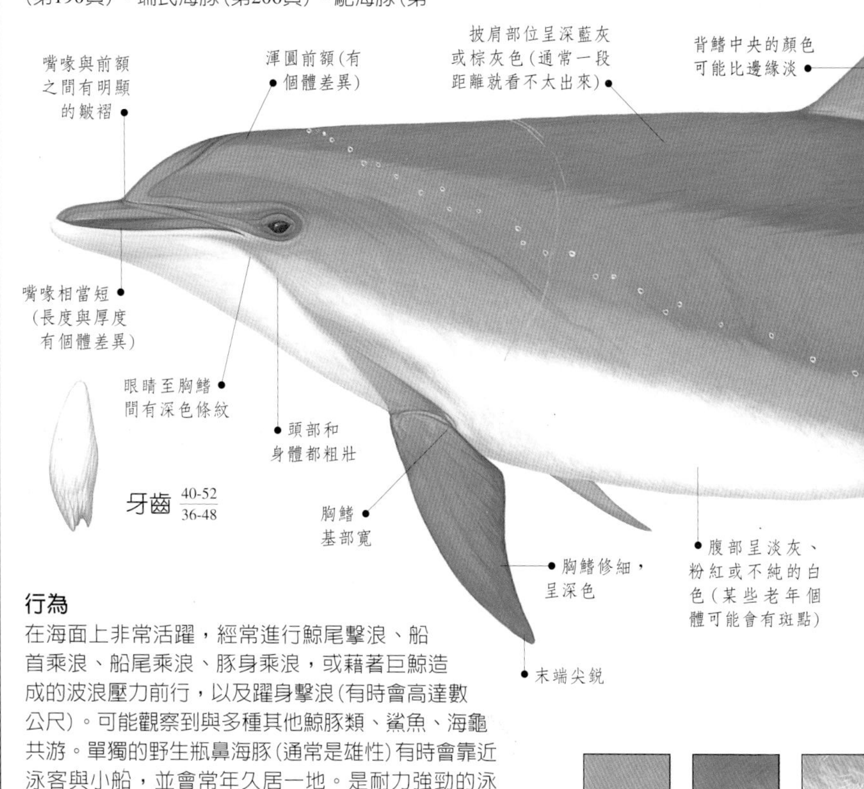

嘴喙與前額之間有明顯的皺褶
渾圓前額(有個體差異)
披肩部位呈深藍灰或棕灰色(通常一段距離就看不太出來)
背鰭中央的顏色可能比邊緣淡
嘴喙相當短(長度與厚度有個體差異)
眼睛至胸鰭間有深色條紋
頭部和身體都粗壯
牙齒 40-52/36-48
胸鰭基部寬
胸鰭修細，呈深色
腹部呈淡灰、粉紅或不純的白色(某些老年個體可能會有斑點)
末端尖銳

行為

在海面上非常活躍，經常進行鯨尾擊浪、船首乘浪、船尾乘浪、豚身乘浪，或藉著巨鯨造成的波浪壓力前行，以及躍身擊浪(有時會高達數公尺)。可能觀察到與多種其他鯨豚類、鯊魚、海龜共游。單獨的野生瓶鼻海豚(通常是雄性)有時會靠近泳客與小船，並會常年久居一地。是耐力強勁的泳者。沿岸潛水時很少超過3至4分鐘，但在外海有時會潛久一點。浮升時，一般會露出前額，但很少露出嘴喙。在某些地區會追趕魚類上岸而造成自己擱淺，但會再蠕動身軀，游回水中。群隊個體之間會相互幫助；有時也與當地捕魚業者合作捕魚。

體色差異

身體大小、體型與體色差異極大：此處只是少數可能的例子。

族群大小：1-10(沿岸型)，1-25(外海型)，外海型可多達500隻	背鰭位置：中央

現狀：普遍	現存：不詳	威脅：

鑑別清單

- 全身呈現柔和的灰色調
- 披肩部位呈深色
- 背鰭明顯，呈鐮刀狀
- 頭部與身體都粗壯
- 嘴喙明顯，有額隆皺褶
- 前額渾圓
- 通常以小群隊出現
- 經常船首乘浪
- 可能極端活躍

潛水時經常將尾鰭揚升出水

後緣向內凹

中央凹刻明顯

尾鰭

初生85公分-1.3公尺
成年1.9-3.9公尺

末端稍微彎曲

背鰭明顯，呈鐮刀狀(有個體差異)

某些成年者身上可能廣布疤痕

基部寬大

雌／雄
(外海型)

尾幹厚實

體型比外海型修長

體側呈淡灰或灰褐色

沿岸型

泛分布於世界各地的熱帶至冷溫帶水域

何處觀賞

出沒在諸如黑海、紅海及地中海等封閉海域，也出現在墨西哥的加利福尼亞灣(科提茲海)。有些外海型的瓶鼻海豚似乎有季節性遷徙的行為；許多沿岸型的族群則長年久居一地。出現於熱帶水域的主要是沿岸型，從帶有強勁波浪的開放海岸至潟湖、大河口，甚至河流或港口分支等岸邊棲息地均有發現。在遠洋離島的周遭則常見到外海型，但熱帶太平洋的東部，以及其他地區的開放性海域也可見其蹤。北大西洋北部比英國以北罕見些。

初生重量：15-30公斤	成年重量：150-650公斤	食物：

大洋性海豚

嘴喙不明顯者

在許多地區，我們遇到大洋性海豚的機率可能比遇到其他鯨豚類要高。因為有許多種大洋性海豚數量繁多、分布廣泛，而且非常容易見到：牠們行群居生活(有些品種甚至會數千隻一起同游)，而且在海面上多半相當活潑。

大洋性海豚形成一個非常大的「科」；本書將海豚科分成兩類：嘴喙明顯者(第166-193頁)，以及嘴喙不明顯者(本章所要探討的)；這樣的分類並不正式，只是幫助讀者藉以簡化鑑別海豚的方法。

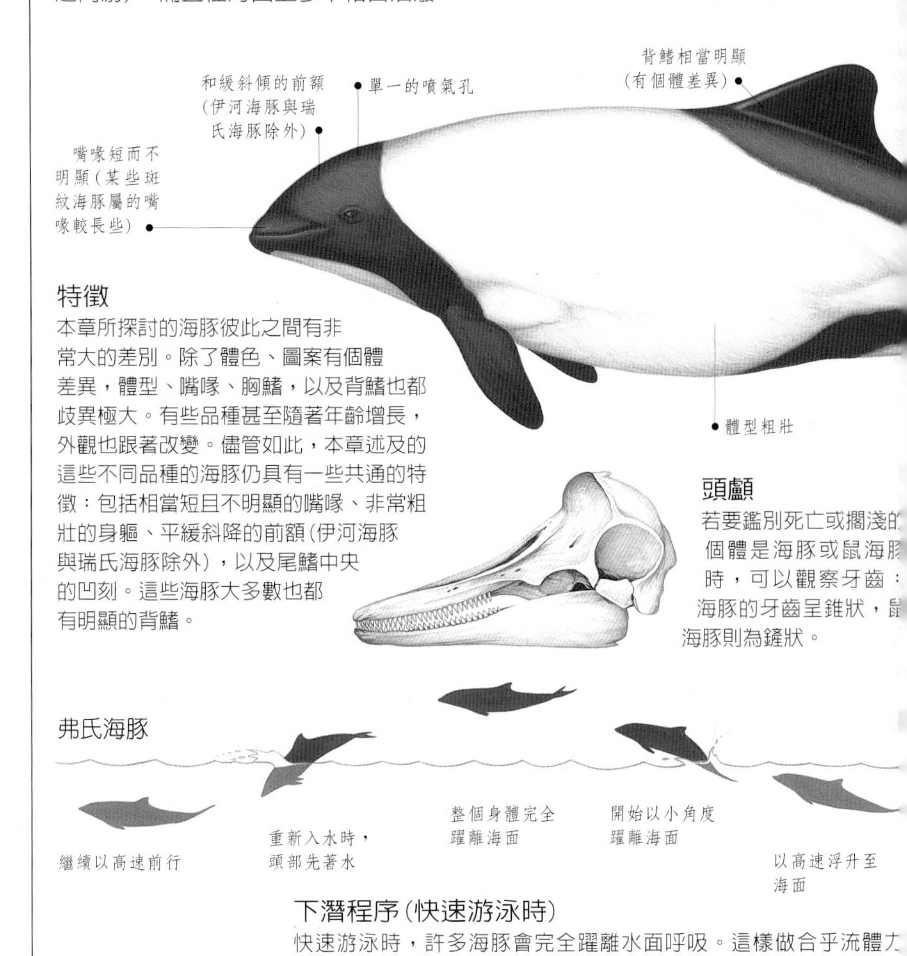
背鰭相當明顯
(有個體差異)
和緩斜傾的前額
(伊河海豚與瑞
氏海豚除外)
單一的噴氣孔
嘴喙短而不
明顯(某些斑
紋海豚屬的嘴
喙較長些)
體型粗壯
弗氏海豚
繼續以高速前行
重新入水時，
頭部先著水
整個身體完全
躍離海面
開始以小角度
躍離海面
以高速浮升至
海面

特徵

本章所探討的海豚彼此之間有非常大的差別。除了體色、圖案有個體差異，體型、嘴喙、胸鰭，以及背鰭也都歧異極大。有些品種甚至隨著年齡增長，外觀也跟著改變。儘管如此，本章述及的這些不同品種的海豚仍具有一些共通的特徵：包括相當短且不明顯的嘴喙、非常粗壯的身軀、平緩斜降的前額(伊河海豚與瑞氏海豚除外)，以及尾鰭中央的凹刻。這些海豚大多數也都有明顯的背鰭。

頭顱

若要鑑別死亡或擱淺的個體是海豚或鼠海豚時，可以觀察牙齒：海豚的牙齒呈錐狀，鼠海豚則為鏟狀。

下潛程序(快速游泳時)

快速游泳時，許多海豚會完全躍離水面呼吸。這樣做合乎流體力學，因為有助於減低海平面上的亂流與拉扯，使牠們能夠以最少的能量來維持速度。

跳躍的「暗色斑紋海豚」
多數斑紋海豚屬的海豚都是空中特技的能手。尤其是暗色斑紋海豚，向以卓越的高空跳躍與空翻聞名。

背鰭

嘴喙不明顯的海豚身上都有背鰭。背鰭通常有向內凹的後緣，而且位置靠近身體的中央；然而品種間與個體間仍有明顯的差異。

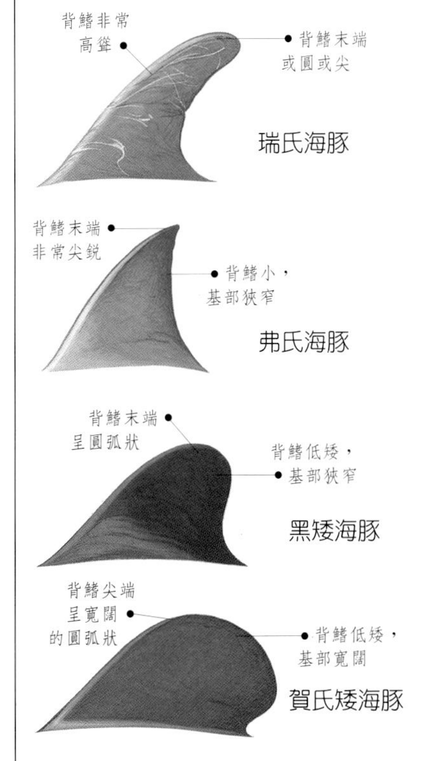
背鰭非常高聳
背鰭末端或圓或尖
瑞氏海豚
背鰭末端非常尖銳
背鰭小，基部狹窄
弗氏海豚
背鰭末端呈圓弧狀
背鰭低矮，基部狹窄
黑矮海豚
背鰭尖端呈寬闊的圓弧狀
背鰭低矮，基部寬闊
賀氏矮海豚

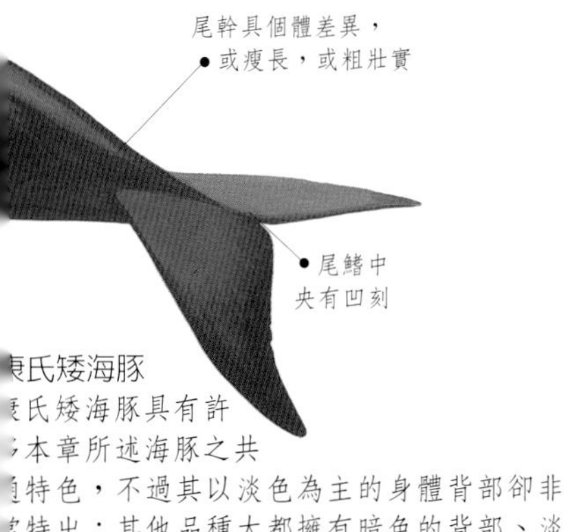
尾幹具個體差異，或瘦長，或粗壯實
尾鰭中央有凹刻

康氏矮海豚
康氏矮海豚具有許多本章所述海豚之共通特色，不過其以淡色為主的身體背部卻非常特出：其他品種大都擁有暗色的背部、淡色的腹部，這使牠們能夠在海上擁有保護色(背部會隱沒於暗黑的深海水域)，也能在海面下偽裝(腹部融入明亮的海面之中)。

弗氏海豚

海豚隱沒：潛水時，尾鰭很少外露
頭部向下傾，背部向前翻騰
部分頭部、背部與背鰭浮現海面
緩慢地浮升至海面

下潛程序(緩慢游泳時)

緩慢游泳時，嘴喙不明顯的大洋性小型海豚看起來可能會很像鼠海豚。當牠們浮升呼吸時，海面上幾乎水波不興，而且再度隱沒於水下前，只會露出相當小部分的身體。

品種鑑別

康氏矮海豚(詳第198頁)明顯的黑、白相間圖案。體型與鼠海豚非常相似，明顯的行為卻屬海豚所特有。

沙漏斑紋海豚(詳第216頁)棲於南極海域，有明顯的黑白相間體色及背鰭。

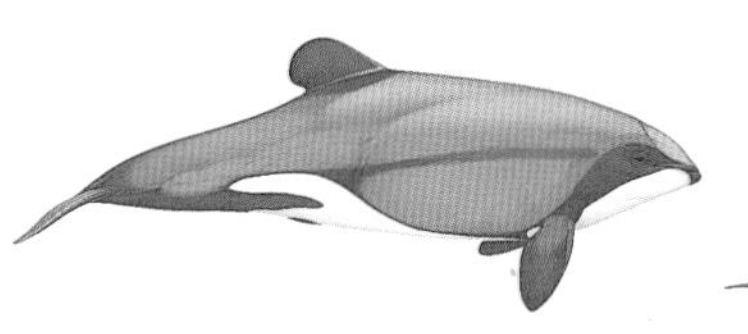

賀氏矮海豚(詳第204頁)是體型極小的鯨豚類動物，有明顯的圓弧狀背鰭，身上有灰、黑與白相間的複雜圖案。族群數目極稀少。

暗色斑紋海豚(詳第220頁)極善空中特技的鯨豚類動物；有醒目且複雜的身體圖案。非常具有群集性。

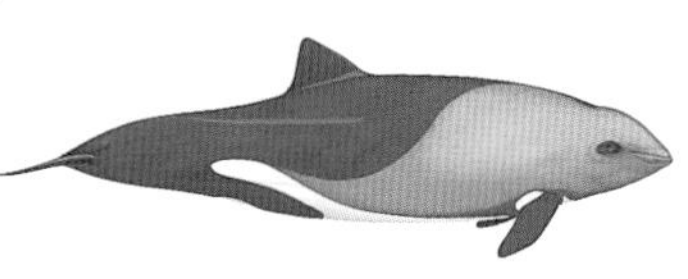

海氏矮海豚(詳第202頁)罕為人知，有粗壯的身體、明顯而呈三角型的背鰭，以及醒目的黑、白、灰相間的體色圖案。

皮氏斑紋海豚(詳第214頁)深色的臉部以及亮白色的腋窩有助於鑑別這種非常普遍，卻所知甚少的海豚。

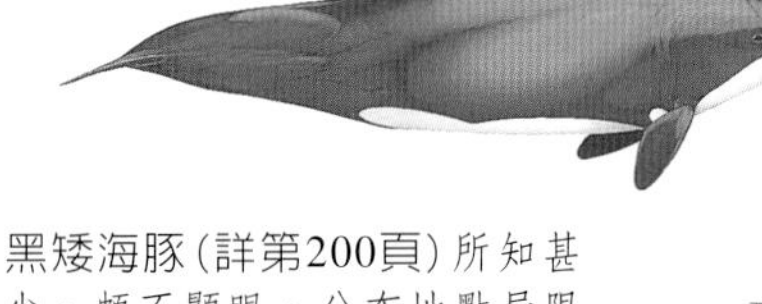

黑矮海豚(詳第200頁)所知甚少，頗不顯眼，分布地點局限在智利南部。具有大型、圓弧狀的背鰭與短胖的身體。

太平洋斑紋海豚(詳第218頁)非常活躍且愛表現。與暗色斑紋海豚非常相似，不過兩者的分布範圍並未重疊。

品種鑑別

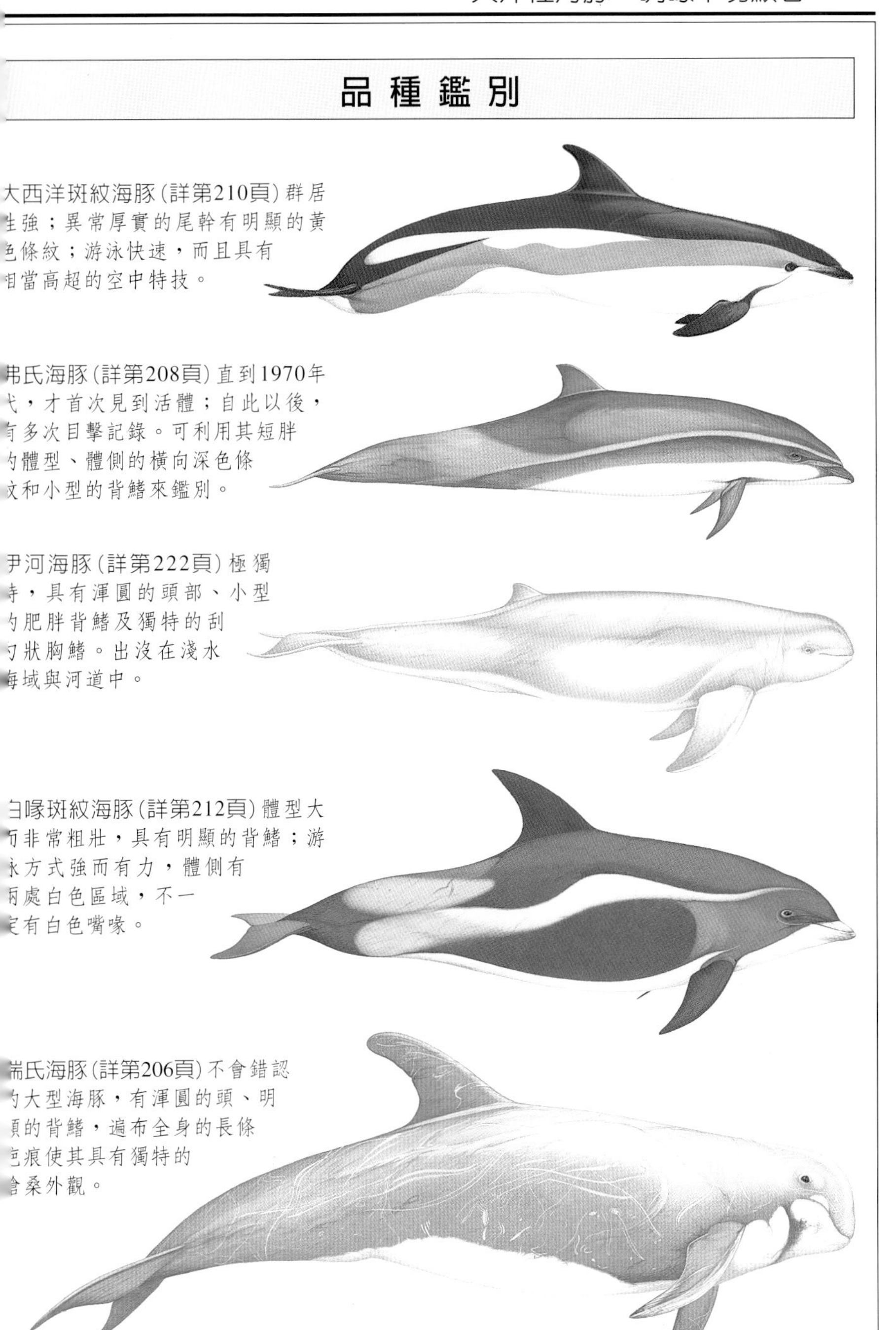

大西洋斑紋海豚（詳第210頁）群居
生強；異常厚實的尾幹有明顯的黃
色條紋；游泳快速，而且具有
目當高超的空中特技。

弗氏海豚（詳第208頁）直到1970年
弋，才首次見到活體；自此以後，
有多次目擊記錄。可利用其短胖
的體型、體側的橫向深色條
文和小型的背鰭來鑑別。

尹河海豚（詳第222頁）極獨
持，具有渾圓的頭部、小型
的肥胖背鰭及獨特的刮
刀狀胸鰭。出沒在淺水
海域與河道中。

白喙斑紋海豚（詳第212頁）體型大
而非常粗壯，具有明顯的背鰭；游
泳方式強而有力，體側有
兩處白色區域，不一
定有白色嘴喙。

瑞氏海豚（詳第206頁）不會錯認
的大型海豚，有渾圓的頭、明
顯的背鰭，遍布全身的長條
疤痕使其具有獨特的
滄桑外觀。

科：海豚科	種：*Cephalorhynchus commersonii*	棲所：

康氏矮海豚(Commerson's Dolphin)

這是種令人稱奇的動物，在海上相當容易鑑別。小而矮胖的身軀看起來較像鼠海豚，但其行為卻顯然是海豚所特有的。出生時，體色是灰、黑或棕色；年齡增加，體色漸趨近黑或灰色調；及至成年，體色就會轉成明顯的黑、白色。個體間的外觀差異極大，尤其是黑、白色區的分布面積更是各有千秋。觀察腹部的黑色斑塊就能辨別雄雌：雄性的斑塊形狀像雨滴，雌性的則像馬靴。印度洋克格連島的族群是地理上的隔絕品種，或許可以獨立成一亞種，該地多數的個體體型都比南美洲的同類大，身上有黑、灰、白三色。智利與阿根廷捕獵康氏矮海豚，主要充作釣螃蟹的食餌，此舉可能會對康氏矮海豚造成嚴重的威脅。

• **別名**：(舊稱：康氏海豚)、臭鼬海豚、兩色海豚、黑白海豚、詹姆士海豚、胖豬海豚

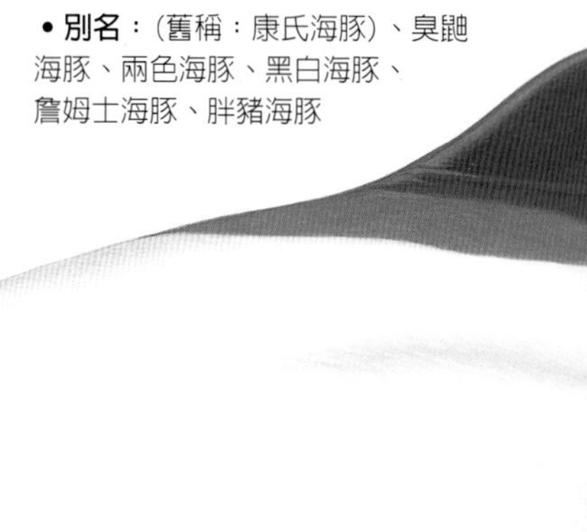
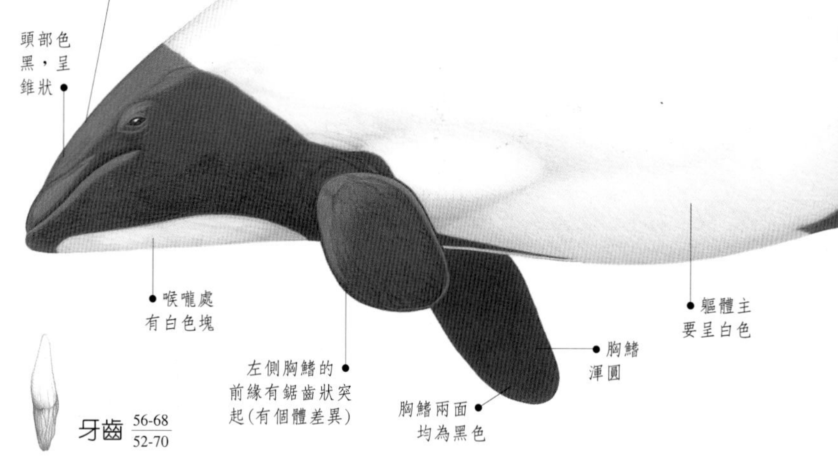
前額和緩斜傾
頭部色黑，呈錐狀
喉嚨處有白色塊
左側胸鰭的前緣有鋸齒狀突起(有個體差異)
胸鰭兩面均為黑色
胸鰭渾圓
軀體主要呈白色
牙齒 56-68/52-70

行為

是快泳者，在海面或海面上通常非常活躍。經常躍身擊浪，常常一連數次。有時會仰泳、或在水中側身翻轉。可能在高聳的湧浪或近岸的碎浪區衝浪。變化多端的游泳模式令人難以判斷牠們會在那裡浮升出水。通常在下潛15至20秒前，會先呼吸2或3次。經常船首乘浪，也會游行至船邊或船後。偶爾發現與皮氏斑紋海豚、黑矮海豚和棘鰭鼠海豚共游。有些族群之間的領域可能壁壘分明。可能會在海床攝食或接近海床。

鑑別清單

- 體色為黑白相間
- 體型小而短胖
- 沒有嘴喙
- 胸鰭呈圓形
- 背鰭呈圓弧狀
- 前額和緩斜傾
- 胸鰭、尾鰭與背鰭都呈黑色
- 通常聚集成小群隊
- 可能會接近船隻

族群大小：1-3 (1-15)，偶爾聚集100隻或以上	背鰭位置：中央稍偏體後方

現況：地區性普遍	現存：不詳	威脅：

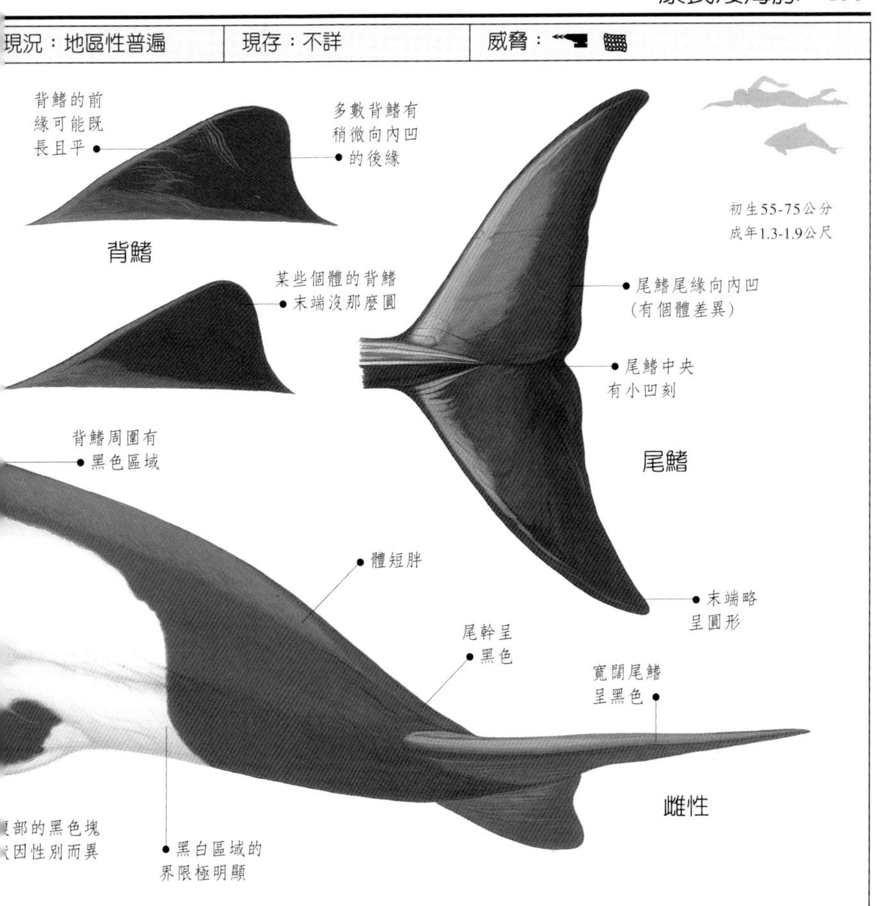
背鰭的前
緣可能既
長且平
多數背鰭有
稍微向內凹
的後緣
背鰭
某些個體的背鰭
末端沒那麼圓
背鰭周圍有
黑色區域
初生55-75公分
成年1.3-1.9公尺
尾鰭尾緣向內凹
(有個體差異)
尾鰭中央
有小凹刻
尾鰭
體短胖
末端略
呈圓形
尾幹呈
黑色
寬闊尾鰭
呈黑色
雌性
部的黑色塊
因性別而異
黑白區域的
界限極明顯

何處觀賞

從南美洲阿根廷瓦爾德斯半島至火地島的海岸，分布區似乎是連續的。也出沒在南緯51度南方的智利水域以及福克蘭群島與克格連群島周遭；火地島的南方水域也有一些零星記錄。來自南喬治亞的早期記錄並不可靠。火地島南部、福克蘭群島周遭(尤其是鄰近港口與天然保護區)，以及麥哲倫海峽等地似乎最為普遍。多數的目擊記錄都發生在鄰近岸邊、水深不及100公尺處。開放的海岸、峽灣、海灣與河口都可能發現其蹤；已知會進入河流。似乎喜好潮差大的地區。經常接近巨型海草分布處。

福克蘭群島在內的南美洲南部及印度洋的克格連島

初生重量：約6公斤	成年重量：35-60公斤	食物：

科：海豚科	種：*Cephalorhynchus eutropia*	棲所：

黑矮海豚(BLACK DOLPHIN)

黑矮海豚屬體型極小的鯨豚類。所知甚少，因為相關資訊只源自一些骨骼收藏品、少數擱淺事件，以及有限的目擊記錄。在分布範圍的南端可能會與黑眶鼠海豚(第240頁)混淆；而在分布範圍的北部則可能會與棘鰭鼠海豚(第246頁)混淆；儘管如此，背鰭的形狀仍不失為分辨這三種品種的最佳依據。在其分布範圍的南界，與黑白相間的康氏矮海豚(第198頁)有些重疊。智利捕魚業者非法捕獵黑矮海豚充作釣大王蟹的誘餌，目前已成為矚目的焦點，因為黑矮海豚的現存數量可能已經非常稀少了。黑矮海豚死亡後，體色很快就會加深，早期的報告描述不甚準確可能肇因於此。

• **別名**：(舊稱：黑海豚)、白腹海豚、智利海豚、智利黑海豚

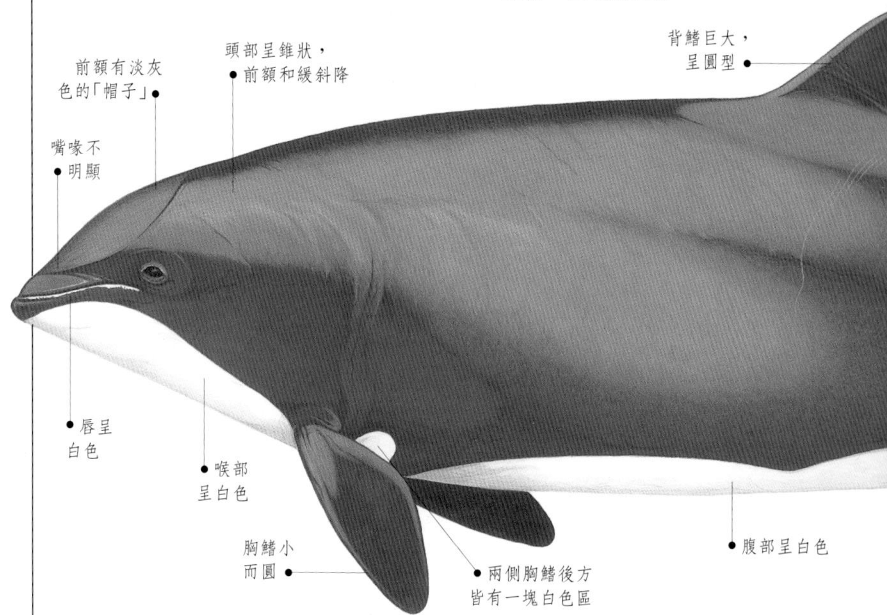
前額有淡灰色的「帽子」
頭部呈錐狀，前額和緩斜降
背鰭巨大，呈圓型
嘴喙不明顯
唇呈白色
喉部呈白色
胸鰭小而圓
兩側胸鰭後方皆有一塊白色區
腹部呈白色

行為

所知非常有限，但是一般認為黑矮海豚生性頗謹慎；很少躍身擊浪。據記錄顯示在水中會有輕微波浪起伏般的動作，極似游泳中的海獅。經常發現出沒於靠近海岸的碎浪與湧浪區。棲居在分布範圍南部者對船隻較警覺，而且難以接近；而生活在分布範圍北部者，已知會游至船隻附近，也可能進行船首乘浪。棲居在北部開放海岸的群隊非常大，曾有4,000隻共游的觀察記錄。經常發現與覓食中的海鳥在一起。

牙齒 $\frac{56\text{-}68}{58\text{-}66}$

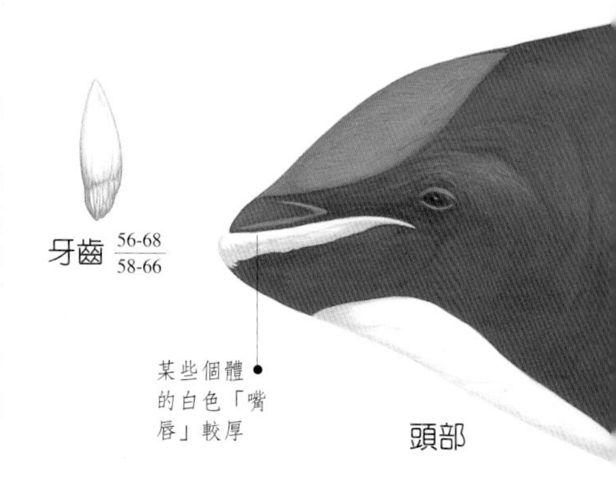
某些個體的白色「嘴唇」較厚

頭部

族群大小：2-3 (2-10)，有暫時性的較大團體	背鰭位置：中央

現況：罕見	現存：不詳	威脅：

鑑別清單

- 體色深
- 唇、喉部與腹部皆呈白色
- 前額呈淡灰色
- 沒有額隆
- 體型小而短胖
- 嘴喙不明顯
- 背鰭大而圓
- 通常以小群隊出現
- 一般都不易親近

初生不詳
成年1.2-1.7公尺

尾鰭寬大
後緣向內凹
中央凹刻明顯
尾鰭
尾鰭末端略呈圓形
鰭後內凹
暗灰色的身體在海上可能呈現褐、黃褐或灰色
尾鰭的兩面都呈暗灰色
體型小而短胖
雌／雄

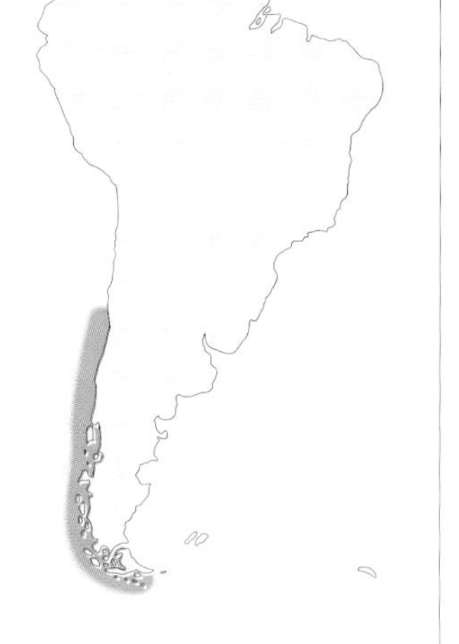

何處觀賞

集中在智利海岸的寒冷淺水區域，分布範圍從北部的法耳巴拉索向南，延伸至合恩角附近的納瓦里諾島，此為分布之南界。此外，也出沒在麥哲倫海峽與火地島海峽。雖然普拉雅-弗賴萊斯外海、瓦迪維亞、阿勞科灣，以及智魯威島附近的族群數目似乎較密集，但其分布情形似乎是連續的。已知會溯流進入瓦迪維亞河及其他河流內。有時也可能出現在阿根廷的極南端。尚未有季節性遷徙的記錄。似乎較喜好潮差大的水域。經常出沒於峽灣、海灣及河流的入口，但在相當開放的海岸亦可觀察到；遠離陸地的外海則還未曾見過。

智利沿岸水域

初生重量：不詳	成年重量：約30-65公斤	食物：

科：海豚科	種：*Cephalorhynchus heavisidii*	棲所：

海氏矮海豚(HEAVISIDE'S DOLPHIN)

關於海氏矮海豚所知甚少，野外也罕有目擊機會。最近才首次發表活體的相關資訊，早期根據屍體描繪的圖像已知是錯的。牠不像在非洲西南沿岸外海出沒的其他品種，所以應該還算容易辨認。海氏矮海豚體型小而粗壯，是黑白海豚屬的身軀典型，以及醒目的顏色。每年南非與納米比亞岸邊的近海魚網會纏住一些海氏矮海豚；也有人們使用手持漁叉或槍枝射獵少數個體充作食物。

• **別名**：(舊稱：海威氏海豚)、南非海豚、本格拉海豚

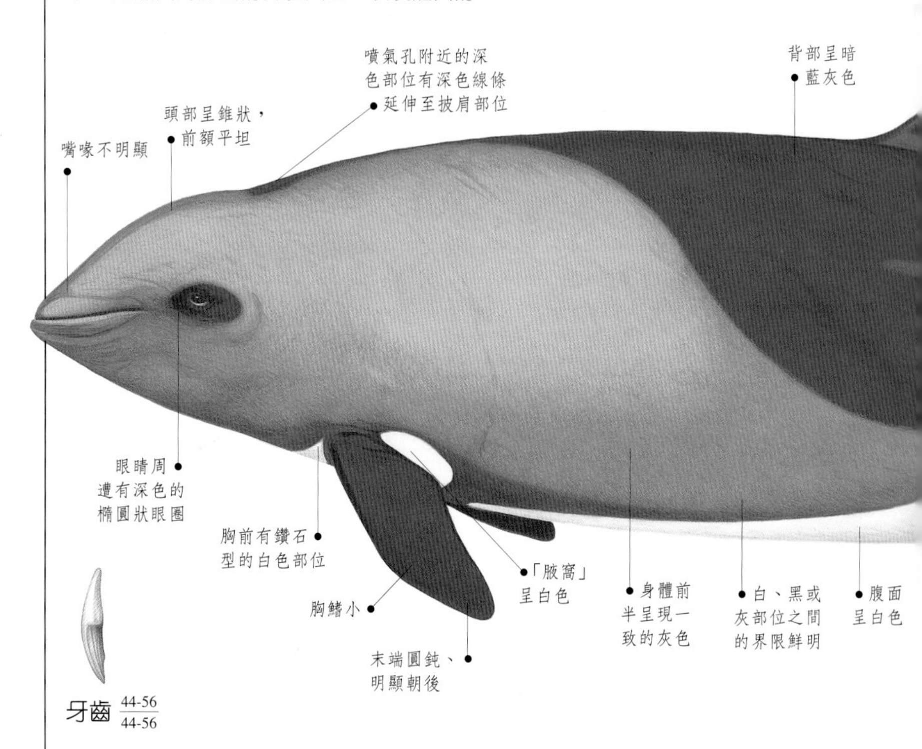
噴氣孔附近的深色部位有深色線條延伸至披肩部位
背部呈暗藍灰色
頭部呈錐狀，前額平坦
嘴喙不明顯
眼睛周遭有深色的橢圓狀眼圈
胸前有鑽石型的白色部位
「腋窩」呈白色
身體前半呈現一致的灰色
白、黑或灰部位之間的界限鮮明
腹面呈白色
胸鰭小
末端圓鈍、明顯朝後
牙齒 44-56/44-56

行為

有關海氏矮海豚的行為資料甚少。一般生性謹慎，有時頗靦腆。少見躍身擊浪，但已知能躍離水面達2公尺以上。曾觀察到快速前空翻，然後在海面上鯨尾擊浪結束整個動作。高速游行時可能會豚游。對船隻的反應各不相同，已知會靠近船隻一段距離，也會船首乘浪與船尾乘浪。此外曾觀察到有些海氏矮海豚會一次「護送」某些小船達數小時。根據有限的觀察推測至少有些群隊有固定的活動範圍，而且可能不會游離得太遠。

鑑別清單

- 三角形背鰭明顯
- 體型小而粗壯
- 前半身呈灰色，後半身呈深色
- 腹部的白色往後延伸、突出
- 灰色頭部呈錐狀
- 嘴喙不明顯
- 胸鰭、背鰭與尾鰭均呈深色
- 一般都以小群隊出現
- 通常非常謹慎

族群大小：2-3 (1-10)，臨時性團體可達30隻	背鰭位置：中央稍偏體後方

現況：稀少	現存：不詳	威脅：

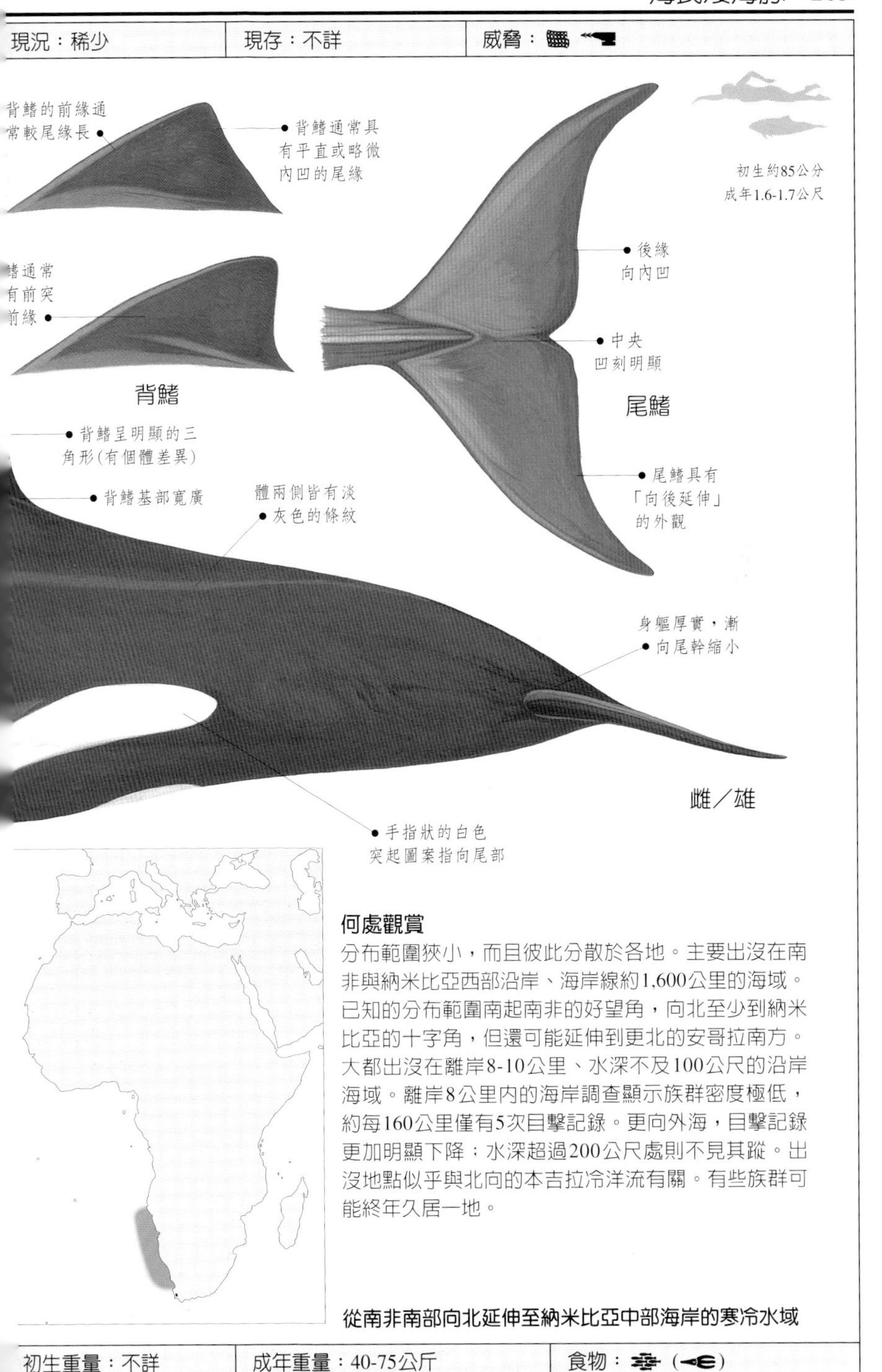
初生約85公分
成年1.6-1.7公尺
背鰭的前緣通常較尾緣長
背鰭通常具有平直或略微內凹的尾緣
鰭通常有前突前緣
背鰭
後緣向內凹
中央凹刻明顯
尾鰭
背鰭呈明顯的三角形(有個體差異)
背鰭基部寬廣
體兩側皆有淡灰色的條紋
尾鰭具有「向後延伸」的外觀
身軀厚實，漸向尾幹縮小
雌／雄
手指狀的白色突起圖案指向尾部

何處觀賞

分布範圍狹小，而且彼此分散於各地。主要出沒在南非與納米比亞西部沿岸、海岸線約1,600公里的海域。已知的分布範圍南起南非的好望角，向北至少到納米比亞的十字角，但還可能延伸到更北的安哥拉南方。大都出沒在離岸8-10公里、水深不及100公尺的沿岸海域。離岸8公里內的海岸調查顯示族群密度極低，約每160公里僅有5次目擊記錄。更向外海，目擊記錄更加明顯下降；水深超過200公尺處則不見其蹤。出沒地點似乎與北向的本吉拉冷洋流有關。有些族群可能終年久居一地。

從南非南部向北延伸至納米比亞中部海岸的寒冷水域

初生重量：不詳	成年重量：40-75公斤	食物： ( )

科：海豚科	種：*Cephalorhynchus hectori*	棲所：

賀氏矮海豚(HECTOR'S DOLPHIN)

賀氏矮海豚算是鯨豚類中體型極小者：大部分個體的身長都少於1.4公尺。從遠距離看彷彿是黑色的；但是從近距離看，則可看到醒目、複雜的灰、黑與白色相間的圖案。渾圓背鰭具有突出的後緣，有助海上鑑別。雄性的體型稍小於雌性，且生殖口周圍有大片暗灰色的色塊。在某些地區，賀氏矮海豚也許還算常見，其實卻是世界上極稀少的大洋性海豚。目前似乎尚不致於馬上瀕臨絕種，但是近海漁網的意外捕獲卻頗令人擔心。紐西蘭南島的班克斯半島的研究顯示：在1984至1988年間，總數約在760隻左右的海豚有1/3因漁網纏身而溺斃；不過還算幸運的是，自此這片海域就成為保護區。

• **別名**：(舊稱：賀克氏海豚)、紐西蘭白頭海豚、小雜色海豚、紐西蘭海豚

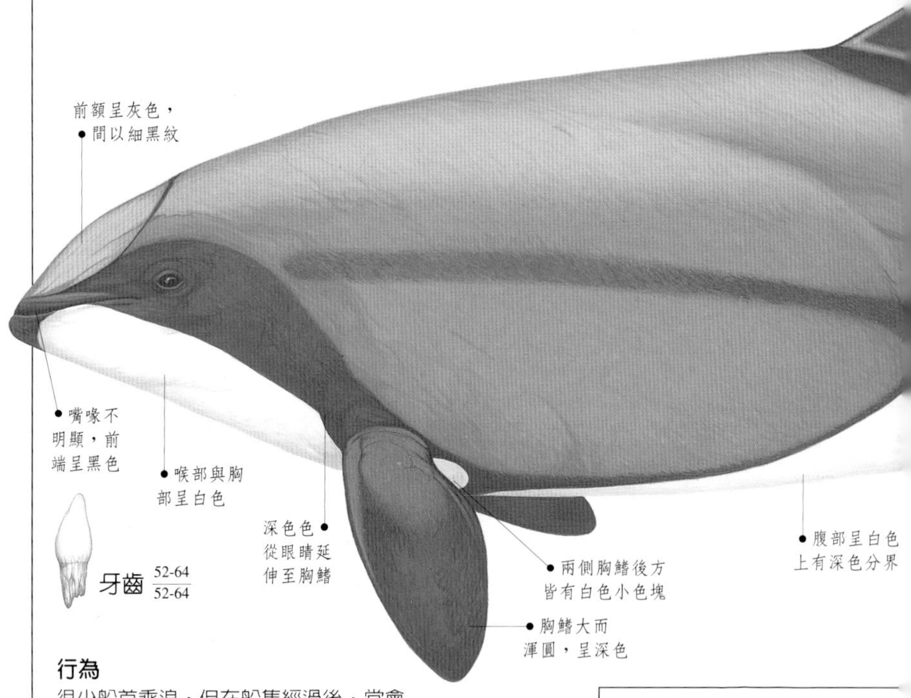
前額呈灰色，
間以細黑紋
嘴喙不
明顯，前
端呈黑色
喉部與胸
部呈白色
深色色
從眼睛延
伸至胸鰭
兩側胸鰭後方
皆有白色小色塊
胸鰭大而
渾圓，呈深色
腹部呈白色
上有深色分界
牙齒 52-64/52-64

行為

很少船首乘浪，但在船隻經過後，常會進行船尾乘浪；也可能伴隨船隻共游一小段距離。與許多海豚不同處在於比較喜愛固定或航行緩慢的船隻(航速少於十節者)，而且會潛水，避開快速航行的船隻。生性好奇。有時會躍身擊浪(在入水時，通常不會激起水花)；而且也可能鯨尾擊浪、浮窺與衝浪。經常浮升至海面呼吸，露在海面的身體部分極小；尤其是在平靜的天候，幾乎水波不興。可能一動也不動地躺在海面上漂浮。儘管部分個體可能接連成列共游或一起浮出海面，但群隊間很少靠得很近。小群隊聚集在一起時最為活躍。

鑑別清單

- 背鰭渾圓
- 嘴喙不明顯
- 體色淡，但圖案複雜
- 前額呈淡灰色
- 身上有手指狀的突出白色塊
- 體型小
- 胸鰭、背鰭與尾鰭皆呈深色
- 幾乎不會激起水花
- 通常以小群隊出現

族群大小：2-8 (2-30)，疏鬆的族群可達100隻，有些地區會更多	背鰭位置：中央稍偏體後方

現況：瀕危	現存：3,000-4,000	威脅：

背鰭色黑（有個體差異）

背鰭渾圓，朝後彎（有個體差異）

初生60-75公分
成年1.2-1.5公尺

背鰭

後緣強烈向內凹

中央凹刻明顯

背鰭呈暗灰色（有個體差異）

背鰭前緣往外突出

尾鰭

體側及背部呈淡灰色

身體短而粗壯，但尾幹狹窄

末端尖銳

雄性

尾鰭寬闊，呈暗色

手指狀的白色突起圖案延伸至尾部

西蘭的沿岸水域，尤其是南島與北島西岸

何處觀賞

主要生活在紐西蘭周遭。南島附近特別常見，尤其是班克斯半島、克勞迪灣，以及主要介於卡威亞港與曼奴考港之間的北島西岸。傾向局部密集的方式分布，所以在分部範圍內的某些地區不見其蹤。夏季可能略移至內海，冬季則游向外海。靠近海岸、沿著岩石的淺水海域是最佳的觀賞地點。可能會游入河口，並上溯一小段距離。通常出沒在離海岸1公里處，8公里以外的區域則罕見。早期出自澳洲、馬來西亞沙勞越的相關報告後來證明皆是鑑別錯誤所致。

初生重量：約9公斤	成年重量：35-60公斤	食物： ( )

科：海豚科	種：*Grampus griseus*	棲所：

瑞氏海豚(RISSO'S DOLPHIN)

在海上極易鑑別，尤其當牠們年紀變大時。具有歷經滄桑的外貌，身上遍布其他瑞氏海豚所留下的齒痕；或者至少也有與烏賊纏鬥所留下的傷疤。雖然個體間的差異非常大，但體色都傾向於隨著年齡而變淡：成年的瑞氏海豚體色可能變得跟白鯨一樣白(第92頁)，或與領航鯨(第148-151頁)一樣深。從遠距離看，高聳的背鰭可能讓人暫時誤認為雌性或年幼的虎鯨(第152頁)或瓶鼻海豚(第192頁)。

瑞氏海豚的前額中央有一道皺褶，從噴氣
一路延伸至上「唇」；近距離時，可看見
道皺褶，也是這個品種所獨有的特徵。瑞
海豚有時會與數種其他的海豚或領航鯨形
混合的群隊。

- 別名：(舊稱：花紋海豚)、灰海豚、白
花紋海豚、灰格蘭布氏海豚、格蘭布海豚
- 台灣俗名：和尚鯃、花頭、圓頭鯃

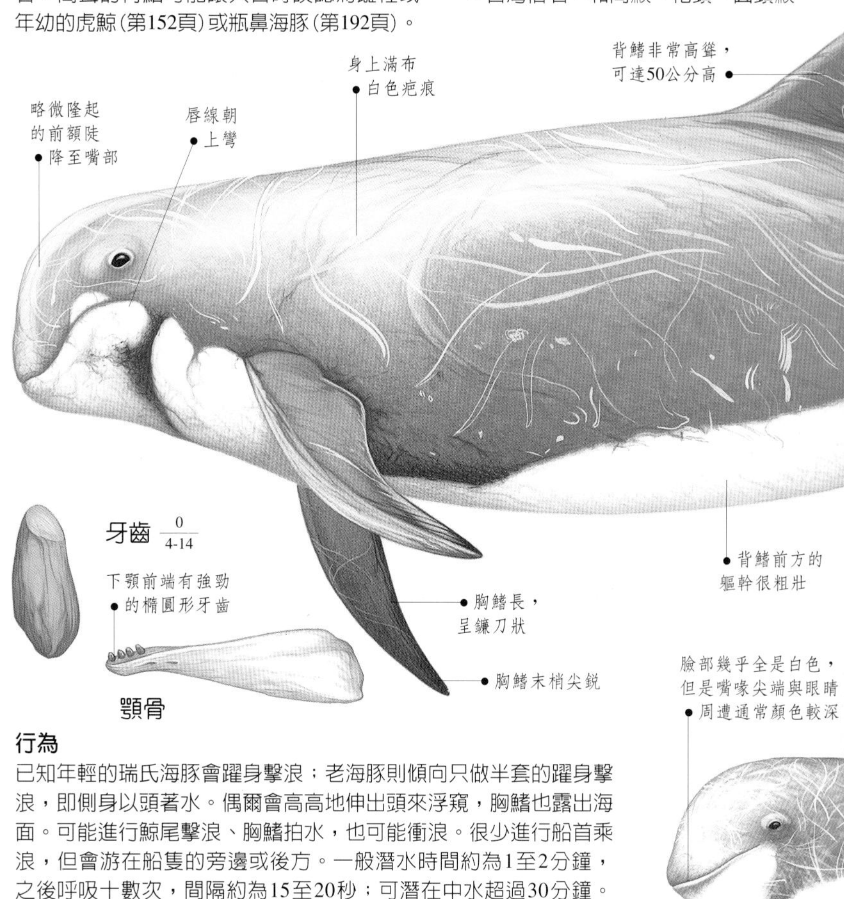
身上滿布白色疤痕
背鰭非常高聳，可達50公分高
略微隆起的前額陡降至嘴部
唇線朝上彎
牙齒 $\frac{0}{4\text{-}14}$
下顎前端有強勁的橢圓形牙齒
顎骨
胸鰭長，呈鐮刀狀
胸鰭末梢尖銳
背鰭前方的軀幹很粗壯
臉部幾乎全是白色，但是嘴喙尖端與眼睛周遭通常顏色較深
老年者

行為

已知年輕的瑞氏海豚會躍身擊浪；老海豚則傾向只做半套的躍身擊浪，即側身以頭著水。偶爾會高高地伸出頭來浮窺，胸鰭也露出海面。可能進行鯨尾擊浪、胸鰭拍水，也可能衝浪。很少進行船首乘浪，但會游在船隻的旁邊或後方。一般潛水時間約為1至2分鐘，之後呼吸十數次，間隔約為15至20秒；可潛在中水超過30分鐘。潛水時尾鰭可能揚出水面。有時進行豚游。可能以45度的仰角浮出海面呼吸。群隊有時拉開、排成一長線進行獵食。部分族群非常害羞，但也有些族群肯讓人接近。

族群大小：3-50 (1-150)，臨時性團體可達數百隻	背鰭位置：中央

現況：普遍	現存：不詳	威脅：

鑑別清單

- 身上遍布疤痕
- 體型粗壯
- 嘴喙不明顯
- 頭部大而渾圓
- 背鰭明顯
- 胸鰭長而尖銳
- 胸鰭、背鰭與尾鰭皆呈深色
- 老年者體色可能呈白色
- 在海面非常活躍

末端尖銳

初生1.3-1.7公尺
成年2.6-3.8公尺

中央
凹刻明顯

深色
尾鰭寬闊

尾鰭

尾鰭看起
來朝向後方

背鰭尖端或
銳或呈圓弧狀

背鰭後
向內凹

體色呈藍
灰、灰褐，
或幾乎全白

尾幹狹窄

腹部顏色淡
有個體差異)

幼年 成年 老年

體色差異

瑞氏海豚剛出生時全身體色均為灰色；年少時，體色變為深褐色；而後隨著年紀增長，漸褪為極淺的灰色。然而背鰭、胸鰭與尾鰭卻終身保持較深的色澤。

雌／雄

北半球的熱帶與暖溫帶深水海域

何處觀賞

數量相當多，分布也廣。性喜棲於外海深水海域，但大洋島嶼沿岸地區，以及狹窄大陸棚都可能發現其蹤。在英國與愛爾蘭，大多數的出現記錄都發生在離岸11公里內的海域。在美國則主要出沒於接近大陸棚的海域。雖然在某些地區可能出現季節性的向岸、離岸遷徙，但在大多數地區都是長年久居一地。夏季有時會在較涼爽的海域出沒。

初生重量：不詳	成年重量：300-500公斤	食物：

科：海豚科	種：*Lagenodelphis hosei*	棲所：

弗氏海豚(FRASER'S DOLPHIN)

早在1895年，馬來西亞的沙勞越海灘就發現過一具弗氏海豚的屍體；但直到1956年，才有相關的科學性描繪；又一直到1970年代，才見到活體。自此有了多次目擊記錄，同時獲悉牠們的數量不似想像中那麼稀少；但所知仍非常有限。外觀介於真海豚屬(*Delphinus*)與斑紋海豚屬(*Lagenorhynchus*)之間，因此學名命為「*Lagenodelphis*」。有些個體，尤其是雄性，體側有非常醒目的暗黑色橫向條紋；咸信條紋的寬度與顏色濃度會隨年齡日增。

儘管弗氏海豚的嘴喙較短、背鰭較小，胸鰭也極袖珍，還有獨特的身體橫紋，但仍不致會與條紋原海豚(第178頁)混淆。遠洋拖網漁業與其他不同的捕撈作業曾造成數量不詳的弗氏海豚溺斃，而且在其分布範圍內還有一些直接的獵殺行為。

• **別名**：沙勞越海豚、短吻海豚、婆羅洲海豚、白腹海豚、弗氏小海豚

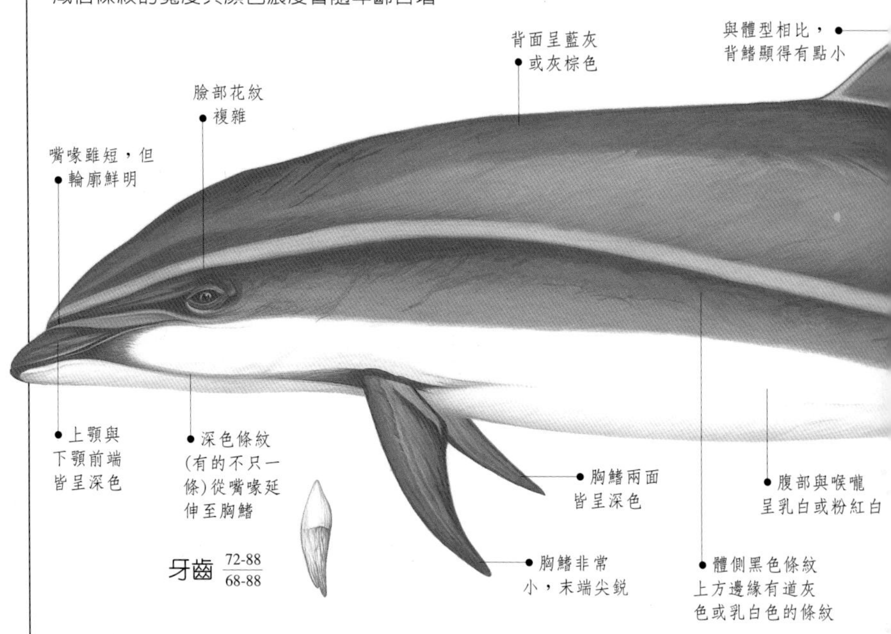

背面呈藍灰或灰棕色
與體型相比，背鰭顯得有點小
臉部花紋複雜
嘴喙雖短，但輪廓鮮明
上顎與下顎前端皆呈深色
深色條紋(有的不只一條)從嘴喙延伸至胸鰭
胸鰭兩面皆呈深色
腹部與喉嚨呈乳白或粉紅白
胸鰭非常小，末端尖銳
體側黑色條紋上方邊緣有道灰色或乳白色的條紋
牙齒 72-88/68-88

行為

分析弗氏海豚的獵物可知其為深潛者，至少在水深250-500公尺處攝食。經常與其他的遠洋性鯨豚類成群結隊：尤其是與瓜頭鯨、偽虎鯨、抹香鯨，以及熱帶點斑原海豚、條紋原海豚。游泳方式頗激烈：浮升出水呼吸時，經常造成一片水花。已知會躍身擊浪，但不是很愛表現或嬉戲。在分布範圍的某些地區會躲避船隻，而且逃離的速度經常很快；個體之間形成緊密的群隊，並在海面造成一大片水花。在菲律賓與南非納塔爾海岸的族群較愛船首乘浪，也會伴隨船隻同行。

鑑別清單

- 體型粗壯
- 體側有深色的橫向條紋
- 背鰭小
- 嘴喙短
- 胸鰭極小
- 游泳方式激烈
- 經常形成大群隊
- 經常以混合群隊的方式出現
- 在多數地區都對船隻有戒心

族群大小：100-500 (4-1,000)，經常與其他品種結伴	背鰭位置：中央

現況：地區性普遍	現存：不詳	威脅：

初生約1公尺
成年約2-2.6公尺

初生者

體色比成年者單調

背鰭末端尖銳

背鰭高度的個體差異極大

背鰭可能呈三角形

背鰭

有些背鰭呈鉤狀

背鰭基部狹窄

背鰭

後緣向內凹

中央有小凹刻

尾鰭

末端尖銳

背鰭後方的軀幹較不粗壯

與體型相較，尾鰭顯得有些小

體側條紋呈暗灰至黑色(條紋的寬度與顏色濃度有個體差異)

雌／雄

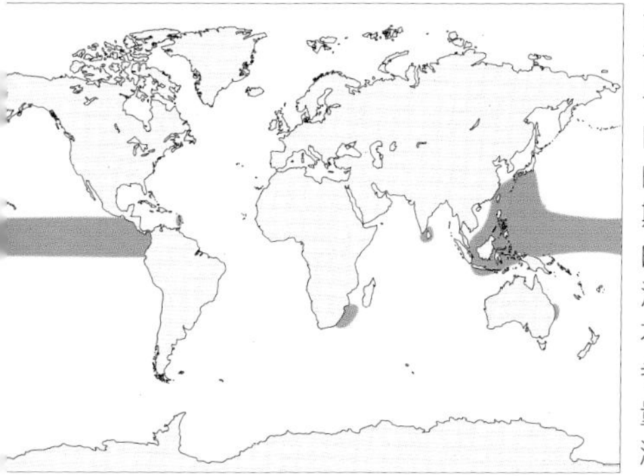

平洋、大西洋及印度洋的熱帶與暖溫帶的深水海域

何處觀賞

分布範圍所知甚少。熱帶東太平洋東部、靠近赤道海域與菲律賓莫好海峽似乎最為常見。大西洋似乎頗稀少(僅得自小安地列斯與墨西哥灣)。雖然確切的目擊記錄只發生在南非東岸、馬達加斯加島、斯里蘭卡以及印尼，然而牠們的分布範圍可能橫越印度洋。也可能出沒在遠離赤道、更向北方的台灣與日本，澳洲外海也見過一些。在法國擱淺者可能是居無定所的族群。實際現存數量可能比少數記錄所顯示的還要多。近海水域罕見其蹤；除非是大洋島嶼附近或有狹窄大陸棚的地區。

初生重量：約19公斤	成年重量：約160-210公斤	食物：

科：海豚科	種：*Lagenorhynchus acutus*	棲所：

大西洋斑紋海豚(ATLANTIC WHITE-SIDED DOLPHIN)

大西洋斑紋海豚體型相當大且粗壯，在海上也頗醒目。具群居性，經常與白喙斑紋海豚、大翅鯨、長須鯨與長肢領航鯨為伍。最可能與白喙斑紋海豚(第212頁)混淆，不過大西洋斑紋海豚的體型較小，也較修長，而且背鰭下方的兩側都有白色色塊，並一路延伸至尾幹兩側的黃色條紋處。也可能與真海豚混淆(第164頁)，因為大西洋斑紋海豚身上也有類似的灰、白、黑、黃相間的圖案。然而大西洋斑紋海豚的體型較粗壯、嘴喙較短，身上也沒有真海豚獨具的沙漏圖案。

• **別名**：跳躍海豚、彈跳海豚、遲緩海豚、大西洋白側小海豚、大西洋白側海豚

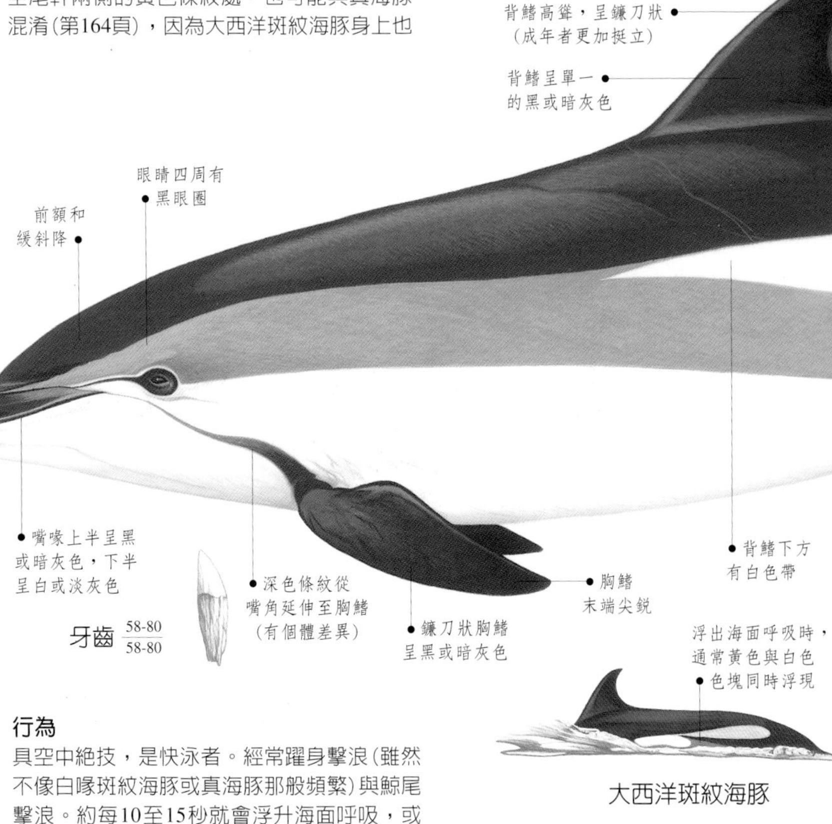
背鰭高聳，呈鐮刀狀（成年者更加挺立）
背鰭呈單一的黑或暗灰色
眼睛四周有黑眼圈
前額和緩斜降
嘴喙上半呈黑或暗灰色，下半呈白或淡灰色
深色條紋從嘴角延伸至胸鰭（有個體差異）
鐮刀狀胸鰭呈黑或暗灰色
胸鰭末端尖銳
背鰭下方有白色帶
浮出海面呼吸時，通常黃色與白色色塊同時浮現
浮升呼吸時，浮現灰色塊

牙齒 $\frac{58\text{-}80}{58\text{-}80}$

大西洋斑紋海豚

白喙斑紋海豚

行為

具空中絕技，是快泳者。經常躍身擊浪(雖然不像白喙斑紋海豚或真海豚那般頻繁)與鯨尾擊浪。約每10至15秒就會浮升海面呼吸，或完全躍離海面，或僅稍稍破水而出、在頭部上方興起波紋。在某些地區對船隻頗具戒心，但也會伴隨航速緩慢的船隻同行，或在航行快速的船隻前進行船首乘浪；有時會乘著大型鯨造成的頭前浪。在外海發現的族群通常大於沿岸的族群。單獨或集體的擱淺事件十分常見。

族群大小：5-50 (1-100)，外海曾有1,000隻以上的大群隊	背鰭位置：中央稍偏體前方

現況：地區性普遍	現存：不詳	威脅：

鑑別清單

- 背部呈黑或暗灰色
- 灰色條紋沿著體側分布
- 背鰭下方有白色色塊
- 尾幹有黃色色塊
- 腹部呈白色
- 嘴喙短而厚
- 背鰭高聳，呈鐮刀狀
- 體型粗壯、尾幹厚實
- 擅長空中絕技

末端尖銳
後緣向內凹
中央凹刻明顯
尾鰭
上下兩面都呈黑或暗灰色
初生1-1.3公尺
成年1.9-2.5公尺
背面呈黑或黑灰色
尾幹兩側有黃或黃褐色塊
尾幹接近尾鰭處突然變窄
腹部呈白色
體型粗壯
淡灰色條紋沿著整個身軀分布
尾幹非常粗，有明顯的隆脊
雌性

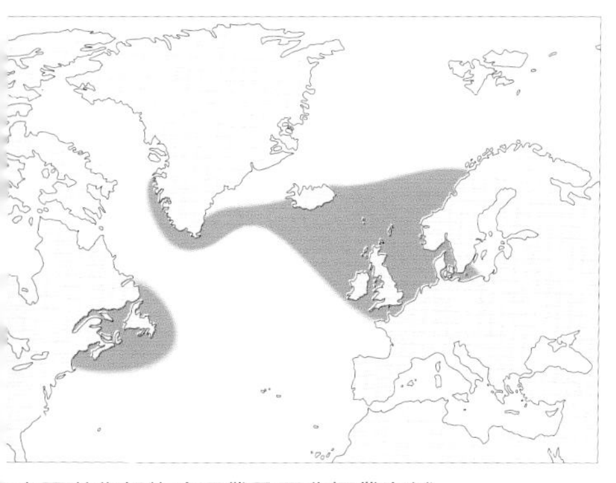

大西洋北部的冷溫帶及亞北極帶海域

何處觀賞

分布範圍與白喙斑紋海豚（第212頁）極類似。沿著分布範圍的東部，偶爾能發現出沒在範圍北界的巴倫支海南方，很少超過英吉利海峽以南。分布範圍的西部據記錄顯示，從西格陵蘭至美國的乞沙比克灣皆有（但通常在美國鱈魚角以北）。美國緬因灣數量似乎特別多，同時大型的族群可能會溯游至加拿大聖羅倫斯河河口。在某些地區，可能會有向岸、離岸的季節性遷徙。似乎特別喜愛有陡峭海床及大陸棚邊緣的地區。

初生重量：30-35公斤	成年重量：165-200公斤	食物：

科：海豚科	種：*Lagenorhynchus albirostris*	棲所：

白喙斑紋海豚(WHITE-BEAKED DOLPHIN)

白喙斑紋海豚體型大而粗壯。俗稱可能誤導，因其嘴喙並非都是白色；但是從近距離觀察，有純正白喙的個體會特別明顯。愈往分布範圍的東部，白喙斑紋海豚就愈有白嘴喙的傾向，而且族群規模也愈小；而棲居在分布範圍西部者一般都有顏色較深的嘴喙，而且群隊的規模也較大(雖然也有例外)。成年白喙斑紋海豚白、灰、黑相間的身體圖案個體差異極大。最可能與大西洋斑紋海豚(第210頁)混淆；但是白喙斑紋海豚的體型稍大、且更粗壯，同時沒有大西洋斑紋海豚體側獨特的黃色條紋。

• **別名**：白鼻海豚、白喙小海豚、獵烏賊海豚

背鰭高聳，呈鐮刀狀，
成年者尤其顯著
黑色背鰭
基部寬闊
身體背面以
黑色為主
嘴喙呈白色
(有個體差異)
嘴喙
短而厚
深色條紋
從胸鰭延伸
至嘴角
胸鰭基部寬闊
胸鰭呈黑色，
大小適中
體型粗壯
末端尖銳
牙齒 44-56/44-56
嘴喙呈暗灰色
(有個體差異)
嘴喙呈
斑駁的褐色
(有個體差異)
頭部

行為

可能會船首乘浪，尤其喜在航行快速的大型船隻前頭；但通常很快就喪失興趣。有些族群非常難以捉摸。有時會表演空中絕技(尤其是攝食時)，也會躍身擊浪，通常以側身或背部回落水中。本種是典型強有力的快泳者；在分布範圍內的某些地區，可能會製造出令人聯想起白腰鼠海豚(第248頁)的公雞尾水霧。快速游泳時，可能將整個身體暫時躍離水面來呼吸。曾發現與長須鯨、虎鯨為伍，也可能與其他的品種共游。

族群大小：2-30 (1-50)，曾出現1,500隻的大集團	背鰭位置：中央

現況：普遍	現存：不詳	威脅：

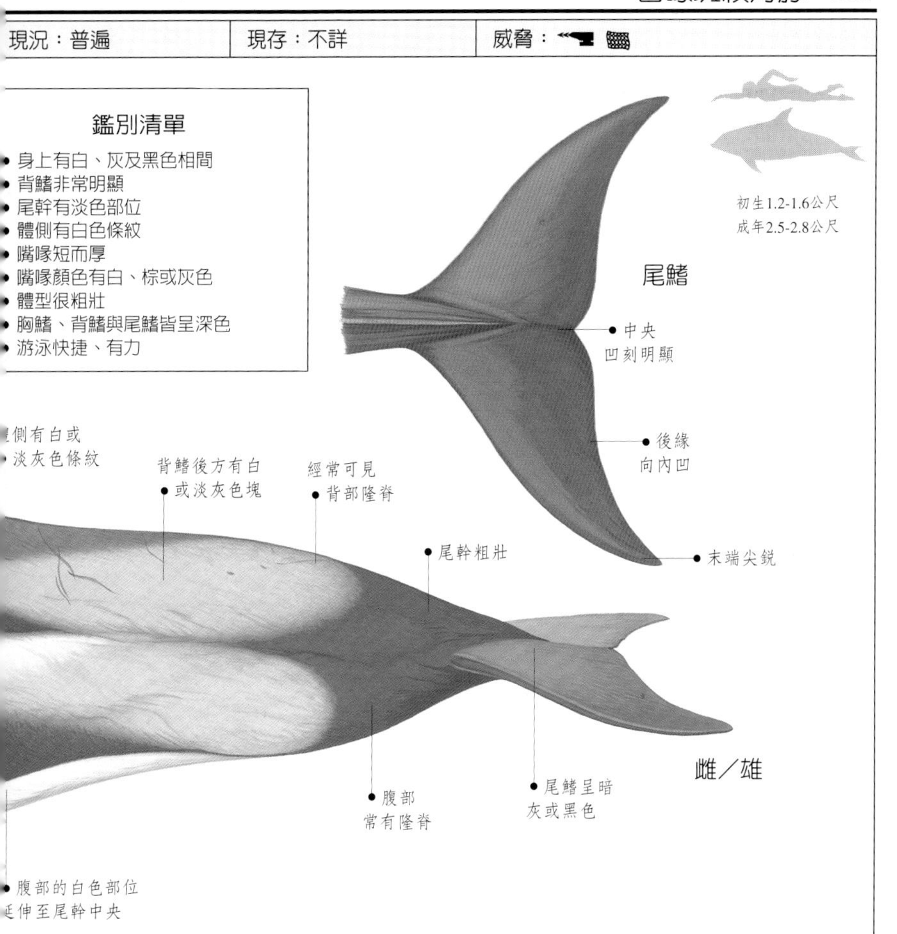
初生1.2-1.6公尺
成年2.5-2.8公尺
尾鰭
中央凹刻明顯
後緣向內凹
末端尖銳
側有白或淡灰色條紋
背鰭後方有白或淡灰色塊
經常可見背部隆脊
尾幹粗壯
腹部常有隆脊
尾鰭呈暗灰或黑色
雌／雄
腹部的白色部位延伸至尾幹中央

鑑別清單

- 身上有白、灰及黑色相間
- 背鰭非常明顯
- 尾幹有淡色部位
- 體側有白色條紋
- 嘴喙短而厚
- 嘴喙顏色有白、棕或灰色
- 體型很粗壯
- 胸鰭、背鰭與尾鰭皆呈深色
- 游泳快捷、有力

大西洋的冷溫帶與亞北極帶的海域

何處觀賞

是斑紋海豚屬中分布最北者，區域也相當廣。分布範圍極北界者曾出沒於浮冰區的邊緣。分布範圍西部的南界在美國的鱈魚角附近。分布範圍東部，最南曾出現在葡萄牙，但在英國以南就罕見其蹤。某些地區可能會有季節性的向岸、離岸或南北向的遷徙（在南方或外海過冬）。但在其他地區的族群似乎長年久居一處，例如英國的族群便是如此（但沿岸水域也會呈現季節性的族群尖峰情況）。廣泛分布於大陸棚，尤其是沿著大陸棚的邊緣地帶。

初生重量：40公斤	成年重量：180-275公斤	食物：

科：海豚	種：*Lagenorhynchus australis*	棲所：

皮氏斑紋海豚(PEALE'S DOLPHIN)

以其與世隔絕的分布範圍看來，皮氏斑紋海豚應該是罕見，也鮮為人知的動物，不過，南美洲南端卻頗常見。相當容易在海上鑑別，但可能與暗色斑紋海豚(第220頁)混淆，差別在於皮氏斑紋海豚有深色的臉部與下巴、暗色為主的背鰭以及白色的「腋窩」，此外體側僅有一道灰白色的條紋。也可能會與沙漏斑紋海豚(第216頁)混淆。皮氏斑紋海豚被漁網意外纏身或遭漁叉捕獵的數量多寡讓人非常關切；肉可充作釣螃蟹的誘餌。

• **別名**：黑頰海豚、皮氏黑頰海豚、南方海豚、皮氏小海豚

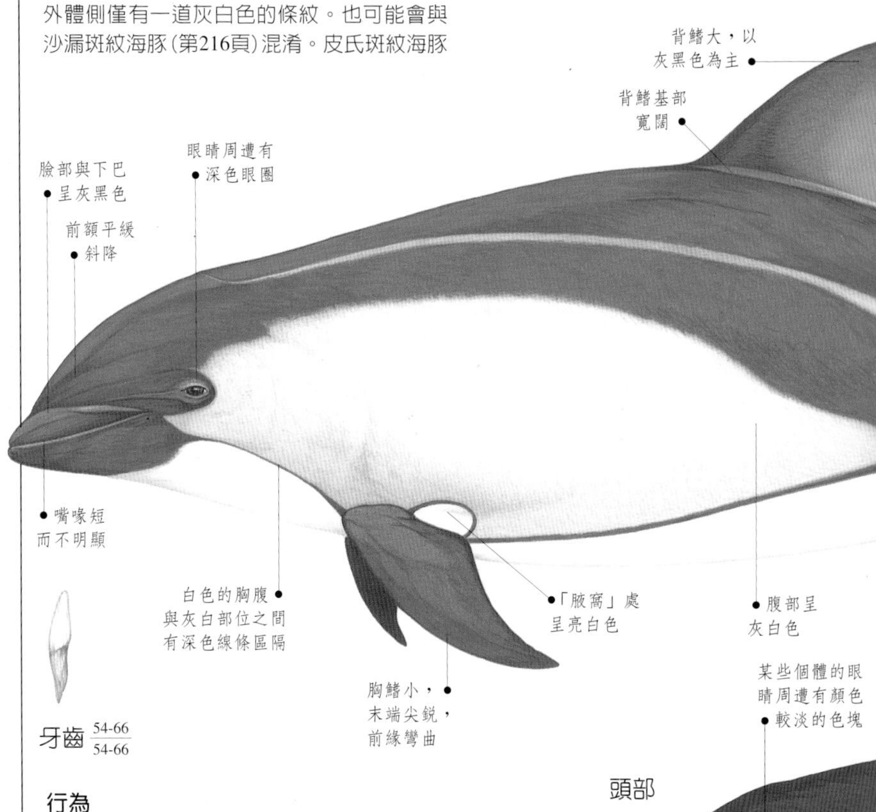

背鰭大，以
灰黑色為主
背鰭基部
寬闊
眼睛周遭有
深色眼圈
臉部與下巴
呈灰黑色
前額平緩
斜降
嘴喙短
而不明顯
白色的胸腹
與灰白部位之間
有深色線條區隔
「腋窩」處
呈亮白色
腹部呈
灰白色
胸鰭小，
末端尖銳，
前緣彎曲
某些個體的眼
睛周遭有顏色
較淡的色塊
頭部
下巴的
深色範圍
有個體差異

牙齒 $\frac{54\text{-}66}{54\text{-}66}$

行為

已知會在大型船隻前方進行船首乘浪，也可能會伴隨小型船隻同行。有時游得很慢，但也能活力十足、展現空中絕技，經常躍至高空，再以側身回落海中，激起大片水花。可能以小角度長躍向前游行。有限的証據顯示牠們會生活在特定且範圍極小的棲息地中。曾觀察到與瑞氏海豚一同衝浪嬉戲。雖然在福克蘭群島所發現的皮氏斑紋海豚胃中留有章魚的殘骸，但目前仍不清楚牠們以何為主食，也不知其攝食習慣。可能同時以魚類和烏賊為食。

族群大小：3-8 (1-30)，曾有許多群隊形成暫時性大團體	背鰭位置：中央

現況：地區性普遍	現存：不詳	威脅：

鑑別清單

- 臉部與下巴呈灰黑色
- 背部以黑色為主
- 體側呈灰白色
- 腹部與「腋窩」呈白色
- 體側有白色條紋
- 背鰭明顯，呈鐮刀狀
- 體型粗壯
- 嘴喙短而不明顯
- 可能會船首乘浪

初生不詳
成年約2-2.2公尺

末端尖銳
後緣向內凹
中央凹刻明顯

尾鰭

鰭後緣向內凹
個體差異)

背部以灰黑色為主

體側各有一道灰白色條紋

雌／雄

尾幹下方顏色深

體型粗壯

何處觀賞

已知的分布範圍從南美洲最南端的阿根廷聖馬蒂亞斯灣，到智利的法耳巴拉索(雖然智利蒙特港的南方是最常見處)；也可能出現在這兩國的更北方。最南的出現記錄在南緯57度。福克蘭群島與火地島(尤其是麥哲倫海峽與比高海峽)四周特別普遍。本種為麥哲倫海峽極常見的鯨豚類。阿根廷與福克蘭群島之間的分布可能是連續的。南太平洋的帕麥斯頓-阿托爾也可能見到，只是未經確認。經常可在海岸、峽灣、海灣與海口(尤其是巨型海草叢生處)，以及大陸棚水域發現其蹤。分布範圍的南界因捕蟹業盛行，所以目擊記錄已明顯減少。

包括福克蘭群島在內的南美洲以南之涼爽沿岸海域

初生重量：不詳	成年重量：約115公斤	食物：不詳

科：海豚科	種：*Lagenorhynchus cruciger*	棲所：

沙漏斑紋海豚(HOURGLASS DOLPHIN)

分布於遙遠的南極與亞南極地帶；早在1824年就有首度的記錄，但很罕見，故所知甚少。在各方同心協力的研究下，近年來已有較多的目擊記錄。而調查研究顯示在船隻極少航行的水域經常可見其蹤。沙漏斑紋海豚非常容易鑑別，因為身上有醒目的黑白相間花紋，這也是其名稱的由來(體側的白色圖案好像倒置的沙漏)；此外，牠也是南半球極地水域中唯一有背鰭者。在其分布範圍的北部，主要會與皮氏斑紋海豚(第214頁)、暗色斑紋海豚(第220頁)混淆。沙漏斑紋海豚死亡後，體色可能馬上明顯變黑。

• **別名**：威爾森氏海豚、南方白側海豚

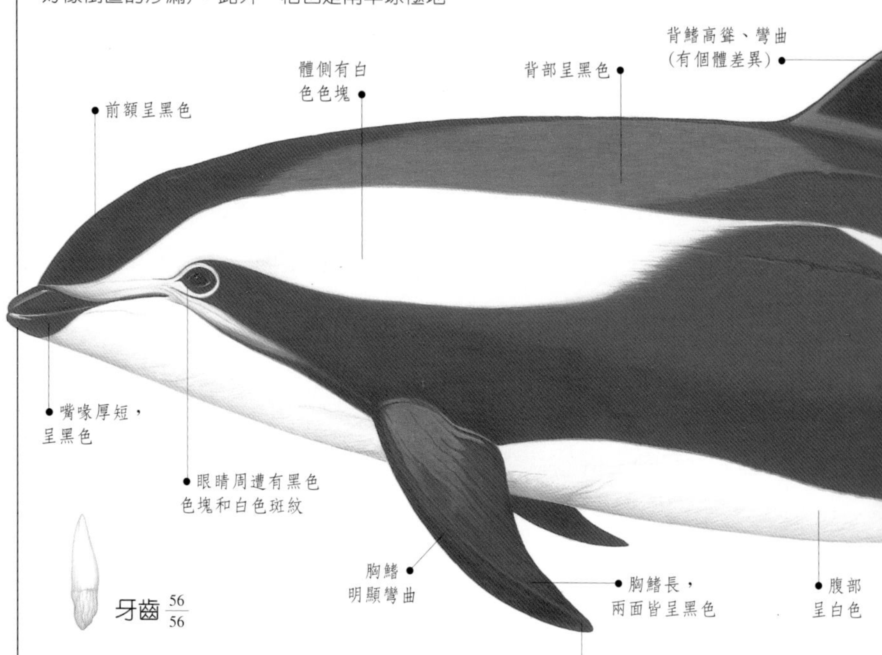

背鰭高聳、彎曲
(有個體差異)
背部呈黑色
體側有白
色色塊
前額呈黑色
嘴喙厚短，
呈黑色
眼睛周遭有黑色
色塊和白色斑紋
胸鰭
明顯彎曲
胸鰭長，
兩面皆呈黑色
腹部
呈白色
末端尖銳

牙齒 $\frac{56}{56}$

行為

游泳時通常嘈雜吵鬧，速度可超越12節。已知會在快速航行的大、小船隻前後進行船首乘浪與船尾乘浪；會以小角度長躍游行。從遠距離觀察，其上下起伏的身軀彷彿游泳的企鵝。可能會伴隨航行緩慢的船隻旁共游。快速游泳時，身體會貼近海面，但不會真的躍出水面；浮升呼吸時會造成大片水花。曾經觀察到牠們乘浪時以縱向旋轉。可能與諸如長須鯨、塞鯨、南瓶鼻鯨、阿諾氏喙鯨、虎鯨、長肢領航鯨與南露脊鯨等其他遠洋鯨豚類為伍。

鑑別清單

- 體色為黑白相間
- 體側有沙漏狀的圖案
- 嘴喙短而黑
- 背鰭明顯
- 體型粗壯
- 胸鰭、背鰭與尾鰭皆呈黑色
- 經常船首乘浪
- 游泳呈上下起伏的波浪狀
- 通常以小群隊的方式出現

族群大小：1-7 (1-40)，曾有一起100隻同游的罕見記錄	背鰭位置：中央

現況：地區性普遍	現存：不詳	威脅：不詳

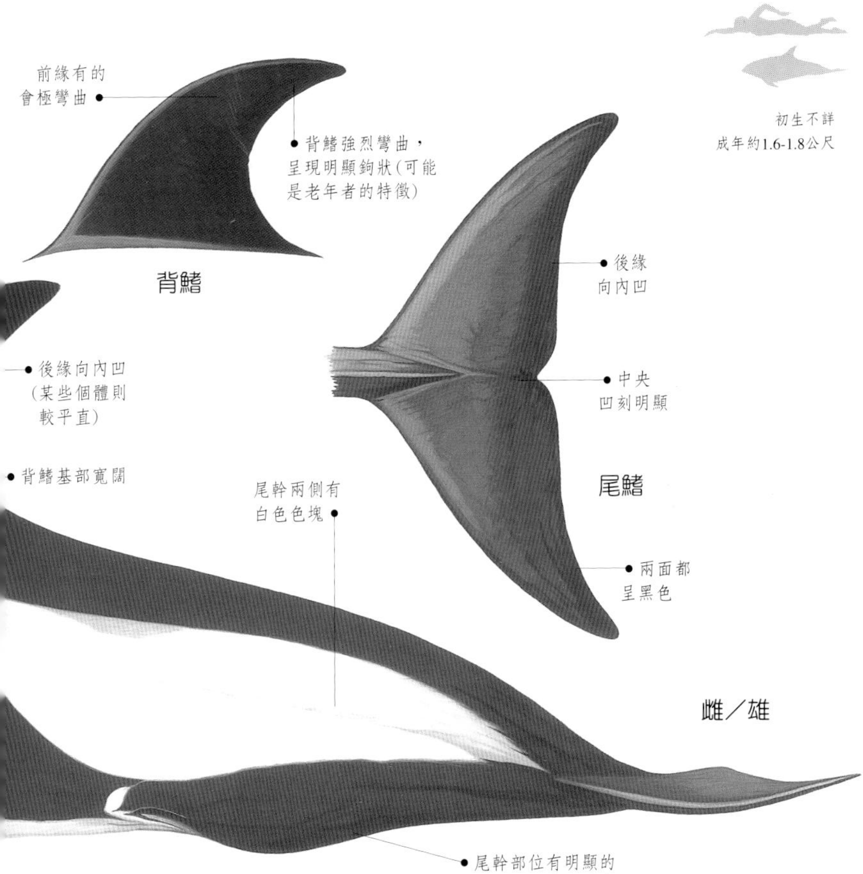

初生不詳
成年約1.6-1.8公尺

前緣有的會極彎曲

背鰭強烈彎曲，呈現明顯鉤狀（可能是老年者的特徵）

背鰭

後緣向內凹

後緣向內凹（某些個體則較平直）

中央凹刻明顯

背鰭基部寬闊

尾鰭

尾幹兩側有白色色塊

兩面都呈黑色

雌／雄

尾幹部位有明顯的龍骨突起，特別是腹面

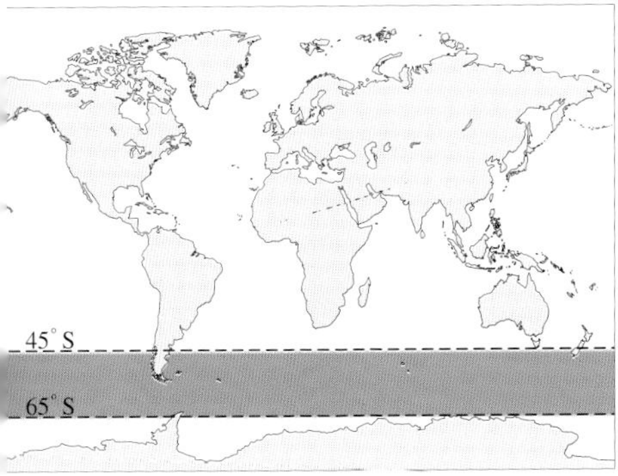

45° S
65° S

半球的寒冷水域，主要位於南緯45度至65度之間

何處觀賞

雖然分布範圍似乎頗廣泛，但是相關資訊卻極少。大多出沒在南大西洋與南太平洋，以及和冷洋流——西風漂流有關的地區。在分布範圍南部的某些地區，可能出沒在距離冰山邊緣160公里內的水域。分布範圍的北界大都不得而知，但可能在南緯45度以南。曾有一起記錄出現在智利的法耳巴拉索，但似乎是個特例。通常在但外海觀察到，也曾在南極半島附近的淺水域，以及南美洲南部沿岸發現其蹤。分布範圍可能因季節而向南北移動。

初生重量：不詳	成年重量：90-120公斤	食物：

科：海豚科	種：*Lagenorhynchus obliquidens*	棲所：

太平洋斑紋海豚(PACIFIC WHITE-SIDED DOLPHIN)

太平洋斑紋海豚非常活潑。大型群隊會在水面製造許多波紋，所以在看到牠們之前，就會先看見大量水波。個體間的圖案差異極大，年少者較不明顯。外型與暗色斑紋海豚(第220頁)非常相似，但是兩者的分布範圍並不重疊。快速游泳時，太平洋斑紋海豚可能製造出大片水霧，即所謂的「公雞尾水霧」，所以遠距離觀察，可能會誤認為白腰鼠海豚(第248頁)。最可能與真海豚(第164頁)混淆；但太平洋斑紋海豚有較短的嘴喙，體側也沒有沙漏圖案。

• **別名**：太平洋白側海豚、遲緩海豚、太平洋條紋原海豚、白條紋原海豚、彎鰭鼠海豚

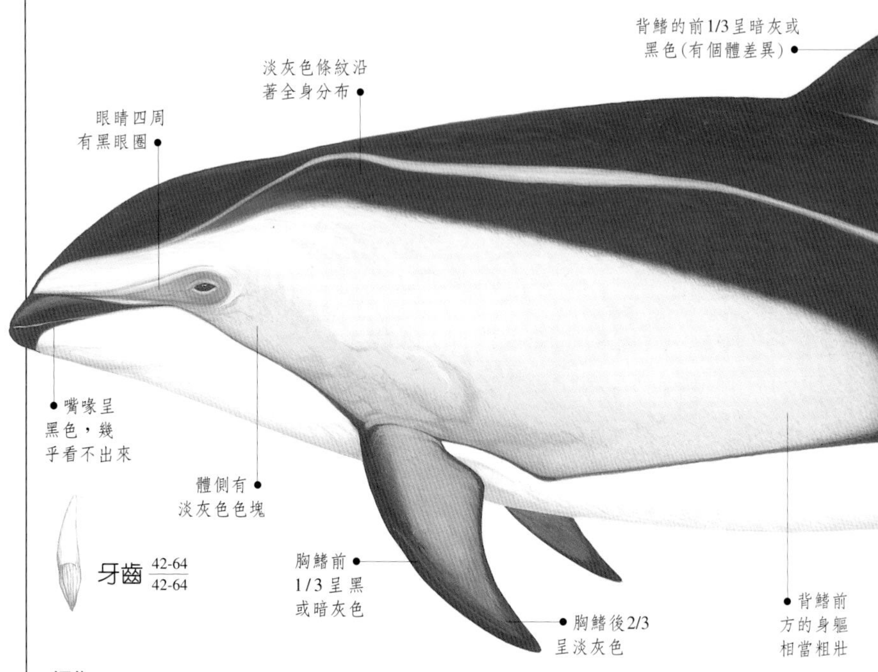
背鰭的前1/3呈暗灰或
黑色(有個體差異)
淡灰色條紋沿
著全身分布
眼睛四周
有黑眼圈
嘴喙呈
黑色，幾
乎看不出來
體側有
淡灰色色塊
牙齒 42-64/42-64
胸鰭前
1/3呈黑
或暗灰色
胸鰭後2/3
呈淡灰色
背鰭前
方的身軀
相當粗壯

行為

非常活躍也很愛表現，會製造大片水霧。經常躍身擊浪，有時會在空中旋轉或翻轉，再以側身或腹部著水。是有力的快泳者，有些個體可能一起進行豚游。喜愛在大洋的波浪上衝浪及船尾乘浪，熱中船首乘浪，似乎經常不聲不響地現身。有時貼近水面游行，只露出背鰭，貌似鯊魚。大群隊可能分散成較小的群隊以攝食，但在休息或游行時，又會重新聚集。經常伴隨其他的鯨豚類動物；也可能與海獅和海豹為伍。非常好奇，可能接近靜止不動的船隻。

快速游泳時，會
躍出水面呼吸

尾巴後方產
大量水霧

豚游

族群大小：10-100 (1-2,000)，近海可能見到較小的群隊	背鰭位置：中央

現況：普遍	現存：不詳	威脅：

初生80公分-1.2公尺
成年1.7-2.4公尺

鑑別清單

- 背部呈黑或暗灰色
- 腹部呈白色
- 胸鰭上方有淡灰色塊
- 胸鰭與背鰭都有兩個顏色相間
- 黑色嘴喙幾乎看不出來
- 背鰭高聳，呈鐮刀狀
- 體側有淡灰色條紋
- 通常以大群隊出現
- 具空中絕技，非常愛表現

高聳的鉤狀背鰭
年少者更像三角形)

背鰭的後2/3呈淡
灰色(有個體差異)

後緣
向內凹

中央
有小凹刻

尾鰭

背部呈暗灰
或黑色

淡灰色的
紋條至尾
幹處變寬

尾鰭兩面都
呈深色

雌／雄

腹部呈白色

尾幹
狹窄

尾幹的腹面
呈黑或暗灰色

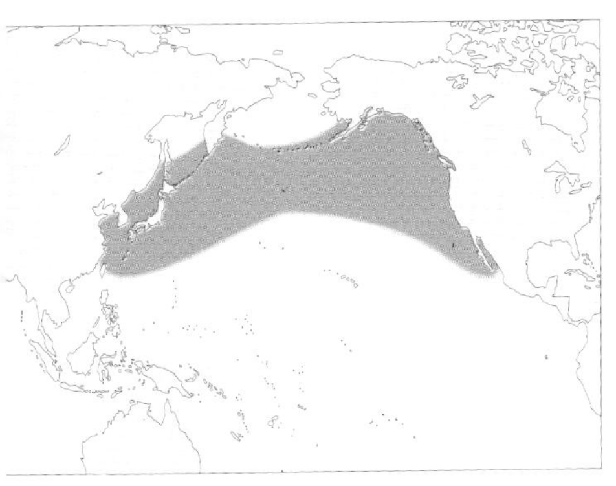

太平洋北部的溫帶深水海域，以外海為主

何處觀賞

傾向棲居於受到北極洋流影響的寒冷水域以南，以及熱帶地區以北。雖然在阿拉斯加灣與堪察加半島南部附近很常見，但在白令海則不見其蹤。主要出沒在外海，最遠到達大陸棚邊緣，但也會游近沿岸的深水區，例如海底峽谷上方就可見其蹤。可能隨著季節進行南北向或向岸、離岸的遷徙(可能移向岸邊或南方過冬)，但某些族群可能長年久居一地。

初生重量：約15公斤	成年重量：85-150公斤	食物：

科：海豚科	種：*Lagenorhynchus obscurus*	棲所：

暗色斑紋海豚(DUSKY DOLPHIN)

暗色斑紋海豚是擅長空中絕技的鯨豚類，向以驚人的高躍與空中翻轉知名。喜愛群居，而且對於其他種類也一視同仁，經常伴隨海鳥或其他鯨豚類一起活動。族群大小會因每年的季節而略有變化；夏季時有較多的成員聚集在一塊；而攝食時又會分散成較小型的群隊；之後又重新聚集，一起活動與休息。暗色斑紋海豚與太平洋斑紋海豚(第218頁)的分布範圍雖然沒有重疊，但是兩者非常相似；有些專家認為應屬同一品種。暗色斑紋海豚極易與皮氏斑紋海豚(第214頁)混淆，差別在於皮氏斑紋海豚體側只有一道條紋，而且臉部與喉部皆呈深色。暗色斑紋海豚族群間的體色圖案差異非常微妙。

• **別名**：菲茲洛伊氏海豚

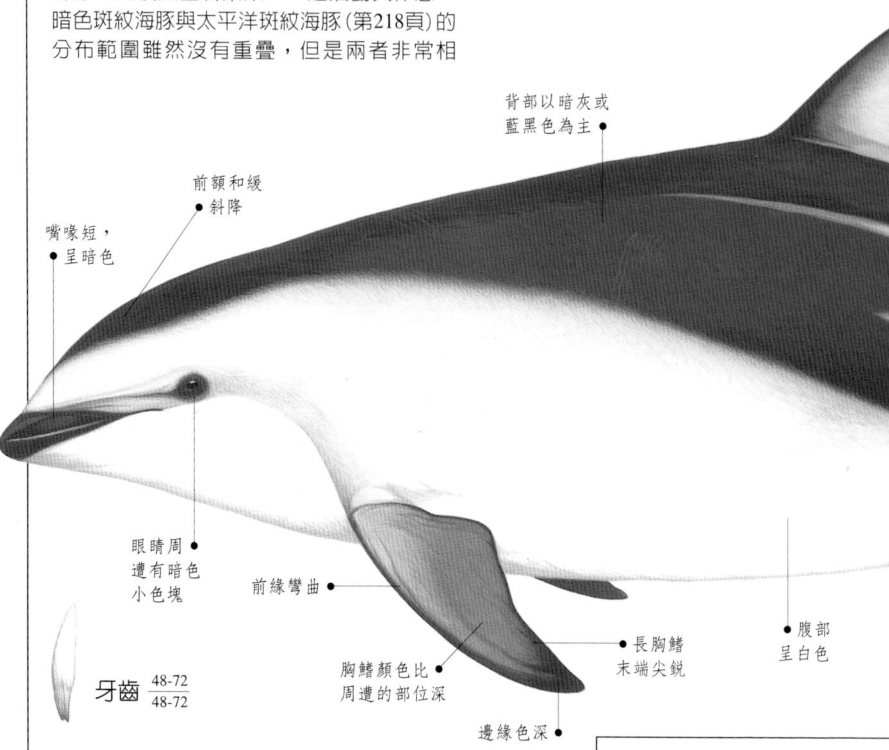
背部以暗灰或藍黑色為主
前額和緩斜降
嘴喙短，呈暗色
眼睛周遭有暗色小色塊
前緣彎曲
胸鰭顏色比周遭的部位深
長胸鰭末端尖銳
腹部呈白色
邊緣色深

牙齒 $\frac{48\text{-}72}{48\text{-}72}$

行為

非常好奇，通常極易接近。似乎樂於接近船隻與人類。經常船首乘浪。躍身擊浪的方式與其他的大洋性海豚一樣有三種：1.圓弧狀跳躍，再俐落地以頭先入水方式回落。此種可能用來尋找覓食中的海鳥。2.以體側擊水，再做鯨尾擊浪。此舉用來告訴同伴食餌所在位置，或驅逐魚群進入群隊中央。3.在高空中翻轉、扭體、轉身，攝食後常見。可能一連躍身擊浪十多次；而且經常一隻帶頭，其餘便群起效尤。

鑑別清單

- 背部色深，腹部色淡
- 兩道白色斑紋指向前方
- 背鰭上有明顯的兩色相間圖案
- 嘴喙短厚
- 軀體小而結實
- 臉部呈白色，極顯著
- 眼睛周圍有小黑眼圈
- 生性好奇、容易親近
- 擅長空中絕技

族群大小：6-15 (6-500)，夏季時的群隊最大	背鰭位置：中央

現況：地區性普遍	現存：不詳	威脅：

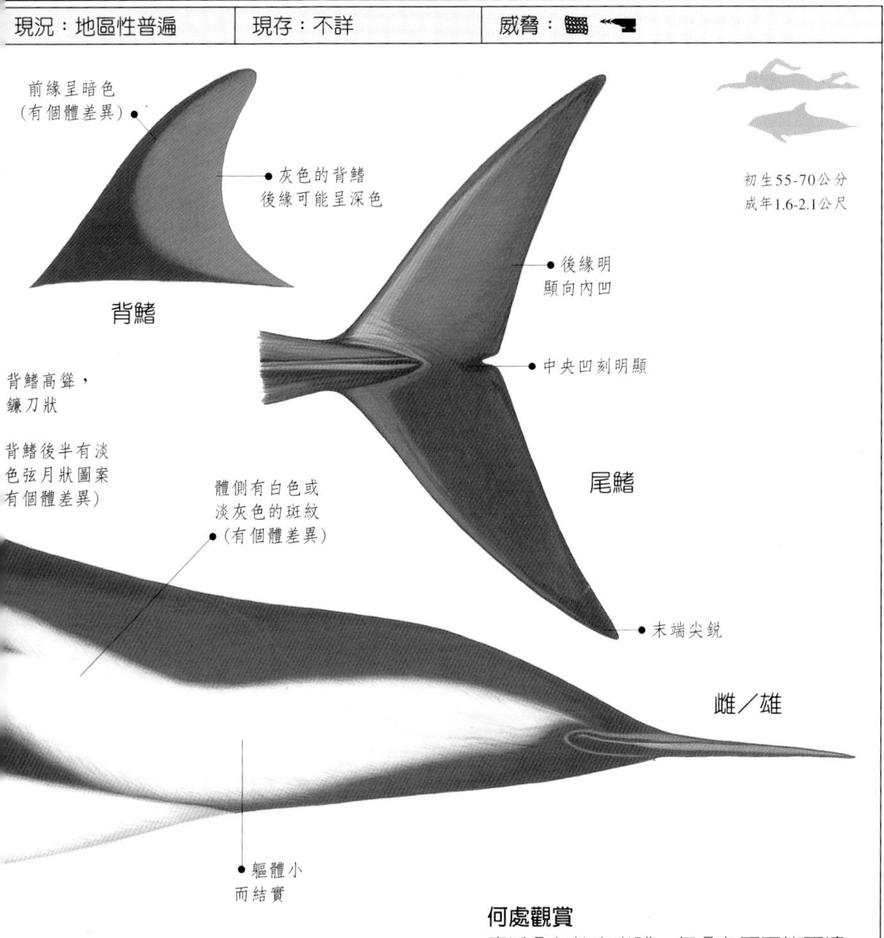
前緣呈暗色
(有個體差異)
灰色的背鰭
後緣可能呈深色
背鰭
後緣明
顯向內凹
中央凹刻明顯
尾鰭
末端尖銳
初生55-70公分
成年1.6-2.1公尺
背鰭高聳，
鐮刀狀
背鰭後半有淡
色弦月狀圖案
有個體差異)
體側有白色或
淡灰色的斑紋
(有個體差異)
雌／雄
軀體小
而結實

何處觀賞

廣泛分布於南半球，但分布區可能不連續。似乎有3個主要的地理隔離族群。一在紐西蘭附近，包括查坦群島、奧克蘭群島及坎貝爾島；一在南非；以及包括福克蘭群島在內的南美洲。沙漏斑紋海豚是智利法耳巴拉索南部，以及阿根廷瓦爾德斯半島南部(經常出現於瓦爾德斯半島)的常客；也經常出沒在印度洋南部的克格連群島；澳洲沿岸海域也有一些未經証實的報告。主要棲居在沿岸海域或大陸棚。隨著季節或每日的不同時段進行向岸、離岸的遷徙；某些區域內終年可見其蹤。在分布範圍內數量還算相當多。

西蘭、南非與南美洲的溫帶沿岸水域

初生重量：3-5公斤	成年重量：50-90公斤	食物：

科：海豚科	種：*Orcaella brevirostris*	棲所：

伊河海豚(Irrawaddy Dolphin)

所知甚少，而且極易被忽略。雲霧狀噴氣是尋找牠們的最佳指標，雖然在某些地區這類噴氣十分普遍，但在其大部分的分布範圍內並不常見。外表與白鯨(第92頁)相似，所以有時會被歸入獨角鯨科，但伊河海豚也具有海豚科動物的特徵。有時會與印太洋駝海豚為伍，但最常與新鼠海豚(第238頁)混淆，因為兩者都有渾圓的鈍形頭，只是後者體型小得多，而且沒有背鰭。分布範圍與名為「儒艮」的海牛有重疊，而且從遠距離觀察，兩者非常相似。位於熱帶河流、河口與岸邊的棲地：經常會遭受修築水壩與其他工業設施的破壞。

• **別名**：伊洛瓦底海豚、鰭海豚

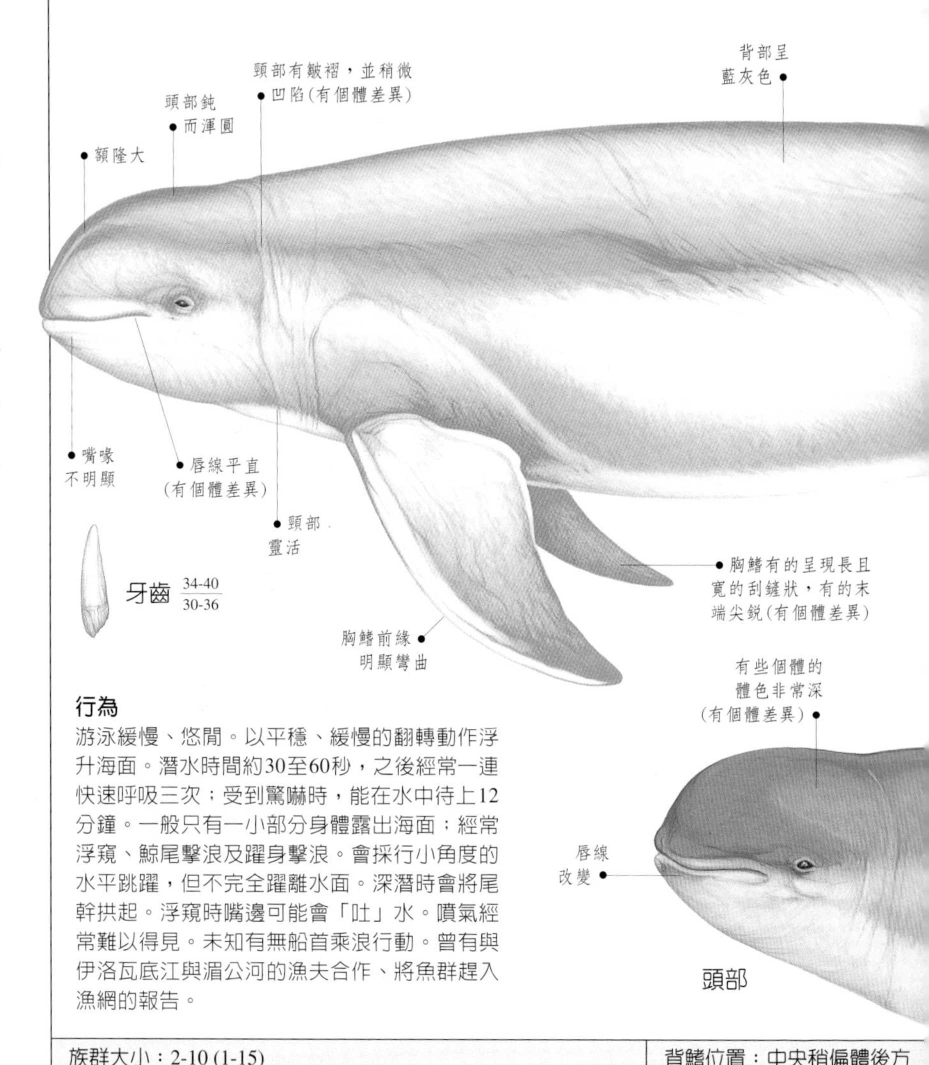

頭部有皺褶，並稍微凹陷(有個體差異)
頭部鈍而渾圓
額隆大
背部呈藍灰色
嘴喙不明顯
唇線平直(有個體差異)
頭部靈活
牙齒 34-40/30-36
胸鰭有的呈現長且寬的刮鏟狀，有的末端尖銳(有個體差異)
胸鰭前緣明顯彎曲
有些個體的體色非常深(有個體差異)
唇線改變
頭部

行為

游泳緩慢、悠閒。以平穩、緩慢的翻轉動作浮升海面。潛水時間約30至60秒，之後經常一連快速呼吸三次；受到驚嚇時，能在水中待上12分鐘。一般只有一小部分身體露出海面；經常浮窺、鯨尾擊浪及躍身擊浪。會採行小角度的水平跳躍，但不完全躍離水面。深潛時會將尾幹拱起。浮窺時嘴邊可能會「吐」水。噴氣經常難以得見。未知有無船首乘浪行動。曾有與伊洛瓦底江與湄公河的漁夫合作、將魚群趕入漁網的報告。

族群大小：2-10 (1-15)	背鰭位置：中央稍偏體後方

現況：地區性普遍	現存：不詳	威脅：

鑑別清單

- 額隆大
- 頭形圓鈍，嘴喙不明顯
- 背鰭小而短胖
- 體色淡
- 胸鰭大，呈刮鏟狀
- 潛水時間短暫
- 游泳速度緩慢
- 常以小群隊出現
- 通常不易被察覺

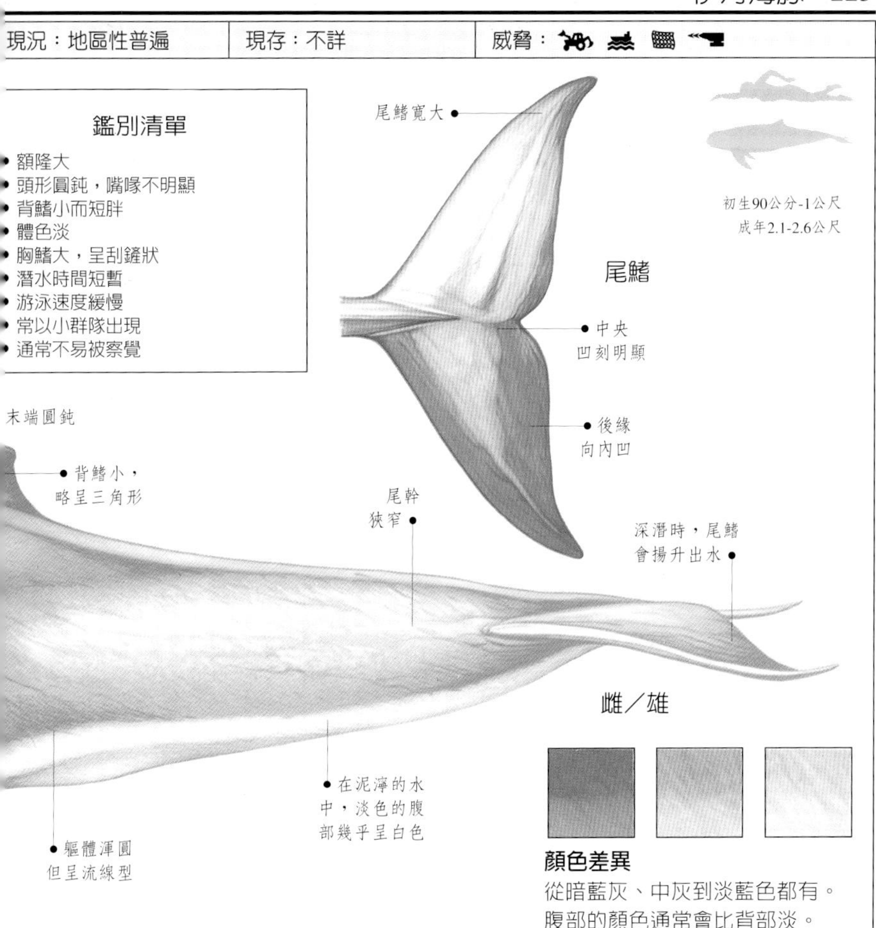
尾鰭寬大
初生90公分-1公尺
成年2.1-2.6公尺
尾鰭
中央
凹刻明顯
後緣
向內凹
末端圓鈍
背鰭小，
略呈三角形
尾幹
狹窄
深潛時，尾鰭
會揚升出水
雌／雄
在泥濘的水
中，淡色的腹
部幾乎呈白色
軀體渾圓
但呈流線型

顏色差異

從暗藍灰、中灰到淡藍色都有。腹部的顏色通常會比背部淡。

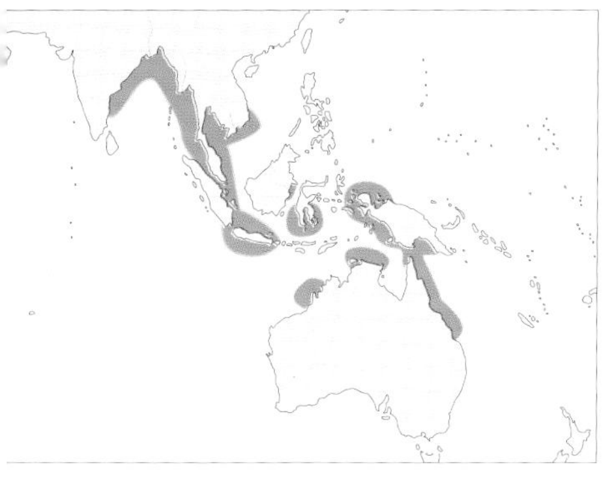

孟加拉灣至澳洲北部的沿岸溫暖海域及河流

何處觀賞

主要出沒在印度洋與太平洋之間的熱帶沿岸水域，但也會出現在大河流之中，尤其是印度的布拉馬普得拉河與恆河，越南、寮國、柬埔寨的湄公河，婆羅洲的馬哈坎河，以及緬甸的伊洛瓦底江。有時會溯游而上超過1,300公里；有些個體可能終生居留淡水水域內。分布於沿岸者似乎比較喜愛棲居在隱秘的場所，例如混濁河口與紅樹林沼澤地，而離岸數公里外的海域則未見其蹤。也可能出現在澳洲北部或菲律賓。地圖是根據曾出沒的地點繪製而成。

初生重量：約12公斤	成年重量：90-150公斤	食物：

淡水豚類

淡水豚類動物稱為江豚或河豚，生活在亞洲與南美洲一些最大、也最泥濘的河流中。牠們具有許多共同的特徵，而且大致的習慣也相似，但卻未必血緣相近。這可能只是因為經過「趨同演化」，各以相同的方式來適應所處的環境。儘管名為淡水豚類，卻不表示只能生活在淡水，也不是唯一棲居在淡水的鯨豚類動物。亞馬遜海豚、露脊鼠海豚，還有其他的品種也經常棲居在淡水中。危及淡水豚類生存的原因有污染、獵殺、漁業與水壩建築。

特徵

由於棲息地的地理隔絕作用，使得淡水豚類頗易鑑別。而且和進入河道內的少數大洋性海豚混淆的機會也不多，因為兩者的外觀與行為有非常明顯的差異。淡水豚類是小型動物，體長很少超過2.5公尺，游泳速度通常緩慢，也不像大洋性海豚那般樂於跳躍。

前額隆起
眼睛小
頸部靈活
嘴喙長，內有許多小尖牙
胸鰭寬大

亞河豚

多數淡水豚類最明顯的特徵就是眼睛極小，而且幾乎全盲。良好的視力在能見度不佳的混濁水域內可說毫無用武之地。相對的，牠們擁有高度進化的回音定位系統，因此能夠建構出有關周遭環境的「音圖」。

嘴喙

淡水豚類的嘴喙窄長，而且會隨著年齡成比例增長。白鱀豚(上圖)嘴喙還明顯向上彎。

白鱀豚
隱沒入水前，背部會拱起一陣子
背部與背鰭會浮出水面
嘴喙與前額先破水而出
潛水時，尾鰭保持在水面下

下潛程序

與其他大洋性海豚相較，淡水豚類顯得非常不起眼。通常只有身體的一小部分露出海面，但是偶爾也會將長長的嘴喙揚升出水。潛水時間通常不超過40秒，而且往往短得多。

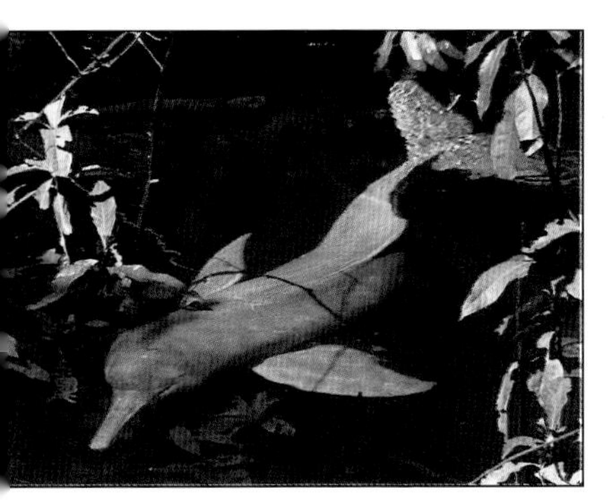

適應棲所

亞河豚對於淹沒水中的叢林適應良好；頸部與胸鰭活動靈巧，因此能在樹枝間穿梭自如。

背鰭小而不明顯
(拉河豚例外)

噴氣孔

淡水豚類的頭頂有噴氣孔，有的是圓形，例如白鱀豚(如下圖)，有的是弦月狀(拉河豚與亞河豚)，也有裂縫式的(恆河豚與印河豚)。想要尋找某些江豚，運用耳朵要比眼睛強，因為牠們噴氣時會發出打噴嚏似的聲響。

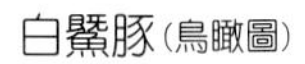

白鱀豚(鳥瞰圖)

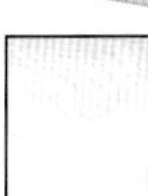

顏色差異

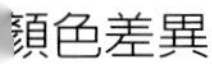

淡水豚類個體間的體色差異極大，通常還會隨著年齡而有所改變。

品種鑑別

拉河豚(詳第234頁)外形非常不起眼；喜愛棲居沿岸海域，不會生活在河流之中。

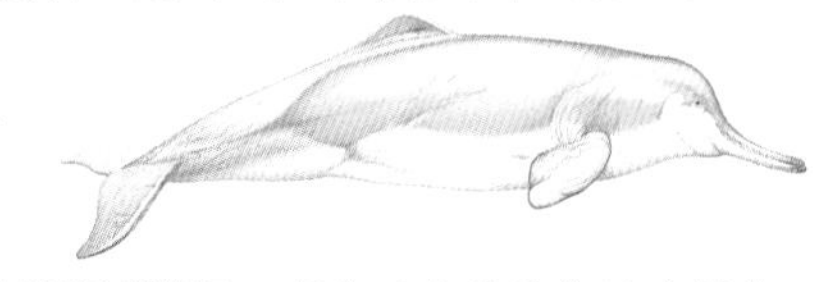

白鱀豚(詳第228頁)可能是最接近滅絕的鯨豚類動物；只棲居在中國的長江流域。

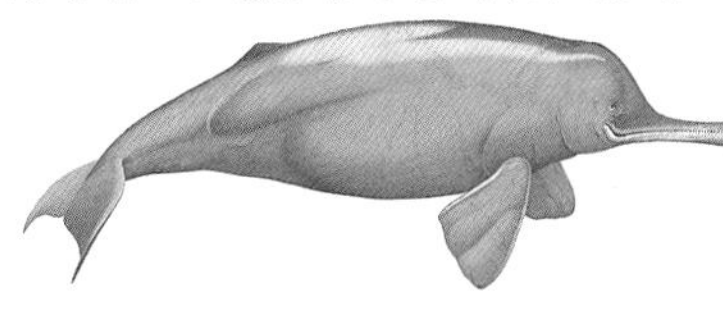

印河豚(詳第230頁)背上長有隆突而無背鰭。窄長的嘴喙可能占身長的1/5。胸鰭寬大，呈槳狀；噴氣像打噴嚏。

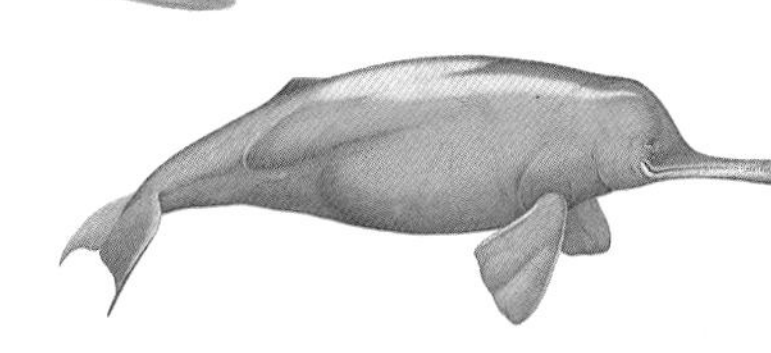

恆河豚(詳第230頁)與印河豚相同，但有地理上的隔絕。正式的分類法將這兩種亞洲江豚歸入不同品種，但也有些專家認為如此劃分仍具爭議性。

亞河豚(詳第226頁)是體型最大的淡水豚類，沒有背鰭，但有長長的隆脊。

科：亞河豚科	種：*Inia geoffrensis*	棲所：

亞河豚(Boto)

亞河豚是體型最大的淡水豚類，而且相當容易見到。目前已經辨認出三個族群：棲息於奧利諾科盆地、亞馬遜盆地，以及南美的馬迪拉河上游三地。族群之間只有少許的外型差異，在地理上彼此隔絕，但遺傳方面的差別可能不大。亞河豚經常會與亞馬遜盆地的另一種鯨豚類——土庫海豚共游，有時也會和大水獺共享攝食區。體色會隨著年齡、水的清澈程度、溫度，以及地理位置而有明顯的變化。亞河豚的族群數量似乎正在下降中。

• **別名**：亞馬遜江豚、粉紅小海豚、粉紅海豚

背脊從隆起處向前後延伸

弦月狀的噴氣孔位於身體中央偏左

額隆的形狀可隨意改變

前額突出

頸部皺褶有的很長

頸部活動自如

唇線上揚

上下顎都有短剛毛

嘴喙修長，稍微向下彎

牙齒 $\frac{46\text{-}70}{46\text{-}70}$

胸鰭彎曲，末端尖銳

後緣不平整

行為

噴氣聲可以很大，也能噴得很高，有時可達2公尺；但通常都緩慢、從容，彷彿嘆息般。可親近的程度因地區而有差別。清晨與黃昏最為活躍，可見其相互追逐、輕咬及揮舞胸鰭。已知會進行船首乘浪與船尾乘浪。偶爾會躍身擊浪——躍出水面1公尺以上；能將整個頭部揚出水面，但通常只浮現額隆與噴氣孔，之後再浮現部分背脊。亞河豚活躍程度加劇時，背部在空中彎曲的幅度就越大。多數的潛水持續30至40秒。

正面

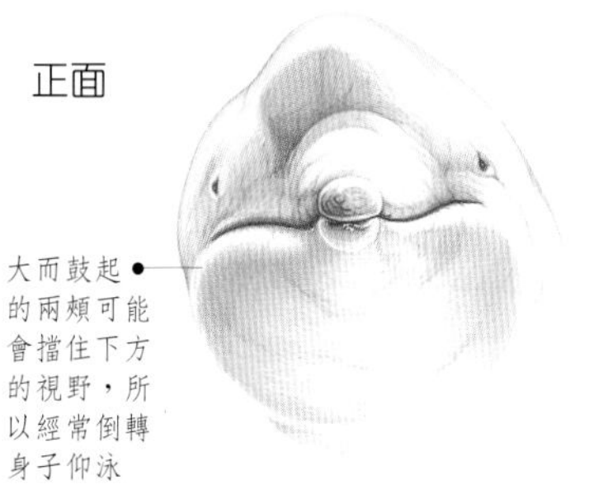

大而鼓起的兩頰可能會擋住下方的視野，所以經常倒轉身子仰泳

族群大小：1-2，乾季或良好攝食區內，數量可達15隻(罕見)	隆起位置：中央稍偏體後方

現況：地區性普遍	現存：不詳	威脅：

鑑別清單

- 體色有亮粉紅、藍灰，或者摻雜灰、黃的不純白色
- 隆起與背脊取代了背鰭
- 大胸鰭呈槳狀
- 嘴喙長
- 軀體肥胖
- 游泳速度緩慢
- 可能進行小幅度跳躍
- 或許會接近船隻

初生75-80公分
成年1.8-2.5公尺

尾鰭寬大
後緣不平整
中央凹刻明顯
末端尖銳

尾鰭

隆起取代了背鰭
肥胖的軀體漸向尾幹縮小
尾鰭很少揚升出水
體色或藍灰或亮粉紅，亦有摻雜灰、黃的不純白色

雌／雄

奧利諾科河
亞馬遜河

南美洲奧利諾科河與亞馬遜盆地的所有主要河流

何處觀賞

出沒在委內瑞拉、秘魯、厄瓜多爾、玻利維亞、哥倫比亞、蓋亞納及巴西。在某些地區，曾在距離海岸3,000公里以上的內陸地區發現。在主要河流與支流的交會點、湍流下方，以及靠近海岸處最為常見。乾季(8月至11月)時僅見於主流與支流內；洪水季(12月至翌年6月)會進入氾濫的叢林與草地，在林木間悠游。洪水退離時(從7月開始)，水位落差可達10公尺之多，因此可能擱淺於池塘內。藉著經常與亞河豚共同攝食的成群燕鷗即可追尋其

初生重量：約7公斤	成年重量：85-160公斤	食物：

科：拉河豚科	種：*Lipotes vexillifer*	棲所：

白鱀豚(BAIJI)

由於檢驗過的白鱀豚標本很少，而且很難在野外進行實地研究(自1980年起，唯一由人類豢養的雄淡水豚類「淇淇」是相關資訊的重要來源)，因此所知實在有限。白鱀豚非常容易受驚，通常不會靠近船隻(會長潛，而且在水中改變方向，游在船隻底部，然後再離得遠遠地在船隻後方浮出水面)。偶爾可見與露脊鼠海豚共游；入夜到翌日清晨是最活躍的時段。長江流域內總共有40至50個不同的隔離群隊；1949年起雖有法令保護，白鱀豚的族群數量卻仍持續下降中，可能是最接近滅絕的鯨豚類動物。

• **別名**：白鰭江豚、長江河豚、白旗江豚、中國江豚

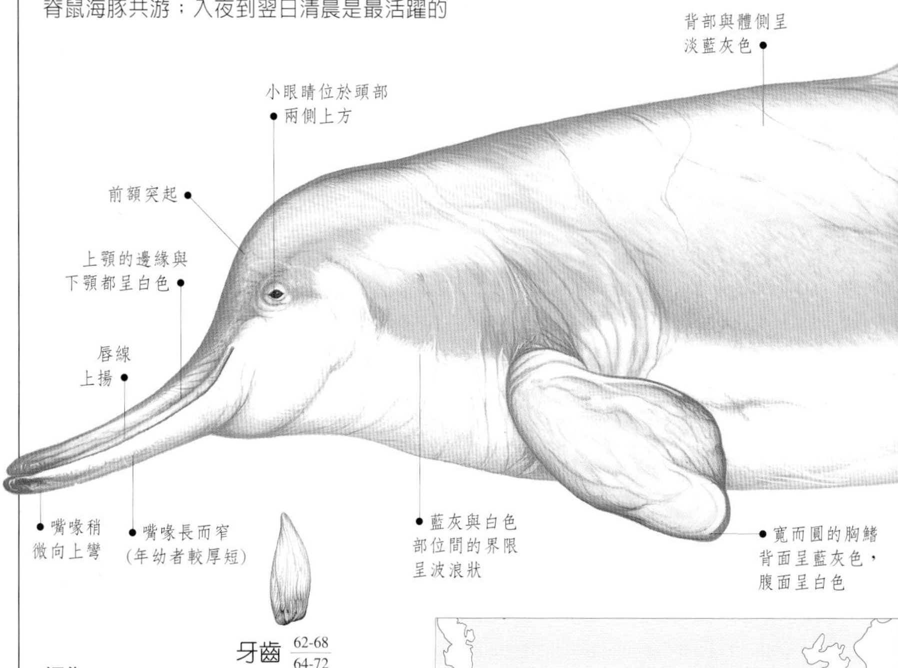

背部與體側呈淡藍灰色
小眼睛位於頭部兩側上方
前額突起
上顎的邊緣與下顎都呈白色
唇線上揚
嘴喙稍微向上彎
嘴喙長而窄(年幼者較厚短)
藍灰與白色部位間的界限呈波浪狀
寬而圓的胸鰭背面呈藍灰色，腹面呈白色

牙齒 $\frac{62\text{-}68}{64\text{-}72}$

行為

噴氣不易見到，聽起來像高頻率的打噴嚏聲，近距離內清晰可辨。波濤起伏的情況下則難覓其蹤。在活躍時段游泳速度迅捷，而且游行方向與方式(經常仰游或側游)變換頻仍；也經常進行短暫的潛水。其他時段則採行緩慢、平穩的游泳方式(通常只游向一個方向)，並且伴隨數次長潛。一般在數次短暫的呼吸之後，會進行時間較長的潛水。經常在深水漩渦內休息；常常在同一個地點停留5至6個小時。

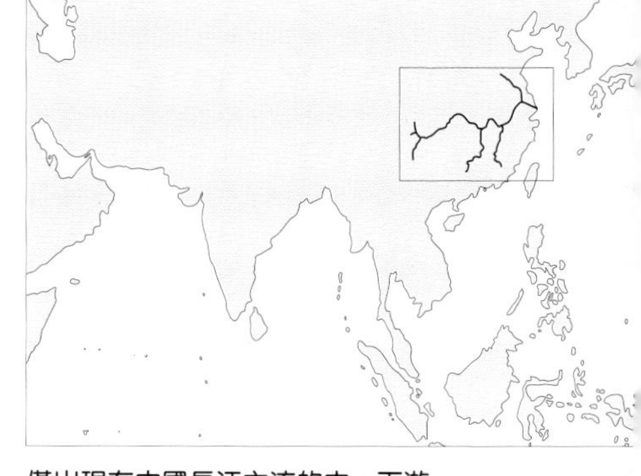

僅出現在中國長江主流的中、下游

族群大小：3-4 (1-6)，良好攝食區內數量可能更多	隆起位置：中央稍偏體後方

現況：瀕危	現存：約150-200	威脅：

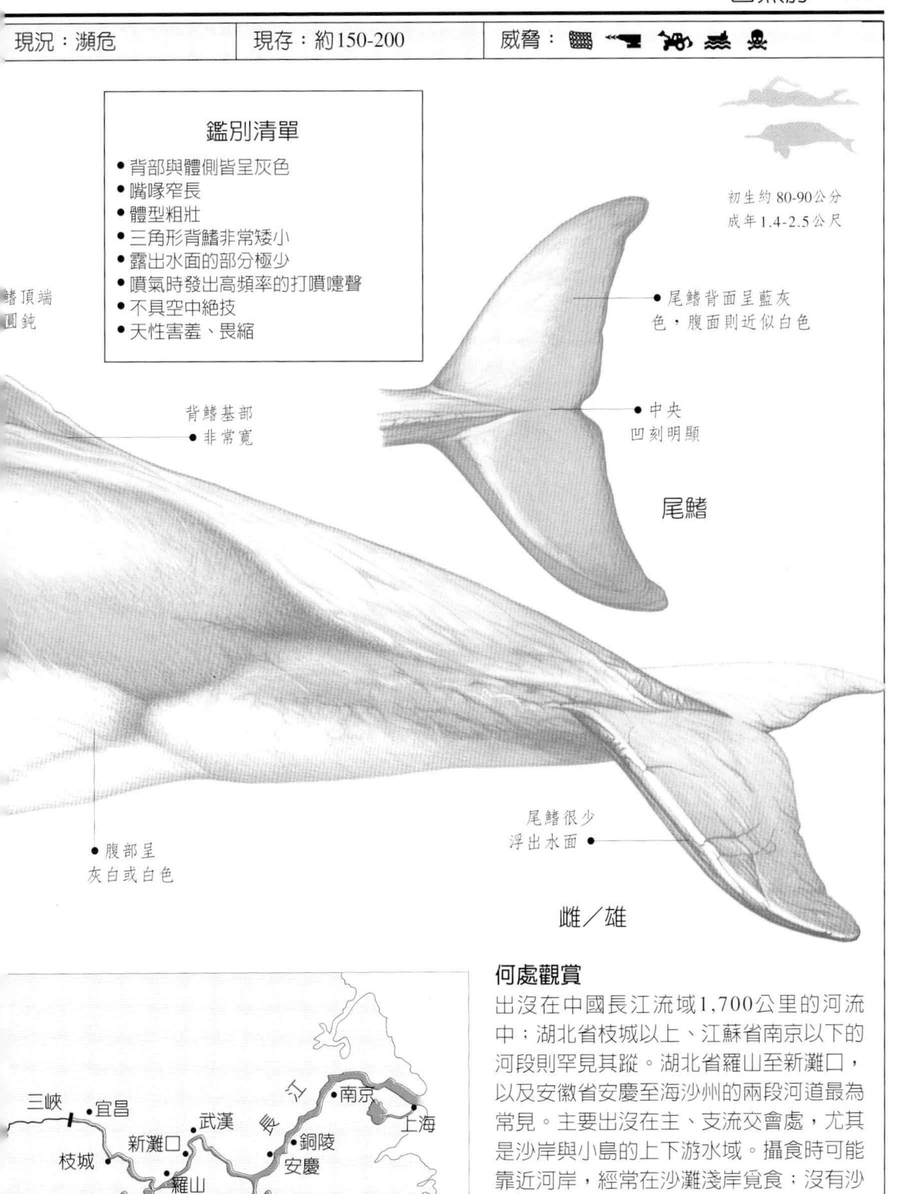
初生約 80-90公分
成年1.4-2.5公尺
鰭頂端
圓鈍
尾鰭背面呈藍灰色，腹面則近似白色
背鰭基部
非常寬
中央
凹刻明顯
尾鰭
尾鰭很少
浮出水面
腹部呈
灰白或白色
雌／雄
三峽
宜昌
枝城
新灘口
武漢
羅山
洞庭湖
長江
銅陵
安慶
鄱陽湖
南京
上海

鑑別清單

- 背部與體側皆呈灰色
- 嘴喙窄長
- 體型粗壯
- 三角形背鰭非常矮小
- 露出水面的部分極少
- 噴氣時發出高頻率的打噴嚏聲
- 不具空中絕技
- 天性害羞、畏縮

只分布於中國，從三峽一直到長江河口

何處觀賞

出沒在中國長江流域1,700公里的河流中：湖北省枝城以上、江蘇省南京以下的河段則罕見其蹤。湖北省羅山至新灘口，以及安徽省安慶至海沙州的兩段河道最為常見。主要出沒在主、支流交會處，尤其是沙岸與小島的上下游水域。攝食時可能靠近河岸，經常在沙灘淺岸覓食；沒有沙灘的地區比較罕見。曾有一次在春季氾濫期，出現在洞庭湖與鄱陽湖內，之後因為水位不再漲得夠高，所以不復發生。可能會根據水位深淺而遷徙。在接近銅陵與西絽的天然保育區，可見到處於半人工環境的白鱀豚。

初生重量：2.5-4.8公斤	成年重量：100-160公斤	食物：

科：恆河豚科	種：*Platanista minor*（印河豚）	棲所：

印河豚與恆河豚(INDUS & GANGES RIVER DOLPHINS

多年來都將這兩種河豚視為同一品種，直到1970年代才發現彼此頭顱結構上的差異，最近的研究也顯示兩者的血蛋白亦不相同，所以目前將這兩種分別歸類。雖然在地理上互相隔絕，外型卻酷似，習性也大同小異。兩個品種都傾向於獨居或成對生活，但也曾見過由10隻所組成的群隊。共處一地的淡水豚類數量可能取決於整體的族群大小（19世紀的報告顯示當時頗為常見，曾以「大群隊」來描述）。牠們是唯一沒有眼球水晶體的鯨豚類動物，因此可說是盲目的，但或許能夠辨別方向或感應光線的強度；攝食則是利用複雜的回音定位系統來進行。印河豚的相關資料出現在這兩頁的上下邊欄，恆河豚則在第232-233頁。

• **別名**：印河江豚、甘吉江豚、甘吉海豚、恆河江豚；盲河豚、側游江豚（泛稱兩個品種）

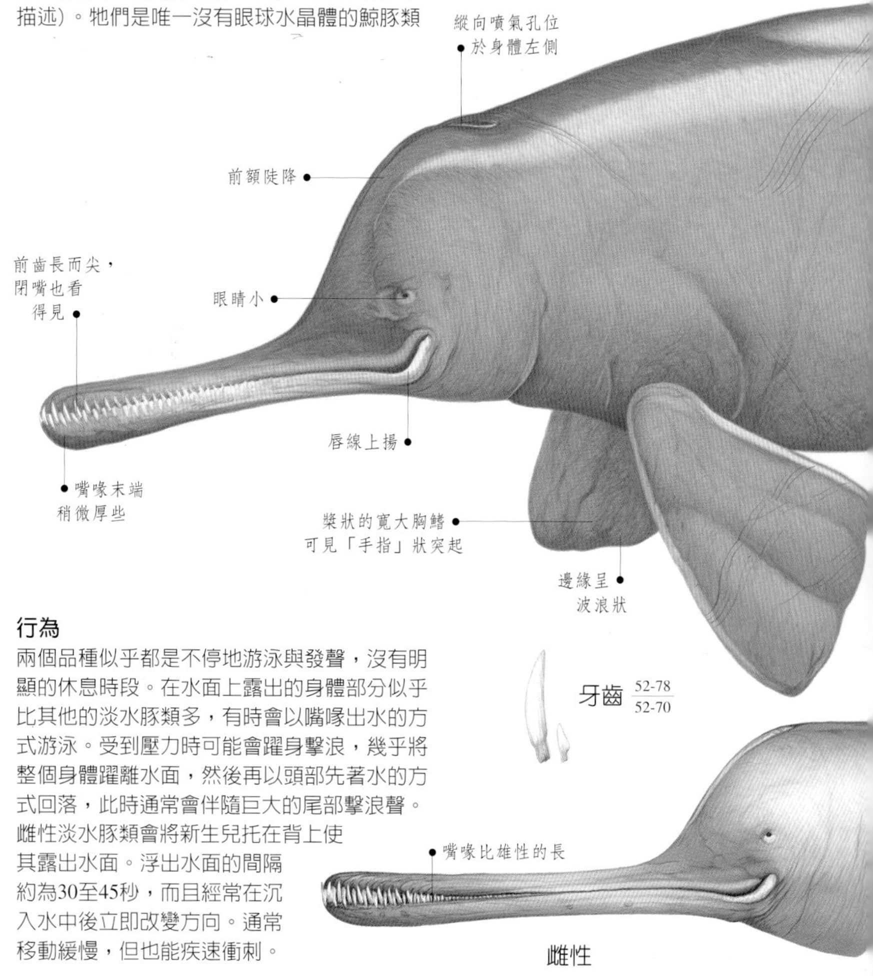

縱向噴氣孔位
於身體左側
前額陡降
前齒長而尖，
閉嘴也看
得見
眼睛小
唇線上揚
嘴喙末端
稍微厚些
槳狀的寬大胸鰭
可見「手指」狀突起
邊緣呈
波浪狀
牙齒 52-78/52-70
嘴喙比雄性的長
雌性

行為

兩個品種似乎都是不停地游泳與發聲，沒有明顯的休息時段。在水面上露出的身體部分似乎比其他的淡水豚類多，有時會以嘴喙出水的方式游泳。受到壓力時可能會躍身擊浪，幾乎將整個身體躍離水面，然後再以頭部先著水的方式回落，此時通常會伴隨巨大的尾部擊浪聲。雌性淡水豚類會將新生兒托在背上使其露出水面。浮出水面的間隔約為30至45秒，而且經常在沉入水中後立即改變方向。通常移動緩慢，但也能疾速衝刺。

族群大小：1-2 (1-10)	隆起位置：中央偏體後方

現況：瀕危	現存：約500	威脅：

初生70-90公分
成年1.5-2.5公尺

鑑別清單

- 嘴喙長而窄
- 頭小
- 體型粗壯
- 體呈均勻灰褐色
- 背鰭的位置有三角形的隆起
- 噴氣似打噴嚏
- 嘴喙經常抬起、露出水面
- 通常獨居或以小群隊的方式出現
- 可能會側著身子游泳

尾鰭

中央凹刻明顯

後緣向內凹

背部有低矮的三角形隆起

下潛時，尾鰭很少露出水面

與體型相較，尾鰭比例很寬

體色呈灰褐色，有的腹部呈粉紅色

體型粗壯，腹部渾圓

雄性

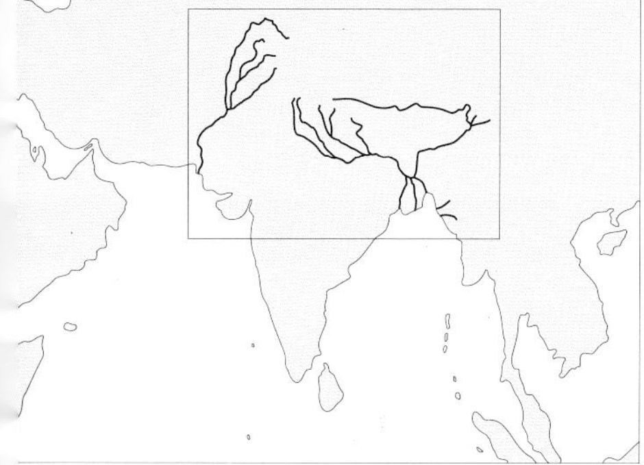

基斯坦、印度、孟加拉、尼泊爾與不丹的印度河、
河、布拉馬普得拉河與美格納河

何處觀賞(兩個品種)

乾季時，成年者喜歡聚集在主要的水道，雨季時則會分散至水位高漲的小溪或小支流。有些年幼者絕少離開支流。兩河交會處與淺水水域的下游，族群的密度極高。也可棲居於水深僅及1公尺處，但似乎比較喜愛居住在較深的水域。主要出沒在極渾濁、富含淤泥的水域，而且這兩種淡水豚類都不會進入海中。季節性的遷徙與雨季有關，因為雨季會影響活動區域。水位上升時，有些個體會溯流而上，但是水壩可能已經干擾了原來比較長程的遷徙傳統。

初生重量：7.5公斤	成年重量：70-90公斤	食物：

科：恆河豚科	種：*Platanista gangetica*（恆河豚）	棲所：

側泳

這兩個品種偶爾都會側泳，尤其是在淺水區域中。通常傾向右側，並在河底附近巡游；尾部會略高於頭部（頭部會不停地點著）；而其中的一隻胸鰭通常拖在淤泥中搜尋食物。根據某些報告顯示，晚間側泳者較多；深夜則是側泳的高峰期。也經常在水中繞圈子游，而且通常採取逆時鐘方向。

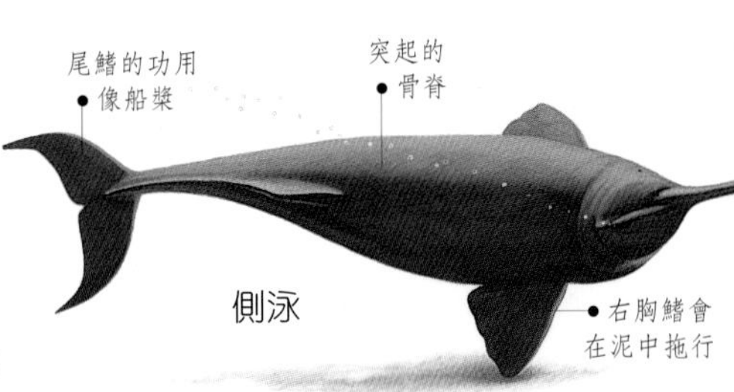
尾鰭的功用
像船槳
突起的
骨脊
側泳
右胸鰭會
在泥中拖行

明顯的特徵

這兩種品種最獨特的地方就是長而窄的嘴喙，長度有時可及身長的1/5。因此可以藉此與嘴喙不明顯的伊河海豚（第223頁）、新鼠海豚（第238頁）區隔（這兩種主要生活在海中的鯨豚類有時會進入亞洲的大河流域內）。駝海豚類（第174-177頁）與瓶鼻海豚（第192頁）也可能溯河而上數公里之遙，但這兩類有非常明顯的背鰭。搜尋印河豚與恆河豚，可仔細聆聽牠們的噴氣聲，在風平浪靜的日子裡，從遠處就可以聽到這些聲音。當地人稱牠們為「*susu*」（印度文拼作*soosoo*），就是模倣牠們呼吸時類似噴嚏的聲音。

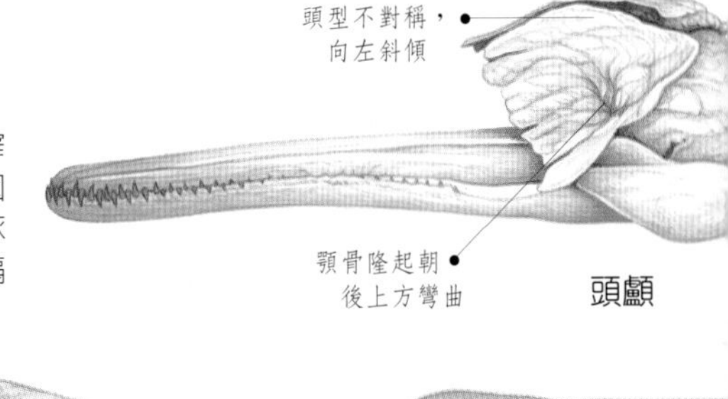
頭型不對稱，
向左斜傾
顎骨隆起朝
後上方彎曲
頭顱
嘴喙末端
的牙齒較長

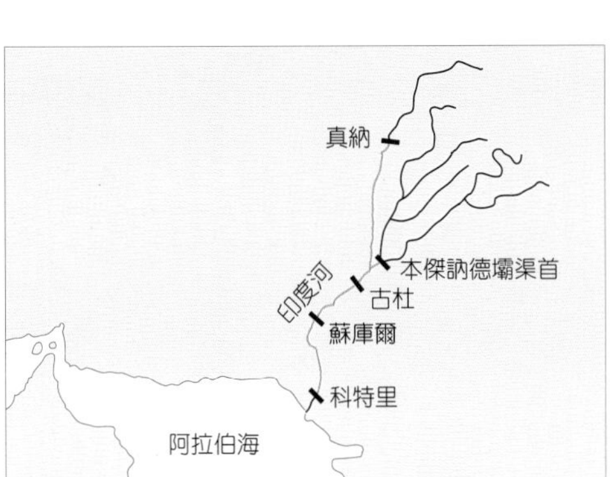
真納
本傑訥德壩渠首
印度河
古杜
蘇庫爾
科特里
阿拉伯海

巴基斯坦境內，從信德省科特里到旁遮普省西北部真納之間的印度河流域

何處觀賞（印河豚）

只出沒在巴基斯坦信德省與旁遮普省的印度河流域中。百分之八十以上沿著印度河下游，蘇庫爾壩與古杜壩之間的170公里河道出沒。上溯的極限應在旁遮普省西北的真納壩；下行的極限可能在信德省的科特里壩。也居於契那布河，在本傑訥德壩渠首之下。自1930年代起，為灌溉及水力發電而蓋的許多水壩，已經嚴重影響牠們的行動與分布區域，許多族群也被分散、局限在隔絕的小塊地區內。

族群大小：1-2 (1-10)	隆起位置：中央稍偏體後方

現況：瀕危	現存：4,000-6,000	威脅：

顏色差異

下面只是諸多可能顏色類型中的三個例子。印河豚與恆河豚身上會有少許特別的標記，全身的體色往往也很一致。

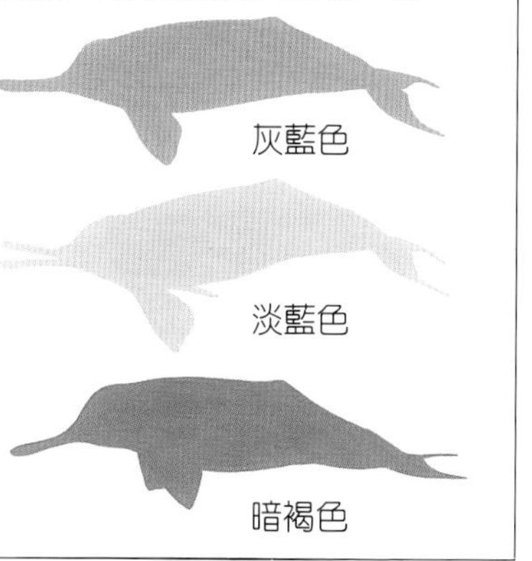
灰藍色
淡藍色
暗褐色

河豚
鱷魚

鱷魚般的外觀

印河豚與恆河豚呼吸時，經常以一定的角度浮出水面，所以在某些地區可能會被誤認為鱷魚。或許能看見江豚的整個頭部與嘴喙，但有時只有額隆或頭的上半部及嘴喙浮在水面。

背鰭的位置有三角形的隆起
末端尖銳
尾鰭柔軟
腹部的顏色比背部與體側淡

灰藍色的雌性

這兩個品種的雌雄體色都有極大的差異，體色範圍可能從淡藍、層次不同的灰，乃至暗棕色都有。

刂處觀賞(恆河豚)

:印河豚分布更廣，出沒在印度西部、𠃊泊爾、不丹與孟加拉境內的恆河、美𠂢納河與布拉馬普得拉河流域，以及孟]拉的卡納普利河。此外也可能棲居於:加拉的森古河，以及布拉馬普得拉河:中國境內的源頭(中國稱為雅魯藏布:)。從喜馬拉雅山山腳到潮汐區呈現:連續的分布。上溯的界限應在蘇南干:(美格納河)、洛希特河(布拉馬普得:河流)，以及馬納河(恆河支流)。就:往下游游去，也不會超越潮汐界限。:拉卡壩已經將其族群一分為二。

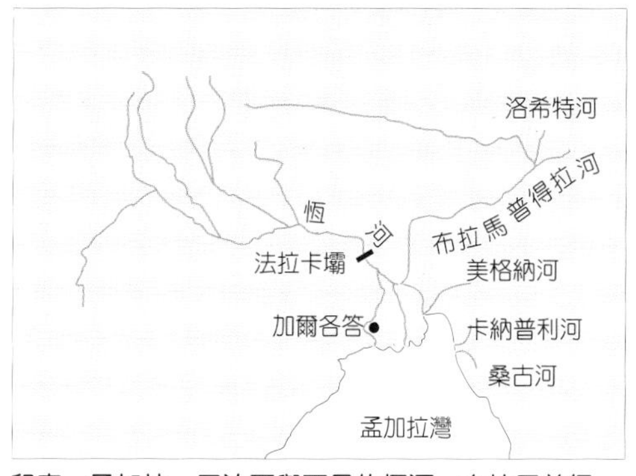
洛希特河
布拉馬普得拉河
恆
河
法拉卡壩
美格納河
加爾各答
卡納普利河
桑古河
孟加拉灣

印度、孟加拉、尼泊爾與不丹的恆河、布拉馬普得拉河與美格納河流域

初生重量：7.5公斤	成年重量：70-90公斤	食物：

科：拉河豚科	種：*Pontoporia blainvillei*	棲所：

拉河豚(FRANCISCANA)

野生的拉河豚資訊稀少，其外貌不顯眼、生性淡漠，除非是相當風平浪靜的天候，否則不易發現。雖然歸入淡水豚類，卻生活在海中，而且較喜沿岸的淺水海域。是鯨豚類動物中體型極小者，最獨特的地方在於嘴喙是所有海豚中最長者(與體型相較的比例)，只是年幼者比成年者短得多。體色在冬季以及年齡增長時都會變淡；有些老者幾乎通體全白。有限的觀察記錄顯示，通常行獨居生活，但也有5隻聚集成群的報告。漁網纏身是拉河豚死亡的主因，可能也因此使其數量驟減。

• **別名**：拉布拉他河豚

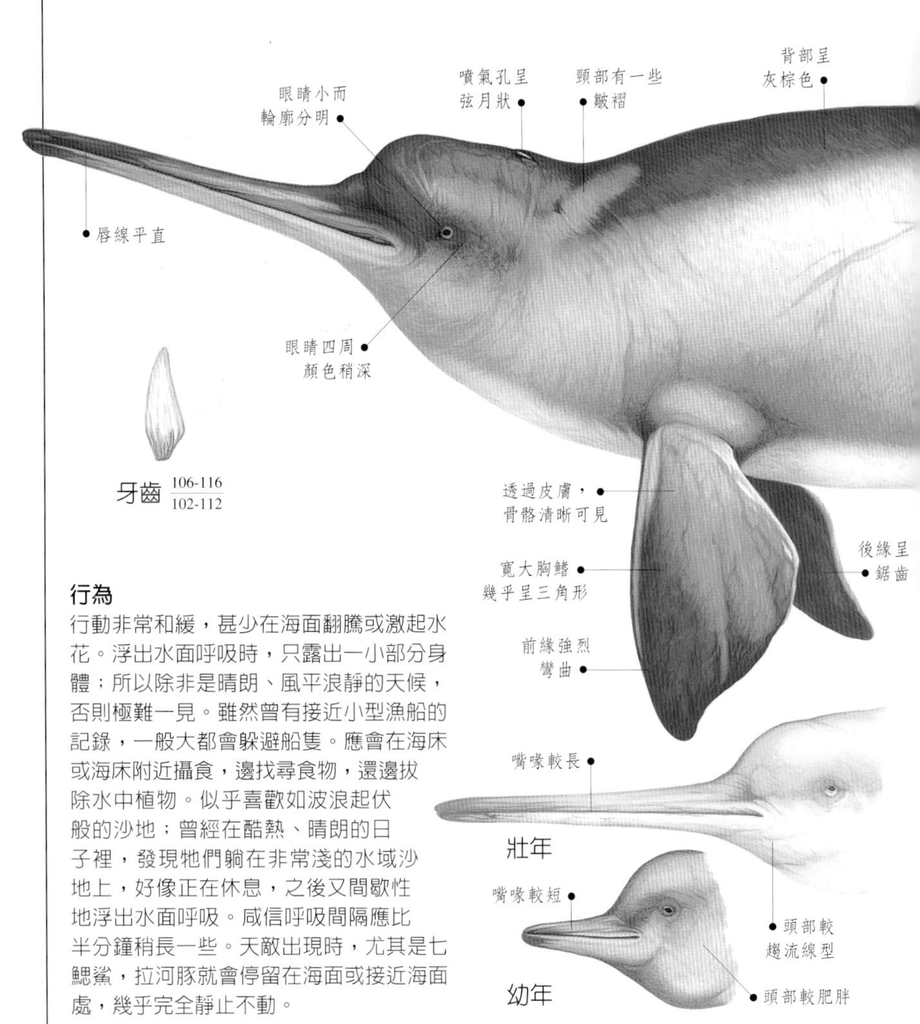
眼睛小而
輪廓分明
噴氣孔呈
弦月狀
頭部有一些
皺褶
背部呈
灰棕色
唇線平直
眼睛四周
顏色稍深
牙齒 106-116/102-112
透過皮膚，
骨骼清晰可見
寬大胸鰭
幾乎呈三角形
後緣呈
鋸齒
前緣強烈
彎曲
嘴喙較長
壯年
嘴喙較短
頭部較
趨流線型
幼年
頭部較肥胖

行為

行動非常和緩，甚少在海面翻騰或激起水花。浮出水面呼吸時，只露出一小部分身體；所以除非是晴朗、風平浪靜的天候，否則極難一見。雖然曾有接近小型漁船的記錄，一般大都會躲避船隻。應會在海床或海床附近攝食，邊找尋食物，還邊拔除水中植物。似乎喜歡如波浪起伏般的沙地；曾經在酷熱、晴朗的日子裡，發現牠們躺在非常淺的水域沙地上，好像正在休息，之後又間歇性地浮出水面呼吸。咸信呼吸間隔應比半分鐘稍長一些。天敵出現時，尤其是七鰓鯊，拉河豚就會停留在海面或接近海面處，幾乎完全靜止不動。

族群大小：1-5	隆突位置：中央稍偏體後方

現況：地區性普遍	現存：不詳	威脅：

鑑別清單

- 體呈灰棕色
- 嘴喙極細長
- 體型小
- 頭小
- 背鰭適度挺起
- 前額渾圓
- 海面上只浮現一小部分身體
- 平靜且柔和的動作

末端尖銳
初生70-80公分
成年1.3-1.7公尺
圓鈍(有差異)
中央凹刻明顯
尾鰭
基部寬大
背鰭如脊般地延伸至尾幹
後緣稍微向內凹
修長的身體漸向尾幹縮小
雌／雄
腹部比背部與體側的灰棕色淡些
尾鰭極寬，寬度可達身長的1/3

何處觀賞

拉河豚是唯一棲居在海中的淡水豚類，但還是比較喜愛沿岸的淺水海域。大多數的目擊記錄都發生在水深不及9公尺、靠近陸地處。已知的分布範圍從巴西雷任西亞附近的多瑟河，向南穿越烏拉圭，至阿根廷的布蘭加灣；最南可能出現在阿根廷的聖馬蒂亞灣北部海岸。最南的出現記錄是在阿根廷的瓦爾德斯半島；不過現在已很少再見到。拉布拉他河口靠近烏拉圭的一側最常出現；不會棲居在河中，也從未溯流超過阿根廷布宜諾賽利斯。冬季非常罕見，由此可見有類似季節性的遷徙行為。

南美洲東海岸的溫帶海域

初生重量：7.3-8.5公斤	成年重量：30-53公斤	食物：

鼠海豚科

耐心、堅持以及一點運氣是觀賞大部分鼠海豚所必備的；因此鼠海豚經常被賞鯨者忽略。牠們遭受多種人類活動的干擾，而且最可悲的是許多鼠海豚的族群數目正在持續減少當中；牠們又特別容易受困漁網而溺斃。主要棲居在沿海水域，也出沒於某些河流或開闊的海洋。鼠海豚的英文「Porpoise」可以是種泛稱，尤其是在北美洲，意指任何小型的海豚；如今則特別用來指稱鼠海豚科內的六種鯨豚類動物。在這六種鼠海豚之中，有些隸屬世上最小型的鯨豚類動物。

特徵

鼠海豚喜愛獨處；一般說來非常害羞，而且很少像海豚會「表演」空中特技。性喜獨居，或聚集成小群隊；除了白腰鼠海豚與新鼠海豚外，其他的鼠海豚都會提防船隻；因此我們對大多數的鼠海豚所知仍甚少。一般的目擊情況是偶然瞥到背鰭和一小部分背部。一般說來體型比海豚小，但較粗壯；身長很少超過2公尺。在海中只會露出一小部分身體，所以顯得更小。許多地點可以利用地緣關係來區分鼠海豚：以同一科的六種鼠海豚來說，分布範圍算得上極廣，而且少有重疊；通常可以運用排除法的程序來鑑別所屬品種。

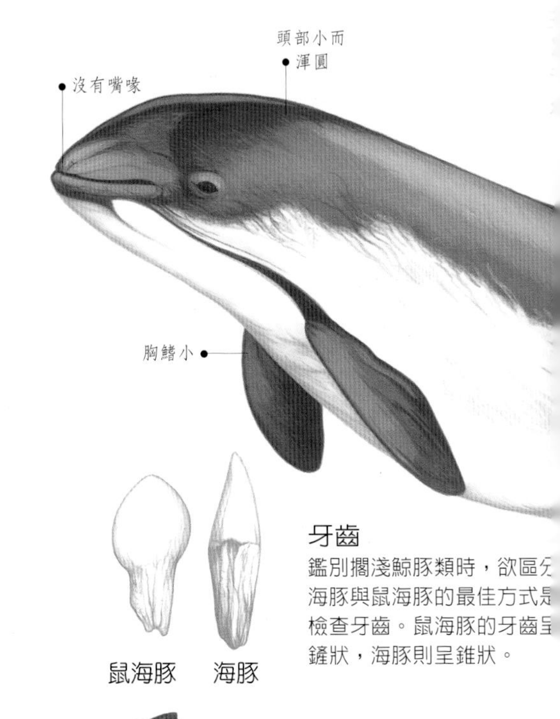
頭部小而
渾圓
沒有嘴喙
胸鰭小
鼠海豚
海豚

牙齒

鑑別擱淺鯨豚類時，欲區分海豚與鼠海豚的最佳方式是檢查牙齒。鼠海豚的牙齒呈鏟狀，海豚則呈錐狀。

白腰鼠海豚

潛水時，尾鰭通常保持在水中

海面上通常只能看到背鰭與一小部分的背部

多數鼠海豚會以緩慢、平穩的方式浮升

隱沒時，只激起一絲漣漪

下潛程序

緩慢游泳時，大部分鼠海豚會以平緩、向前翻轉的方式浮出海面呼吸。潛水時，尾鰭經常保持在水中。很少見到噴氣，但可能聽見

白腰鼠海豚
鼠海豚科中最奇特的動物，喜歡深水海域，
在齦上的正常牙齒間長有角質的隆起。浮出
水面呼吸時，會產生明顯的水花。

背鰭輪廓明顯
(新鼠海豚除外)

港灣鼠海豚
港灣鼠海豚擁有鼠海豚共通的諸多特徵，但是在野外觀察時，很難一次就看到很多項。

尾鰭有
凹刻

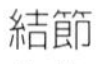

結節
棘鰭鼠海豚和港灣鼠海豚的背鰭與胸鰭的前緣，長有稱為結節的環狀腫塊。新鼠海豚的背部，位於背鰭的地方也有結節；有的是窄窄一小排，有的是位於前方、呈寬約7-10公分的一大片，然後漸向尾端縮小。野外實地觀察時，很難見到結節。

背鰭上
小結節

品種鑑別

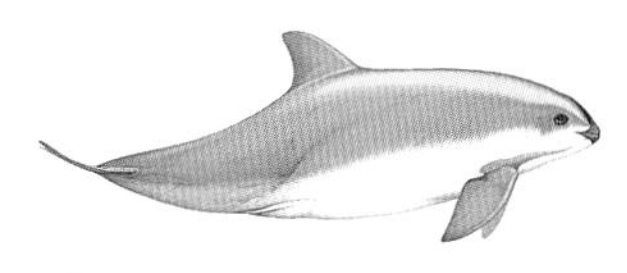

加灣鼠海豚(詳第244頁)加利福尼亞灣北端僅見的鼠海豚；別處皆不見其蹤。

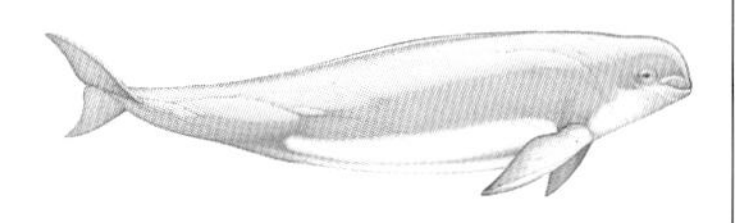

新鼠海豚(詳第238頁)是唯一沒有背鰭的鼠海豚，體型頗具流線型。

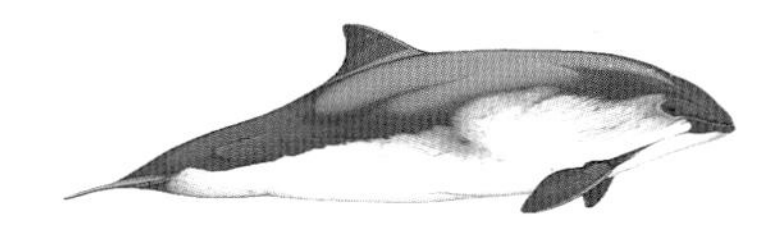

港灣鼠海豚(詳第242頁)噴氣聲尖銳，像打噴嚏，體色難以具體形容。

棘鰭鼠海豚(詳第246頁)背鰭極不尋常地朝向後方生長。

黑眶鼠海豚(詳第240頁)醒目的黑白相間標記，還有黑色的「眼罩」。

白腰鼠海豚(詳第248頁)是快速者，喜好船首乘浪，樂行群居生活。

科：鼠海豚科	種：*Neophocaena phocaenoides*	棲所：

新鼠海豚(FINLESS PORPOISE)

舊稱露脊鼠海豚，是體型極小的鯨豚類(編按：在中國大陸通稱「江豚」)。除了棲居在中國長江的族群因習慣繁忙的舟楫交通，否則通常都非常害羞，難以接近。生性相當活躍，通常會貼近水面突然衝刺、游行。距離陸地較遙遠的海中未曾見過；就算是在水位非常的淺的潮汐區也能生存。是其分布區內唯一的鼠海豚，也是唯一具有額隆的鼠海豚。伊河海豚(第222頁)的外觀與之相似，但有肥胖的背鰭。新鼠海豚亦像小型的白鯨(第92頁)，但是兩者的分布範圍並未重疊。其別名——黑鼠海豚、黑露脊鼠海豚都是錯誤的稱呼，因為牠們的體色只有在死亡之後才會變黑，而早期的描述都是得自死亡的個體。儘管如此，體色可能隨年齡增長而稍加深。原始的描繪源自南非收集到的一個標本，但可能是錯認。

• **別名**：(舊稱：露脊鼠海豚)、黑鼠海豚、江豚、黑露脊鼠海豚、江豬

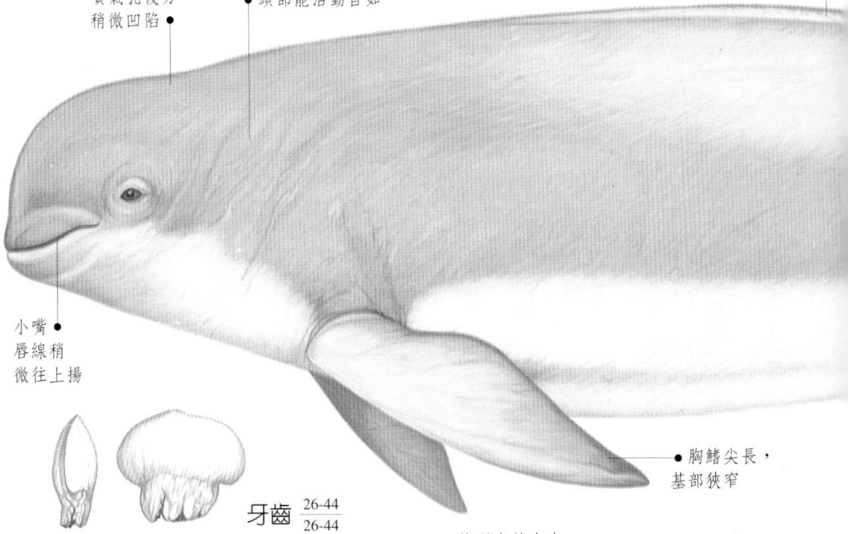

背脊滿布環型、疣狀的結節
未完全癒合的頸椎使頭部能活動自如
噴氣孔後方稍微凹陷
小嘴唇線稍微往上揚
胸鰭尖長，基部狹窄
正面
側面
牙齒 26-44/26-44

行為

雖然傾向用側邊翻滾，浮出水面呼吸時卻只會造成小小的波紋。一般會一連快速呼吸3至4次，潛水約1分鐘，然後再從遠遠的地方重新浮出水面。有時會浮窺，將整個頭部或至少身體的一部分揚升出水。被豢養後，能受訓躍入空中，但是野生的新鼠海豚很少會躍身擊浪。嬰兒期的新鼠海豚會抓住母親的背脊；當母親浮出水面呼吸時，小鼠海豚通常也會跟著露出水面。

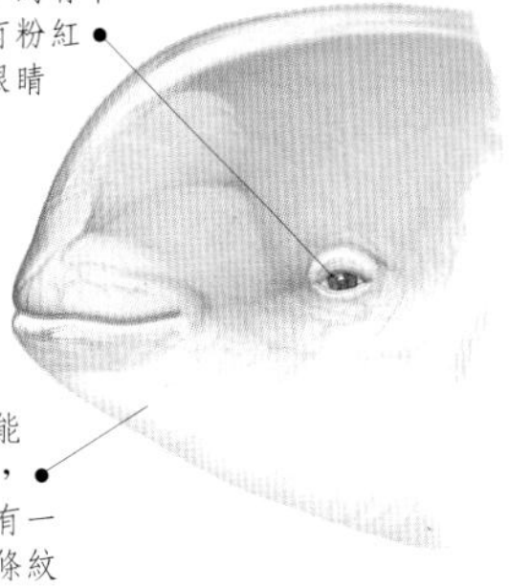

族群中約有半數擁有粉紅色的眼睛
頭部
下巴可能呈淡色，也可能有一道深色條紋

族群大小：1-2 (1-10)，良好攝食區曾有超過50隻的記錄	背鰭位置：沒有背鰭

現況：地區性普遍	現存：不詳	威脅：

鑑別清單

- 有背脊，無背鰭
- 體呈淡藍灰色
- 體型小
- 體型呈流線型
- 頭部小，沒有嘴喙
- 前額渾圓
- 游動時水波微興
- 不善空中絕技
- 通常獨居或以小群隊出現

末端稍尖銳

後緣長而向內凹

中央凹刻明顯

尾鰭

初生60-90公分
成年1.2-1.9公尺

背脊從胸鰭上方一路延伸至尾幹前端

潛水時，尾鰭極少浮出水面

雌／雄

體色呈淡藍灰色，背部與體側有時帶有粉紅色調

腹部顏色比背部與體側淡，胸鰭之間尤其明顯

度洋與西太平洋沿岸水域，以及各重要河流

何處觀賞

有些專家建議將新鼠海豚分為三型：1.棲居中國長江者；2.棲居在日本、韓國的沿岸水域者；3.出沒在亞洲其他地區的沿岸及河流者。最近曾在寮國發現，同時也可能在澳洲北部出沒；比地圖所示(日本本洲北端)更北的地方也出現過。雖然主要屬近岸型的品種，但在淡水和鹹水都可見其蹤。似乎比較喜愛陰暗或渾濁的水域，離海岸線5公里外就很罕見。也會出現在溫暖的河流、湖泊(與河流交會處)、紅樹林、河口、三角洲與鹹水沼澤。河流與海洋的交會處是最佳的觀賞地點。有些新鼠海豚會根據覓食難易的狀況而遷徙，但是相關資訊所知甚少。

初生重量：7公斤	成年重量：30-45公斤	食物：

科：鼠海豚科	種：*Australophocaena dioptrica*	棲所：(　)

黑眶鼠海豚(SPECTACLED PORPOISE)

所知甚少，至1970年代中期，只發現過10隻標本。自此之後，密集的搜尋增加了上百隻，而且大都出現在南美洲火地島的大西洋原始海灘。多數報告都是根據已經死亡的個體寫就，而且經常只能呈現屍體腐敗分解的初期狀態。黑眶鼠海豚很少在海中出沒，但咸信實際數量應比有限資訊所呈現的為多。醒目的黑、白相間圖案非常獨特，同時也是鼠海豚科中體型數一數二者。雌雄兩性之間有明顯的差異，雄性的背鰭比雌性大得多，而且也比較渾圓。

- **別名**：(學名) *Phocoena dioptrica*

背鰭大
而渾圓
背部呈藍
黑色，
頗光滑
黑眼圈上有細
小的白色線條
(像眼鏡般)
唇黑
1或2條灰色
條紋(有個體差異)
小胸鰭位
置接近頭部
亮白色胸鰭
前緣有灰色線條
正面　側面
牙齒 36-46/32-40

行為

黑眶鼠海豚的相關資訊僅僅源自少數觀察所得，而且可資參考的非常有限。然而，據說牠們的躲藏工夫極佳，而且游泳速度極快。貼近海面游泳時，或許可見到其體側的白色部分。似乎主要行獨居生活(多數目擊或擱淺記錄也都是單獨一隻的)，但也可能小群隊一起生活。

鑑別清單

- 體型粗壯
- 體呈藍黑與白色相間
- 雌性背鰭低矮，呈三角型；雄性背鰭高，呈圓形
- 頭部小而渾圓
- 沒有嘴喙
- 有白色的「眼眶」
- 尾幹背面有白色條紋

族群大小：1-2 (1-10)	背鰭位置：中央稍偏體後方

現況：地區性普遍	現存：不詳	威脅：

比雄性的
背鰭小

後緣
平直

低矮的背鰭
呈三角形

雌性的背鰭

初生約70-80公分
成年1.3-2.2公尺

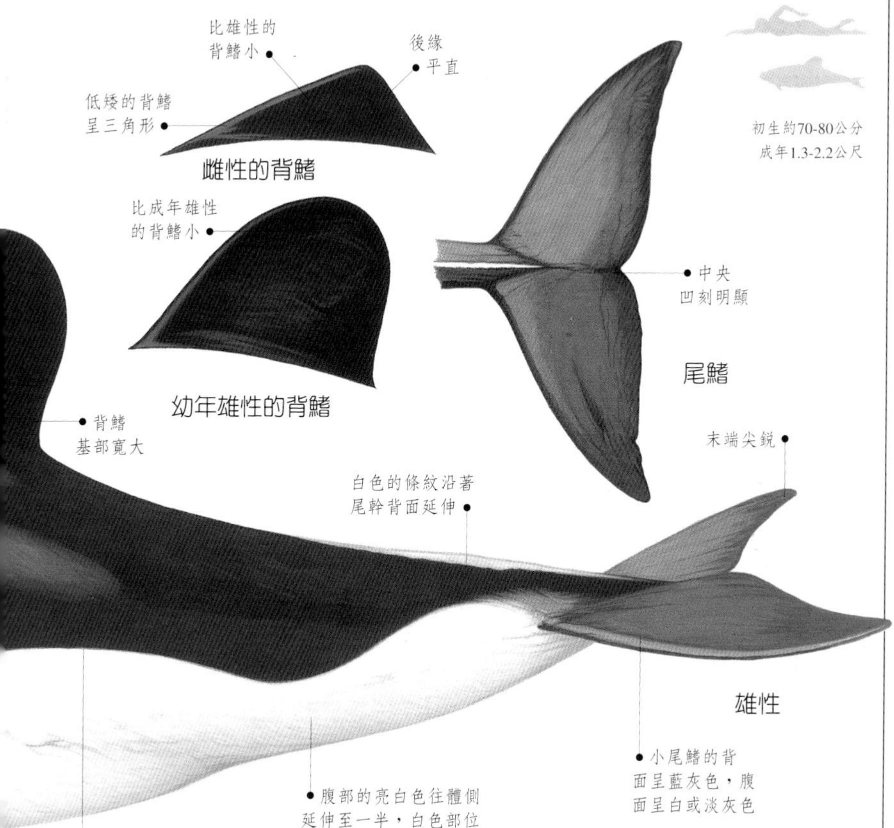

比成年雄性
的背鰭小

中央
凹刻明顯

尾鰭

幼年雄性的背鰭

背鰭
基部寬大

末端尖銳

白色的條紋沿著
尾幹背面延伸

雄性

小尾鰭的背
面呈藍灰色，腹
面呈白或淡灰色

腹部的亮白色往體側
延伸至一半，白色部位
還會隨著年齡而增大

黑、白部位之間
有明顯的界限

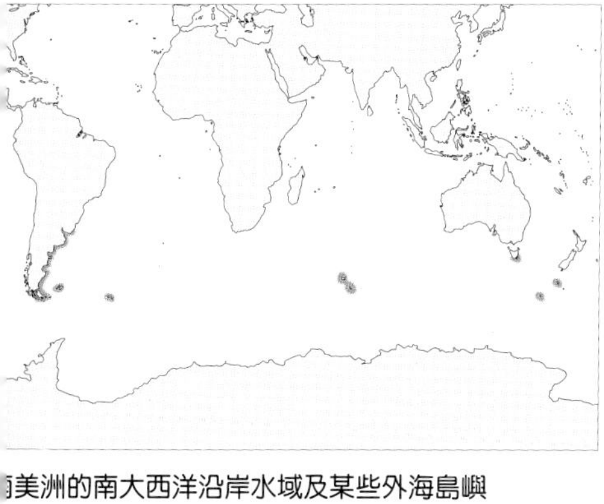

何處觀賞

大多數的目擊、擱淺記錄都是來自南美洲南大西洋沿岸水域。然而，黑眶鼠海豚的分布情況仍是個謎，因為資料來自分布廣泛的地點，其中一些可能是迷途或誤認的結果。來自外海島嶼的記錄(大都是屍體與頭顱)顯示環繞南極分布的狀況，而且也說明分布範圍可能涵蓋了大片汪洋。目前尚不知這些是地理性隔絕的族群，或是大陸沿岸族群因遷徙而混合所產生的情況。

南美洲的南大西洋沿岸水域及某些外海島嶼

初生重量：不詳	成年重量：60-84公斤	食物：

科：鼠海豚科	種：*Phocoena phocoena*	棲所：

港灣鼠海豚(HARBOUR PORPOISE)

港灣鼠海豚很難觀察；露出海面的部分極少，所以目擊記錄大多是短暫的一瞥。在風平浪靜的日子裡，可以接近正在做日光浴的港灣鼠海豚；但通常會躲避船隻，而且很少進行船首乘浪。雖然難得看見噴氣，但可聽到發出打噴嚏般的喘息聲，有時即可以利用這種聲音來搜尋其蹤。浮出水面呼吸時，讓人印象最深刻就是緩慢向前翻轉的動作，彷彿背鰭長在旋轉輪上；接著會快速提升出水，然後隱沒水中。覓食或快速游行時，整個身體很快就離開水面，所以幾乎難以看清整個過程。此外，在海面上僅能見到一小部分的背，相對地背鰭就顯得比較大。

• **別名**：真鼠海豚、胖豬海豚

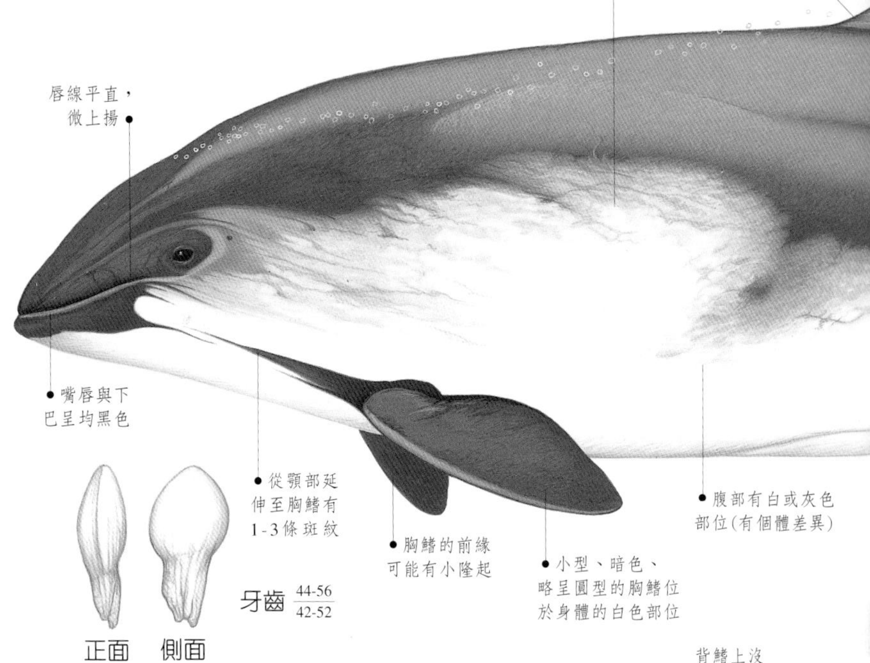

體色因斑紋而呈現深色漸次轉成淺色
較長的前緣可能有小隆起(有個體差異)
唇線平直，微上揚
嘴唇與下巴呈均黑色
從顎部延伸至胸鰭有1-3條斑紋
胸鰭的前緣可能有小隆起
小型、暗色、略呈圓型的胸鰭位於身體的白色部位
腹部有白或灰色部位(有個體差異)
牙齒 44-56/42-52
正面
側面
背鰭上沒有隆起
初生者
體色較成年者單調
初生紋(剛出生的數小時內可見到)

行為

覓食時，每隔10至20秒會浮升至海面呼吸，而且大約一連4次，然後再潛水2至6分鐘。游行時會連續浮升8次，間隔約1分鐘。追尋獵物時，有時採行弧狀跳躍。在水面休息時，可能長時間維持不動彈，也可能會翻轉、閃現白色的腹部。很少看見噴氣，但是可能聽得到。

族群大小：2-5 (1-12)，良好攝食區內可達數百隻(罕見)	背鰭位置：中央稍偏體後方

現況：地區性普遍	現存：不詳	威脅：

初生67-85公分
成年1.4-1.9公尺

鑑別清單

- 體型小而粗壯
- 背鰭小，呈三角形
- 頭部小而渾圓
- 沒有前額，嘴喙不明顯
- 體色難以具體描繪
- 會做緩慢向前翻轉的動作
- 一般對船隻不感興趣
- 鮮少表演空中絕技
- 通常獨居或以小群隊出現

末端圓鈍

背鰭後緣向內凹(有個體差異)

基部寬大

背部呈黑或深灰色

後緣稍微向內凹

中央有小凹刻

尾鰭

尾鰭兩面都呈深色

潛水時，尾鰭很少揚升出水

雌／雄

小而粗壯，軀幹愈向尾部愈小

兩側體色不對稱

腹部呈白色

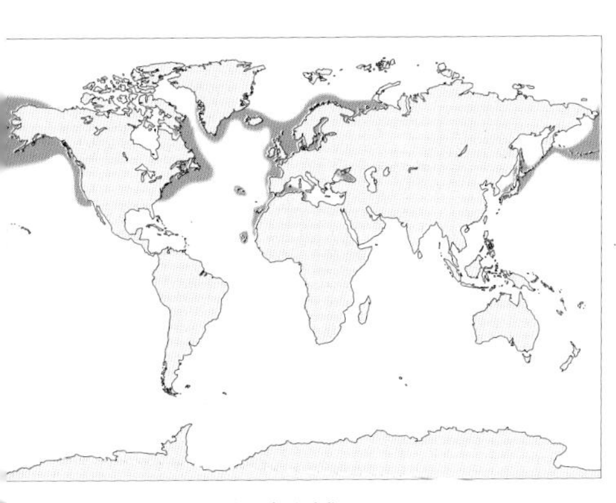

北半球的冷溫帶與亞極地水域

何處觀賞

出沒於沿岸水域，大多在離陸地10公里的海域中。喜愛涼爽水域，經常探訪淺水海灣、河口，以及水深不及200公尺的潮汐海峽。會溯流而上一段相當的距離。可能進行季節性遷徙(與食物取得的難易有關)：大多數採行夏季向岸、冬季離岸，或者北方避暑、南方過冬的方式迴游；某些地區的族群則終年久居一地。黑海、北大西洋與北太平洋的族群則是呈半隔絕狀態，因此有人建議應視之為不同的亞種。過去數十年來，某些族群的數量已經變得相當稀少了。

初生重量：5公斤	成年重量：55-65公斤	食物：

科：鼠海豚科	種：*Phocoena sinus*	棲所：

加灣鼠海豚(GULF OF CALIFONIA PORPOISE)

也許是鯨類中體型最小者，由於分布範圍極窄，所以不太可能與其他的品種混淆；但也少有野外觀察的記錄。身上複雜且黯淡的灰色圖案在某些光線下，可能看起來接近橄欖色或黃褐色；許多觀察者將這種印象概括描述為「深色」。經常被稱為科奇托(Cochito)，但這個名稱可能會造成混淆，因為當地的捕魚業者經常用這個名稱來泛指所有的小型鯨豚類動物。加灣鼠海豚目前已經瀕臨絕種。

• **別名**：科奇托、皮希塔

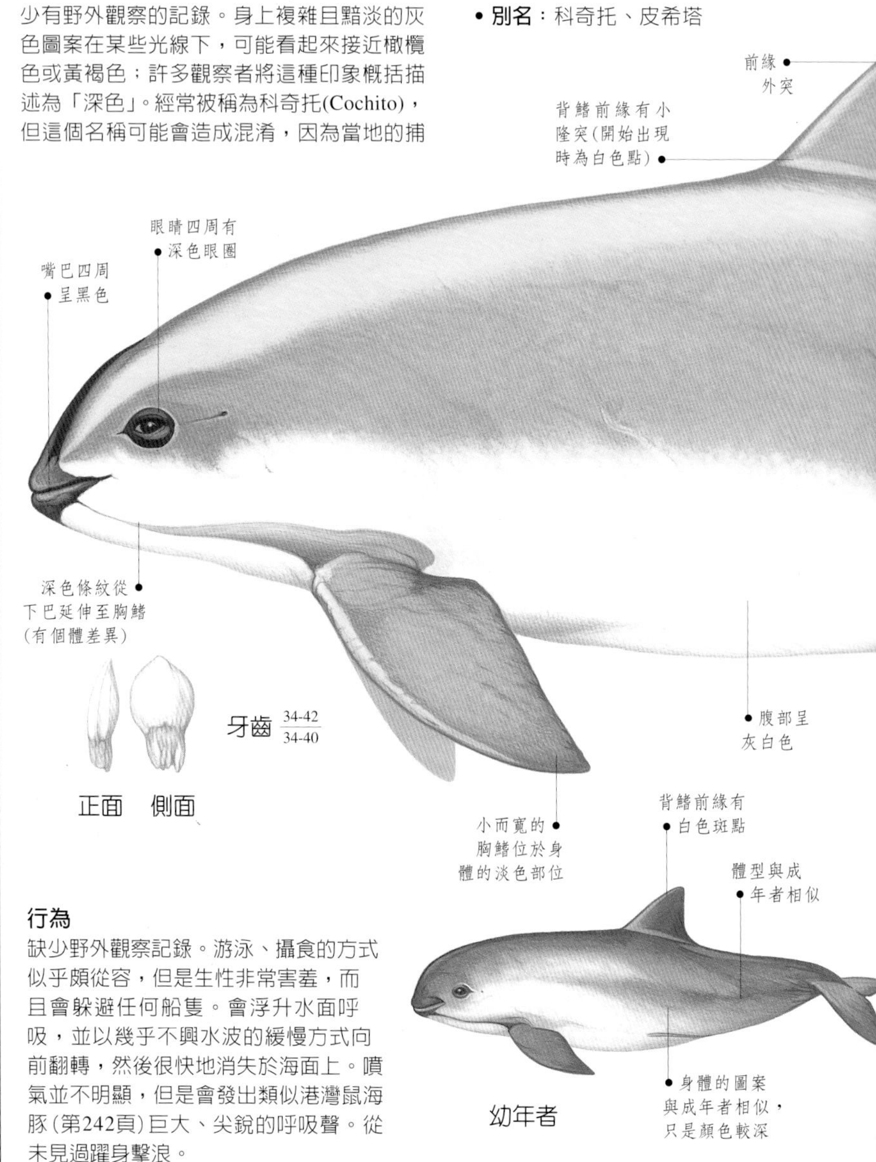

前緣外突
背鰭前緣有小隆突(開始出現時為白色點)
眼睛四周有深色眼圈
嘴巴四周呈黑色
深色條紋從下巴延伸至胸鰭(有個體差異)
牙齒 34-42/34-40
正面
側面
腹部呈灰白色
小而寬的胸鰭位於身體的淡色部位
背鰭前緣有白色斑點
體型與成年者相似
身體的圖案與成年者相似，只是顏色較深
幼年者

行為

缺少野外觀察記錄。游泳、攝食的方式似乎頗從容，但是生性非常害羞，而且會躲避任何船隻。會浮升水面呼吸，並以幾乎不興水波的緩慢方式向前翻轉，然後很快地消失於海面上。噴氣並不明顯，但是會發出類似港灣鼠海豚(第242頁)巨大、尖銳的呼吸聲。從未見過躍身擊浪。

族群大小：1-5 (1-10)，曾觀察到40隻共游(最大族群)	背鰭位置：中央

現況：瀕危	現存：100-500	威脅：

鑑別清單

- 體型非常小
- 體型粗壯
- 背鰭顯著，似鯊魚鰭
- 幾乎沒有嘴喙
- 頭部渾圓
- 體色呈複雜的灰色調
- 眼睛四周有深色眼圈
- 天性害羞、退卻
- 通常驚鴻一瞥後，不復再見

末端略尖

初生60-70公分
成年1.2-1.5公尺

中央凹刻明顯

尾鰭

比例上看來，背鰭顯得比其他鼠海豚高（形狀有個體差異）

背部的顏色呈中灰至暗灰

潛水時，小尾鰭一直保留在水中

雌／雄

尾幹腹面的顏色比腹部深

兩個V字型的淡色圖案指向尾部

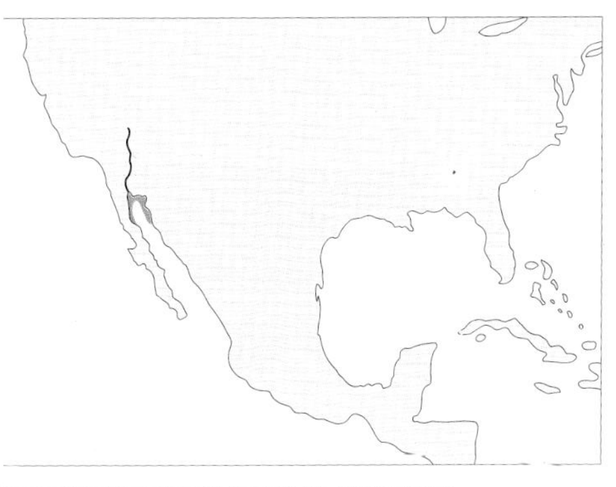

墨西哥加利福尼亞灣的極北端(科提茲海)

何處觀賞

只出現在墨西哥西部加利福尼亞灣的極北端(科提茲海)，分布範圍是所有海洋鯨豚類動物中最小者。科羅拉多河三角洲附近最為常見。可能會有小型的季節性南、北移動(在北方過冬，在南方避暑)，但是足以佐證的數據極少。早期的分布範圍可能包括沿著墨西哥陸地更往南的地區。加灣鼠海豚生活在海岸沿線的淺水、陰暗潟湖中；水深超過30公尺處則罕見其蹤。也能生活在足以露出背部的淺水潟湖中。

初生重量：不詳	成年重量：約30-55公斤	食物：

科：鼠海豚科	種：*Phocoena spinipinnis*	棲所：

棘鰭鼠海豚(BURMEISTER'S PORPOISE)

棘鰭鼠海豚棲居在南美洲南部沿海附近，可能是該處數量最多的小型鯨豚類動物；但是生性非常害羞，因此很容易被忽略，所以資料甚少。小巧的體型以及向後的背鰭是鑑別的最佳特徵。但是分布範圍與許多小型鯨豚類重疊，至少在太平洋沿岸就可能與黑矮海豚(第200頁)混淆。然而，黑矮海豚背部中央稍後方的渾圓背鰭應該相當顯著。儘管可供佐證的資訊相當有限，但棲居在大西洋沿岸的棘鰭鼠海豚，體型應比太平洋的族群大。出生數十分鐘後，體色就會變成全黑。

• **別名**：黑鼠海豚

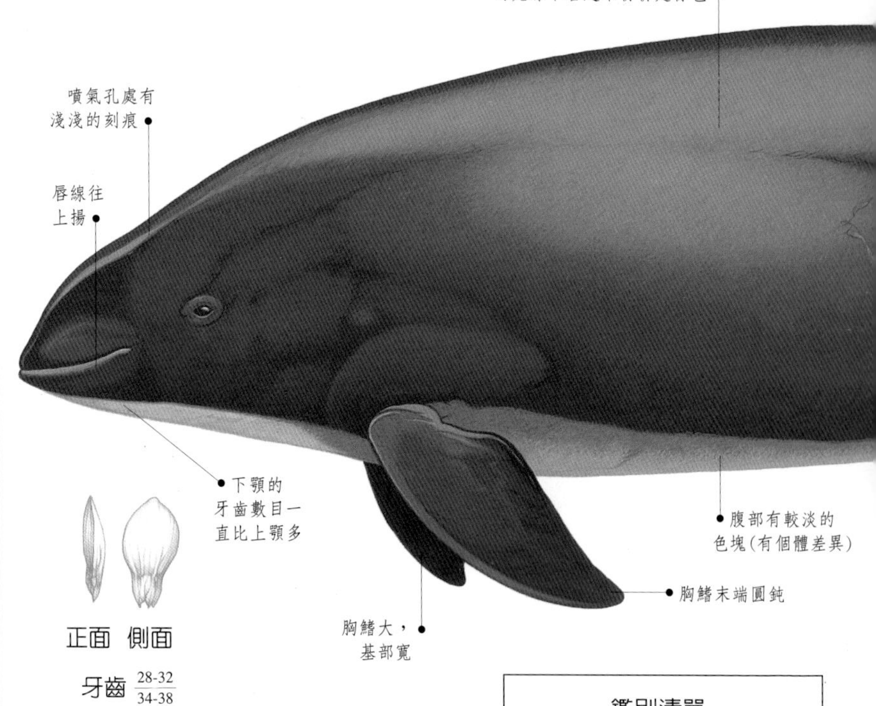
體色呈深灰或黑色，在特定的光線下看起來彷彿是棕色
噴氣孔處有淺淺的刻痕
唇線往上揚
下顎的牙齒數目一直比上顎多
腹部有較淡的色塊(有個體差異)
胸鰭末端圓鈍
胸鰭大，基部寬
正面　側面
牙齒 28-32/34-38

行為

浮升水面時幾乎水波不興，但是移動得相當突然。就像其他鼠海豚，可能很少躍身擊浪(或根本不會)。根據有限的觀察可知生性非常害羞，有記錄顯示受到驚嚇或船隻接近時，小群隊可能會四散逃亡，隨後再重新聚集。咸信在入夜後，可能會游到非常接近岸邊的水域。

鑑別清單

- 背鰭朝後
- 背鰭的位置比其他鼠海豚或海豚更偏向體後方
- 體型粗壯
- 前額平坦，沒有嘴喙
- 在海面上看起來通體全黑
- 游泳時幾乎水波不興
- 一般以小群隊出現
- 人、船接近時會四散逃逸

族群大小：2-3 (1-8)，秘魯外海曾有70隻共游之記錄	背鰭位置：中央偏體後方

現況：地區性普遍	現存：不詳	威脅：

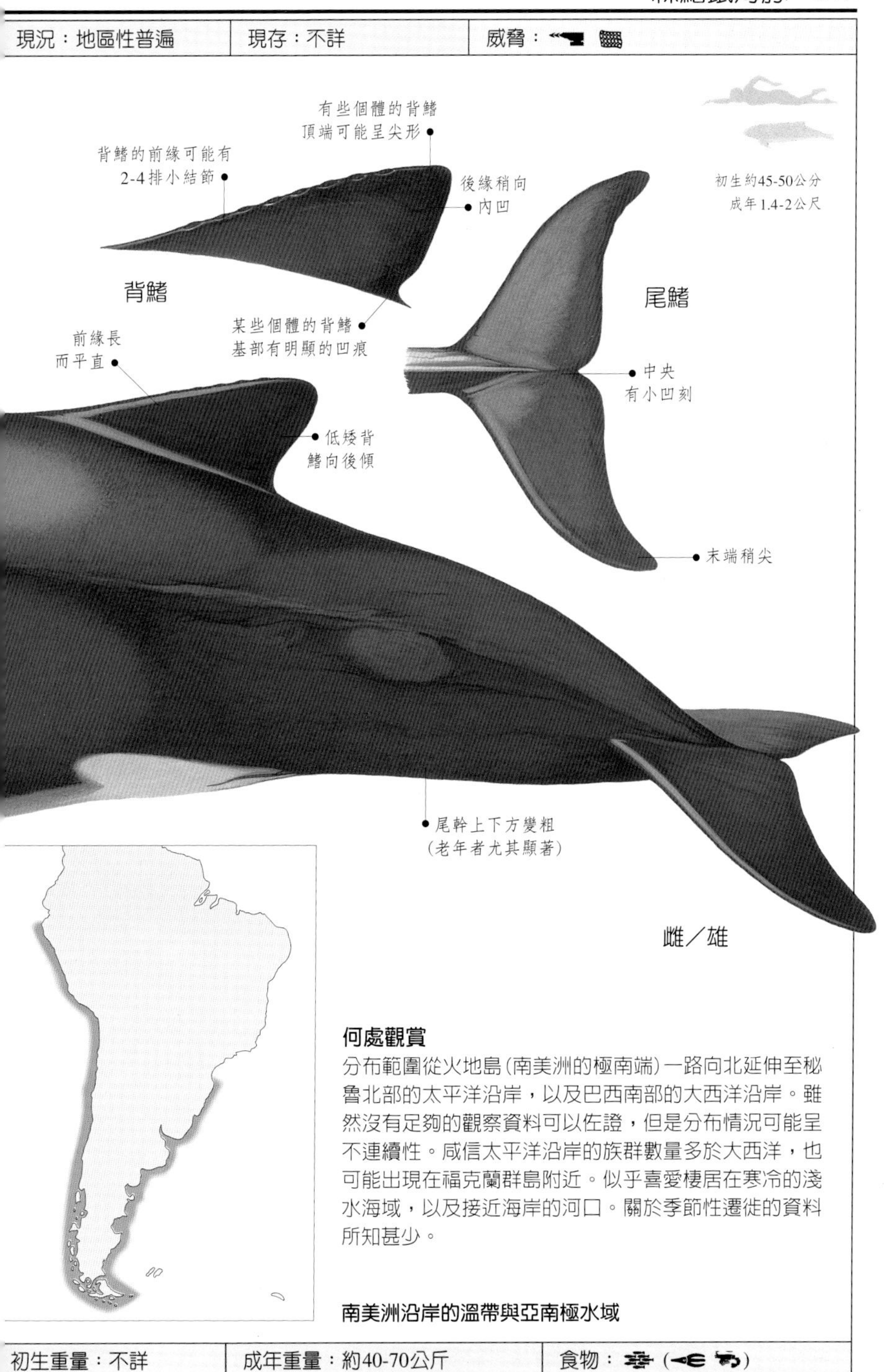
有些個體的背鰭
頂端可能呈尖形
背鰭的前緣可能有
2-4排小結節
後緣稍向
內凹
初生約45-50公分
成年1.4-2公尺
背鰭
尾鰭
某些個體的背鰭
基部有明顯的凹痕
前緣長
而平直
中央
有小凹刻
低矮背
鰭向後傾
末端稍尖
尾幹上下方變粗
(老年者尤其顯著)
雌／雄

何處觀賞

分布範圍從火地島(南美洲的極南端)一路向北延伸至秘魯北部的太平洋沿岸，以及巴西南部的大西洋沿岸。雖然沒有足夠的觀察資料可以佐證，但是分布情況可能呈不連續性。咸信太平洋沿岸的族群數量多於大西洋，也可能出現在福克蘭群島附近。似乎喜愛棲居在寒冷的淺水海域，以及接近海岸的河口。關於季節性遷徙的資料所知甚少。

南美洲沿岸的溫帶與亞南極水域

初生重量：不詳	成年重量：約40-70公斤	食物： ( )

科：鼠海豚科	種：*Phocoenoides dalli*	棲所：≋ ≋

白腰鼠海豚(DALL'S PORPOISE)

白腰鼠海豚會以高速衝出水面，所以可能只見一團模糊影像。只要從遠方看到稱為「公雞尾水霧」的獨特水花，就可以立即辨識出來；然而若是在洶湧波濤的掩映下，可能就難以認出了。這種水霧是白腰鼠海豚浮升出水時，頭部帶起的圓錐狀水柱所造成的。太平洋斑紋海豚(第218頁)有時也會產生類似的水霧，但其具有高聳的鐮刀狀背鰭，以及更複雜的體色，而且比白腰鼠海豚更會表演空中絕技，所以兩者不至於混淆。白腰鼠海豚可分為兩型：Dalli型與Truei型，主要根據身上黑白兩色分布的情形以及體型來區分。兩型之間也還有許多變異，例如：全黑型、全白型，甚至有雜色型。

• 別名：噴霧鼠海豚、初氏鼠海豚、白側鼠海豚

末端呈鐮刀狀(有個體差異)

背鰭上方呈灰白色，下方呈黑色(有個體差異)

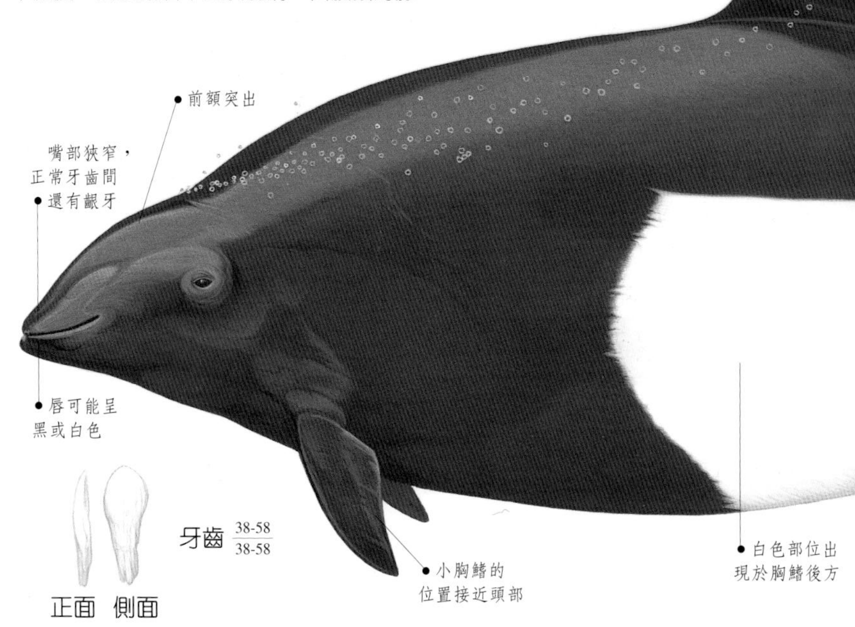
前額突出
嘴部狹窄，正常牙齒間還有齦牙
唇可能呈黑或白色
牙齒 38-58/38-58
正面 側面
小胸鰭的位置接近頭部
白色部位出現於胸鰭後方

行為

極端活躍，會高速衝刺或蛇行，也可能突然消失無蹤。游泳速度可達每小時55公里，是唯一會衝到船旁進行船首乘浪的鼠海豚；但對於時速低於20公里的船隻很快就失去興趣。也會進行船尾乘浪，但很少躍離水面。不像其他小型鯨豚類會豚游，但會產生公雞尾水霧。

與Dalli型相較，體型顯得較修長

白色部位從胸鰭稍前方就開始出現

雄性(Truei型)

族群大小：10-20 (1-20)，良好攝食區內可能聚集數百隻	背鰭位置：中央稍偏體前方

現況：地區性普遍	現存：不詳	威脅：

鑑別清單

- 醒目的黑、白相間體色
- 背鰭突出
- 體型小而粗壯
- 嘴喙輪廓不明顯
- 頭部與身體相比顯得非常小
- 浮升時會產生獨特的水霧
- 游泳快速且活力十足
- 會接近船隻
- 一般以小群隊出現

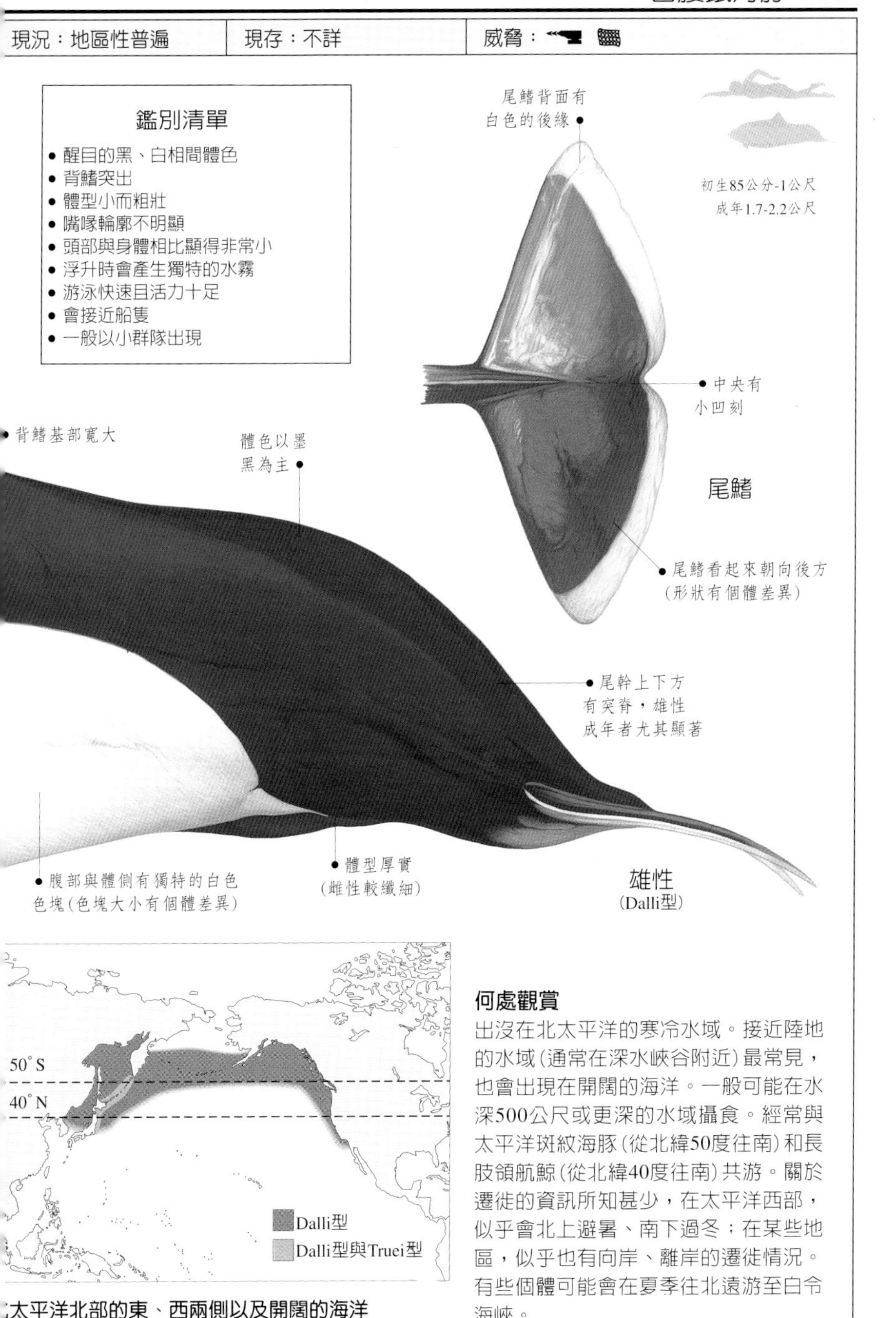

尾鰭背面有
白色的後緣
初生85公分-1公尺
成年1.7-2.2公尺
中央有
小凹刻
尾鰭
尾鰭看起來朝向後方
(形狀有個體差異)
背鰭基部寬大
體色以墨
黑為主
尾幹上下方
有突脊，雄性
成年者尤其顯著
腹部與體側有獨特的白色
色塊(色塊大小有個體差異)
體型厚實
(雌性較纖細)
雄性
(Dalli型)
50° S
40° N
Dalli型
Dalli型與Truei型

太平洋北部的東、西兩側以及開闊的海洋

何處觀賞

出沒在北太平洋的寒冷水域。接近陸地的水域(通常在深水峽谷附近)最常見，也會出現在開闊的海洋。一般可能在水深500公尺或更深的水域攝食。經常與太平洋斑紋海豚(從北緯50度往南)和長肢領航鯨(從北緯40度往南)共游。關於遷徙的資訊所知甚少，在太平洋西部，似乎會北上避暑、南下過冬；在某些地區，似乎也有向岸、離岸的遷徙情況。有些個體可能會在夏季往北遠游至白令海峽。

初生重量：不詳	成年重量：135-220公斤	食物：

名詞釋義

以下依字首之中文筆畫序排列。

• **大洋性** Oceanic：越過大陸棚邊緣之外的任何洋區，水深通常超過200公尺。

• **大陸棚** Continental Shelf：鄰近陸塊、慢慢斜降至水下200公尺的海床區；在大陸棚的邊緣，海床會陡降(相較於陸塊斜坡)至海底。

• **公雞尾水霧** Rooster Tail：某些小型鯨豚類以高速在海面上游行時，頭部破浪而出所產生的圓錐狀水花。

• **分布區域** Range：「種」的自然分布情況，包括遷徙路徑與季節性活動區域。

• **牙齦齒** Gum Teeth：白腰鼠海豚牙齦上的角狀突起，即在眞正的牙齒之間所形成的硬脊。

• **仔鯨(初生者)** Calf：又稱乳鯨，指鯨豚類的初生幼兒。

• **幼鯨(幼年者)** Juvenile：鯨豚類的幼年個體，已不須母親照顧，但未臻性成熟。

• **皮繭** Callosity：露脊鯨頭部的粗皮或角質部位。

• **回音定位** Ecolocation：動物發出聲波，利用回音來定位、航行或尋找食物的系統；諸多鯨豚類具有這項天賦。

• **地區性普遍** Locally Common：在多數地區都極爲罕見或根本沒有，卻在某些區域相當常見的分布狀況。

• **成熟個體(成年者)** Adult：指已成長、達到性成熟的動物。

• **西風漂流** West-Wind Drift：南極附近主要的極地洋流，以向東的方向流動。

• **尾拋動作** Peduncle-Slapping：鯨將身體的後部拋出水面，再斜衝入水或碰擊其他鯨豚類背部的動作(亦稱尾部躍身擊浪)。

• **尾幹** Tail Stock：從背鰭後方直到尾鰭的部位，又稱「後半身」或「尾柄」。

• **尾幹脊** Keel：接近尾鰭部分之尾幹上的明顯突起；長在尾幹上方或下方，或者上下皆有。

• **尾鰭** Flukes：鯨豚類動物的水平狀尾部(裡面沒有骨骼)。

• **尾鰭凹刻** Notch：鯨豚類尾鰭中央向內凹的部位。

• **亞種** Subspecies：同一種的群體中，具有某些特殊性狀而與其他成員有別，並形成一個繁殖群的個體，雖仍能與種內其他成員雜交，但通常會有明顯的地域區隔。

• **兩極分布** Circumpolar：分布在南、北極地區。

• **定棲** Resident：長年固定棲息於同一地點者。

• **底岩磨蹭** Beach-rubbing：指鯨豚類游近岸邊淺水區的石塊或沙礫海底，磨擦身體。

• **披肩部位** Cape：諸多鯨豚類背鰭附近、色澤較暗的區域。

• **泛熱帶** Pantropical：南、北回歸線間的熱帶地區。

• **南極聚合帶** Antarctic Convergence：南極附近海域的天然

邊界，來自於南方的冷水沉落到來自於北方的溫水下方；這個區域大約位於南緯50-60度之間；而其範圍會隨季節稍稍改變。

• **恆冰** Permanent ice：南、北兩極的冰核地區；爲秋季聚集、春季分散的外圍冰塊所環繞。

• **背部隆起** Dorsal Ridge：某些鯨豚類背部沒有背鰭，而代以隆起或背脊之結構。

• **背鰭** Dorsal fin：鯨豚類背部突出的鰭狀物。

• **捕鯨業** Whaling：爲取得鯨豚類的肉、鯨脂、鯨鬚或其他副產品而進行的全球性捕獵行爲。

• **海底山** Seamount：位於深海平原的海底火山，峰頂遠低於海平面。

• **海底峽谷** Submarine Canyon：大陸棚的深、陡峽谷。

• **海豚** Dolphin：相較而言屬較小型的鯨豚類動物，有錐狀齒；通常背鰭呈鉤狀。泛稱時，可能連鼠海豚涵蓋在內，但體型通常比鼠海豚大。

• **浮漂** Logging：在水面或近水面處靜止、隨波漂游的行爲。

• **浮窺** Spyhopping：頭部垂直揚升出水，再緩緩潛回的行爲。

• **胸鰭** Flipper：或稱肢鰭，指鯨豚類動物的前肢。

• **胸鰭拍水** Flipper-Slapping：將胸鰭舉出水面，再拍擊水面。

• **寄生生物** Parasite：從寄生的活生物體(寄主)取得食物、且通常會爲害寄主的生物體。

• **族群** Population：同一品種之動物群，會與其他種類的動物群或雜交品種的動物隔離。

• **船尾乘浪** Wake-Riding：在船隻起泡的尾波上乘浪而行。

• **船首乘浪** Bow-Riding：乘著船隻或鯨類前方的壓力波浪而行。

• **豚游** Porpoising：高速向前游行時，邊躍出水面的動作。

• **喉腹褶** Throat Grooves：某些鯨類喉部或延伸至腹部上向內凹的溝縫。

• **喙形上顎** Rostrum：頭顱的上顎，也可用來指嘴喙或吻部。

• **圍網** Purse-Seining：以長2公里，深100公尺的長網在魚群周遭圍成環狀牆，然後從網底拉起形成一個「口袋」的捕魚方式。

• **溫帶** Temperate：介於熱帶與極圈之間的中緯度地區；氣候溫和，具季節性變化；趨近極地爲冷溫帶，接近熱帶則爲暖溫帶。

• **節瘤** Tubercles：在某些鯨豚類身上，沿著背鰭與胸鰭的脊幹前緣所長出的環狀隆起；亦見於大翅鯨的頭部。

• **鼠海豚** Porpoise：屬小型的鯨豚類動物，沒有嘴喙或嘴喙不明顯；體型短胖，牙齒呈鏟狀；大多數有三角形背鰭。泛稱時，會與海豚混稱，但體型通常比海豚小。

• **端腳類** Amphipod：形如小蝦的甲殼類動物，是某些鯨類的食物。

• **種** Species：行有性生殖的生物中，一群能行種間雜交的個體，在正常情形下，不能與另一群生物進行種間雜交。是分類上的單位。

• **種族** Race：同一物種內遺傳性彼此有別的族群即爲不同種族，其差別可表現在基因頻率或染色體排列之不同。

• **遠洋的** Pelagic：棲息在遠離陸地

的大洋表層的。

• **嘴喙** Beak：鯨豚類動物向前突出的顎部，又稱吻部(snout)。

• **噴氣** Blow：鯨豚類動物呼氣時的噴出物，由於富含暖空氣，噴入空中遇冷即凝結成霧狀水氣，宛如噴水，故又稱爲「噴水」。

• **噴氣孔** Blowhole：位於鯨豚類動物頭頂的鼻孔。

• **噴氣孔前衛** Splashguard：許多大型鯨噴氣孔前方的突起部位，可防止鯨類呼吸時，水從噴氣孔流入，也稱爲「噴氣孔脊」。

• **熱帶** Tropical：介於全球南、北回歸線間的低緯度地區。

• **遷徙** Migration：動物規律性移居他處的旅程，通常與季節性氣候改變、繁殖及攝食周期有關。

• **鞍狀斑紋** Saddle-Patch：某些鯨豚類動物背鰭後方的淡色斑紋。

• **齒鯨類** Toothed Whale：鯨豚動物中長有牙齒者，屬齒鯨亞目，學名爲Odontoceti，源自希臘文*odous*，意謂牙齒，而*cetus*指爲鯨類。

• **積冰群** Pack-ice：大塊浮冰匯集在一起所形成的堅硬冰層。

• **擱淺** Stranding：不論生、死，鯨豚類動物漂上岸的情形；三頭以上的鯨豚類上岸即算集體擱淺。

• **磷蝦** Krill：是諸多鬚鯨類的主要食物，爲小型、蝦狀的甲殼類動物，大約有八十多種。

• **錨狀斑紋** Anchor Patch：灰白色錨狀或「W」型的各式斑紋，長在某些小型齒鯨類的胸前。

• **額隆，鯨腦油** Melon：諸多齒鯨、海豚與鼠海豚突出的前額；咸信是「回音定位」作用的部位。

• **鯨** Whale：任何大型鯨的通稱，但也指某些特定的小型鯨類。

• **鯨尾揚升** Fluking：鯨豚類潛水前，尾鰭舉出水面以助下潛的動作。

• **鯨尾擊浪** Lobtailing：尾鰭用力擊水的行爲，發生在多數個體貼近水面下游泳時，某隻鯨將尾鰭高舉出水、拍打水面；此舉亦稱「打尾動作」。

• **鯨脂，鯨油** Blubber：大多數海洋哺乳動物皮膚下方有一層厚的脂肪層，具良好的絕緣功能，用來保暖，防止體溫流失。

• **鯨豚類動物** Cetacean：屬於鯨目的海洋哺乳類動物，包括鯨、海豚及鼠海豚。

• **鯨蝨** Whale Lice：寄居在某些鯨類身上的小型蟹狀寄生生物。

• **鯨鬚** Baleen / **鯨鬚板** Baleen Plates：體型較大的鯨之上顎所衍生出來的梳子狀板片，由上顎垂下，功用爲濾食海水中的浮游生物等食餌；亦稱爲「鯨骨」。

• **躍身擊浪** Breaching：全身(或幾乎全身)躍離水面、著水時再掀起浪花的行爲。

• **鬚鯨** Baleen Whales：只有鯨鬚，沒有牙齒的鬚鯨亞目動物；學名爲Mysticeti，源自希臘文，*mystax*意謂髯鬚，*cetus*意指鯨類。

• **鬚鯨類** Rorqual：嚴格說來，應指鬚鯨屬(*Balaenoptera*)的鯨；然而也有許多專家將大翅鯨屬(*Megaptera*)視爲鬚鯨類。

英漢對照索引

以下依英文字母序排列；斜體字表示學名；加粗的數字表示該種主要論述的頁面。

A

B

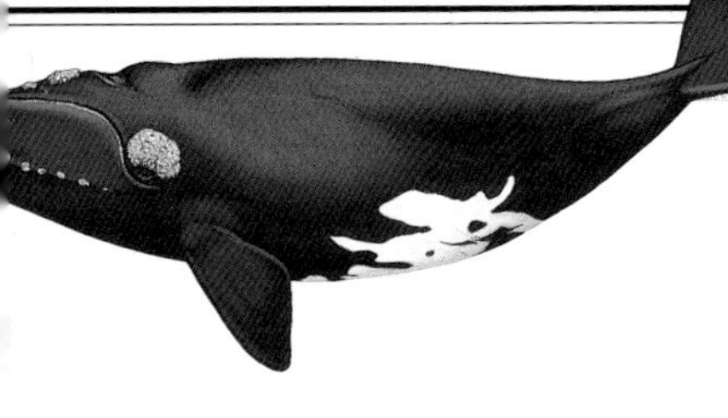

R

S

中文索引

6 畫

7 畫

8 畫

9 畫

10 畫

11 畫

12畫

13畫

14畫

15畫

參考文獻

周蓮香 *台灣鯨類圖鑑*，國立海洋生物博物館籌備處，1994

賴景陽 *世界哺乳動物名典*，台灣省立博物館，1996

Bryden, M.M. and Harrison, R.J. (Eds.) *Whales, Dolphins and Porpoises,* Merehurst Press, London, 1988

Carwardine, Mark *On the Trail of the Whale,* Thunder Bay Publishing Co., UK, 1994

Evans, Peter *Whales,* Whittet Books, London, 1990

Hoyt, Erich *The Whale Watcher's Handbook*, Doubleday, New York, 1984

Klinowska, M. *Dolphins, Porpoises and Whales of the World,* The IUCN Red Data Book, IUCN, Cambridge (UK), 1991

Leatherwood, Stephen and Reeves, Randall *The Sierra Club Handbook of Whales and Dolphins,* Sierra Club Books, San Francisco, 1983

Martin, Anthony R. *Whales and Dolphins,* Salamander Books, London and New York, 1990

May, John (Ed.) *The Greenpeace Book of Dolphins,* Century Editions, London, 1990

Obee, Bruce and Ellis, Graeme *Guardians of the Whales,* Whitecap Books, Vancouver and Toronto, 1992

Ridgeway, S.H. and Harrison, R. (Eds.) *Handbook of Marine Mammals: Vol III, 1985; vol IV, 1989; vol V, 1994,* Academic Press, London et al

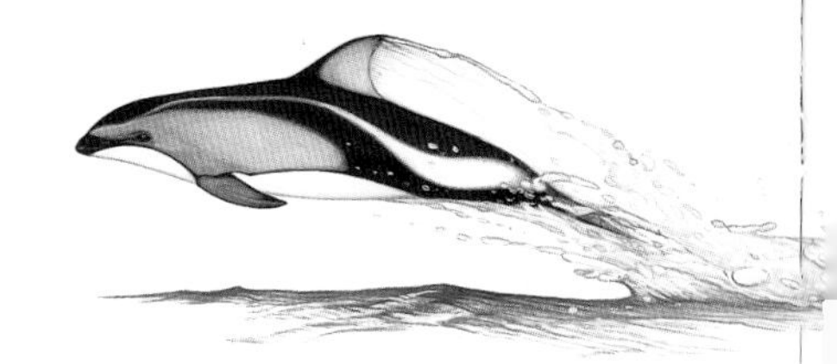

世界鯨豚類名錄

(1997年周蓮香教授審定)

學名	中文譯名 (又稱或俗名)	參見 頁次	*台灣 可能看到
Order Cetacea	鯨目		
Suborder Mysticeti	鬚鯨亞目		
Family Balaenidae	露脊鯨科		
Balaena mysticetus	弓頭鯨	40	
Eubalaena glacialis	北露脊鯨	44	
Eubalaena australis	南露脊鯨	44	
Family Neobalaenidae	小露脊鯨科		
Caperea marginata	小露脊鯨	48	
Family Eschrichtiidae	灰鯨科		
Eschrichtius robustus	灰鯨	50	*
Family Balaenopteridae	鬚鯨科		
Balaenoptera acutorostrata	小鬚鯨	56	*
Balaenoptera borealis	塞鯨	60	*
Balaenoptera edeni	布氏鯨	64	*
Balaenoptera musculus	藍鯨	68	*
Balaenoptera physalus	長須鯨	72	*
Megaptera novaeangliae	大翅鯨(座頭鯨)	76	*
Suborder Odontoceti	齒鯨亞目		
Superfamily Physeteroidea	*抹香鯨超科*		
Family Physeteridea	抹香鯨科		
Physeter macrocephalus (=catodon)	抹香鯨	86	*
Family Kogiidae	小抹香鯨科		
Kogia breviceps	小抹香鯨	82	*
Kogia simus	侏儒抹香鯨	84	*
Superfamily Ziphioidea	*喙鯨超科*		
Family Ziphiidae	喙鯨科		
Tasmacetus shepherdi	謝氏塔喙鯨	140	

學名	中文譯名（又稱或俗名）	參見頁次	✻台灣可能看到
Berardius bairdii	貝氏喙鯨	106	✻
Berardius arnuxii	阿氏貝喙鯨	104	
Mesoplodon pacificus	朗氏中喙鯨	134	
Mesoplodon bidens	梭氏中喙鯨	114	
Mesoplodon densirostris	柏氏中喙鯨	120	✻
Mesoplodon europaeus	傑氏中喙鯨	122	
Mesoplodon layardii	長齒中喙鯨	130	
Mesoplodon hectori	賀氏中喙鯨	128	
Mesoplodon grayi	哥氏中喙鯨	126	
Mesoplodon stejnegeri	史氏中喙鯨	138	
Mesoplodon bowdoini	安氏中喙鯨	116	
Mesoplodon mirus	初氏中喙鯨	132	
Mesoplodon ginkgodens	銀杏齒中喙鯨	124	✻
Mesoplodon carlhubbsi	胡氏中喙鯨	118	✻
Mesoplodon peruvianus	祕魯中喙鯨	136	
Ziphius cavirostris	柯氏喙鯨	142	✻
Hyperoodon ampullatus	北瓶鼻鯨	108	
Hyperoodon planifrons	南瓶鼻鯨	110	
Hyperoodon sp.	（尚未定名的中喙鯨）	112	
Superfamily Delphinoidea	*海豚超科*		
Family Monodontidae	一角鯨科		
Delphinapterus leucas	白鯨	92	
Monodon monoceros	一角鯨	96	
Family Phocoenidae	鼠海豚科		
Phocoena phocoena	港灣鼠海豚	242	✻
Phocoena spinipinnis	棘鰭鼠海豚	246	
Phocoena sinus	加灣鼠海豚	244	
Neophocaena phocaenoides	新鼠海豚	238	✻
Phocoena (=Australophocaena) dioptrica	黑眶鼠海豚	240	
Phocoenoides dalli	白腰鼠海豚	248	

學名	中文譯名（又稱或俗名）	參見頁次	*台灣可能看到
Family Delphinidae	海豚科		
Steno bredanensis	糙齒海豚	190	*
Sousa chinensis	印太洋駝海豚	174	*
Sousa teuszii	大西洋駝海豚	176	
Sotalia fluviatilis	土庫海豚	172	
Lagenorhynchus albirostris	白喙斑紋海豚	212	
Lagenorhynchus acutus	大西洋斑紋海豚	210	
Lagenorhynchus obscurus	暗色斑紋海豚	220	
Lagenorhynchus obliquidens	太平洋斑紋海豚	218	
Lagenorhynchus cruciger	沙漏斑紋海豚	216	
Lagenorhynchus australis	皮氏斑紋海豚	214	
Grampus griseus	瑞氏海豚(花紋海豚)	206	*
Tursiops truncatus	瓶鼻海豚	192	*
Stenella frontalis	大西洋點斑原海豚	186	
Stenella attenuata	熱帶點斑原海豚	184	*
Stenella longirostris	長吻飛旋原海豚	182	*
Stenella clymene	短吻飛旋原海豚	180	
Stenella coeruleoalba	條紋原海豚	178	*
Delphinus delpis	真海豚	164	*
Lagenodelphis hosei	弗氏海豚	208	*
Lissodelphis borealis	北露脊海豚	168	
Lissodelphis peronii	南露脊海豚	170	
Cephalorhynchus commersonii	康氏矮海豚	198	
Cephalorhynchus eutropia	黑矮海豚	200	
Cephalorhynchus heavisidii	海氏矮海豚	202	
Cephalorhynchus hectori	賀氏矮海豚	204	
Peponocephala electra	瓜頭鯨	156	*
Feresa attenuata	小虎鯨	146	*
Pseudorca crassidens	偽虎鯨	158	*
Orcinus orca	虎鯨(殺人鯨)	152	*
Globicephala melas	長肢領航鯨	150	

學名	中文譯名（又稱或俗名）	參見頁次	＊台灣可能看到
Globicephala macrorhynchus	短肢領航鯨	148	＊
Orcaella brevirostris	伊河海豚	222	＊
Superfamily Platanistoidea	*淡水豚超科*		
Family Platanistidae	恆河豚科		
Platanista gangetica	恆河豚	230	
Platanista minor	印河豚	230	
Family Pontoporiidae	拉河豚科		
Lipotes vexillifer	白鱀豚	228	
Pontoporia blainvillei	拉河豚	234	
Family Iniidae	亞河豚科		
Inia geoffrensis	亞河豚	226	

實用地址

台灣大學動物學系鯨豚研究室
電話：(02) 3661331

中華民國自然生態保育協會
台北市文山區秀明路1段79巷5弄25號1樓
電話：(02) 9362801

中華民國保護動物協會
台北市羅斯福路5段182號3樓
電話：(02) 9318464

中華民國環境保護文教基金會
台北市松江路72號8樓之1
電話：(02) 3660060

主婦聯盟環境保護基金會
台北市汀州路3段160巷2號4樓
電話：(02) 3686211

台灣環境保護聯盟
台北市羅斯福路三段128巷29號
電話：(02) 3636419

信任地球生態保育組織
台北市內湖郵政信箱109號
電話：(02) 6362374

國際美育自然生態基金會
台北市仁愛路4段101號5樓
電話：(02) 7819420

野生動植物國際貿易調查記錄特別委員會台北辦事處
台北郵政7之476號信箱
電話：(02) 3629787

新環境基金會
台北市羅斯福路2段12號2樓
電話：(02) 3969522

綠色行動綱領
台北郵政75之4號信箱

鯨與地球基金會籌備處
台北縣三芝鄉中興街1段8號6樓
電話：(02) 6368169

Environmental Investigation Agency (EIA)
2 Pear Tree Court, London ECI ODJ

Greenpeace
Canonbury Villas, London N1 2PN

International Dolphin Watch (IDW)
Dolphin, Parklands, North Ferriby
Humberside HU14 3ET

International Fund for Animal Welfare (IFAW)
Tubwell House, New Road
Crowborough, East Sussex TN6 2QH

The Marine Conservation Society (MCS)
9 Gloucester Road, Ross-on-Wye
Herefordshire HR9 5BU

Royal Society for the Prevention of Cruelty to Animals (RSPCA)
Causeway, Horsham
West Sussex RH12 lHG

Sea Mammal Research Unit (SMRU)
High Cross, Madingley Road
Cambridge CB3 0ET

Sea Watch Foundation
Department of Zoology, University of Oxford
South Parks Road, Oxford OX1 3PS

Whale and Dolphin Conservation Society (WDCS)
Alexander House, James Street West
Bath, Avon BA1 2BT

World Wide Fund for Nature (WWF)
Panda House, Weyside Park
Godalming, Surrey GU7 1XR

Whale-watching Companies

Discover the World
The Flatt Lodge, Bewcastle
Nr. Carlisle, Cumbria CA6 6PH

Dolphin Ecosse
Bank House, High Street
Cromarty IV11 8UZ

Mull Cetacean Project
Torrbreac, Dervaig
Isle of Mull, Argyll PA75 6QL

Western Isles Sailing & Exploration Co.
Pencreege, Trelill, Nr. Bodmin
Cornwall PL30 3HT

Whale Watch Azores
Manor Farm, S. Hinksey
Oxford OX1 5AS

國家圖書館出版品預行編目資料

鯨與海豚圖鑑 ; 全面透視世界所有的鯨豚類動物 / 馬克•卡沃達著 ; 馬丁•卡姆繪圖 . -- 初版 . -- 臺北市 : 貓頭鷹出版 : 城邦文化發行, 1997 [民86]
面 ; 公分 . -- (自然珍藏系列)
參考書目 : 面
譯自 : Eyewitness handbook : whales, dolphins and porpoises
ISBN 957-9684-15-4 (精裝) . --
ISBN 957-9684-16-2 (平裝)

1. 鯨目 - 圖錄

389.7 86006983

致謝

The author would like to thank the many people who have helped with the research and production of this book, in particular: the team at Dorling Kindersley, especially Polly Boyd and Sharon Moore for their good humour, commitment to the project, and professionalism; Mason Weinrich and Peter Evans for their invaluable comments and advice; the staff at the Natural History Museum (Mammals Section) for their enthusiastic assistance with research; the staff at the Whale and Dolphin Conservation Society for their help in many different ways; Bernard Stonehouse, Koen van Waerebeek, Stephen Leatherwood, Erich Hoyt, and the many other whale biologists around the world who have helped by providing information and advice and by reviewing portions of the text; his family, for their support and encouragement and for putting up with the long working hours yet again; Pat Harrison for all her help; and, of course, Martin Camm for his friendship and enthusiasm during the course of the project.

Dorling Kindersley would like to thank: Damien Moore, Bella Pringle, and Lesley Riley for editorial assistance; Murdo Culver, Spencer Holbrook, Chris Legee, Deborah Myatt, and Ann Thompson for design assistance; Neal Cobourne for the jacket design; Caroline Webber for help with production; Mark Bracey and Alastair Wardle for the maps; Julia Pashley for picture research; Caroline Church for endpaper illustrations; and Chas Newens Marine Co. Ltd., London, UK, for props.

圖片提供

All photography by Mark Carwardine except: Ardea London Limited 7tr, 13, 39, 78, 237 (Francis Gohier), 16cr (D. Parer and E. Parer Cook), 23 (Jean-Paul Ferrero), 225 (G. Frensis and Andrea Florence); The Born Free Foundation 21b (Bill Travers); Andy Crawford 27; Frank Lane Picture Agency Limited 55 (Scott Sinclair), 161 (Robert Pitman); Greenpeace Communications Ltd. 21c (Rowlands); Tony Martin 91; Mochi Pro 15tr (Akinobu Mochizuki); Planet Earth Pictures 101, 145, 189 (James Watt); Still Pictures 21t (Mark Edwards); Tony Stone Images 7b (Paul Chesley).

t = 上 ; b = 下
c = 中 ; r = 右